融合多源信息的设备退化建模与剩余寿命预测技术

庞哲楠　司小胜　张建勋　著

国防工业出版社

·北京·

内 容 简 介

本书主要讨论融合多源信息的设备退化建模与剩余寿命预测问题。主要内容包括基于 KL 距离的传感器测量误差可行域分析、含自恢复特性的多阶段非线性退化建模与寿命预测、退化时间与状态同时依赖的非线性退化设备 RUL 自适应预测方法、考虑不完美维修的非线性退化设备 RUL 自适应预测方法、融合加速退化数据与 CM 数据的非线性退化建模与 RUL 预测方法、考虑多重不确定性的非线性步进应力加速退化建模与 RUL 预测方法、基于最后逃逸时间的随机退化设备寿命预测方法。

本书可作为系统可靠性评估、寿命预测与健康管理、随机退化建模等可靠性相关领域研究者进行相关问题研究的理论参考书，以及普通高等院校硕士生、博士生学习和研究可靠性科学方法的参考书，也可供广大工程技术人员在可靠性实践中阅读参考。

图书在版编目（CIP）数据

融合多源信息的设备退化建模与剩余寿命预测技术/
庞哲楠，司小胜，张建勋著. —北京：国防工业出版社，
2024.1
 ISBN 978-7-118-13082-9

Ⅰ.①融… Ⅱ.①庞… ②司… ③张… Ⅲ.①工业设备-系统可靠性-研究 Ⅳ.①TB4

中国国家版本馆 CIP 数据核字（2023）第 251283 号

※

*国防工业出版社*出版发行
（北京市海淀区紫竹院南路 23 号 邮政编码 100048）
三河市天利华印刷装订有限公司印刷
新华书店经售

*

开本 787×1092 1/16 印张 14 字数 315 千字
2024 年 1 月第 1 版第 1 次印刷 印数 1—1500 册 定价 98.00 元

（本书如有印装错误，我社负责调换）

国防书店：(010) 88540777　　书店传真：(010) 88540776
发行业务：(010) 88540717　　发行传真：(010) 88540762

前　言

　　由于任务载荷的多样性和运行环境的复杂性，武器装备、工业工程设施和生产生活装置等复杂工程设备在运行过程中往往受到内部组件磨损、外部振动冲击、负载变化、化学侵蚀等因素的影响，造成设备性能水平和健康状态的退化，当退化累积至一定程度，可能造成设备失效并引发灾难性后果。因此，在复杂工程设备的运行过程中，若能在其性能发生退化的初期，通过各类监测信息及时发现异常状况，定量评价设备的健康状态，预测其剩余寿命（Remaining Useful Life，RUL），并据此制定科学合理的检测保养维修、备件替换订购等管理策略，即开展预测与健康管理（Prognostics and Health Management，PHM），就能有效地避免由于设备失效造成的不良后果，降低运行维护成本，达到设备安全可靠运行的目的。因此，RUL预测是实现随机退化设备PHM的核心，对其方法的研究具有重要的理论研究意义和工程应用价值。

　　随着对复杂关键系统和设备的可靠性和安全性要求的不断提高，作为PHM技术的核心与关键，对随机退化设备开展RUL预测方法的研究已成为国内外学者近年来在可靠性领域的研究热点。可以根据监测数据的不同来源以及退化模型的不同类型，将现有的RUL预测方法分为基于知识的方法、基于物理模型的方法和数据驱动的方法三大类。基于知识的方法是利用失效库中存储的知识条目对退化设备进行相似性比对，根据模糊系统或专家系统的判别实现设备的RUL预测。这类方法需要熟知设备完备的理论知识，并构建完整的失效知识库，耗时长且成本高，不利于工程实践中的应用。基于物理模型的方法是通过对设备的退化机理进行深入分析，并据此构造退化模型以预测设备的RUL，但对于相对复杂的退化设备，其退化机理模型往往难以构建，严重影响了该方法的应用范围。相比之下，数据驱动的方法对设备退化机理的要求不高，具有良好的灵活性，在随机退化设备的RUL预测中得到了广泛应用。具体地，该方法还可进一步细分为基于机器学习的方法和基于退化数据分析的方法。目前，基于机器学习的方法通常根据状态监测（Condition Monitoring，CM）数据，通过机器学习方法拟合设备性能的退化趋势，进而外推至失效阈值以预测设备的RUL，难以得到体现RUL不确定性的分布函数，无法为后续PHM技术的相关决策提供有效的参考和支撑。相较而言，基于退化数据分析的方法以概率统计理论为基础，主要利用统计方法或随机模型求解退化设备RUL的概率分布，便于量化预测结果的不确定性，为健康管理策略的制定提供依据。因此，本书主要基于退化数据分析的方法，研究设备退化建模与RUL预测方法。

　　本书作者长期从事设备的退化建模和RUL预测技术的理论方法研究和应用验证工作。本书是作者在融合多源信息的设备退化建模与RUL预测领域最新研究成果的汇总。具体来说，第1章介绍退化建模与RUL预测的研究进展，重点讨论基于退化数据分析的设备RUL预测方法。第2章探讨用于寿命预测研究中退化数据的可用性问题，构造寿命预测偏差距离函数，并讨论测量误差给替换维护带来的影响。第3~5章主要探讨基于常规应力退化数据的设备非线性退化建模和RUL预测方法，分别针对含自恢复特性的多阶段退化设备、退化时间与状态同时依赖的退化设备和考虑不完美维修的退化设备。第6、7章主要探讨融合加速应力退化数据和常规应力退化数据的设备非线性退化建模和RUL预测方法，分别基于恒定应力加速退化数据和步进应力加速退化数据进行介绍。第8章针对首达时间（First Hitting Time，FHT）意义下设备寿命和RUL定义较为保守的情况，介绍一种基于最后逃逸时间的设备寿命预测方法，并讨论该方法与FHT意义下寿命预测方法之间的关系。第9章对全书的研究成果进行简要的总结，并对未来可能的研究方向做出展望。

  本书涉及的研究成果得到了众多科研机构的支持。特别感谢国家自然科学基金委员会对重点项目"非完备大数据下重大装备剩余寿命预测理论与方法研究"（62233017）、"大型液体运载火箭智能健康监测自愈控制与预测维护"（61833016），面上项目"大数据下随机退化设备剩余寿命智能预测理论与方法研究"（62073336）、"数据驱动的多部件随机退化设备剩余寿命预测方法研究"（62373369）、"有限数据下强异质性惯性测量装置剩余寿命预测方法研究"（62373368），优秀青年科学基金项目"复杂设备寿命预测与健康管理"（61922089），青年科学基金项目"多部件贮存系统剩余寿命预测和健康管理方法研究"（62203462）、"基于多阶段随机退化过程建模的剩余寿命预测与健康管理方法研究"（61903376）的资助。本书由司小胜教授提出并确定整体结构框架、庞哲楠助理研究员和张建勋副教授编写相关内容，凝聚了作者的智慧。本书中的主要研究成果得到了火箭军工程大学胡昌华教授、李天梅副教授、郑建飞副教授、杜党波副教授、裴洪讲师和西北核技术研究院喻勇助理研究员的指导、帮助和肯定，受益匪浅。在本书正式出版之际，谨向各位老师表示由衷的感谢和敬意。

  基于退化数据分析的设备退化建模和RUL预测是一个有着重要理论意义和工程应用价值的科学问题，是可靠性领域里一个重要且关键的问题。我们的研究只是初窥堂奥，还有很大的提升空间。希望本书能够作为引玉之砖，便于相关领域研究者和实践者更加深入地开展设备退化建模和RUL预测的研究和应用。由于作者理论水平有限，以及所做工作的局限性，书中难免存在不妥之处，恳请广大读者批评指正。

庞哲楠 司小胜 张建勋

2023年6月23日

主要缩略词说明

英文缩写	中文名称	英文全称
RUL	剩余寿命	Remaining Useful Life
CM	状态监测	Condition Monitoring
PHM	预测与健康管理	Prognostics and Health Management
FHT	首达时间	First Hitting Time
PDF	概率密度函数	Probability Density Function
CDF	累积分布函数	Cumulative Distribution Function
KF	卡尔曼滤波	Kalman Filtering
EKF	扩展卡尔曼滤波	Extended Kalman Filtering
PF	粒子滤波	Particle Filtering
UKF	无迹卡尔曼滤波	Unscented Kalman Filtering
EKS	扩展卡尔曼平滑	Extended Kalman Smoother
EM	期望最大化	Expectation Maximization
ECM	条件期望最大化	Expectation Conditional Maximization
STF	强跟踪滤波	Strong Tracking Filtering
MLE	极大似然估计	Maximum Likelihood Estimation
MC	蒙特卡洛	Monte Carlo
MCMC	马尔可夫链蒙特卡洛	Markov Chain Monte Carlo
SIMEX	仿真外推	Simulation and Extrapolation
BM	布朗运动	Brown Motion
FBM	分形布朗运动	Fractional Brown Motion
ALT	加速寿命试验	Accelerated Life Testing
ADT	加速退化试验	Accelerated Degradation Testing
CSADT	恒定应力加速退化试验	Constant Stress Accelerated Degradation Testing
SSADT	步进应力加速退化试验	Step Stress Accelerated Degradation Testing
PSADT	序进应力加速退化试验	Progressive Stress Accelerated Degradation Testing
CSADT	周期应力加速退化试验	Cyclic Stress Accelerated Degradation Testing
HPP	齐次泊松过程	Homogeneous Poisson Process
NHPP	非齐次泊松过程	Non-homogeneous Poisson Process
NHCPP	非齐次复合泊松过程	Non-homogeneous Compound Poisson Process
AIC	赤池信息准则	Akaike Information Criterion
BIC	贝叶斯信息准则	Bayesian Information Criterion

SOA	准确性得分	Score of Accuracy
MSE	均方误差	Mean Squared Error
RE	相对误差	Relative Error
RT	运行时间	Running Time
LET	最后逃逸时间	Last Exit Time
RMS	均方根	Root Mean Square
EMD	经验模态分解算法	Empirical Mode Decomposition

目　　录

主要缩略词说明
第1章　绪论 ·· 1
　1.1　引言 ·· 1
　1.2　退化建模与 RUL 预测研究进展 ······································ 2
　1.3　基于退化数据分析的设备 RUL 预测方法综述 ····················· 3
　　　1.3.1　基于常规应力退化数据的 RUL 预测方法 ··················· 4
　　　1.3.2　基于加速应力退化数据的 RUL 预测方法 ··················· 9
　　　1.3.3　多源数据融合的 RUL 预测方法 ······························ 17
　1.4　本书概况 ··· 18
　　　1.4.1　主要解决问题 ··· 18
　　　1.4.2　结构安排 ·· 20
　参考文献 ·· 22
第2章　基于 KL 距离的传感器测量误差可行域分析 ······················ 31
　2.1　引言 ·· 31
　2.2　问题来源与问题描述 ·· 32
　2.3　考虑测量误差影响下基于 Wiener 过程的寿命预测 ·············· 34
　　　2.3.1　测量误差时间无关情况下的寿命预测 ······················ 34
　　　2.3.2　测量误差时间相关情况下的寿命预测 ······················ 35
　2.4　寿命预测性能约束下传感器误差可行域分析 ······················ 35
　　　2.4.1　随机变量间的距离函数 ······································ 35
　　　2.4.2　测量误差时间无关可行域分析 ······························ 36
　　　2.4.3　测量误差时间相关可行域分析 ······························ 36
　2.5　测量误差对于维修决策影响分析 ···································· 37
　2.6　数值仿真 ··· 38
　2.7　实例研究 ··· 43
　2.8　本章小结 ··· 46
　参考文献 ·· 47
第3章　含自恢复特性的多阶段非线性退化建模与寿命预测 ············· 49
　3.1　引言 ·· 49
　3.2　问题来源与问题描述 ·· 50
　3.3　FHT 意义下寿命预测 ·· 52
　3.4　模型参数估计 ··· 56

VII

3.5　数值仿真 ……………………………………………………………… 60
3.6　实例研究 ……………………………………………………………… 63
3.7　本章小结 ……………………………………………………………… 65
参考文献 …………………………………………………………………… 65

第4章　退化时间与状态同时依赖的非线性退化设备 RUL 自适应预测方法 …… 67
4.1　引言 …………………………………………………………………… 67
4.2　问题描述 ……………………………………………………………… 69
4.3　RUL 分布推导与自适应预测 ………………………………………… 70
　　4.3.1　RUL 分布推导 …………………………………………………… 70
　　4.3.2　自适应 RUL 预测 ………………………………………………… 72
4.4　模型参数估计 ………………………………………………………… 76
4.5　一类典型退化模型 …………………………………………………… 79
　　4.5.1　退化建模与 RUL 预测 …………………………………………… 79
　　4.5.2　模型参数估计 …………………………………………………… 81
　　4.5.3　仿真验证 ………………………………………………………… 83
4.6　实例研究 ……………………………………………………………… 86
4.7　本章小结 ……………………………………………………………… 92
参考文献 …………………………………………………………………… 93

第5章　考虑不完美维修的非线性退化设备 RUL 自适应预测方法 ………… 97
5.1　引言 …………………………………………………………………… 97
5.2　问题描述及模型假设 ………………………………………………… 98
　　5.2.1　问题描述 ………………………………………………………… 98
　　5.2.2　模型假设 ………………………………………………………… 99
5.3　基于多阶段扩散过程的退化建模 …………………………………… 100
5.4　RUL 分布推导与自适应预测 ………………………………………… 101
　　5.4.1　RUL 分布推导 …………………………………………………… 101
　　5.4.2　自适应 RUL 预测 ………………………………………………… 103
5.5　模型参数估计 ………………………………………………………… 107
　　5.5.1　残余退化参数估计 ……………………………………………… 108
　　5.5.2　退化模型参数估计 ……………………………………………… 108
　　5.5.3　模型参数自适应更新 …………………………………………… 110
5.6　仿真验证 ……………………………………………………………… 112
5.7　实例研究 ……………………………………………………………… 115
5.8　本章小结 ……………………………………………………………… 119
参考文献 …………………………………………………………………… 120

第6章　融合加速退化数据与 CM 数据的非线性退化建模与 RUL 预测方法 … 122
6.1　引言 …………………………………………………………………… 122
6.2　基于扩散过程的退化建模 …………………………………………… 123
6.3　退化模型参数估计 …………………………………………………… 124

6.3.1　基于加速退化数据的模型参数估计 …………………………… 124
　　6.3.2　模型参数值折算 …………………………………………………… 126
6.4　模型参数的 Bayesian 更新 ……………………………………………… 127
　　6.4.1　先验分布及其超参数的确定 ……………………………………… 127
　　6.4.2　Bayesian 更新 ……………………………………………………… 127
6.5　RUL 预测 …………………………………………………………………… 129
　　6.5.1　共轭先验分布下的 RUL 预测 …………………………………… 129
　　6.5.2　非共轭先验分布下的 RUL 预测 ………………………………… 130
6.6　实例研究 …………………………………………………………………… 131
　　6.6.1　ADT 描述 …………………………………………………………… 132
　　6.6.2　模型参数先验分布的确定 ………………………………………… 133
　　6.6.3　RUL 预测与分析 …………………………………………………… 139
6.7　本章小结 …………………………………………………………………… 146
参考文献 ………………………………………………………………………… 146

第 7 章　考虑多重不确定性的非线性步进应力加速退化建模与 RUL 预测方法 …………………………………………………………………… 149

7.1　引言 ………………………………………………………………………… 149
7.2　考虑多重不确定性的加速退化建模 ……………………………………… 151
　　7.2.1　基于 SSADT 的退化建模 ………………………………………… 151
　　7.2.2　考虑多重不确定性的模型描述 …………………………………… 152
7.3　RUL 分布推导 ……………………………………………………………… 154
7.4　模型参数估计与更新 ……………………………………………………… 155
　　7.4.1　模型参数估计 ……………………………………………………… 155
　　7.4.2　模型参数更新 ……………………………………………………… 159
7.5　仿真验证 …………………………………………………………………… 160
7.6　实例研究 …………………………………………………………………… 163
7.7　本章小结 …………………………………………………………………… 168
参考文献 ………………………………………………………………………… 169

第 8 章　基于最后逃逸时间的随机退化设备寿命预测方法 …………… 171

8.1　引言 ………………………………………………………………………… 171
8.2　问题描述 …………………………………………………………………… 172
　　8.2.1　FHT 与 LET ………………………………………………………… 172
　　8.2.2　问题来源 …………………………………………………………… 173
　　8.2.3　模型描述 …………………………………………………………… 174
8.3　寿命与 RUL 分布推导 …………………………………………………… 174
　　8.3.1　基于 LET 的寿命分布推导 ………………………………………… 174
　　8.3.2　基于 LET 的 RUL 分布推导 ……………………………………… 177
　　8.3.3　考虑随机效应影响下的寿命分布推导 …………………………… 178
8.4　数值仿真 …………………………………………………………………… 179

　　　　8.4.1　寿命分布 ··· 179
　　　　8.4.2　敏感度分析 ··· 181
　　8.5　实例研究 ··· 182
　　　　8.5.1　滚珠轴承实例 ··· 182
　　　　8.5.2　激光器实例 ··· 185
　　8.6　本章小结 ··· 187
　　参考文献 ··· 187

第9章　总结与展望 ·· 189
　　9.1　主要研究工作与成果 ··· 189
　　9.2　下一步研究方向 ··· 191

附录A　第2章中部分定理的证明 ·· 193
　　A.1　定理2.1的证明 ··· 193
　　A.2　推论2.1的证明 ··· 194
　　A.3　定理2.2的证明 ··· 195
　　A.4　推论2.3的证明 ··· 195
　　A.5　定理2.3的证明 ··· 196

附录B　第3章中部分定理的证明与结论的推导 ···································· 197
　　B.1　定理3.1的证明 ··· 197
　　B.2　式（3.22）的推导 ·· 199

附录C　第4章中部分定理的证明 ·· 201
　　C.1　定理4.1的证明 ··· 201
　　C.2　定理4.2的证明 ··· 202
　　C.3　定理4.3的证明 ··· 203

附录D　第5章中部分定理的证明 ·· 206
　　D.1　定理5.1的证明 ··· 206

附录E　第6章中部分结论的推导 ·· 207
　　E.1　式（6.10）的推导 ·· 207

附录F　第7章中部分定理的证明 ·· 209
　　F.1　定理7.1的证明 ··· 209
　　F.2　定理7.2的证明 ··· 210
　　F.3　定理7.3的证明 ··· 211

第1章 绪 论

1.1 引 言

随着人类对自然科学不断深入的探索研究,人类的工业生产和制造水平也得到了大幅提升。相应地,武器装备、工业工程设施和生产生活装置的结构也愈加复杂,规模也愈加庞大。由于任务载荷的多样性和运行环境的复杂性,设备在使用或运行过程中往往受到内部组件磨损、外部振动冲击、负载变化、化学侵蚀等因素的影响,导致设备的材料和结构特性发生改变,从而影响设备运行的稳定性和可靠性,导致设备性能退化,乃至失效[1-3]。由于此类设备的退化过程具有随机性,因此将这类受到内、外部因素综合影响而发生性能退化,并最终导致失效的设备称为随机退化设备[4-5]。随机退化设备一旦发生故障或失效,不仅直接影响军事任务的遂行、生产设施的运转以及日常生活的进行,而且可能造成巨大的经济财产损失,甚至引发重大安全事故并造成人员伤亡[6]。例如,2005年2月9日,山西省临汾市召欣冶金公司发生因铁水侵蚀高炉而造成炉底烧穿的事故,导致铁水外泄并引发爆炸,造成现场作业的16名工人伤亡,仅8人安全撤离;2013年7月23日,由于多次雷击导致电源回路中的保险管发生熔断,并造成轨道电路与列控中心信号传输总线的阻抗降低,致使通信出现故障,引发信号灯指示错误,最终在甬温线浙江省温州市境内发生动车组列车追尾特大铁路交通事故,共造成200余人伤亡,仅直接经济损失就超过人民币1.9亿元[7];2014年8月2日,江苏省昆山市中荣金属制品有限公司由于除尘器维护不及时、集尘桶锈蚀破损,导致聚集的铝粉尘因氧化放热反应,达到粉尘云的燃点,引发特大铝粉尘爆炸事故,共造成146人死亡,91人受伤,直接经济损失高达人民币3.5亿元。仅"十二五"期间,我国因生产安全事故造成的直接经济损失就约占国内生产总值的0.16%,合人民币4000多亿元[8]。此外,作为保障随机退化设备安全可靠运行的必要手段,对设备进行维护也需要耗费大量的经费。据统计,在民用领域的不同行业中,用于检修维护方面的经费占全部生产成本的15%~70%[9];而在军事领域的花费则更为高昂,美军用于武器系统的维护费用占武器系统所有投入的72%[10]。对设备进行合理的检修维护,能够有效减少乃至避免因设备失效而造成的人员伤亡和经济损失;但不合理的健康管理决策,可能造成生产成本的浪费,甚至错误地预测设备的性能水平和运行状态,从而引发严重后果。如果设备在运行过程中能够充分利用其状态监测(Condition Monitoring, CM)信息(即退化数据),准确估计设备的性能水平和健康状态,预测其剩余寿命(Remaining Useful Life, RUL),并据此制定科学、合理的检测维修、备件替换及订购等管理策略,即开展预测与健康管理(Prognostics and Health Management, PHM),可有效地避免由于设备失效造成的不良后果，降低运行维护成本，达到设备安全可靠运行的目的[11-13]。因此，针对随机退化设备开展 RUL 预测方法的研究，是目前国防军事和工业制造领域的现实需求，对提高设备运行的可靠性，降低设备的运行风险和维护成本都具有十分重要的意义。

1.2 退化建模与 RUL 预测研究进展

自 20 世纪 70 年代起，美国空军就将 PHM 技术应用于航空发动机的健康管理。随着该技术在军事领域的应用和推广，美军在联合攻击机 F-35 项目中研发了性能预测与安全维护管理系统[14]，并将 PHM 技术作为采购武器装备的必要项目[15]。经过五十余年的发展，PHM 技术得到了国外高校、科研机构和企业的广泛重视，其应用范围也从军事领域延伸到工业生产和日常生活的诸多方面，在保障工业工程设备和生产生活设施可靠运行方面发挥着突出作用。其中，美国国家航空航天局、佐治亚理工学院、马里兰大学和波音公司等单位在 PHM 技术的理论研究与实践应用方面位于领先位置。2009 年以来，电气电子工程师协会（Institute of Electrical and Electronics Engineers，IEEE）可靠性学会连续每年举办 PHM 会议，*Reliability Engineering & System Safety*、*IEEE Transactions on Reliability*、*Microelectronics Reliability* 等国际可靠性领域的权威期刊也多次出版关于 PHM 技术的专刊。

近年来，我国也加大了 PHM 技术在大型复杂设施和武器系统相关研究中的投入。国内以清华大学、西安交通大学、北京航空航天大学、国防科技大学和火箭军工程大学等为代表的一批军地高校已广泛开展 PHM 相关技术的研究。国务院早在 2006 年颁布的《国家中长期科学和技术发展规划纲要（2006—2020）》中已明确将重大产品、设施的寿命预测技术作为重点发展方向。此外，在 2011 年科技部颁布的《国家"十二五"科学和技术发展规划》、2012 年工信部颁布的《高端装备制造业"十二五"发展规划》和 2016 年国务院颁布的《"十三五"国家科技创新规划》中，无一例外地将重大工程健康状态的检测、监测和健康维护技术等基础研究作为面向国家重大战略任务的前沿技术，并引导、支持和鼓励各领域开展健康监测和寿命预测方法等关键技术的研究。实际上，我国在 PHM 技术相关领域的研究已经取得了长足的进步，一系列研究成果已广泛应用于导弹武器装备[16-17]、航天飞行器[18]、大型飞机[19-20]和高速列车[21-22]等大型复杂关键系统，这标志着我国在 PHM 技术领域从理论研究向工程实践迈出了重要一步。

作为 PHM 技术的核心与关键，对随机退化设备开展 RUL 预测方法的研究也成为国内外学者近年来在可靠性领域的研究热点[23-25]。可以根据监测数据的不同来源以及退化模型的不同类型，将现有的 RUL 预测方法分为基于知识的方法[26-27]、基于物理模型的方法[28-29]和数据驱动的方法[2-3,30]三大类。基于知识的方法是利用失效库中存储的知识条目对退化设备进行相似性比对，根据模糊系统或专家系统的判别实现设备的 RUL 预测。这类方法需要熟知设备完备的理论知识，并构建完整的失效知识库，耗时长且成本高，不利于工程实践中的应用。基于物理模型的方法是通过对设备的退化机理进行深入分析，并据此构造退化模型以预测设备的 RUL，但对于相对复杂的退化设备，其退化机理模型往往难以构建，严重影响了该方法的应用范围。相比之下，数据驱动的方法对设备退化机理的要求不高，具有良好的灵活性，在随机退化设备的 RUL 预测中得到了广泛应用。具体地，该方法还可进一步细分为基于机器学习的方法和基于退化数据分析的方法[3]。目前，基于机器学习的方法通常根据 CM 数据，通过机器学习方法拟合设备性能的退化趋势，进而外推至失效阈值以预测设备的 RUL，难以得到体现 RUL 不确定性的分布函数，无法为后续 PHM 技术的相关决策提供有效的参考和支撑。相较而言，基于退化数据分析的方法以概率统计理论为基础，主要利用统计方法或随机模型求解退化设备 RUL 的概率分布，便于量化预测结果的不确定性，为健康管理策略的制定提供依据。因此，本书主要基于退化数据分析的方法，研究设备退化建模与 RUL 预测方法。

迄今为止，基于退化数据分析的退化建模与 RUL 预测方法研究已经取得了诸多成果并广泛应用于各类机械部件和电子器件中，但由于设备内部结构复杂性和外部工作环境不确定性的逐渐增加，现有的退化建模与 RUL 预测方法仍存在诸多问题和缺陷，有待进一步研究解决。例如，在实际工程中，部分设备在暂停工作后，其退化状态存在自恢复现象，这种自恢复现象不仅会带来退化状态的恢复，呈现出多阶段退化过程，而且会因退化速率的改变而造成非线性趋势的退化过程。另外，部分设备的退化过程不仅依赖于退化时间，而且依赖其退化状态，但目前大多数退化模型仅考虑设备的退化时间，并未考虑退化过程对自身退化状态的依赖性。同时，对于大多数对安全性和可靠性要求较高的设备而言，通常会采取有计划的维修保养策略，势必会对设备的退化过程产生一定的影响，如何实现维修活动影响下的退化设备 RUL 预测是工程实际中面临的重要问题。针对退化过程相对缓慢的长寿命、高可靠退化设备，往往难以在短时间内获得足够多的退化数据以预测其 RUL，需要充分利用包括加速应力退化数据和常规应力退化数据在内的多源数据，以提高设备 RUL 预测的准确性和效率，节约试验时间和成本。同时，设备在退化过程中不可避免地受到时变不确定性、个体差异性以及退化状态和协变量测量不确定性的影响，尤其是鲜有文献考虑到加速退化模型中所涉及的协变量测量不确定性，因此需要在退化设备的 RUL 预测中充分考虑退化模型多重不确定性的影响。此外，在现有基于随机退化过程建模的寿命和 RUL 预测研究中，通常以退化过程超过失效阈值的首达时间（First Hitting Time，FHT）来定义设备的寿命和 RUL；但这种定义相对较为保守，可能会导致预测结果明显小于设备的真实寿命和 RUL。概括来说，基于退化数据分析的设备 RUL 预测方法面临着外部因素影响、内部状态依赖、多源数据融合，以及多重不确定性等复杂的新问题，有必要提出新的理论和方法，对现有方法进行补充和完善。

1.3 基于退化数据分析的设备 RUL 预测方法综述

国内外学者经过半个世纪以来的不断探索与研究，针对工程应用中遇到的实际问题，提出了大量且丰富的 RUL 预测方法，广泛地应用于各类工程领域。基于退化数据分析的设备 RUL 预测方法依据不同的标准存在多种分类方式，例如 Si 等[3]根据 CM 数据的类型，将数据驱动的 RUL 预测方法分为基于直接 CM 数据和基于间接 CM 数据的方法。Liao 等[4]根据建模机理的不同，将 RUL 预测方法分为基于经验模型的方法、基于物理模型的方法及数据驱动的方法，并介绍了基于上述三类方法的混合预测方法的发展历程。Lei 等[31]从基本预测模型的角度出发,将 RUL 预测方法分为基于物理模型的方法、基于统计模型的方法、人工智能的方法和组合方法。此外,部分学者针对具体的 RUL 预测方法进行综述,如基于 Wiener 过程的方法[2]和基于 Gamma 过程的方法[32]等。

本书根据预测随机退化设备 RUL 所利用退化数据类型的不同,将现有基于退化数据分析的设备 RUL 预测方法分为三类:基于常规应力退化数据的方法、基于加速应力退化数据的方法以及多源数据融合的方法。具体如图 1.1 所示。本节分别针对这三类方法进行总结和综述。

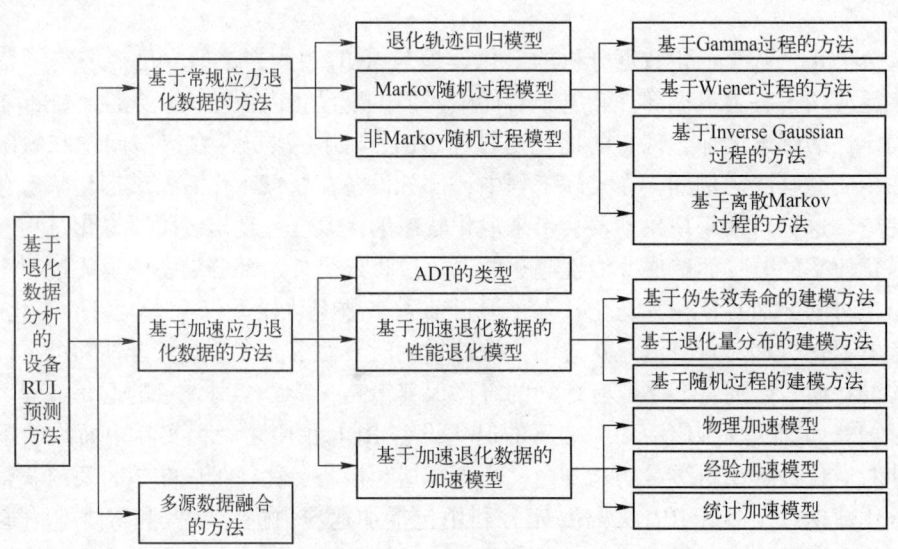

图 1.1　基于退化数据分析的设备 RUL 预测方法分类

1.3.1　基于常规应力退化数据的 RUL 预测方法

基于常规应力退化数据的 RUL 预测方法通常利用设备性能水平或健康状态的 CM 数据,即退化数据,对设备的退化趋势进行建模分析并预测其 RUL。本小节将从基于随机系数回归模型、基于 Markov 随机过程模型和基于非 Markov 随机过程模型三个方面对基于常规应力退化数据的 RUL 预测方法进行综述。

1.3.1.1　基于随机系数回归模型的方法

随机系数回归模型是一种基于数据轨迹的定量模型,广泛应用于设备退化、金融投资、耕地统计和人口增长等数据的预测分析中。该模型的基本形式可表示为

$$X(t_i) = h(t_i; \boldsymbol{\theta}) + \varepsilon_i \tag{1.1}$$

式中:$X(t_i)$ 表示在 t_i 时刻,第 i 个监测点处设备的退化状态;ε_i 表示在第 i 个监测点的随机测量噪声;$\boldsymbol{\theta}$ 为模型参数;$h(t_i; \boldsymbol{\theta})$ 为描述退化轨迹基本趋势的函数。由于随机退化设备的退化过程往往具有非线性和随机性,为了描述退化过程的随机性,通常令模型参数 $\boldsymbol{\theta} = [\theta_1, \theta_2]$,其中,$\theta_1$ 为描述设备之间共性特征的常值参数,θ_2 为描述设备之间个体差异性的随机参数。

Lu 等[33]首次提出了随机系数回归模型的通用表达式,并推导了设备寿命的概率密度函数(Probability Density Function,PDF)。Tseng 等[34]、Zuo 等[35]和 Robinson 等[36]对

该模型进行了拓展,分别应用于荧光灯、连续状态退化设备和疲劳裂纹增长的可靠性评估中。Gebraeel 等[37]利用 Bayesian 理论提出了一种基于线性正态回归模型的参数实时更新和 RUL 在线预测方法,该方法也同时适用于可线性化处理的指数正态回归模型。Xu 等[38]将文献[37]的方法推广到包含随机参数的非线性退化模型中。Bae 等[39-40]利用多阶段随机系数回归模型研究了两阶段退化设备的 RUL 预测问题,基于 Bayesian 理论和期望最大化(Expectation Maximization,EM)算法对模型参数及两阶段变点进行估计,并应用于 LED 的 RUL 预测中。

虽然随机系数回归模型已在各类设备的退化建模与 RUL 预测中得到广泛的应用,但仍存在一定的缺陷。使用该模型时需满足如下假设,其一是同批次退化设备的退化模型相同,且不同设备退化的差异性表现为模型参数的不同取值;其二是对于具体的退化设备而言,其模型参数均为常数。这样将导致预测的寿命和 RUL 均为常值,无法反映退化过程中的时变特征和不确定性。此外,针对复杂退化设备,回归模型中的函数 $h(t_i;\boldsymbol{\theta})$ 难以通过退化机理推导得到,而采用经验模型函数往往会存在一定的偏差,导致 RUL 预测结果的准确性不高,影响该方法的适用范围。

1.3.1.2 基于具有 Markov 性的随机过程退化模型的方法

基于具有 Markov 性的随机过程的退化建模方法通常假设设备的退化过程是一个 Markov 过程,利用数理统计和随机过程的相关知识,以具有 Markov 性的随机过程退化模型描述设备的退化过程,并推导其 RUL 的概率分布。由于设备性能退化过程的随机性和不确定性,使用随机过程模型具有明显的优势。目前,具有 Markov 性的随机过程主要包括 Gamma 过程,Wiener 过程和 Inverse Gaussian (IG) 过程等,已广泛应用于设备的性能退化建模和 RUL 预测中,并取得了重大进展。

1) 基于 Gamma 过程的方法

Gamma 过程是一种具有 Markov 性的单调随机过程,用于描述退化过程严格单调的设备,如疲劳裂纹增长、磨损退化等。若定义设备的退化过程 $\{X(t), t \geq 0\}$ 为 Gamma 过程,则设备退化状态的随机增量 $X(t_i)-X(t_{i-1})$ 服从 Gamma 分布,即

$$X(t_i)-X(t_{i-1}) \sim \text{Ga}(v(t_i)-v(t_{i-1}),\sigma) \tag{1.2}$$

式中:$v(t_i)-v(t_{i-1})$ 和 σ 分别表示 Gamma 分布的形状和尺度参数,均满足恒大于 0 的性质。此时,Gamma 分布的 PDF 可表示为

$$f_{\text{Ga}}(x) = \frac{\sigma^{v(t_i)-v(t_{i-1})}}{\Gamma(v(t_i)-v(t_{i-1}))} x^{[v(t_i)-v(t_{i-1})]-1} \exp(-x\sigma) \tag{1.3}$$

同时,退化状态 $X(t)$ 具有独立增量性,且无穷可分。基于 Gamma 过程的单调递增特性,Si 等[3]指出,Gamma 过程在 FHT 与非 FHT 下的 RUL 分布具有相同的结果,即退化设备在 t_k 时刻的 RUL L_k 可定义为

$$\begin{aligned} L_k &= \inf\{l_k : X(t_k+l_k) \geq \omega \mid X(t_k) < \omega\} \\ &= \{l_k : X(t_k+l_k) \geq \omega \mid X(t_k) < \omega\} \end{aligned} \tag{1.4}$$

式中:ω 为随机退化设备的失效阈值。

目前,Gamma 过程在各类单调退化设备的退化建模、寿命或 RUL 预测和维修决策中得到广泛的应用。Noortwijk 等[32]总结了 Gamma 过程的统计特征、预测方法和近似算法等理论问题,并全面地综述了 Gamma 过程在退化建模和维护决策中的应用。Wang[41]

在 Gamma 过程的尺度参数中引入协变量来反映多个退化设备间的退化特征，并应用于碳膜电阻器和桥梁的退化过程。Wang 等[42]和 Guida 等[43]在退化建模中利用非平稳 Gamma 过程描述时间相关的退化过程，其退化增量依赖于时间间隔和当前时刻，可以充分体现退化过程中时间相关性，更具有普适性。随着研究的深入，基于 Gamma 过程的退化模型得到拓展，并与多种随机模型组合，应用于具有随机效应[44]、多阶段特性[45]和非齐次[46]等多种特征下的退化建模。

基于 Gamma 过程的退化模型具有明显的优势：首先，Gamma 过程的数学性质和物理意义较为明确，拥有成熟的理论体系、模型拓展和算法仿真等相关研究成果可供参考借鉴；其次，可通过直接外推退化过程求解基于 Gamma 过程退化模型的寿命或 RUL 分布函数，操作简便。但是，基于 Gamma 过程的退化模型也存在个别不足，其一是仅能应用于具有单调退化过程的退化设备，但实际工程中许多设备的退化数据往往具有较大的随机性和波动性，退化过程是非单调的；其二是 Gamma 过程的数学表达式较为复杂，对于其模型参数的在线辨识与更新难度较大，难以得到解析解，将在一定程度上影响该方法应用于对实时性要求较高的退化设备。

2) 基于 Wiener 过程的方法

Wiener 过程是一种由标准布朗运动（Brown Motion，BM）驱动的，具有线性漂移的扩散过程。BM 是用于描述微小粒子随机游动的高斯过程，其均值为 0，方差与时间相关。因此，Wiener 过程通常用来描述具有线性退化趋势的非单调退化过程。若定义设备的退化过程 $\{X(t), t \geq 0\}$ 为 Wiener 过程，则具体形式可表示为

$$X(t) = x_0 + \lambda t + \sigma_B B(t) \tag{1.5}$$

式中：$x_0 = X(t_0)$ 表示退化过程的初始值，通常假设 $x_0 = 0$；λ 为漂移系数，反映设备退化速率的大小；σ_B 为扩散系数，反映退化过程的动态特征和随机不确定性；$B(t), t \geq 0$ 为标准 BM。

根据 FHT 的概念，退化设备在 t_k 时刻的 RUL L_k 可定义为退化过程 $\{X(t), t \geq 0\}$ 首次达到失效阈值 ω 的时间，即

$$L_k = \inf\{l_k : X(t_k + l_k) \geq \omega \mid X(t_k) < \omega\} \tag{1.6}$$

相应地，剩余寿命的分布服从 IG 分布，具体的解析表达式为

$$f_{L_k}(l_k) = \frac{\omega - x_k}{\sqrt{2\pi l_k^3 \sigma_B^2}} \exp\left\{-\frac{(\omega - x_k - \lambda t)^2}{2 l_k \sigma_B^2}\right\} \tag{1.7}$$

早期基于 Wiener 过程的退化建模方法主要针对线性模型[47]，或可有时间尺度变换[48-51]或对数变换[52-53]得到的非线性模型，但这类方法要求退化过程满足一定的形式和条件，在一定程度上限制了该方法的适用范围。Si 等[54]基于 Wiener 过程提出了具有一般性的非线性退化模型，通过时-空变换将退化设备的 RUL 预测问题转化为 FHT 意义下标准 BM 穿过随机时变阈值的问题，进而推导得到退化设备寿命和 RUL 分布 PDF 的近似解析表达式。在此基础上，Zhang 等[55]利用非线性 Wiener 过程退化模型进一步研究了同时依赖于退化时间和状态的退化过程，更具有一般性。

此外，为更好地描述退化过程中个体差异性和测量不确定性的影响，考虑随机效应和测量误差的 Wiener 过程退化模型也得到了深入研究。Wang[53]考虑了 Wiener 过程中

的随机效应问题，随机效应参数分布的选择借鉴了 Bayesian 线性回归的计算方法。Peng 等[56-57]依次考虑了 Wiener 过程的漂移系数分别服从正态和斜正态分布两种情形，并推导了相应的寿命分布形式。Si 等[58]和 Zheng 等[59]分别针对线性和非线性 Wiener 过程模型中存在时变不确定性、个体差异性以及退化状态测量不确定性情况下的退化建模、参数估计和寿命、RUL 预测问题进行了研究。Zhang 等[60]针对考虑上述三类不确定性的 Wiener 过程模型，开展了退化试验优化设计方法的研究。另外，该模型也在多元退化建模和健康管理等方面得到了广泛的研究。Wen 等[51]提出了一个考虑退化设备个体差异性的多变点 Wiener 过程退化模型。Si 等[61]、胡昌华等[62]和 Liu 等[63]基于 Wiener 过程退化模型分别研究了方差费用率约束、不完美维修和不完美测量情形下的视情维修和 PHM 策略。

Wiener 过程具有非单调的特征和良好的数学特性，并且能够得到 FHT 意义下解析形式的 RUL 分布，数学形式明确且易于拓展，在非单调退化过程的建模及其寿命和 RUL 预测中得到了广泛应用。但由于 Wiener 过程非单调的特性，其 FHT 意义下与非 FHT 意义下的寿命并不相同，这给求解带来了一定的困难。此外，现有的基于非线性 Wiener 过程的方法通常基于较为严格的假设或严苛的前提条件；当适当放宽约束条件时，对于具有一般性的非线性 Wiener 过程模型而言，其 FHT 意义下 RUL 分布的精确解析解往往难以求得，需要进一步地探索。

3）基于 IG 过程的方法

IG 过程与 Gamma 过程相类似，也是具有 Markov 性的单调随机过程。若退化过程 $\{X(t), t \geq 0\}$ 为 IG 过程，则退化状态增量 $X(t_i)-X(t_{i-1})$ 服从 IG 分布，即

$$X(t_i)-X(t_{i-1}) \sim \mathrm{IG}(\Lambda(t_i)-\Lambda(t_{i-1}), \eta[\Lambda(t_i)-\Lambda(t_{i-1})]^2) \tag{1.8}$$

式中：$\Lambda(\cdot)$ 表示单调递增的非负函数；η 表示尺度参数。

若随机变量 x 服从 IG 分布 $\mathrm{IG}(\alpha,\beta)$，且 $\alpha>0, \beta>0$，则相应的 PDF 为

$$f_{\mathrm{IG}}(x;\alpha,\beta) = \sqrt{\frac{\beta}{2\pi x^3}} \exp\left[-\frac{\beta(x-\alpha)^2}{2\alpha^2 x}\right], \quad x \in (0,+\infty) \tag{1.9}$$

对基于 IG 过程的退化建模方法的研究起步较晚。2010 年，Wang 等[64]首次将 IG 过程应用于退化数据的建模中，并利用极大似然估计（Maximum Likelihood Estimation, MLE）和 EM 算法，对存在协变量和样本差异性的模型参数估计问题进行了研究。Ye 等[65]通过研究 IG 过程与复合泊松过程的内在联系，进一步说明了 IG 过程可以从物理学的角度解释由微小损耗积累所造成的退化过程。Chen 等[66]将基于 IG 过程的退化模型应用于视情维护方法中。此外，Peng 等[67]针对强时间关联性的退化过程，提出了一种基于 IG 过程的时变退化速率建模方法，并应用于大型机床主轴系统的寿命预测研究中。Duan 等[68]利用 Bayesian 理论，针对基于 IG 过程的多维退化模型进行了研究分析。

基于 IG 过程的退化模型具有如下优势：一是具有明晰的物理含义，可以对由累积损伤造成的设备退化进行描述；二是模型相对简洁，便于对模型进行后续的拓展，如考虑协变量、随机效应和多维退化等情形；三是 IG 过程可与 Wiener 过程互相关联，具有良好的数学特性且易于理解。但是，与基于 Gamma 过程的退化模型类似，基于 IG 过程的退化模型同样不适用于描述退化过程为非单调的退化设备。

4）基于离散 Markov 过程的方法

上述三种随机过程均是连续时间连续状态的 Markov 过程，但在实际工程中，部分设备发生退化的原因是外部冲击累积，其退化状态可描述为离散的随机过程。为此，许多研究人员对基于离散 Markov 过程的模型和建模方法进行了深入研究。目前，常见的离散 Markov 过程包括累积损伤模型[69-70]和 Markov 链模型[71-72]。

累积损伤模型用来描述外部冲击累积对设备造成损伤的退化过程，可表示为

$$X(t) = \sum_{i=1}^{N(t)} I_i \quad (1.10)$$

式中：I_i 表示第 i 次冲击所造成的设备退化量；$N(t)$ 表示截止到时间 t 时，设备发生退化的次数，即受到冲击的次数。

复合泊松过程模型是累积损伤模型中最典型的一种，其假定设备退化的发生次数服从泊松过程，且退化增量服从正态分布。张永强等[73-74]利用齐次复合泊松过程对激光装置元器件的退化过程进行了描述，并评估了其可靠性。为更好地反映退化过程与时间的相关性，Sun 等[69]利用非齐次复合泊松过程描述了电容的退化过程。Bocchetti 等[75]进一步考虑了冲击造成的突发失效，研究了竞争失效情况下的寿命预测问题。由于复合泊松过程的计算难度相对较大，因此这类模型往往难以得到 FHT 意义下的寿命分布，当需要考虑退化设备的个体差异性时，计算复杂度大大增加。

基于 Markov 链的方法适用于包含多个离散退化状态的设备，并且退化状态之间能够以某一转移概率互相转化，当其退化状态达到或超过失效阈值时，则认为该设备失效。利用 Markov 链进行 RUL 预测时，通常假设设备的退化过程可表示为 $\{X_m, m \geq 0\}$，存在 $m+1$ 个状态的状态空间 $\Psi = \{0, 1, \cdots, M\}$，其中"0"表示设备全新的状态，"$M$"表示设备失效，称为吸收态。在第 m 个离散时间，设备在 FHT 意义下的 RUL L_m 可定义为 $L_m = \inf\{l_m : X_{m+l_m} = M | X_m \neq M\}$。

近年来，Kharoufeh 等对基于 Markov 链方法的应用开展了系统且深入的研究，从一维退化过程[71]到二维退化过程[76]，从时齐[71]到非时齐[77]，从 Markov 条件[78]到半 Markov 条件[79]，均取得了大量成果。对于设备真实退化状态难以直接观测的情况，Jiang 等[80]和 Vrignat 等[81]采用隐 Markov 模型分别评估了设备的退化性能，制定了维修管理策略。总体来说，该方法在退化建模和 RUL 预测方面应用直观且简便，但需要注意如何合理选择离散状态，以及在处理连续退化过程时，如何将连续时间状态划分为离散的有限状态。此外，如何充分利用历史数据建立并估计状态转移矩阵，以减小 RUL 预测的不确定性，也是值得研究人员重点关注的问题。

1.3.1.3 基于非 Markov 性的随机过程退化模型的方法

针对不具有 Markov 性的退化数据，基于 Markov 性的随机过程退化建模方法将不再适用。为描述这类具有记忆效应的随机退化过程，Mandelbrot 等[82]提出了一种基于分形布朗运动（Fractional Brownian Motion，FBM）的随机过程模型，具体形式为

$$B_H(t) - B_H(0) = \frac{1}{\Gamma(H + 0.5)} \int_{-\infty}^{t} K_H(t-s) \, \mathrm{d}B(s) \quad (1.11)$$

其中

$$K_H(t-s) = \begin{cases} (t-s)^{H-0.5}, & 0 \leq s \leq t \\ (t-s)^{H-0.5}-(-s)^{H-0.5}, & s<0 \end{cases} \quad (1.12)$$

且 $\Gamma(\cdot)$ 为 Gamma 函数，即 $\Gamma(x) = \int_0^\infty t^{x-1}e^{-t}dt$。$H$ 为 Hurst 指数，$0<H<1$，表示记忆效应的程度。特别地，当 $H=0.5$ 时，FBM 将转化为标准 BM。

Xi 等[83]针对基于 FBM 的退化建模方法开展了研究，并利用蒙特卡洛（Monte Carlo，MC）方法得到了高炉炉壁的寿命和 RUL。通过对炉壁退化数据的验证可得，模型中的 Hurst 指数不为 0.5，说明该退化过程是具有记忆效应的非 Markov 过程，且能得到优于传统 Wiener 过程的寿命预测结果，进一步证明了该模型的合理性和有效性。但由于 MC 方法不满足寿命预测实时性的要求，Zhang 等[84]对 FHT 意义下退化设备寿命和 RUL 的预测方法进行了研究，根据该非 Markov 退化模型与标准 BM 的关系，利用弱收敛定理可将 FBM 模型近似地表示为非线性 Wiener 过程模型，再由文献 [54] 中有关非线性 Wiener 过程 FHT 意义下求取近似解的结论，推导得到了寿命和 RUL 相应的近似解析表达式，但所提方法局限于 Hurst 指数大于 0.5 情况下的寿命和 RUL 求解。进一步地，Zhang 等[85]基于 FBM 模型对与退化时间和状态同时相关的退化过程进行建模分析，并利用与文献 [54] 相似的方法得到 RUL 的近似解析解，通过高炉炉壁和轴承两个退化实例，验证了该模型的有效性。

总之，FBM 是一类可准确描述设备退化过程与历史状态之间相关性的非 Markov 随机过程。基于 Wiener 过程的退化模型可视为 FBM 模型在 Hurst 指数为 0.5 时的特例，更体现出 FBM 模型的一般性。但由于该模型结构复杂，难以推导其 FHT 意义下寿命和 RUL 分布函数的解析表达式，有待进一步地研究。

1.3.2　基于加速应力退化数据的 RUL 预测方法

由于长寿命、高可靠设备在常规应力水平下的退化速度较为缓慢，通常难以在较短时间内得到足够的退化数据或失效数据。为了获得这类设备的可靠性，预测其 RUL，工程师常常借助加速试验来加快设备的失效或性能退化过程。在加速试验中，设备在更严酷的条件下工作，即便如此，传统的加速寿命试验（Accelerated Life Testing，ALT）方法仍可能需要经历较长的试验时间才能得到足够的失效数据。由于设备的失效往往与某些特征的退化有关，因此，加速退化试验（Accelerated Degradation Testing，ADT）已成为快速获取设备退化数据的有效方法[86-87]。由 ADT 得到的退化数据称为加速应力退化数据，简称为加速退化数据。

基于加速退化数据的 RUL 预测方法是利用超过正常工作应力水平的应力来加速设备的性能退化以得到加速退化数据，通过选择合适的性能退化模型和加速模型，对正常工作应力水平下的设备进行 RUL 预测的方法，目的是通过已知的加速退化数据和失效阈值预测退化设备在工作应力水平下的 RUL，主要包括加速退化数据获取、加速退化建模和统计分析三个方面，基本原理如图 1.2 所示。

首先，根据不同的任务需求和不同的退化设备种类，选择相应的 ADT 类型以获得加速退化数据；其次，利用加速退化数据对设备失效机理的一致性进行辨识，剔除不满足一致性的数据，建立性能退化模型，确定退化模型中与加速应力水平有关的参数，并利用加速模型描述模型参数与加速应力水平的关系；再次，根据加速退化模型推导设备的 RUL 分布，并利用加速退化数据估计退化模型的参数；最后，根据退化设备的失效阈值，得到退化设备的 RUL 预测值。

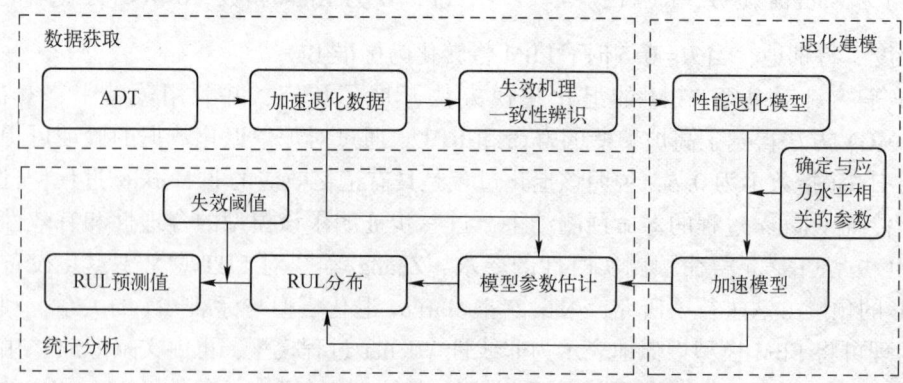

图 1.2　基于 ADT 的 RUL 预测的基本原理

由于利用加速退化数据估计加速退化模型参数的方法与常规应力水平下的模型参数估计方法相类似，因此本书不再对加速应力下的模型参数估计方法进行介绍。本小节将从 ADT 的类型、基于加速退化数据的性能退化模型和加速模型三个不同侧面对基于加速退化数据的 RUL 预测方法进行简要综述。

1.3.2.1　ADT 的类型

通常使设备加速退化的方法是在试验过程中提高使用频率或施加更高的应力水平。使用频率加速法更适用于日常使用频率较低的设备，如灯泡、轮胎和其他类似设备，这种类型的测试可以通过简单地增加设备的使用频率来加速其退化。当以更高的使用频率不能有效地使设备发生退化或失效时，可以考虑使用施加更高应力水平的方法。根据加速应力施加方式的不同，ADT 的类型分为恒定应力、步进应力、步降应力、序进应力和周期应力[87]，如图 1.3 所示。

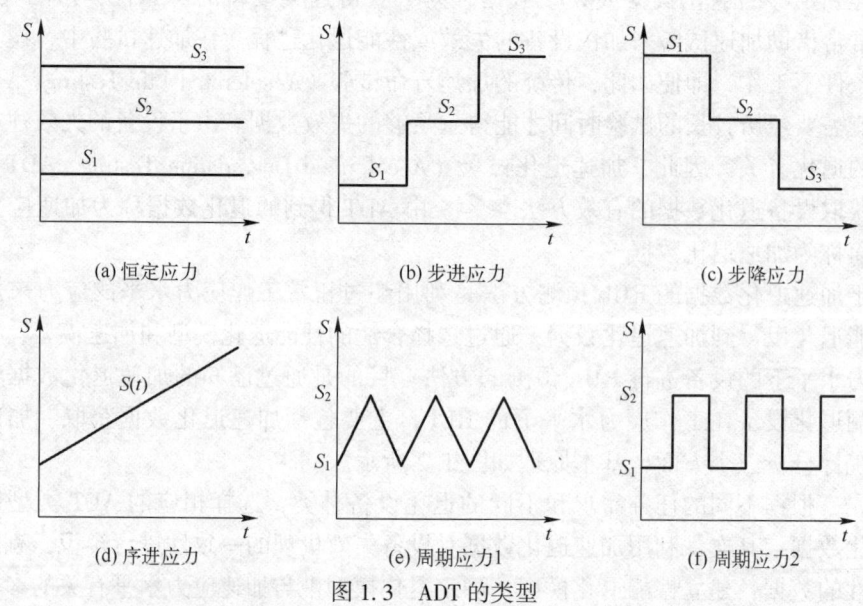

图 1.3　ADT 的类型

由于恒定应力 ADT（Constant Stress ADT，CSADT）中的恒定应力易于施加，且可以方便地利用现有理论模型进行计算，因此它成为使用最广泛的 ADT 方法[88]。但是，CSADT 方法通常在低应力水平下需要更长的测试时间才能观察到设备退化。为了解决此问题，步进应力 ADT（Step Stress ADT，SSADT）应运而生，它可使设备的退化速度快于 CSADT[89]。在 SSADT 中，样品在特定的时间段内受到恒定的应力然后应力上升到较高的水平或下降到较低的水平，直到测试达到截止时间或失效样品的数量达到预定数量为止。根据应力水平的变化趋势，SSADT 可细分为步进应力（step-up-stress）和步降应力（step-down-stress）ADT[90]。SSADT 的缺点是对模型参数进行估计和外推至正常应力水平的难度较大，并且在试验过程中有可能引入新的失效模式。序进应力 ADT（Progressive Stress ADT，PSADT）是另一种 ADT 方法，样品在试验期间承受的应力不断增加[91]。对于在实际工作环境下承受周期性变化应力的设备，周期应力 ADT（Cyclic Stress ADT）[92]成为首选，例如正弦电压或疲劳应力[87]。在实际工程应用中，通常根据具体的设备类型或工作环境选择合适的 ADT 类型，以获得加速退化数据。

1.3.2.2 基于加速退化数据的性能退化建模方法

常见的性能退化建模方法可以分为基于失效物理模型、伪失效寿命、退化量分布和随机过程四类。其中，基于失效物理模型是在全面了解设备失效机理且深入分析导致设备失效的物理变化或化学反应的基础上构造的性能退化模型，主要包括累积失效模型、反应理论模型和应力-强度模型[93]。这种性能退化模型由于是根据设备的失效机理建立的，因此具有较高的可靠性。但大多数设备的失效机理比较复杂，造成该方法的适用范围有限。此外，该建模方法不以退化数据为基础，超出了本书的研究范围。因此，将重点综述其他三种性能退化建模方法。

1）基于伪失效寿命的建模方法

设备性能退化达到失效阈值的时间通常随着应力水平的增加逐渐缩短，设备间的个体差异导致了设备伪失效寿命的随机性。如图 1.4 所示，在各应力水平下，设备的伪失效寿命服从相同的分布类型，仅有分布参数不同。通过建立这些参数与应力水平的加速模型，可以外推得到设备在正常工作应力水平下的伪失效寿命分布参数，从而评估设备的可靠性，并预测其 RUL。

当退化状态与时间具有明显的规律性时，可根据设备的退化轨迹建立退化模型，并有效地拟合退化趋势。目前，退化轨迹的拟合方法可分为两类，一类是基于线性/非线性[33]、指数[94]和幂律[95]函数的拟合方法，另一类是基于神经网络[96]、最小二乘支持向量机[97]、时间序列[98]等智能算法的拟合方法。Lu 和 Meeker[33]设计了基于非线性综合效应模型的退化轨迹描述方法，并利用 MC 方法获得伪失效寿命数据，以评估产品的可靠性。Wang 等[94]利用指数函数拟合 LED 的退化轨迹，并进行平均寿命预测。马小兵等[95]利用幂律函数拟合电子产品的退化轨迹，并利用全局推理方法对模型参数进行估计。Gebraeel 和 Lawley[96]提出了一种基于神经网络的可靠性评估方法，并根据轴承振动信号与寿命之间的对应关系建立模型以预测轴承寿命。Wu 等[97]利用最小二乘支持向量机对数控机床的性能退化过程进行建模，通过历史退化数据对向量机进行训练并估计参数值，然后根据实时退化数据预测设备的 RUL。Wang 等[98]利用时间序列回归分析方法，结合神经网络和灰色理论，建立了航天电磁继电器接触电阻的可靠性评估模型，

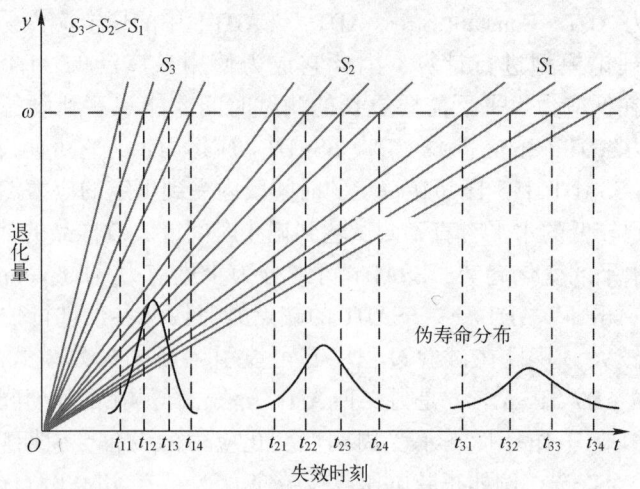

图 1.4 不同加速应力水平下性能退化轨迹与寿命分布的关系

并通过试验验证了退化数据与退化轨迹的拟合程度。Lee 等[99]建立了具有随机系数向量的非线性退化轨迹模型,并将其应用于固体燃料电池的退化失效建模。

基于伪失效寿命的建模方法具有建模过程简单,参数估计难度小的优点,在工程实践中具有很强的适用性,但模型精度较低,易出现设备寿命分布不明确的问题[100]。同时,在实际应用中为获得足够的性能退化数据,该方法需要一定数量的样本和较长的测量时间。当样本量不足时,即在小样本的情况下,该方法难以有效地进行伪失效寿命分布的退化建模及其参数估计,将严重影响 RUL 预测的准确性。

2)基于退化量分布的建模方法

假设在不同的应力水平下,同一类型设备在不同监测时刻的性能退化分布形式是相同的,只有分布参数随时间变化,即在不同的监测时刻,设备的性能退化状态服从相同的分布族。由于不同设备之间存在个体差异,设备的性能退化状态随应力水平和时间而变化,因此,退化状态分布的参数是关于工作时间和应力水平的函数,如图 1.5 所示。通过计算不同应力水平和不同监测时刻设备性能退化分布的参数,可以得到分布参数与应力水平或工作时间的关系。由此,可将分布参数外推至正常工作应力水平下,对设备进行可靠性评估和 RUL 预测。

Sun 等[69]提出了一种用于高能自修复金属膜脉冲电容器的 Gaussian-Poisson 联合分布来描述退化状态的分布。Huang 和 Dietrich[101]利用双参数 Weibull 分布描述了退化状态分布的特征,模型参数由 MLE 算法估计得到。Jiang 和 Jardine[102]研究了不同退化阶段服从不同分布的退化过程,分别利用逆 Weibull 分布描述了初始阶段的退化,利用 Weibull 分布描述了后续的退化阶段。王浩伟等[103]利用正态分布建立电连接器的退化分布模型,根据加速因子一致性原则,推导出分布均值和方差的时变函数与加速应力水平之间的对应关系,从而建立了加速退化模型。

基于退化状态分布的建模方法在两种情况下具有更大的优势:一是当同类型设备的性能退化轨迹有明显差异时,退化模型的未知参数难以由常见的建模方法准确估计;二是当设备的性能退化数据难以多次测量时,其他建模方法无法描述其退化过程[104]。然

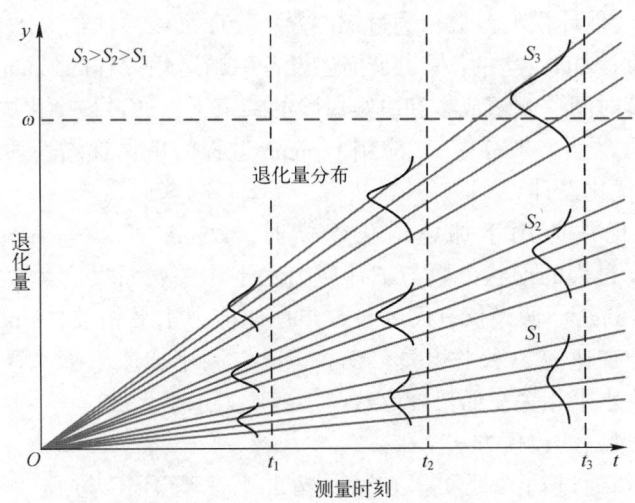

图 1.5　不同加速应力水平下设备在不同测量时刻的退化分布

而,这种方法更为复杂,它不仅要推断每个监测时刻退化状态的分布模型,而且需要确定模型参数与工作时间或应力水平的函数关系。

3) 基于随机过程的建模方法

基于随机过程的加速退化数据建模方法是利用随机过程模型描述设备的性能退化过程。在 1.3.1 节中已经分别对基于常规应力退化数据的 Wiener 过程、Gamma 过程和 IG 过程的建模方法进行了介绍,这里主要针对基于加速退化数据的随机过程建模方法进行简要介绍。

(1) 基于 Wiener 过程的建模方法。

Hu 等[105]研究了基于 Wiener 过程的退化建模方法,证明了当漂移参数为应力水平的线性函数时,在一般优化准则下,可将多级 SSADT 转化为简单的 SSADT。Jin 等[106]利用随机参数的 Wiener 过程描述航天器电池组的退化过程。Zhai 等[107]提出了一种新的基于加速失效时间原理的随机效应 Wiener 过程模型,并利用 IG 分布来表征退化路径中的个体差异性,这为基于 Wiener 过程的退化建模方法提供了更大的灵活性。Li 等[108]基于 Wiener 过程对动量轮进行可靠性建模和 RUL 预测,并利用 EM 算法估计退化模型参数。Wang 等[109]以具有一般性的 Wiener 过程建立退化模型,并提出了基于该模型的实时可靠性评估方法。

在基于 Wiener 过程的加速退化模型中存在多种关于模型参数与加速应力的不同假设。Zhao 等[110]、Hao 等[111]和 Lim 等[112]假设退化模型中仅有漂移参数与加速应力水平相关。然而,Whitmore 和 Schenkelberg[48]、Liao 和 Elsayed[113]则认为漂移参数和扩散参数均与加速应力水平相关。Wang 和 Xi[114]以及 Wang 等[115]利用加速因子一致性原则证明了两者均与加速应力水平相关。

(2) 基于 Gamma 过程的建模方法。

Pan 和 Balakrashann[116]研究了多阶段 ADT 中基于 Wiener 和 Gamma 过程的退化建模方法,并利用 Bayesian 马尔可夫链蒙特卡洛(Markov Chain Monte Carlo,MCMC)方法进行可靠性评估。Ling 等[117]利用基于 Gamma 过程的退化模型对设备的可靠性进行了研究，采用 MLE 算法估计模型参数，通过 MC 方法验证了该方法的有效性，并以 LED 为例进行了实例计算。Zhang 等[118]提出了描述设备单调退化过程的 Gamma 过程模型，在样本量、测试持续时间、测试成本和决策风险的约束下，通过最小化决策变量的渐近方差来进行最优 ADT 设计。Tsai 等[119]应用 Gamma 过程的单调递增性质对两种载荷下设备的 CSADT 进行优化设计。

当 Gamma 过程被应用于加速退化建模时，Zhang 等[118]、Tseng 等[120]和 Duan 等[121]假设 Gamma 过程的形状参数与加速应力水平相关，而尺度参数与加速应力水平无关。相反地，Wang[122]假设仅有尺度参数与加速应力水平相关。Ling 等[117]则假设尺度和形状参数均与加速应力水平相关。Wang 等[123]利用加速因子一致性原则推导出形状参数与加速应力水平相关，而尺度参数与加速应力水平无关。

(3) 基于 IG 过程的建模方法。

Wang 和 Xu[124]通过仿真证明了在某些情况下，基于 IG 过程的退化模型比基于 Wiener 过程和 Gamma 过程的退化模型在拟合退化数据方面更加有效。Ye 等[125]基于 IG 过程设计了 ADT 方案，并考虑模型参数的随机效应，证明了所假设的模型参数具有良好的鲁棒性。在基于 IG 过程的加速退化模型中，Peng[126]假设仅有均值参数与加速应力水平有关。然而，基于加速因子一致性原则，Wang 等[127]推断均值参数和尺度参数均与加速应力水平有关。Duan 和 Wang[128]讨论了基于 IG 过程退化模型的 SSADT 优化设计问题，并假设均值参数和尺度参数为加速应力水平的函数。

由于随机过程具有良好的统计特性和拟合能力，因此基于随机过程的建模方法已成为应用最广泛的方法。一些学者在利用这种方法进行退化建模时，往往会基于主观判断或工程经验进行假设，容易导致外推至工作应力水平下的可靠性模型存在偏差。加速因子一致性原则可以有效地解决这类问题[114,123]。

1.3.2.3 基于加速退化数据的加速模型

加速模型描述了设备失效模式的可靠性特征（如寿命期望、失效概率等）与加速应力水平之间的映射关系，可以通过外推获得退化设备在正常工作应力水平下的可靠性特性，直接影响到外推结果的精度，是 ADT 技术的关键。通常可将加速模型分为物理加速模型、经验加速模型和统计加速模型三类[87]，如图 1.6 所示。

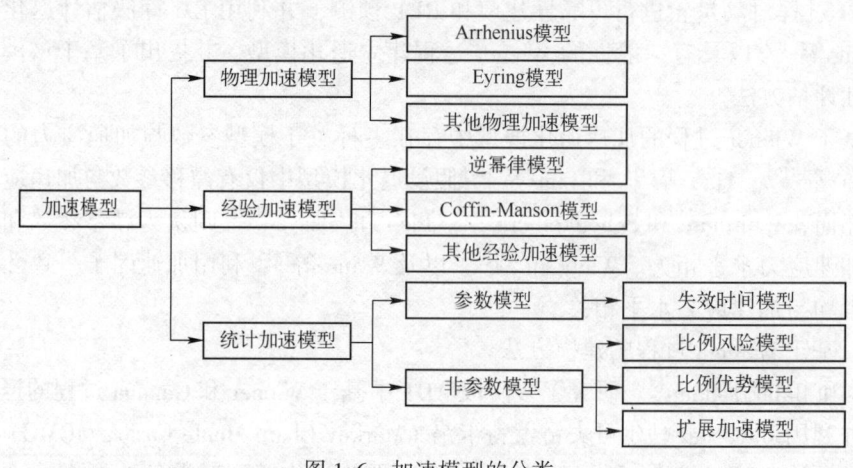

图 1.6 加速模型的分类

1) 物理加速模型

为描述由物理变化引起的设备失效而提出了物理加速模型，其中，Arrhenius 模型和 Eyring 模型是最典型的物理加速模型。

（1）Arrhenius 模型。

1880 年，瑞典科学家 Arrhenius 基于大量数据首次提出了用于描述设备寿命与温度应力关系的 Arrhenius 模型。它是最经典和应用最广泛的加速模型，可表示为

$$\theta = A\exp\left(\frac{E_a}{\mathcal{K}T}\right) \tag{1.13}$$

式中：θ 为退化设备在温度加速应力作用下的寿命特性，如平均寿命、p 分位数寿命等；A 为与加速试验类型、失效模式等因素有关的常数；E_a 为活化能，它与发生失效模式的材料有关；$\mathcal{K}$ 为玻耳兹曼常数，$\mathcal{K} = 8.6171 \times 10^{-5}\,\text{eV/K}$；$T$ 为温度加速应力水平。将式（1.13）两边同时取对数可得

$$\ln\theta = \alpha + \beta \cdot \varphi(T) \tag{1.14}$$

式中：$\alpha = \ln A$，$\beta = E_a/\mathcal{K}$，$\varphi(T) = 1/T$。

Ye 等[125]研究了基于 IG 过程的最优 CSADT 方案，并利用 Arrhenius 关系将失效时间分布与温度应力联系起来。Wang 等[127]研究了基于 IG 过程退化模型的最优 SSADT 方案，并假定应力水平与 IG 分布平均值的函数服从 Arrhenius 关系。Guan 等[129]提出了一种分析基于 Wiener 过程 CSADT 的客观 Bayesian 方法。Lim 等[112]提出了一种基于 Wiener 过程的两阶段 ADT 方法。Guan 等[129]和 Lim 等[112]均假定漂移系数和温度应力之间的关系满足 Arrhenius 模型。

（2）Eyring 模型。

单应力 Eyring 模型是由量子力学原理推导而来的，刻画了设备寿命与温度应力水平的关系。广义 Eyring 模型可以被两种或两种以上的应力加速。如果使用两种不同的应力作为加速应力，且其中之一为温度应力。那么，Eyring 模型可以表示为

$$\theta = A\exp\left[\frac{E_a}{\mathcal{K}T} + V\left(B + \frac{C}{\mathcal{K}T}\right)\right] \tag{1.15}$$

式中：参数 θ、E_a 和 $\mathcal{K}$ 的定义与 Arrhenius 模型一致；参数 A、B 和 C 是与失效模式、加速试验类型等因素有关的常数。将式（1.15）两边同时取对数可得

$$\ln\theta = \alpha + \beta_1 \cdot \varphi_1(T) + \beta_2 \cdot \varphi_2(V) + \gamma \cdot \varphi_1(T)\varphi_2(V) \tag{1.16}$$

式中：$\alpha = \ln A$，$\beta_1 = E_a/\mathcal{K}$，$\varphi_1(T) = 1/T$，$\beta_2 = B$，$\varphi_2(V) = V$，$\gamma = C/\mathcal{K}$。

在式（1.16）中，$\varphi_1(T)\varphi_2(V)$ 为相互作用项，说明 Eyring 模型包含两种加速应力间的耦合效应。若能够通过假设检验或其他方法证明两个应力之间不存在相互作用，则可省略该项。

Tseng 等[130]通过大量测试，利用广义 Eyring 模型描述了设备寿命与温度应力和电压应力之间的关系。Srinivas 等[131]在振动、温度、湿度三种应力条件下，利用广义 Eyring 模型评估了设备的可靠性。Lan 等[132]利用多项式拟合的方法处理退化设备的历史环境数据，得到了温度和湿度的变化趋势，并基于累积失效模型和广义 Eyring 模型，研究了实际环境应力下设备的可靠性评估方法。

2) 经验加速模型

经验加速模型是工程师通过长期观察设备的性能来描述设备寿命特征与应力水平之间关系的模型。逆幂律模型和 Coffin-Manson 模型是常见的经验加速度模型。

(1) 逆幂律模型。

当以电应力（如电流、电压等）或机械应力为加速应力时，可通过逆幂律模型来刻画这类应力与设备寿命特征间的关系。它是最常见的经验加速度模型，可表示为

$$\theta = AS^\alpha \tag{1.17}$$

式中：θ 为退化设备在加速应力作用下的寿命特性；A 和 α 为与加速试验类型、失效模式等因素有关的常数；S 为所采用的加速应力水平。

将式 (1.17) 两边同时进行对数运算，可以得到线性化的逆幂律模型，即

$$\ln\theta = \beta + \alpha \cdot \varphi(S) \tag{1.18}$$

式中：$\beta = \ln A$，$\varphi(S) = \ln S$。

考虑到铜-石墨复合材料的摩擦学性能，Rajkumar 等[133]建立了基于逆幂律模型和 Weibull 分布的加速模型，以评估设备在正常工作应力水平下的可靠性。Srivastava 等[134]利用逆幂律模型建立了太阳能照明设备的寿命与应力之间的关系，并通过 D 最优准则优化试验方案，找出了最佳的应力率和最佳应力率变化点，有效地评估了设备的可靠性。Azrulhisham 等[135]通过逆幂律模型和疲劳寿命分布，获得了碳钢短轴的参数化模型，为可靠性评估提供了一种有效的方法。

(2) Coffin-Manson 模型。

Coffin-Manson 模型能够较好地刻画温度循环应力与设备寿命特征之间的对应关系。Cui[136]利用 Coffin-Manson 模型模拟循环温度应力下的裂纹扩展，并基于测试数据确定与裂纹失效机理相关的活化能。该方法可应用于不同应力水平下相同失效机理设备的可靠性评估中。Jacques 等[137]利用 Coffin-Manson 模型预测了功率循环中交流焊点三极管的寿命。Zhang 等[138]基于 Coffin-Manson 疲劳定律，建立了用于热冲击试验的引线键合寿命模型，并通过数值分析评估了 LED 封装的引线键合的可靠性。

3) 统计加速模型

统计加速模型是建立在统计分析方法基础上的加速模型，通常利用数理统计和随机过程的相关方法来处理物理和化学方法难以解释的加速退化数据。可将统计加速度模型分为参数模型和非参数模型两类。

参数模型中参数的数量与特征是确定的，其中，适用范围最广泛的是加速失效时间模型[139]，它假定协变量对设备的失效时间具有乘数效应。作为参数模型，需要预先确定设备的寿命分布形式，但对于大多数缺乏一定先验信息的设备而言，往往难以预先准确地确定设备的具体寿命分布形式。

为解决该问题，没有分布假设的非参数模型应运而生，其参数的数量和特征很灵活，无需事先确定。作为典型的非参数模型，Cox[140]提出了比例风险（Proportional Hazards，PH）模型，该模型假设协变量对设备的基准风险率函数具有乘数效应。Brass[141]通过观察大量患者的寿命发现，不同协变量水平的风险率函数可能不成比例，而是服从随时间推移而趋于收敛的复杂变化形式。基于此，Brass[142]进一步提出了比例优势模

型，并假设不同协变量水平下优势函数的比率是一个常数。为解决可靠性评估和 RUL 预测问题，与上述标准非参数模型的假设相反，研究人员提出了多种扩展加速模型。假设模型系数可以表示为时间的函数，Song 等[143]和 Kim 等[144]研究了具有时变系数的 PH 模型。Elsayed 等[145]基于 PH 模型同时考虑了时变系数和时间尺度的影响，提出了具有线性时变系数的广义扩展线性风险回归模型，利用加速条件下的失效时间数据估计正常工况下设备的寿命和可靠性。

任何加速度模型都是基于一定的假设，这些假设是否成立，直接关系到采用加速模型进行设备可靠性评估和 RUL 预测的准确性。鉴于此，为了使加速模型拥有更广泛的应用范围，如何改进已有的加速模型或设计全新的加速模型将是未来研究的重点；同时，改进后的新模型将不可避免地引入更多的参数，使模型更加复杂，如何准确估计模型参数，降低计算复杂度，将成为研究的难点。

1.3.3 多源数据融合的 RUL 预测方法

多源数据融合的 RUL 预测方法主要包括以下五种方式：①寿命数据与退化数据融合；②历史数据与在线数据融合；③加速应力退化数据与常规应力退化数据融合；④专家知识与测试数据融合；⑤不同模型预测结果相融合。其中，方式①和②侧重于对退化设备的实时预测；方式③侧重于增加样本的数据维度，扩大样本范围；方式④和⑤侧重于多种预测方法的融合。多源数据融合的 RUL 预测方法主要综合了增加样本量和丰富预测模型两种改进优化措施，对于提高预测的准确性和降低预测的不确定性具有一定的优势。

值得注意的是，Bayesian 方法是一种融合多源数据的有效途径，被广泛应用于 RUL 预测中。Wang 等[146]提出了一种将实验室加速退化数据与现场失效数据融合的 Bayesian 方法，通过引入校准因子来校准实验室环境和实际工作环境间的差异，提高了设备可靠性评估的准确性。Zhou 等[147]提出了一种基于数据库的离线建模阶段和基于个体退化数据的在线预测阶段的两步数据融合方法，并利用 Bayesian 公式更新失效分布，对设备进行 RUL 预测。

在实践过程中，通常利用常规工作应力水平下的 CM 数据来预测退化设备个体的 RUL。但是，CM 数据通常只反映设备退化过程中的部分特征，并且预测结果的准确性受到数据数量和质量的影响，在设备退化的初期阶段表现尤为明显。对于新研制或长寿命、高可靠的退化设备而言，常规应力水平下的退化数据非常有限，不能满足 RUL 预测准确性的要求。从 ADT 中得到的加速退化数据包含设备的丰富信息，利用加速退化数据进行建模，可以预测设备的寿命。然而，仅由加速退化数据得到的结果更适合表示同批次设备的寿命分布，难以推广到具体的单个退化设备。实际上，加速退化数据和相关的寿命预测结果包含了退化设备的大量有用信息，可将其视为对退化设备个体进行 RUL 预测的先验信息，利用 Bayesian 方法融合常规应力水平下的 CM 数据，可以实时预测退化设备个体的 RUL。因此，如何融合加速退化数据和 CM 数据以提高退化设备个体的 RUL 预测准确性，是需要关注的重点问题。

1.4 本书概况

经过可靠性领域的学者和工程师半个世纪以来的共同探索和钻研，有关随机退化建模和 RUL 预测的研究得到了快速发展，并取得了长足的进步和丰硕的成果，已广泛应用于各类工程工业设备和武器装备系统中[148-149]。但是，设备退化机理的复杂性、外部影响的随机性和退化过程的不确定性都会给设备的退化建模和 RUL 预测带来新的挑战。通过总结回顾和对比目前研究成果，本书旨在针对工程应用中随机退化设备的实际需求，探讨随机退化过程建模与 RUL 预测方法，介绍了作者及作者团队近年来的相关研究成果。本书既对部分已研究的问题提出了新颖的解决方案，也对个别尚未解决的问题给出了有效的解决方法。

1.4.1 主要解决问题

根据上述基于退化数据分析的设备 RUL 预测研究现状，并结合当前随机退化设备定寿延寿所面临的实际问题，本书将从以下几个方面进一步介绍随机退化设备的退化建模与 RUL 预测理论和方法。

1.4.1.1 基于 KL 距离的传感器测量误差可行域分析问题

针对随机退化设备建立退化模型并估计模型参数是预测其寿命和 RUL 必要且重要的步骤，均有赖于该设备所收集到的精准 CM 数据。但是，由于操作人员水平、测量工具精度及测试方法等因素，在实际工程中完美测量几乎不可能存在，即 CM 数据的测量不可避免地存在测量误差。这不仅会影响退化模型的建模精度，还会影响寿命和 RUL 预测结果的准确性。因此，有必要研究给定可接受寿命预测最大偏差情况下的 CM 数据可用性问题，即传感器误差模型参数的可行域分析问题，为选择合理的测量传感器提供理论上的依据与支撑。目前，仅有极少数文献对此展开研究[150-151]，且仅考虑测量误差为随机变量的情况。但在实际工程应用中，部分传感器的测量误差可能会随时间的推移存在趋势性的动态变化。此外，如何衡量真实寿命与基于含测量误差 CM 数据得到的伪寿命这一随机变量之间的偏差，仍有待深入研究。因此，有必要提出一种合理有效的衡量方法，并在给定真实寿命与伪寿命之间的偏差后，确定传感器误差可允许的范围，为传感器的选择提供参考和依据。

1.4.1.2 含自恢复特性的多阶段非线性退化建模与寿命预测问题

在实际工程应用中，往往因受到内部状态变化、外界环境改变和工况切换等因素的影响，导致设备退化过程的退化速率、波动程度及其他动态特性发生改变，呈现出两阶段甚至多阶段的特征。目前大多数文献主要关注多阶段退化过程的建模方法，难以得到 FHT 意义下的寿命和 RUL 的解析表达形式[2]。此外，部分设备在暂停工作后，其退化状态存在自恢复现象，并且因退化速率的变化而引起退化过程的非线性，如连续充放电的锂电池退化过程。在目前针对含自恢复特性的多阶段非线性退化建模研究中，均假设退化状态自恢复的大小及各阶段的退化模型是固定不变的[152]。但从实际退化数据中不难发现，每次自恢复所产生退化状态的改变是随机的，若忽略这类差异，将可能导致寿命预测结果产生偏差。因此，有必要在含自恢复特性的多阶段非线性退化建模中考虑退化状态自恢复量的差异和各阶段退化模型的区别,并推导其在 FHT 意义下寿命分布的解析表达式。

1.4.1.3 退化时间与退化状态同时依赖的非线性退化设备 RUL 自适应预测问题

在实际工程应用中,部分设备的退化过程与自身退化状态息息相关,但现有研究大多基于时间依赖退化模型,关于状态依赖退化模型的研究相对较少。如何改进常见的基于随机过程的连续状态退化模型,使其能够更加准确地描述设备非单调的退化过程对退化时间和状态的依赖特性,是一个需要重点关注的问题。在已有的关于退化时间和状态同时依赖的退化建模和 RUL 预测研究中,无论是考虑单变量退化过程[55,85],还是将不同设备个体的退化过程视为遵循相同随机过程的样本[153-156],均未考虑到退化设备的个体差异性。此外,设备的退化状态受测量噪声的干扰,存在测量不确定性,将影响模型参数估计和 RUL 预测的准确性。因此,研究退化数据检验模型的退化时间和状态依赖性,以及退化设备个体差异性和退化状态测量不确定性的影响,对准确预测退化设备的 RUL 具有重要的意义,但在目前研究中尚无可供参考的有效方法,有待更深入的研究。

1.4.1.4 考虑不完美维修的非线性退化设备自适应 RUL 预测问题

目前大多数关于 RUL 预测的研究均假设设备在全寿命周期内不存在任何形式的维修活动或者维修活动能够完美修复设备的性能状态。但在实际工程应用中,绝大部分维修活动属于不完美维修,即能够在一定程度上修复设备的性能水平,但无法使其恢复至全新状态。因此,有必要考虑不完美维修退化设备的 RUL 预测问题。已有学者分别考虑了不完美维修活动对设备退化状态[157]和退化速率[158]的影响,并且这种影响并非是固定的,可能会因维修次数或方式的不同而发生改变[159],但鲜有研究同时考虑不完美维修活动对这二者的影响。此外,随机退化设备在其寿命周期内除了呈现出共性的退化趋势外,不同设备的退化过程会存在明显的个体差异,为准确描述具体设备的退化过程,需要考虑退化设备的个体差异性。因此,如何综合考虑不完美维修对设备退化状态和退化速率的影响,并在推导退化设备 FHT 意义下的 RUL 分布时,将设备个体差异性纳入其中,是一个值得关注的工程实际问题。

1.4.1.5 融合加速退化数据与 CM 数据的非线性退化建模与 RUL 预测问题

对于长寿命、高可靠退化设备而言,往往难以在较短时间内得到足够的退化数据以预测其 RUL。工程师们通常利用由 ADT 得到的包含退化设备丰富信息的加速退化数据作为先验信息,融合退化设备在正常工作应力水平下的 CM 数据来预测其 RUL。在目前大多数关于融合加速退化数据与 CM 数据预测退化设备 RUL 的研究中,为便于退化模型参数的更新和 RUL 分布的推导,通常假设模型参数服从共轭先验分布,但所假设的分布类型不一定与实际退化数据相匹配。此外,模型参数与加速应力水平的关系也是需要重点关注的问题,虽然在已有研究中存在大量相关的假设,但鲜有文献考虑非线性退化模型中漂移参数和扩散参数与加速应力水平之间的关系。因此,如何确定非线性退化设备中模型参数与加速应力水平之间的关系,并不预先假定模型参数的分布类型,融合加速退化数据和 CM 数据,以提高退化设备个体的 RUL 预测准确性是需要关注的重点问题。

1.4.1.6　考虑多重不确定性的非线性步进应力加速退化建模与 RUL 预测问题

设备退化过程随时间变化的不确定性是随机退化过程固有的时变不确定性，设备退化所表现出异于共性退化趋势的差异是设备的个体差异性，设备退化状态的监测不可避免地受测量误差的影响，称为退化状态的测量不确定性。在基于常规应力退化数据的退化建模和 RUL 预测研究中，已有文献考虑了退化过程的非线性和上述三重不确定性的影响。但是在针对长寿命、高可靠退化设备的加速退化建模研究中，大多文献仅考虑了一重或两重不确定性。此外，在加速退化建模中，与设备退化状态的测量不确定性相类似，加速应力水平作为协变量的测量也存在不确定性，但在加速退化建模中考虑协变量测量不确定性的研究非常有限，仅有针对设备可靠性评估的研究，无法应用于 RUL 预测中。因此，有必要考虑加速退化建模中非线性和多重不确定性的影响，尤其是协变量的测量不确定性，准确地估计退化模型参数，并推导退化设备在 FHT 意义下的 RUL 分布。

1.4.1.7　基于最后逃逸时间的随机退化设备寿命预测问题

在现有基于随机退化过程建模的寿命和 RUL 预测研究中，通常将设备首次达到失效阈值的时间定义为寿命，即 FHT 意义下的寿命。这种寿命定义方式虽然适用于一些对安全性要求较高的关键设备，但是相对保守。例如，当设备的退化过程具有较大的随机性与波动性时，基于 FHT 的定义方式可能会导致退化过程较早达到给定的失效阈值而引起设备提前终止运行，造成较大的浪费。迄今为止，鲜有文献考虑这一实际问题。最后逃逸时间（Last Exit Time，LET）定义为设备退化过程最后一次离开阈值的时刻[160-161]，即退化设备最后一次达到失效阈值的时刻，此后退化过程将彻底远离失效阈值。相较于对数据的动态随机性十分敏感的 FHT 定义来说，LET 定义具有更强的鲁棒性，能够避免由于退化过程动态随机性与数据波动性所导致的设备过早终止运行。因此，有必要考虑 LET 意义下随机退化设备寿命与 RUL 的定义方式，并基于常见的随机过程模型，预测 LET 意义下随机退化设备的寿命。

本书着眼于复杂随机退化设备 RUL 预测中的实际工程需求，立足于提高退化设备寿命和 RUL 预测的精度，针对上述问题开展随机退化设备的退化建模与 RUL 预测方法研究。

1.4.2　结构安排

本书主要围绕融合多源信息的设备退化建模与 RUL 预测方法进行介绍，分共 9 章，各章具体内容概括如下：

第 1 章简述退化建模与 RUL 预测的研究进展，系统综述基于退化数据分析的设备 RUL 预测方法，最后对本书概况进行简要介绍。

第 2 章针对如何在给定寿命预测性能水平情况下分析确定传感器测量误差可行域的问题，提出一种基于 KL 距离的传感器测量误差模型参数可行域分析方法，有效度量随机变量间的偏差；分别考虑时间相关、时间无关测量误差两种情况下对寿命预测精度的影响，并基于所提出的 KL 距离构造寿命预测偏差的解析表达式；在给定最大可接受寿命预测偏差下，得到传感器测量误差模型参数的可行域分析结果，并讨论测量误差对于维护决策的影响；通过数值仿真和高炉退化数据的实例研究，验证本章所提方法的有效性。

第 3 章针对含自恢复特性的多阶段非线性退化设备，提出一种基于多阶段非线性 Wiener 过程退化模型的寿命预测方法，充分考虑自恢复现象可能带来的退化状态突变与退化速率改变，通过引入模型参数的随机效应来描述不同阶段自恢复现象影响的差异性；给出阶段变点处转移概率的近似表达式，并推导得到 FHT 意义下寿命 PDF 的近似表达式；利用条件期望最大化算法估计退化模型的参数，克服传统 MLE 与 EM 算法的缺陷；通过数值仿真和锂电池退化数据的实例研究，验证本章所提方法的有效性。

第 4 章针对退化过程同时依赖退化时间和退化状态的非线性退化设备，提出一种考虑退化设备个体差异性和退化状态测量不确定性的 RUL 自适应预测方法；利用扩展卡尔曼滤波（Extended Kalman Filtering，EKF）算法估计设备退化过程中的真实退化状态和随机效应参数，推导得到 FHT 意义下退化设备 RUL 分布 PDF 的近似解析解；利用 EKF 算法和 EM 算法联合估计设备的退化状态和模型的未知参数，当获得最新可用的 CM 数据时，可对当前时刻的退化状态和模型参数进行更新，从而实现退化设备的 RUL 自适应预测；通过数值仿真和滚珠轴承退化数据的实例研究，验证本章所提方法的有效性。

第 5 章针对实际工程应用中在寿命周期内存在不完美维修活动的退化设备，提出一种考虑不完美维修活动对设备退化状态和退化速率同时影响的 RUL 自适应预测方法，充分考虑退化设备的个体差异性和退化过程的随机性；利用卷积算子和 MC 算法推导得到 FHT 意义下退化设备 RUL 分布 PDF 的解析表达式；分别基于设备的历史退化数据和 CM 数据对退化模型的参数进行估计和更新，从而实现退化设备 RUL 的自适应预测；通过数值仿真和某型陀螺仪退化数据的实例研究，验证本章所提方法的有效性。

第 6 章针对长寿命、高可靠退化设备难以在短时间内获得足够的退化数据以预测其 RUL 的问题，提出一种融合加速退化数据与 CM 数据的非线性退化建模与 RUL 预测方法；利用 Arrhenius 加速模型建立模型参数与加速应力水平的对应关系，根据加速因子一致性原则确定加速因子，并推导出不同应力水平下模型参数之间的折算转换关系；以退化设备的恒定应力加速退化数据为先验信息，利用基于 MLE 算法的两步参数估计算法估计各加速应力水平下的退化模型参数，并根据加速因子将模型参数折算至工作应力水平下，利用 AD 拟合优度检验方法确定模型参数的先验分布类型；根据退化设备在工作应力水平下的 CM 数据，利用基于 Gibbs 采样的 MCMC 方法实现模型参数的 Bayesian 更新，从而得到考虑模型参数随机性的 RUL 预测值；通过某型加速度计退化数据的实例研究，验证本章所提方法的有效性。

第 7 章针对步进应力加速退化模型中存在的时变不确定性、个体差异性以及退化状态和协变量的测量不确定性，提出一种考虑多重不确定性的非线性步进应力加速退化建模与 RUL 预测方法；基于 FHT 的概念，利用全概率公式推导得到考虑非线性和多重不确定性情况下，退化设备 RUL 分布 PDF 的近似解析解；提出一种改进的 MLE-SIMEX 模型参数估计方法，基于退化设备的步进应力加速退化数据，依次通过仿真、MLE 和外推步骤得到退化模型的参数估计值，基于退化设备在工作应力水平下的 CM 数据，利用 Bayesian 推理的方法更新退化模型漂移系数的均值和方差，从而实现退化设备 RUL 的自适应预测；通过数值仿真和某型陀螺仪退化数据的实例研究，验证本章所提方法的有效性。

第 8 章针对现有随机退化设备的寿命和 RUL 预测研究中，传统 FHT 意义下寿命与 RUL 预测结果相对较为保守的缺陷，提出一种新的基于 LET 概念的寿命与 RUL 定义框架；推导得到 LET 意义下基于 Wiener 过程退化模型的寿命和 RUL 分布表达式，并讨论该方法与 FHT 意义下寿命预测方法之间的关系；在此基础上，将所提方法扩展至考虑模型参数随机效应的情形，并推导得到寿命分布的表达式；通过数值仿真和对模型参数的敏感性分析验证本书所提方法的正确性，通过滚珠轴承和激光器退化数据的实例研究，验证本文所提方法的可行性与有效性。

第 9 章对全书的研究成果进行简要的总结，并对未来围绕融合多源信息的设备退化建模与 RUL 预测研究做出展望。

参 考 文 献

［1］ 周东华, 魏慕恒, 司小胜. 工业过程异常检测、寿命预测与维修决策的研究进展［J］. 自动化学报, 2013, 39（06）: 711-722.

［2］ Zhang Z X, Si X S, Hu C H, et al. Degradation data analysis and remaining useful life estimation: A review on Wiener-process-based methods［J］. European Journal of Operational Research, 2018, 271（3）: 775-796.

［3］ Si X S, Wang W B, Hu C H, et al. Remaining useful life estimation: A review on the statistical data driven approaches［J］. European Journal of Operational Research, 2011, 213（1）: 1-14.

［4］ Liao L X, Kottig F. Review of hybrid prognostics approaches for remaining useful life prediction of engineered systems, and an application to battery life prediction［J］. IEEE Transactions on Reliability, 2014, 63（1）: 191-207.

［5］ Si X S, Zhang Z X, Hu C H, et al. Data-driven remaining useful life prognosis techniques［M］. New York: Springer, 2017.

［6］ 周东华, 叶银忠. 现代故障诊断与容错控制［M］. 北京: 清华大学出版社, 2000.

［7］ 宋守信, 陈明利. 关于信息社会安全理论发展的几点思考——甬温线动车事故的启示［J］. 中国安全科学学报, 2013（03）: 140-144.

［8］ 张兴凯. 我国"十二五"期间生产安全死亡事故直接经济损失估算［J］. 中国安全生产科学技术, 2016, 12（6）: 5-8.

［9］ Bevilacqua M, Braglia M. The analytic hierarchy process applied to maintenance strategy selection［J］. Reliability Engineering & System Safety, 2000, 70（1）: 71-83.

［10］ 曾声奎, Pecht M G, 吴际. 故障预测与健康管理（PHM）技术的现状与发展［J］. 航空学报, 2005, 26（5）: 626-632.

［11］ Pecht M G. Prognostics and health management［M］. New York: Springer, 2013.

［12］ 陆宁云, 陈闯, 姜斌, 等. 复杂系统维护策略最新研究进展: 从视情维护到预测性维护［J］. 自动化学报, 2021, 47（01）: 1-17.

［13］ 袁烨, 张永, 丁汉. 工业人工智能的关键技术及其在预测性维护中的应用现状［J］. 自动化学报, 2020, 46（10）: 13-30.

［14］ Smith G, Schroeder J, Navarro S, et al. Development of a prognostics and health management capability for the joint strike fighter［C］//1997 IEEE Autotestcon Proceedings AUTOTESTCON'97. California: IEEE, 1997: 676-682.

[15] Hofmann E. Performance based logistics: A new management approach in the defense sector [M]// Performance Based Logistics. Wiesbaden: Springer, 2014: 127-163.

[16] 王亮, 吕卫民, 冯佳晨. 导弹 PHM 系统中的传感器应用研究 [J]. 战术导弹技术, 2011 (02): 110-114.

[17] 王茜, 李志强, 张孝虎, 等. PHM 在空空导弹勤务保障中的应用 [J]. 火力与指挥控制, 2015, 40 (05): 21-24+28.

[18] 彭坚. 临近空间高超声速飞行器电源系统故障预测与健康管理关键技术研究 [D]. 长沙: 国防科技大学, 2014.

[19] 王景霖, 林泽力, 郑国, 等. 飞机机电系统 PHM 技术方案研究 [J]. 计算机测量与控制, 2016, 24 (5): 163-166.

[20] 王少萍. 大型飞机机载系统预测与健康管理关键技术 [J]. 航空学报, 2014, 35 (6): 1459-1472.

[21] 杨怀志. 高速铁路大型桥梁养护维修 PHM 系统应用初探 [J]. 铁道建筑, 2017 (6): 12-16+35.

[22] 王玘, 何正友, 林圣, 等. 高铁牵引供电系统 PHM 与主动维护研究 [J]. 西南交通大学学报, 2015, 50 (5): 942-952.

[23] Li N P, Gebraeel N, Lei Y G, et al. Remaining useful life prediction of machinery under time-varying operating conditions based on a two-factor state-space model [J]. Reliability Engineering & System Safety, 2019, 186: 88-100.

[24] Si X S, Li T M, Zhang Q. A general stochastic degradation modeling approach for prognostics of degrading systems with surviving and uncertain measurements [J]. IEEE Transactions on Reliability, 2019, 68 (3): 1080-1100.

[25] Wu J P, Kang R, Li X Y. Uncertain accelerated degradation modeling and analysis considering epistemic uncertainties in time and unit dimension [J]. Reliability Engineering & System Safety, 2020, 201: 106967.

[26] Alamaniotis M, Grelle A, Tsoukalas L H. Regression to fuzziness method for estimation of remaining useful life in power plant components [J]. Mechanical Systems and Signal Processing, 2014, 48 (1-2): 188-198.

[27] Zhang Q, Tse P W T, Wan X, et al. Remaining useful life estimation for mechanical systems based on similarity of phase space trajectory [J]. Expert Systems with Applications, 2015, 42 (5): 2353-2360.

[28] Eker O F, Camci F, Jennions I K. Physics-based prognostic modelling of filter clogging phenomena [J]. Mechanical Systems and Signal Processing, 2016, 75: 395-412.

[29] An D, Kim N H, Choi J H. Practical options for selecting data-driven or physics- based prognostics algorithms with reviews [J]. Reliability Engineering & System Safety, 2015, 133 (1): 223-236.

[30] Lee J, Wu F J, Zhao W Y, et al. Prognostics and health management design for rotary machinery systems: Reviews, methodology and applications [J]. Mechanical Systems and Signal Processing, 2014, 42 (1-2): 314-334.

[31] Lei Y G, Li N P, Guo L, et al. Machinery health prognostics: A systematic review from data acquisition to RUL prediction [J]. Mechanical Systems and Signal Processing, 2018, 104: 799-834.

[32] Van Noortwijk J M. A survey of the application of gamma processes in maintenance [J]. Reliability Engineering & System Safety, 2009, 94 (1): 2-21.

[33] Lu C J, Meeker W O. Using degradation measures to estimate a time-to-failure distribution [J]. Tech-

nometrics, 1993, 35 (2): 161-174.

[34] Tseng S T, Hamada M, Chiao C H. Using degradation data to improve fluorescent lamp reliability [J]. Journal of Quality Technology, 1995, 27 (4): 363-369.

[35] Zuo M J, Jiang R Y, Yam R C. Approaches for reliability modeling of continuous state devices [J]. IEEE Transactions on Reliability, 1999, 48 (1): 9-18.

[36] Robinson M E, Crowder M J. Bayesian methods for a growth-curve degradation model with repeated measures [J]. Lifetime Data Analysis, 2000, 6 (4): 357-374.

[37] Gebraeel N, Lawley M, Li R, et al. Residual-life distributions from component degradation signals: A Bayesian approach [J]. IIE Transactions, 2005, 37 (6): 543-557.

[38] Xu Z, Zhou D. A degradation measurements based real-time reliability prediction method [J]. IFAC Proceedings Volumes, 2006, 39 (13): 950-955.

[39] Bae S J, Yuan T, Ning S L, et al. A Bayesian approach to modeling two-phase degradation using change-point regression [J]. Reliability Engineering & System Safety, 2015, 134: 66-74.

[40] Yuan T, Bae S J, Zhu X Y. A Bayesian approach to degradation-based burn-in optimization for display products exhibiting two-phase degradation patterns [J]. Reliability Engineering & System Safety, 2016, 155: 55-63.

[41] Wang X. Nonparametric estimation of the shape function in a gamma process for degradation data [J]. Canadian Journal of Statistics, 2009, 37 (1): 102-118.

[42] Wang X L, Balakrishnan N, Guo B, et al. Residual life estimation based on bivariate non-stationary gamma degradation process [J]. Journal of Statistical Computation and Simulation, 2015, 85 (2): 405-421.

[43] Guida M, Postiglione F, Pulcini G. A time-discrete extended gamma process for time-dependent degradation phenomena [J]. Reliability Engineering & System Safety, 2012, 105: 73-79.

[44] Rodríguez-Picón L A, Rodríguez-Picón A P, Méndez-González L C, et al. Degradation modeling based on gamma process models with random effects [J]. Communications in Statistics-Simulation and Computation, 2018, 47 (6): 1796-1810.

[45] Ling M H, Ng H, Tsui K L. Bayesian and likelihood inferences on remaining useful life in two-phase degradation models under gamma process [J]. Reliability Engineering & System Safety, 2019, 184: 77-85.

[46] Santini T, Morand S, Fouladirad M, et al. Non-homogenous gamma process: Application to SiC MOSFET threshold voltage instability [J]. Microelectronics Reliability, 2017, 75: 14-19.

[47] Si X S, Li T M, Zhang Q, et al. Prognostics for linear stochastic degrading systems with survival measurements [J]. IEEE Transactions on Industrial Electronics, 2019, 67 (4): 3202-3215.

[48] Whitmore G A, Schenkelberg F. Modelling accelerated degradation data using Wiener diffusion with a time scale transformation [J]. Lifetime Data Analysis, 1997, 3 (1): 27-45.

[49] Ye Z S, Wang Y, Tsui K L, et al. Degradation data analysis using Wiener processes with measurement errors [J]. IEEE Transactions on Reliability, 2013, 62 (4): 772-780.

[50] Ye Z S, Chen N, Shen Y. A new class of Wiener process models for degradation analysis [J]. Reliability Engineering & System Safety, 2015, 139: 58-67.

[51] Wen Y X, Wu J G, Das D, et al. Degradation modeling and RUL prediction using Wiener process subject to multiple change points and unit heterogeneity [J]. Reliability Engineering & System Safety, 2018, 176: 113-124.

[52] Elwany A A, Gebraeel N. Real-time estimation of mean remaining life using sensor-based degradation

models [J]. Journal of Manufacturing Science and Engineering, 2009, 131 (5): 051005.

[53] Wang X. Wiener processes with random effects for degradation data [J]. Journal of Multivariate Analysis, 2010, 101 (2): 340-351.

[54] Si X S, Wang W B, Hu C H, et al. Remaining useful life estimation based on a nonlinear diffusion degradation process [J]. IEEE Transactions on Reliability, 2012, 61 (1): 50-67.

[55] Zhang Z X, Si X S, Hu C H. An age- and state-dependent nonlinear prognostic model for degrading systems [J]. IEEE Transactions on Reliability, 2015, 64 (4): 1214-1228.

[56] Peng C Y, Tseng S T. Mis-specification analysis of linear degradation models [J]. IEEE Transactions on Reliability, 2009, 58 (3): 444-455.

[57] Peng C Y, Tseng S T. Statistical lifetime inference with skew-Wiener linear degradation models [J]. IEEE Transactions on Reliability, 2013, 62 (2): 338-350.

[58] Si X S, Wang W B, Hu C H, et al. Estimating remaining useful life with three-source variability in degradation modeling [J]. IEEE Transactions on Reliability, 2014, 63 (1): 167-190.

[59] Zheng J F, Si X S, Hu C H, et al. A nonlinear prognostic model for degrading systems with three-source variability [J]. IEEE Transactions on Reliability, 2016, 65 (2): 736-750.

[60] Zhang Z X, Si X S, Hu C H, et al. Planning repeated degradation testing for products with three-source variability [J]. IEEE Transactions on Reliability, 2016, 65 (2): 640-647.

[61] Si X S, Hu C H, Wang W B. A real-time variable cost-based maintenance model from prognostic information [C]//2012 IEEE Prognostics and System Health Management. Beijing: IEEE, 2012: 1-6.

[62] 胡昌华, 裴洪, 王兆强, 等. 不完美维护活动干预下的设备剩余寿命估计 [J]. 中国惯性技术学报, 2016, 24 (5): 688-695.

[63] Liu B, Zhao X J, Yeh R H, et al. Imperfect inspection policy for systems with multiple correlated degradation processes [J]. IFAC-PapersOnLine, 2016, 49 (12): 1377-1382.

[64] Wang X, Xu D H. An inverse Gaussian process model for degradation data [J]. Technometrics, 2010, 52 (2): 188-197.

[65] Ye Z S, Chen N. The Inverse Gaussian process as a degradation model [J]. Technometrics, 2014, 56 (3): 302-311.

[66] Chen N, Ye Z S, Xiang Y S, et al. Condition-based maintenance using the inverse Gaussian degradation model [J]. European Journal of Operational Research, 2015, 243 (1): 190-199.

[67] Peng W W, Li Y F, Yang Y J, et al. Bayesian degradation analysis with Inverse Gaussian process models under time-varying degradation rates [J]. IEEE Transactions on Reliability, 2017, 66 (1): 84-96.

[68] Duan F J, Wang G J, Wang H. Inverse Gaussian process models for bivariate degradation analysis: A Bayesian perspective [J]. Communications in Statistics-Simulation and Computation, 2018, 47 (1): 166-186.

[69] Sun Q, Zhou J L, Zhong Z, et al. Gauss-Poisson joint distribution model for degradation failure [J]. IEEE Transactions on Plasma Science, 2004, 32 (5): 1864-1868.

[70] Klutke G A, Yang Y. The availability of inspected systems subject to shocks and graceful degradation [J]. IEEE Transactions on Reliability, 2002, 51 (3): 371-374.

[71] Kharoufeh J P. Explicit results for wear processes in a Markovian environment [J]. Operations Research Letters, 2003, 31 (3): 237-244.

[72] Kharoufeh J P, Cox S M. Stochastic models for degradation-based reliability [J]. IIE Transactions, 2005, 37 (6): 533-542.

[73] 张永强, 冯静, 刘琦, 等. 基于 Poisson-Normal 过程性能退化模型的可靠性分析 [J]. 系统工程与电子技术, 2006, 28 (11): 1775-1778.

[74] 张永强, 刘琦, 周经伦. 小子样条件下基于 Normal-Poisson 过程的性能可靠性评定 [J]. 国防科技大学学报, 2006, 28 (3): 128-132.

[75] Bocchetti D, Giorgio M, Guida M, et al. A competing risk model for the reliability of cylinder liners in marine Diesel engines [J]. Reliability Engineering & System Safety, 2009, 94 (8): 1299-1307.

[76] Kharoufeh J P, Sipe J A. Evaluating failure time probabilities for a Markovian wear process [J]. Computers & Operations Research, 2005, 32 (5): 1131-1145.

[77] Kharoufeh J P, Cox S M, Oxley M E. Reliability of manufacturing equipment in complex environments [J]. Annals of Operations Research, 2013, 209 (1): 231-254.

[78] Kharoufeh J P, Mixon D G. On a Markov-modulated shock and wear process [J]. Naval Research Logistics (NRL), 2009, 56 (6): 563-576.

[79] Kharoufeh J P, Solo C J, Ulukus M Y. Semi-Markov models for degradation-based reliability [J]. IIE Transactions, 2010, 42 (8): 599-612.

[80] Jiang H, Chen J, Dong G. Hidden Markov model and nuisance attribute projection based bearing performance degradation assessment [J]. Mechanical Systems and Signal Processing, 2016, 72: 184-205.

[81] Vrignat P, Avila M, Duculty F, et al. Maintenance policy: Degradation laws versus hidden Markov model availability indicator [J]. Proceedings of the Institution of Mechanical Engineers, Part O: Journal of Risk and Reliability, 2012, 226 (2): 137-155.

[82] Mandelbrot B B, Van Ness J W. Fractional Brownian motions, fractional noises and applications [J]. SIAM Review, 1968, 10 (4): 422-437.

[83] Xi X P, Chen M Y, Zhou D H. Remaining useful life prediction for degradation processes with memory effects [J]. IEEE Transactions on Reliability, 2017, 66 (3): 751-760.

[84] Zhang H W, Chen M Y, Xi X P, et al. Remaining useful life prediction for degradation processes with long-range dependence [J]. IEEE Transactions on Reliability, 2017, 66 (4): 1368-1379.

[85] Zhang H W, Zhou D H, Chen M Y, et al. Predicting remaining useful life based on a generalized degradation with fractional Brownian motion [J]. Mechanical Systems and Signal Processing, 2019, 115: 736-752.

[86] Escobar L A, Meeker W Q. A review of accelerated test models [J]. Statistical Science, 2006, 21 (4): 552-577.

[87] Nelson W. Accelerated testing: statistical models, test plans, and data analysis [M]. New York: John Wiley & Sons, 2009.

[88] Nelson W. Analysis of performance-degradation data from accelerated tests [J]. IEEE Transactions on Reliability, 1981, 30 (2): 149-155.

[89] Han D. Time and cost constrained optimal designs of constant-stress and step-stress accelerated life tests [J]. Reliability Engineering & System Safety, 2015, 140: 1-14.

[90] Cai M, Yang D G, Zheng J N, et al. Thermal degradation kinetics of LED lamps in step-up-stress and step-down-stress accelerated degradation testing [J]. Applied Thermal Engineering, 2016, 107: 918-926.

[91] Peng C Y, Tseng S T. Progressive-stress accelerated degradation test for highly-reliable products [J]. IEEE Transactions on Reliability, 2010, 59 (1): 30-37.

[92] Luo H Z, Baker N, Iannuzzo F, et al. Die degradation effect on aging rate in accelerated cycling tests of

SiC power MOSFET modules [J]. Microelectronics Reliability, 2017, 76: 415-419.

[93] 刘强. 基于失效物理的性能可靠性技术及应用研究 [D]. 长沙: 国防科学技术大学, 2011.

[94] Wang F K, Chu T P. Lifetime predictions of LED-based light bars by accelerated degradation test [J]. Microelectronics Reliability, 2012, 52 (7): 1332-1336.

[95] 马小兵, 王晋忠, 赵宇. 基于伪寿命分布的退化数据可靠性评估方法 [J]. 系统工程与电子技术, 2011, 33 (1): 228-232.

[96] Gebraeel N Z, Lawley M A. A neural network degradation model for computing and updating residual life distributions [J]. IEEE Transactions on Automation Science and Engineering, 2008, 5 (1): 154-163.

[97] Wu J, Deng C, Shao X Y, et al. A reliability assessment method based on support vector machines for CNC equipment [J]. Science in China Series E: Technological Sciences, 2009, 52 (7): 1849-1857.

[98] Wang Z B, Zhai G F, Huang X Y, et al. Combination forecasting method for storage reliability parameters of aerospace relays based on grey-artificial neural networks [J]. International Journal of Innovative Computing, Information and Control, 2013, 9 (9): 3807-3816.

[99] Lee T H, Park K Y, Kim J T, et al. Degradation analysis of anode-supported intermediate temperature-solid oxide fuel cells under various failure modes [J]. Journal of Power Sources, 2015, 276: 120-132.

[100] 徐廷学, 王浩伟, 张磊. 恒定应力加速退化试验中避免伪寿命分布误指定的一种建模方法 [J]. 兵工学报, 2014, 35 (12): 2098-2103.

[101] Huang W, Dietrich D L. An alternative degradation reliability modeling approach using maximum likelihood estimation [J]. IEEE Transactions on Reliability, 2005, 54 (2): 310-317.

[102] Jiang R Y, Jardine A K S. Health state evaluation of an item: A general frame-work and graphical representation [J]. Reliability Engineering & System Safety, 2008, 93 (1): 89-99.

[103] 王浩伟, 奚文骏, 赵建印, 等. 加速应力下基于退化量分布的可靠性评估方法 [J]. 系统工程与电子技术, 2016, 38 (1): 239-244.

[104] Shi Y, Meeker W Q. Bayesian methods for accelerated destructive degradation test planning [J]. IEEE Transactions on Reliability, 2011, 61 (1): 245-253.

[105] Hu C H, Lee M Y, Tang J. Optimum step-stress accelerated degradation test for Wiener degradation process under constraints [J]. European Journal of Operational Research, 2015, 241 (2): 412-421.

[106] Jin G, Matthews D E, Zhou Z B. A Bayesian framework for on-line degradation assessment and residual life prediction of secondary batteries inspacecraft [J]. Reliability Engineering & System Safety, 2013, 113 (1): 7-20.

[107] Zhai Q Q, Chen P, Hong L Q, et al. A random-effects Wiener degradation model based on accelerated failure time [J]. Reliability Engineering & System Safety, 2018, 180: 94-103.

[108] Li H, Pan D H, Chen C P. Reliability modeling and life estimation using an expectation maximization based Wiener degradation model for momentum wheels [J]. IEEE Transactions on Cybernetics, 2014, 45 (5): 969-977.

[109] Wang X L, Jiang P, Guo B, et al. Real-time reliability evaluation with a general Wiener process-based degradation model [J]. Quality and Reliability Engineering International, 2014, 30 (2): 205-220.

[110] Zhao X J, Xu J Y, Liu B. Accelerated degradation tests planning with competing failure modes [J]. IEEE Transactions on Reliability, 2017, 67 (1): 142-155.

[111] Hao S H, Yang J, Berenguer C. Nonlinear step-stress accelerated degradation modelling considering three sources of variability [J]. Reliability Engineering & System Safety, 2018, 172: 207-215.

[112] Lim H, Kim Y S, Bae S J, et al. Partial accelerated degradation test plans for Wiener degradation processes [J]. Quality Technology & Quantitative Management, 2019, 16 (1): 67-81.

[113] Liao H T, Elsayed E A. Reliability inference for field conditions from accelerated degradation testing [J]. Naval Research Logistics, 2006, 53 (6): 576-587.

[114] Wang H W, Xi W J. Acceleration factor constant principle and the application under ADT [J]. Quality and Reliability Engineering International, 2016, 32 (7): 2591-2600.

[115] Wang H W, Xu T X, Wang W Y. Remaining life prediction based on Wiener processes with ADT prior information [J]. Quality and Reliability Engineering International, 2016, 32 (3): 753-765.

[116] Pan Z, Balakrishnan N. Multiple-steps step-stress accelerated degradation modeling based on Wiener and gamma processes [J]. Communications in Statistics – Simulation and Computation, 2010, 39 (7): 1384-1402.

[117] Ling M H, Tsui K L, Balakrishnan N. Accelerated degradation analysis for the quality of a system based on the gamma process [J]. IEEE Transactions on Reliability, 2014, 64 (1): 463-472.

[118] Zhang C H, Lu X, Tan Y Y, et al. Reliability demonstration methodology for products with gamma process by optimal accelerated degradation testing [J]. Reliability Engineering & System Safety, 2015, 142: 369-377.

[119] Tsai T R, Sung W Y, Lio Y, et al. Optimal two-variable accelerated degradation test plan for gamma degradation processes [J]. IEEE Transactions on Reliability, 2015, 65 (1): 459-468.

[120] Tseng S T, Balakrishnan N, Tsai C C. Optimal step-stress accelerated degradation test plan for gamma degradation processes [J]. IEEE Transactions on Reliability, 2009, 58 (4): 611-618.

[121] Duan F J, Wang G J. Optimal design for constant-stress accelerated degradation test based on gamma process [J]. Communications in Statistics-Theory and Methods, 2019, 48 (9): 2229-2253.

[122] Wang X. Nonparametric estimation of the shape function in a gamma process for degradation data [J]. Canadian Journal of Statistics, 2009, 37 (1): 102-118.

[123] Wang H W, Xu T X, Mi Q L. Lifetime prediction based on Gamma processes from accelerated degradation data [J]. Chinese Journal of Aeronautics, 2015, 28 (1): 172-179.

[124] Wang X, Xu D H. An inverse Gaussian process model for degradation data [J]. Technometrics, 2010, 52 (2): 188-197.

[125] Ye Z S, Chen L P, Tang L C, et al. Accelerated degradation test planning using the inverse Gaussian process [J]. IEEE Transactions on Reliability, 2014, 63 (3): 750-763.

[126] Peng C Y. Inverse Gaussian processes with random effects and explanatory variables for degradation data [J]. Technometrics, 2015, 57 (1): 100-111.

[127] Wang H, Wang G J, Duan F J. Planning of step-stress accelerated degradation test based on the inverse Gaussian process [J]. Reliability Engineering & System Safety, 2016, 154: 97-105.

[128] Duan F J, Wang G J. Optimal step-stress accelerated degradation test plans for inverse Gaussian process based on proportional degradation rate model [J]. Journal of Statistical Computation and Simulation, 2018, 88 (2): 305-328.

[129] Guan Q, Tang Y C, Xu A C. Objective Bayesian analysis accelerated degradation test based on Wiener process models [J]. Applied Mathematical Modelling, 2016, 40 (4): 2743-2755.

[130] Tseng S T, Peng C Y. Stochastic diffusion modeling of degradation data [J]. Journal of Data Science, 2007, 5 (3): 315-333.

[131] Srinivas M B, Ramu T S. Multifactor aging of HV generator stator insulation including mechanical vibrations [J]. IEEE Transactions on Electrical Insulation, 1992, 27 (5): 1009-1021.

[132] Lan J, Yuan M, Yuan H J, et al. Reliability assessment under real world environmental stress [C]// 2017 Second International Conference on Reliability Systems Engineering. Beijing: IEEE, 2017: 1-5.

[133] Rajkumar K, Kundu K, Aravindan S, et al. Accelerated wear testing for evaluating the life characteristics of copper-graphite tribological composite [J]. Materials & Design, 2011, 32 (5): 3029-3035.

[134] Srivastava P W, Gupta T. Optimum modified ramp-stress ALT plan with competing causes of failure [J]. International Journal of Quality & Reliability Man- agement, 2017, 34 (5): 733-746.

[135] Azrulhisham E A, Mohamad W M W, Hamid H F A. Inverse power law model for operative life estimation of carbon steel stub axle [R]. Birmingham, UK: SAE Technical Paper, 2013: 1-7.

[136] Cui H. Accelerated temperature cycle test and Coffin-Manson model for electronic packaging [C]// Annual Reliability and Maintainability Symposium. Alexandria, VA, USA: IEEE, 2005: 556-560.

[137] Jacques S, Caldeira A, Batut N, et al. A Coffin-Manson model to predict the TRIAC solder joints fatigue during power cycling [C]//14th European Conference on Power Electronics and Applications. Birmingham, UK: IEEE, 2011: 1-8.

[138] Zhang S U, Lee B W. Fatigue life evaluation of wire bonds in LED packages using numerical analysis [J]. Microelectronics Reliability, 2014, 54 (12): 2853-2859.

[139] Elsayed E A. Reliability engineering [M]. New York: John Wiley & Sons, 2020.

[140] Cox D R. Regression models and life-tables [J]. Journal of the Royal Statistical Society: Series B (Methodological), 1972, 34 (2): 187-202.

[141] Brass W. On the scale of mortality [C]//Biological Aspects of Mortality, Symposia of the Society for the Study of Human Biology. London: Taylor & Francis, 1971: 69-110.

[142] Brass W. Mortality models and their uses in demograpgh [J]. Transactions of the Faculty of Actuaries, 1971, 33 (239): 123-142.

[143] Song X, Wang C Y. Time-varying coefficient proportional hazards model with missing covariates [J]. Statistics in Medicine, 2013, 32 (12): 2013-2030.

[144] Kim G, Kim Y, Choi T. Bayesian analysis of the proportional hazards model with time-varying coefficients [J]. Scandinavian Journal of Statistics, 2017, 44 (2): 524-544.

[145] Elsayed E A, Liao H T, Wang X D. An extended linear hazard regression model with application to time-dependent dielectric breakdown of thermal oxides [J]. IIE Transactions, 2006, 38 (4): 329-340.

[146] Wang L Z, Pan R, Li X Y, et al. A Bayesian reliability evaluation method with integrated accelerated degradation testing and field information [J]. Reliability Engineering & System Safety, 2013, 112: 38-47.

[147] Zhou Q, Son J B, Zhou S Y, et al. Remaining useful life prediction of individual units subject to hard failure [J]. IIE Transactions, 2014, 46 (10): 1017-1030.

[148] 牛乾. 机械旋转部件的性能退化及其寿命预测方法研究 [D]. 杭州: 浙江大学, 2018.

[149] 刘颖超. 数据驱动的轮槽铣刀剩余寿命自适应预测方法研究 [D]. 上海: 上海交通大学, 2019.

[150] Si X S, Chen M Y, Wang W, et al. Specifying measurement errors for required lifetime estimation performance [J]. European Journal of Operational Research, 2013, 231 (3): 631-644.

[151] Tang S, Guo X, Zhou Z. Mis-specification analysis of linear Wiener process-based degradation models for the remaining useful life estimation [J]. Proceedings of the Institution of Mechanical Engineers, Part O: Journal of Risk and Reliability, 2014, 228 (5): 478-487.

[152] Zhang Z X, Si X S, Hu C H, et al. A prognostic model for stochastic degrading systems with state re-

covery: Application to Li-Ion batteries [J]. IEEE Transactions on Reliability, 2017, 66 (4): 1293-1308.

[153] 邓爱民. 高可靠长寿命产品可靠性技术研究 [D]. 长沙: 国防科学技术大学, 2006.

[154] 罗巍. 基于加速试验的可靠性验证理论与方法研究 [D]. 长沙: 国防科技大学, 2013.

[155] Giorgio M, Guida M, Pulcini G. An age- and state-dependent Markov model for degradation processes [J]. IIE Transactions, 2011, 43 (9): 621-632.

[156] Li N P, Lei Y G, Guo L, et al. Remaining useful life prediction based on a general expression of stochastic process models [J]. IEEE Transactions on Industrial Electronics, 2017, 64 (7): 5709-5718.

[157] Wang Z Q, Hu C H, Si X S, et al. Remaining useful life prediction of degrading systems subjected to imperfect maintenance: Application to draught fans [J]. Mechanical Systems and Signal Processing, 2018, 100: 802-813.

[158] Zhang M M, Gaudoin O, Xie M. Degradation-based maintenance decision using stochastic filtering for systems under imperfect maintenance [J]. European Journal of Operational Research, 2015, 245 (2): 531-541.

[159] Hu C H, Pei H, Wang Z Q, et al. A new remaining useful life estimation method for equipment subjected to intervention of imperfect maintenance activities [J]. Chinese Journal of Aeronautics, 2018, 31 (3): 514-528.

[160] Doney R A. Last exit times for random walks [J]. Stochastic Processes and their Applications, 1989, 31 (2): 321-331.

[161] Li Y, Yin C, Zhou X, et al. On the last exit times for spectrally negative Lévy processes [J]. Journal of Applied Probability, 2017, 54 (2): 474-489.

第 2 章 基于 KL 距离的传感器测量误差可行域分析

2.1 引 言

准确预测退化设备的寿命能为维修与维护决策提供重要信息支持，进而减少甚至避免设备失效所带来的财产人员损失[1-3]。近年来，统计数据驱动方法作为一种能够刻画退化过程随机性、反映寿命预测结果不确定性的有效方法，在退化建模与寿命预测领域得到了广泛发展与应用[4-5]。从用于建模的数据来分类，该方法可进一步化分为基于失效寿命数据分析的方法与基于退化过程建模的方法[1,6]。对于基于失效寿命数据分析的方法，通常需要大量的失效寿命数据，而在实际工程中，往往难以获取足够多的失效样本用于分析。而基于退化过程建模的方法，通过直接对退化过程数据进行建模，能够在较小样本量的情况下取得同样的寿命预测精度。该方法的基本原理是通过随机过程模型来刻画设备的退化过程和退化轨迹，并基于该模型估计其寿命。

一般来说，只要能够获取设备退化过程的数据，便可结合退化过程建模进一步推导得到设备的寿命。但在实际应用中，得到的退化数据常常会存在测量误差。若采用的监测退化数据存在测量误差，必然影响退化建模与寿命预测，得到有偏差的结果。针对该问题，近年来，许多学者研究了带测量误差退化数据的建模与寿命预测方法。早在1995年，Whitmore[7]首先研究了存在 Gamma 分布特性测量误差情况下的退化建模问题。学者 Tang 和 Ye 等[8-9]在其工作的基础上结合不同的随机退化模型，进一步研究了基于带测量误差退化数据的寿命预测问题。另外，文献［10］同时考虑了测量误差所带来不确定性、样本差异性以及退化轨迹不确定性下的寿命预测问题，并进一步指出，目前大多数研究主要关注了正向问题，即存在测量误差情况下的退化建模以及寿命或 RUL 预测问题，但是，其反向问题，即考虑给定寿命预测最大可接受偏差条件下的传感器误差的可行域问题，却鲜有研究。

类似于正向问题，该反向问题也具有重要的理论研究价值与实际工程应用意义。具体来说，如果能够准确地预测设备的寿命，就能够为之后的维护决策提供有效的理论支撑，以避免或减少人员、财产损失。Scanff 等[11]研究发现，相比于存在偏差的寿命预测结果，利用准确的预测结果来对直升机电子系统进行维护管理，能减小安全风险、降低经济损失。值得注意的是，如果测量误差能够在线检测与校准，那么寿命预测的偏差可通过剔除退化数据中的测量误差来避免，这样该反向问题便没有意义。遗憾的是，对于很多退化设备，其测量误差难以在线辨识与估计。因此，有必要将传感器测量误差限于合理的范围，以确保寿命预测结果的精确性。但是，目前仅有很少部分学者对其展开研究。例如，Si 等[10]和 Tang 等[12]基于线性 Wiener 过程退化模型研究了给定寿命预测性能精度要求下测量误差的可行域问题，并进一步分析了测量误差对于维护决策的影响。

需要注意的是，上述研究仍然存在一定的缺陷和不足。在现有文献中，大多将测量误差定义为随机变量且服从一个参数固定与时间无关的随机分布，如正态分布、Gamma 分布等，但在实际工程中，首先，测量误差可能会随着传感器性能的退化而出现趋势性的变化。例如，常用于反映高炉炉壁退化的温度传感器——金属热电偶，其测量性能会随着使用时间的增加而发生退化，仅用随机变量描述测量误差的变化，无法反映其误差变化的时间相关性。其次，为了描述无测量误差影响下寿命预测结果与存在测量误差影响下寿命预测结果之间的偏差，且考虑到统计数据驱动方法下得到的设备寿命存在随机性，即为一个随机变量而不是固定常值，上述文献已提出了多个测量指标来衡量，但仅能反映分布的部分统计特征，存在一定的局限性。此外，上述文献主要研究了 FHT 意义下真实寿命与伪寿命（存在测量误差下退化过程首达失效阈值的时间）之间的偏差，而伪寿命往往是将带测量误差的退化数据直接应用于未考虑测量误差的退化模型所得到的结果，难以准确衡量测量误差可行域的范围。

鉴于此，本章拟研究寿命预测性能约束下基于 KL 距离的传感器误差模型参数可行域分析问题。分别分析了时间相关与时间无关测量误差影响下的寿命预测问题，且研究了两种情况下伪寿命预测结果的表达形式。考虑到统计数据驱动方法得到的寿命为随机变量，本章结合 KL 散度的概念，提出了一种基于 KL 距离的度量指标，并结合该指标来衡量真实寿命与伪寿命间的偏差，分析和得到了在给定寿命预测最大可接受偏差的条件下，传感器测量误差参数的可允许范围。此外，本章还分析讨论了时间相关测量误差对于维修决策的影响。

本章的结构安排如下：2.2 节主要介绍问题来源与问题描述；2.3 节结合 Wiener 过程退化模型研究时间相关与时间无关测量误差影响下寿命预测问题；2.4 节提出 KL 距离指标，并基于该指标得到给定寿命预测性能约束下的传感器测量误差可允许范围；2.5 节探讨时间相关测量误差对于维修维护决策的影响；2.6 节和 2.7 节分别提供一个数值仿真例子与实际应用案例；2.8 节对本章进行总结。

2.2 问题来源与问题描述

本节主要介绍问题的来源实例，并将给定寿命预测性能约束下的传感器测量误差模型参数可行域分析这一问题进行数学化、公式化描述，以便后续分析与研究。

1) 启发性实例与问题提出

高炉是典型的大型复杂系统，其炉壁、炉底受到铁水侵蚀的影响，其厚度会随着时间的增长而逐渐变薄最终导致烧穿[13-14]。一旦高炉炉壁、炉底烧穿，就会导致高炉寿命终结，甚至造成事故并带来巨大的人员财产损失。在实际工程中，受运行环境的影响，炉壁的厚度往往难以直接测量，通常的方法是通过安装在炉壁中的金属热电偶测温，间接反映炉壁的退化情况。如图 2.1 所示，当测量得到的温度接近铁水的温度（1400℃左右）时，说明炉壁已经被侵蚀到热电偶所安装的位置。这样可以通过热电偶测温来反映炉壁的退化情况,当测得的温度超过预定的安全阈值时,该高炉将被停止运行并进行大修(即重塑炉壁),这也意味着这个高炉寿命的终结。

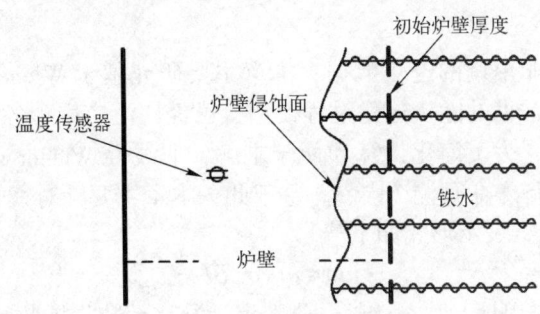

图 2.1 高炉炉壁侵蚀监测示意图

通常,受安装在炉壁内部用于测温的金属热电偶中金属电阻丝的退化以及恶劣运行环境的影响,热电偶的测量误差也会随时间的增长而逐渐增大[15-17]。考虑到在高炉运行过程中无法校准与更换安装在炉壁内部的热电偶,因此,为保证寿命预测的准确性,有必要选择合适性能的热电偶,以保证将测量误差控制在一个合理的范围内。

2) 问题描述

统计数据驱动的方法,作为一种广泛采用的寿命预测方法,其主要原理是通过随机过程模型对退化过程数据进行刻画与建模,然后基于该模型对寿命进行估计[4,18]。定义 $X(t;\boldsymbol{\theta})$ 表示时间 t 相关的退化过程,其中 $\boldsymbol{\theta}$ 表示参数向量。一般来说,寿命 T 定义为退化过程 $X(t;\boldsymbol{\theta})$ 首次超过给定失效阈值 ξ 的时间,即为

$$T = \inf\{t : X(t;\boldsymbol{\theta}) \geq \xi \mid X(0;\boldsymbol{\theta}) < \xi\} \tag{2.1}$$

那么,基于上述一般性定义,寿命 T 应为一个随机变量。若不存在测量误差,则寿命 T 可根据上式直接计算得到。考虑到测量误差的影响,定义 $Y(t) = X(t;\boldsymbol{\theta}) + \epsilon(t)$ 表示含测量误差的退化过程,其中 $\epsilon(t)$ 为测量误差。若 $\boldsymbol{Y}_{0:k} = [y_0, y_1, \cdots, y_k]$ 表示 $Y(t)$ 的观测值,那么有 $y_k = x_k + \epsilon_k$,其中 ϵ_k 表示第 k 次测量误差。进一步,定义 $\hat{\boldsymbol{\theta}}$ 和 $\hat{\boldsymbol{\theta}}'$ 分别表示基于无测量误差数据 $\boldsymbol{X}_{0:k}$ 和含测量误差数据 $\boldsymbol{Y}_{0:k}$ 得到的参数估计值。这样,伪寿命预测结果可表示为

$$T_\epsilon = \inf\{t : X(t;\hat{\boldsymbol{\theta}}') \geq \xi \mid X(0;\hat{\boldsymbol{\theta}}') < \xi\} \tag{2.2}$$

式中:T_ϵ 表示基于参数估计结果 $\hat{\boldsymbol{\theta}}'$ 的伪寿命预测结果。为了使得伪寿命预测结果逼近真实寿命预测值,测量误差 ϵ_k 需满足一定的要求。换句话说,需根据 T 与 T_ϵ 之间的偏差要求以确定测量误差的可行域。定义 $\boldsymbol{\theta}_\epsilon$ 表示测量误差 $\epsilon(t)$ 的模型参数,$D(T_\epsilon, T)$ 表示 T 与 T_ϵ 的偏差函数,那么本章的主要问题可描述为以下形式:

$$\boldsymbol{A}_{\boldsymbol{\theta}_\epsilon} = \{\boldsymbol{\theta}_\epsilon : D(T_\epsilon, T) \leq D_{\max}\} \tag{2.3}$$

式中:$\boldsymbol{A}_{\boldsymbol{\theta}_\epsilon}$ 表示可接受的测量误差参数范围;$D_{\max}$ 表示可接受的最大寿命预测偏差。由于寿命预测结果为随机变量,传统的马氏距离无法衡量 T 与 T_ϵ 的偏差。在这种情况下,本章的主要任务可以归纳为:分析研究测量误差对寿命预测结果的影响,得到 T 与 T_ϵ 的解析表达形式;提出一种衡量 T 与 T_ϵ 偏差的距离指标,并基于该指标研究测量误差参数 $\boldsymbol{\theta}_\epsilon$ 的可行域。

2.3 考虑测量误差影响下基于 Wiener 过程的寿命预测

针对实际工程中非单调的退化数据，本章主要研究基于 Wiener 过程的寿命预测问题，该模型作为一种常见的随机退化过程模型，已经广泛应用于各类设备的退化建模与寿命预测。一般来说，为了简化计算和便于求解，非线性 Wiener 过程模型常常先转化为线性模型，然后进行寿命预测[9,19-20]。鉴于此，本章主要针对线性模型展开研究，其中线性 Wiener 过程模型表示形式如下[21]：

$$X(t) = \mu t + \sigma_B B(t) \tag{2.4}$$

式中：$B(t)$ 表示标准布朗运动；μ 和 σ_B 分别表示漂移系数与扩散系数[21]。根据 Wiener 过程的性质可知，其寿命服从 IG 分布，PDF 表达式为[22]

$$f_T(t) = \frac{\xi}{\sqrt{2\pi\sigma_B^2 t^3}} \exp\left[-\frac{(\xi-\mu t)^2}{2\sigma_B^2 t}\right] \tag{2.5}$$

式中：ξ 表示失效阈值。定义 $\Delta x_i = x_i - x_{i-1}$ 表示退化过程的状态增量，那么由 MLE 可以得到漂移系数 μ 和扩散系数 σ_B 估计值的解析表达式分别为[7,9]

$$\hat{\mu} = \frac{1}{k}\sum_{i=1}^{k}\frac{\Delta x_i}{\Delta t_i}, \quad \hat{\sigma}_B = \sqrt{\frac{1}{k}\sum_{i=1}^{k}\frac{(\Delta x_i - \hat{\mu}\Delta t_i)^2}{\Delta t_i}} \tag{2.6}$$

式中：$\Delta t_i = t_i - t_{i-1}$ 表示采样间隔时间，其中 t_i 表示第 i 次采样时间。注意到，在式（2.6）中，若数据量样本足够大，则估计值 $\hat{\mu}$ 和 $\hat{\sigma}_B$ 渐进收敛至 μ 和 σ_B 的真实值。

为了简化问题，在本章中忽略样本量对参数估计值的影响，即认为估计值等于其渐进收敛的真实值。此外，由于在实际工程中，一般采用等时间间隔采样方法来获取数据，那么有 $\Delta t_i = \Delta t$。实际中，考虑到测量误差的存在，真实的退化数据 x_k 往往难以得到，通过传感器测量得到的则是带测量误差的监测数据，即 $y_k = x_k + \epsilon_k$。根据之前的分析，这里分别考虑测量误差时间无关与时间相关的情况。

2.3.1 测量误差时间无关情况下的寿命预测

类似文献 [7, 9-10] 中的定义，在本章中假设测量误差为独立同分布的正态随机变量 $\epsilon \sim N(\mu_\epsilon, \sigma_\epsilon^2)$，那么可以得到 $\Delta y_i = y_i - y_{i-1} = x_i - x_{i-1} + \epsilon_i - \epsilon_{i-1}$。考虑到实际工程中传感器在使用前常进行校准来消除系统常值误差，那么在本章中不妨假设 $\mu_\epsilon = 0$。这样，可以得到监测退化数据的增量 Δy_i 服从参数为 $N(\mu\Delta t, \sigma_B^2\Delta t + 2\sigma_\epsilon^2)$ 的正态分布。由式（2.6）的结果可知，根据带测量误差数据得到的伪参数估计值具有以下表达形式：

$$\hat{\mu}' = \frac{1}{k\Delta t}\sum_{i=1}^{k}\Delta y_i, \quad \hat{\sigma}'_B = \sqrt{\frac{1}{k\Delta t}\sum_{i=1}^{k}(\Delta y_i - \hat{\mu}'\Delta t)^2} \tag{2.7}$$

这样，$\hat{\mu}'$ 和 $\hat{\sigma}'_B$ 渐进收敛于 μ 和 $\sigma_B^2 + 2\sigma_\epsilon^2/\Delta t$。若忽略样本量的影响，则得到的伪寿命预测值的 PDF 如下：

$$f_{T_\epsilon}(t) = \frac{\xi}{\sqrt{2\pi\left(\sigma_B^2 + \frac{2\sigma_\epsilon^2}{\Delta t}\right)t^3}}\exp\left[-\frac{(\xi-\mu t)^2}{2\left(\sigma_B^2 + \frac{2\sigma_\epsilon^2}{\Delta t}\right)t}\right] \tag{2.8}$$

注意到，在式（2.5）和式（2.8）中，σ_B 估计值的偏差导致了真实寿命预测值与伪寿命预测值的偏差。

2.3.2 测量误差时间相关情况下的寿命预测

根据之前分析可知，一些传感器的测量误差会随时间发生变化，例如金属热电偶。根据文献［23］中的实验结果可知，金属热电偶的测量误差存在近似线性的变化趋势。鉴于此，考虑测量误差随时间线性变化的情况，即传感器的误差变化为一个线性的高斯过程，可表示为

$$\epsilon(t_i) = \epsilon_0 + \mu_\epsilon t_i + \varepsilon_{t_i} \tag{2.9}$$

式中：$\epsilon_0 + \mu_\epsilon t_i$ 表示与时间相关的系统性误差；ε_{t_i} 表示随机误差且服从正态分布 $N(0, \sigma_\epsilon^2)$。那么，类似于式（2.7），参数估计值 $\hat{\mu}'$ 和 $\hat{\sigma}_B'$ 渐进收敛于 $\mu + \mu_\epsilon$ 和 $\sigma_B^2 + 2\sigma_\epsilon^2/\Delta t$。这样，伪寿命 T_ϵ 的 PDF 可表示为

$$f_{T_\epsilon}(t) = \frac{\xi}{\sqrt{2\pi\left(\sigma_B^2 + \frac{2\sigma_\epsilon^2}{\Delta t}\right)t^3}} \exp\left[-\frac{(\xi - \mu t - \mu_\epsilon t)^2}{2\left(\sigma_B^2 + \frac{2\sigma_\epsilon^2}{\Delta t}\right)t}\right] \tag{2.10}$$

这样，便可根据 Wiener 过程的性质，得到寿命预测的真实解析表达形式与伪表达形式如式（2.5）、式（2.8）和式（2.10）所示。

2.4 寿命预测性能约束下传感器误差可行域分析

2.4.1 随机变量间的距离函数

由上述分析可知，寿命预测的结果为一个随机变量而非常值。那么传统的马氏距离无法衡量真实寿命 T 和伪寿命 T_ϵ 之间的偏差。

相对熵（即 Kullback-Leibler 散度）是一种衡量两个随机变量之间距离的有效方法[24]，其基本定义为，若 P 与 Q 分别表示两个随机变量，其 PDF 表达式为 $f_P(z)$ 和 $f_Q(z)$，那么 P 与 Q 的相对熵 $D(P\|Q)$ 应表示为[25]

$$D(P\|Q) = \int f_P(z) \ln \frac{f_P(z)}{f_Q(z)} dz \tag{2.11}$$

值得注意的是，虽然 $D(P\|Q)$ 具有非负性，但并不满足对称性，即 $D(P\|Q) \neq D(Q\|P)$。为了满足对称性，KL 距离常定义为[25]

$$D_{KL}(P\|Q) = D(P\|Q) + D(Q\|P) \tag{2.12}$$

根据式（2.12）中的定义可以发现 KL 距离满足距离的三个性质，即非负性、对称性和连续性。此外，当且仅当 T 和 T_ϵ 的 PDF 完全一致时，$D_{KL}(T_\epsilon\|T) = 0$。若给定可接受的最大偏差为 D_{max}，则 $D_{KL}(T_\epsilon\|T) \leq D_{max}$。换句话说，若 T 和 T_ϵ 之间的偏差（距离）$D_{KL}(T_\epsilon\|T)$ 满足要求，则一方面说明 T_ϵ 接近真实寿命 T，另一方面说明传感器测量误差对寿命预测的影响在可接受的范围内。

接下来利用 KL 距离量化 T 和 T_ϵ 之间的偏差，并结合 $D_{\mathrm{KL}}(T_\epsilon \| T) \leq D_{\max}$ 分析传感器测量误差模型参数的可行域。

2.4.2 测量误差时间无关可行域分析

与现有绝大多数研究相类似，假设测量误差为服从正态分布的随机变量，且 $D_{\max}$ 表示可接受的最大测量偏差。那么根据式（2.5）、式（2.8）和 KL 距离的定义，可以得到定理 2.1。

定理 2.1：若初始退化量 x_0 为 0，且最大可接受的寿命预测偏差为 $D_{\max}$，则测量误差的标准差 σ_ϵ 必须满足以下条件：

$$D_{\mathrm{KL}}(T_\epsilon \| T) = \frac{2\left(\dfrac{\sigma_\epsilon^2}{\Delta t}\right)^2}{\sigma_B^2\left(\sigma_B^2 + \dfrac{2\sigma_\epsilon^2}{\Delta t}\right)} \leq D_{\max} \tag{2.13}$$

定理 2.1 的证明过程详见附录 A.1。

推论 2.1：若初始退化量 x_0 为 0，且最大可接受寿命的预测偏差为 $D_{\max}$，则测量误差的标准差 σ_ϵ 与 $D_{\max}$ 需满足以下关系：

$$0 \leq \sigma_\epsilon^2 \leq \frac{\sigma_B^2 D_{\max} + \sqrt{\sigma_B^4 D_{\max}^2 + 2\sigma_B^4 D_{\max}}}{2}\Delta t \tag{2.14}$$

推论 2.1 的证明过程详见附录 A.2。

这样，便可根据给定的寿命预测可接受的最大偏差得到传感器测量误差的可行域。根据定理 2.1 与推论 2.1 可知：若可接受的寿命最大预测偏差 $D_{\max}$ 给定，那么测量误差参数 σ_ϵ 需满足推论 2.1 的要求；定理 2.1 与推论 2.1 还包括其他参数 ξ、σ_B 和 Δt，这些参数需要提前已知或者能够从历史 CM 数据中辨识得到；寿命预测偏差 $D_{\mathrm{KL}}(T_\epsilon \| T)$ 仅由参数 σ_ϵ 决定，且与随 σ_ϵ 单调递增。

2.4.3 测量误差时间相关可行域分析

在实际工程中，由于传感器随着使用时间的增加发生退化，反映为其测量误差随时间的增加而增大，如金属热电偶等[23]。因此，有必要研究测量误差时间相关的可行域问题。如式（2.9）所描述，本小节主要针对具有线性变化趋势的测量误差开展研究。

考虑一种特殊情况，若 $-\mu_\epsilon \geq \mu$，即传感器测量得到的数据完全无法反应真实的退化情况。此时，导致计算得到的伪寿命预测值 T_ϵ 无穷大，由此引发的安全风险会被严重低估。鉴于此，给出如下假设。

假设 2.1：假设监测得到退化数据能够反映设备的退化趋势，即 $-\mu_\epsilon < \mu$，也就是说，若设备出现退化，则可以从传感器测量得到的监测数据中得到反映。

进一步，根据式（2.5）、式（2.10）和 KL 距离的定义可知，若最大可接受的寿命预测偏差 $D_{\mathrm{KL}}(T_\epsilon \| T) \leq D_{\max}$ 给定，则可以得到定理 2.2。

定理 2.2：若初始退化量 x_0 为 0，且最大可接受的测量偏差为 $D_{\max}$，则测量误差参数 μ_ϵ 和 σ_ϵ 必须满足如下条件：

$$\left(\frac{2\sigma_\epsilon^2}{\Delta t}+\frac{\xi\mu_\epsilon^2}{\mu_\epsilon+\mu}\right)\left(\frac{1}{2\sigma_B^2}-\frac{1}{2\sigma_B^2+\frac{4\sigma_\epsilon^2}{\Delta t}}\right)+\left(\frac{\xi\mu_\epsilon}{\mu(\mu_\epsilon+\mu)}\right)\left(\frac{2\mu\mu_\epsilon+\mu_\epsilon^2}{2\sigma_B^2+\frac{4\sigma_\epsilon^2}{\Delta t}}\right)\leqslant D_{\max}$$

$$\Leftrightarrow \frac{2\sigma_\epsilon^2}{\Delta t}\left[\frac{1}{2\sigma_B^2}-\frac{1}{2\left(\sigma_B^2+\frac{2\sigma_\epsilon^2}{\Delta t}\right)}\right]+\frac{\xi\mu_\epsilon^2}{2\sigma_B^2(\mu_\epsilon+\mu)}+\frac{\xi\mu_\epsilon^2}{2\mu\left(\sigma_B^2+\frac{2\sigma_\epsilon^2}{\Delta t}\right)}\leqslant D_{\max} \qquad (2.15)$$

其中，根据假设 2.1，也需满足条件 $-\mu_\epsilon<\mu$。

定理 2.2 的证明过程详见附录 A.3。

这样，一旦 $D_{\max}$ 给定，就可得到 μ_ϵ 和 σ_ϵ 可允许的范围。如同定理 2.1，退化过程参数 μ 和 σ_B 需要提前已知或能从历史监测数据中估计得到。此外，需注意到式 (2.15) 的表达形式，传感器误差可行域是一个二维区间。

进一步，考虑两种特殊情况：$\mu_\epsilon=0$ 和 $\sigma_\epsilon=0$。

推论 2.2：若初始退化量 $x_0=0$ 和 $\mu_\epsilon=0$，且最大可接受测量偏差为 $D_{\max}$，那么定理 2.2 可转化为定理 2.1，即式 (2.15) 可转化为式 (2.13)。

证明略。

推论 2.3：若初始退化量 $x_0=0$ 和 $\sigma_\epsilon=0$，且最大可接受测量偏差为 $D_{\max}$，那么测量误差参数 μ_ϵ 需满足以下条件：

$$\mu_\epsilon\in([D_2,D_3]\cup(-\infty,D_1])\cap(-\mu,+\infty) \qquad (2.16)$$

式中：D_1、D_2、D_3（$D_1<D_2<D_3$）表示方程 $\xi\mu_\epsilon^2/(2\sigma_B^2)[1/\mu+1/(\mu+\mu_\epsilon)]=D_{\max}$ 的三个根，根据一元三次方程的特性，这三个根可利用求根公式得到。

此外，还有一种特殊的情况值得考虑，即 σ_ϵ 已知，求 μ_ϵ 的范围。那么类似于式 (2.15)，μ_ϵ 应满足以下条件：

$$\mu_\epsilon\in([\widetilde{D}_2,\widetilde{D}_3]\cup(-\infty,\widetilde{D}_1])\cap(-\mu,+\infty) \qquad (2.17)$$

式中：$\widetilde{D}_1$、$\widetilde{D}_2$、$\widetilde{D}_3$（$\widetilde{D}_1<\widetilde{D}_2<\widetilde{D}_3$）为以下方程的三个实数根，即

$$\frac{2\sigma_\epsilon^2}{\Delta t}\left[\frac{1}{2\sigma_B^2}-\frac{1}{2\left(\sigma_B^2+\frac{2\sigma_\epsilon^2}{\Delta t}\right)}\right]+\frac{\xi\mu_\epsilon^2}{2\sigma_B^2(\mu_\epsilon+\mu)}+\frac{\xi\mu_\epsilon^2}{2\mu\left(\sigma_B^2+\frac{2\sigma_\epsilon^2}{\Delta t}\right)}=D_{\max} \qquad (2.18)$$

推论 2.3 的证明过程详见附录 A.4。

在这三种特殊情况中，测量误差模型参数 μ_ϵ 和 σ_ϵ 可允许范围均有解析的表示结果，便于计算与实际应用。

注释 2.1：在本章中，鉴于线性 Wiener 过程模型的优秀数学性质与非单调的特性，选取其用于传感器误差模型参数可行域的分析说明与实现。值得注意的是，本章的分析方法也可应用于其他随机退化过程模型，并进一步分析数据可用性，但不是所有的模型都可以得到解析的结果。

2.5 测量误差对于维修决策影响分析

替换维修，作为一个广泛采用的维护方法，常作为一个基准问题用于模型、方法的

对比与讨论。本节基于替换维修的理论框架，讨论测量误差对于维修决策的影响。一般来说，替换维修的方法主要是基于期望费用率，根据文献［8，10，25］的定义，可以得到期望费用率的表达形式如下：

$$\mathrm{CR}(\tau) = \frac{E(C)}{E(T_m|\xi)} = \frac{c_p \overline{F}_T(\tau) + c_f F_T(\tau)}{\int_0^\tau \overline{F}_T(t) \mathrm{d}t} \qquad (2.19)$$

式中：τ 表示维护时间；C 表示所有的花费；$E(C)$ 代表其期望；$E(T_m|\xi)$ 表示设备平均寿命；c_p 表示预防性替代维护的费用；c_f 表示失效维护费用（且满足 $c_f > c_p$）；$F_T(t)$ 表示寿命的累积分布函数（Cumulative Distribution Function，CDF），反映了到时间 t 为止发生失效的概率。令 $\overline{F}_T(t) = 1 - F_T(t)$，表示条件可靠性。根据 Wiener 过程的性质，$F_T(t)$ 具有以下形式：

$$F_T(t) = \Phi\left(\frac{\mu t - \xi}{\sigma_B \sqrt{t}}\right) + \exp\left(\frac{2\mu \xi}{\sigma_B^2}\right) \Phi\left(\frac{-\mu t - \xi}{\sigma_B \sqrt{t}}\right) \qquad (2.20)$$

式中：$\Phi(\cdot)$ 表示标准正态分布的 CDF。

与此类似，若考虑测量误差的影响，那么寿命的 CDF 将受到影响，定义 $F_{T_\epsilon}(t)$ 表示伪寿命预测值 T_ϵ 的 CDF，那么这种情况下的期望费用率函数为

$$\mathrm{CR}_\epsilon(\tau) = \frac{E(C_\epsilon)}{E(T_{m_\epsilon}|\xi)} = \frac{c_p \overline{F}_{T_\epsilon}(\tau) + c_f F_{T_\epsilon}(\tau)}{\int_0^\tau \overline{F}_{T_\epsilon}(t) \mathrm{d}t} \qquad (2.21)$$

其中：$\overline{F}_{T_\epsilon}(t) = 1 - F_{T_\epsilon}(t)$ 表示考虑测量误差影响下的条件可靠度函数。在这种情况下，通过对式（2.21）进行优化得到的维护时间必然存在偏差，根据式（2.19）、式（2.20）和式（2.21），可以得到如下结论。

定理 2.3：若设备的退化过程可表示为 Wiener 过程，且其测量误差的形式如式（2.7）所示，那么有

（1）若 $\sigma_\epsilon = 0$ 和 $\mu_\epsilon \geq 0$，则最优期望费用率满足 $\mathrm{CR}(\tau) \leq \mathrm{CR}_\epsilon(\tau)$，且其偏差 $\mathrm{CR}(\tau) - \mathrm{CR}_\epsilon(\tau)$ 会随之 μ_ϵ 增加而增加。

（2）若 $\sigma_\epsilon = 0$ 和 $-\mu < \mu_\epsilon < 0$，则最优期望费用率满足 $\mathrm{CR}(\tau) \leq \mathrm{CR}_\epsilon(\tau)$，且其偏差 $\mathrm{CR}(\tau) - \mathrm{CR}_\epsilon(\tau)$ 会随之 μ_ϵ 减小而增加。

其中，根据假设 2.1，也需满足条件 $-\mu_\epsilon < \mu$。

定理 2.3 的证明过程详见附录 A.5。

2.6 数值仿真

首先，采用数值算例说明测量误差对于寿命预测的影响。其中，参数给定为 $\mu = 0.1$、$\sigma_B = 1$ 和 $\xi = 10$。为了更好地说明，考虑以下三种特殊情况：① $\mu_\epsilon = 0$，σ_ϵ 从 0 增大到 10（图 2.2）；② $\sigma_\epsilon = 0$，μ_ϵ 从 $-\mu$ 增大到 0.1（图 2.3）；③ μ_ϵ 和 σ_ϵ 都增大。

注意到，如果 $\mu_\epsilon = 0$ 而 σ_ϵ 增大，寿命预测的期望是不变的，其方差会随着 σ_ϵ 增大而逐渐变大，这同时也说明了伪寿命预测结果的不确定性变大。在图 2.2（b）中，真实寿命的 CDF 与伪寿命的 CDF 之间的偏差随横坐标的增大先为正后变为负。另外，如

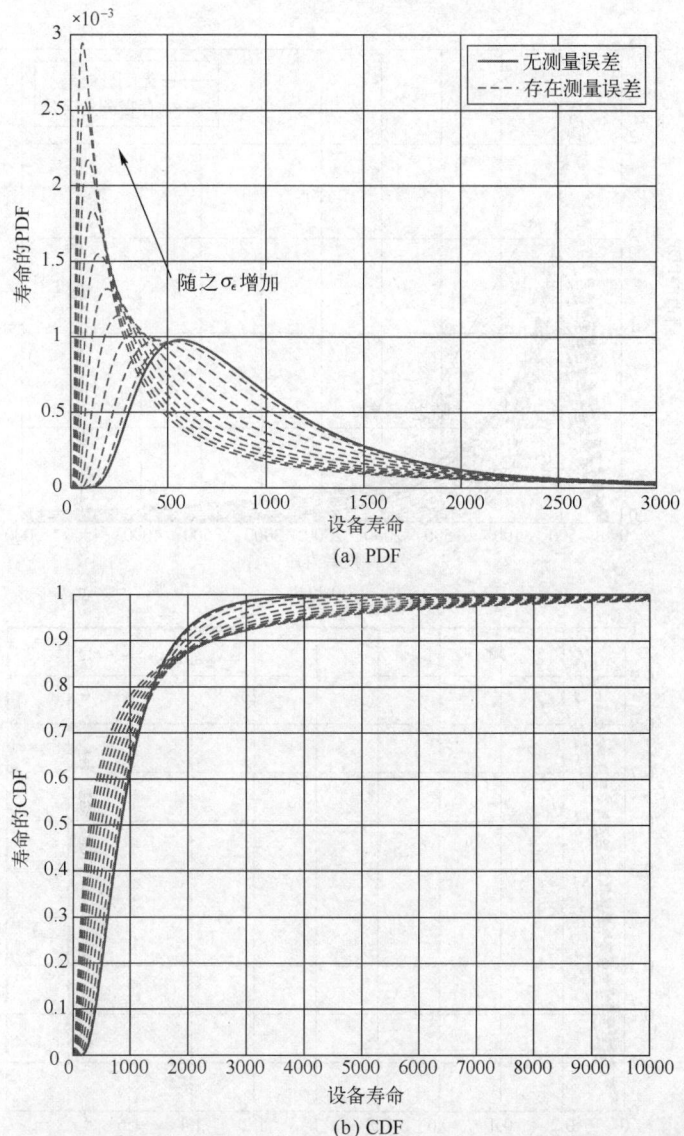

图 2.2　当 $\mu_\epsilon=0$ 时，受测量误差影响下寿命预测的 PDF 与 CDF

果 $\sigma_\epsilon=0$ 而 μ_ϵ 增大，会导致伪寿命的期望与方差同时增大。值得注意的是，若 $\mu_\epsilon>0$，那么有 $F_T(t)-\overline{F}_T(t)>0$，反之则 $F_T(t)-\overline{F}_T(t)<0$。若给定最大可接受的寿命预测偏差分别为 0.05、0.1 和 0.2，那么根据推论 2.2 和推论 2.3，相应测量误差参数的可接受范围如表 2.1 所示。

表 2.1　给定 $D_{\max}$ 要求下测量误差参数可行域

序 号	$D_{\max}$	$\mu_\epsilon=0$	$\sigma_\epsilon=0$
1	0.05	$0\leqslant\sigma_\epsilon\leqslant 0.8604$	$-0.0174\leqslant\mu_\epsilon\leqslant 0.0190$
2	0.1	$0\leqslant\sigma_\epsilon\leqslant 1.0567$	$-0.0240\leqslant\mu_\epsilon\leqslant 0.0273$
3	0.2	$0\leqslant\sigma_\epsilon\leqslant 1.3140$	$-0.0327\leqslant\mu_\epsilon\leqslant 0.0394$

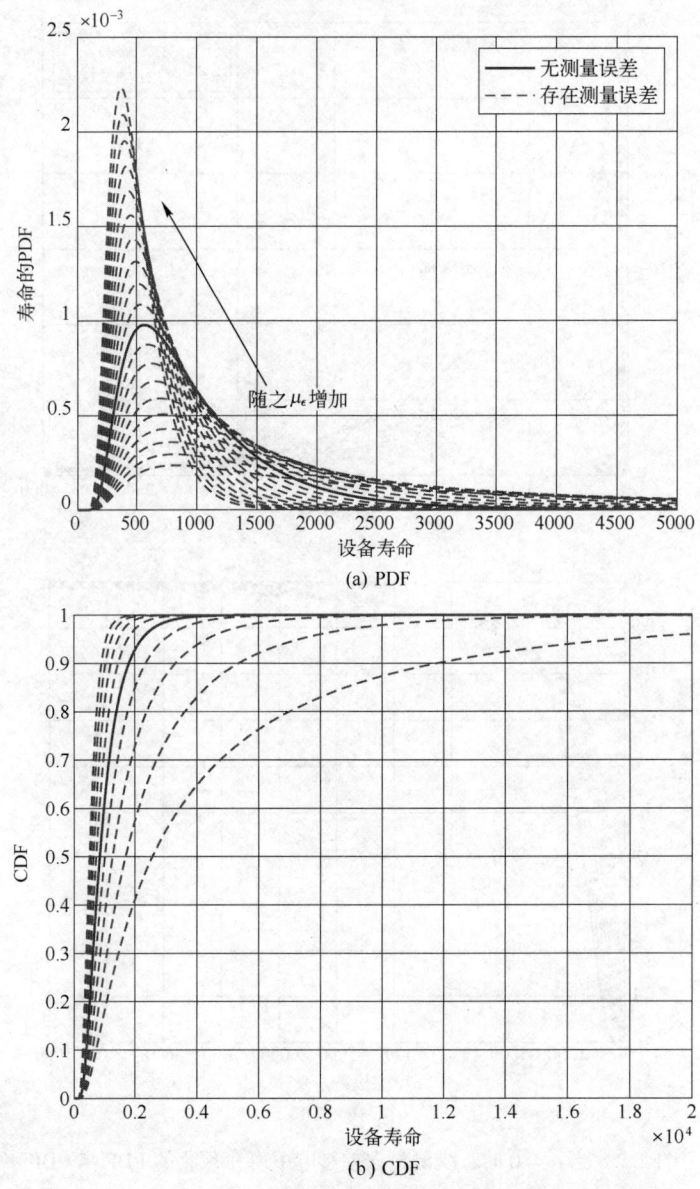

图 2.3　当 $\sigma_\epsilon=0$ 时，受测量误差影响下寿命预测的 PDF 与 CDF

进一步，根据定理 2.2，可得到测量误差参数 μ_ϵ 和 σ_ϵ 可允许的变化范围如图 2.4 所示。其中，阴影部分即为符合条件的测量误差参数变化范围，即落在阴影范围内的测量误差参数 μ_ϵ 和 σ_ϵ 满足给定的寿命预测偏差要求，也就是 $D_{KL}(T_\epsilon\|T)\leqslant D_{\max}$，反之，则不满足。

图 2.5 中对比了所有最大可接受误差参数，即图 2.4 阴影边缘处参数的取值。通过对比可以发现，$D_{\max}$ 越小，伪寿命的 PDF 越接近真实寿命的 PDF。这也说明了基于 KL 距离的度量 D_{KL} 能够较好地反映两个随机变量间的偏差。

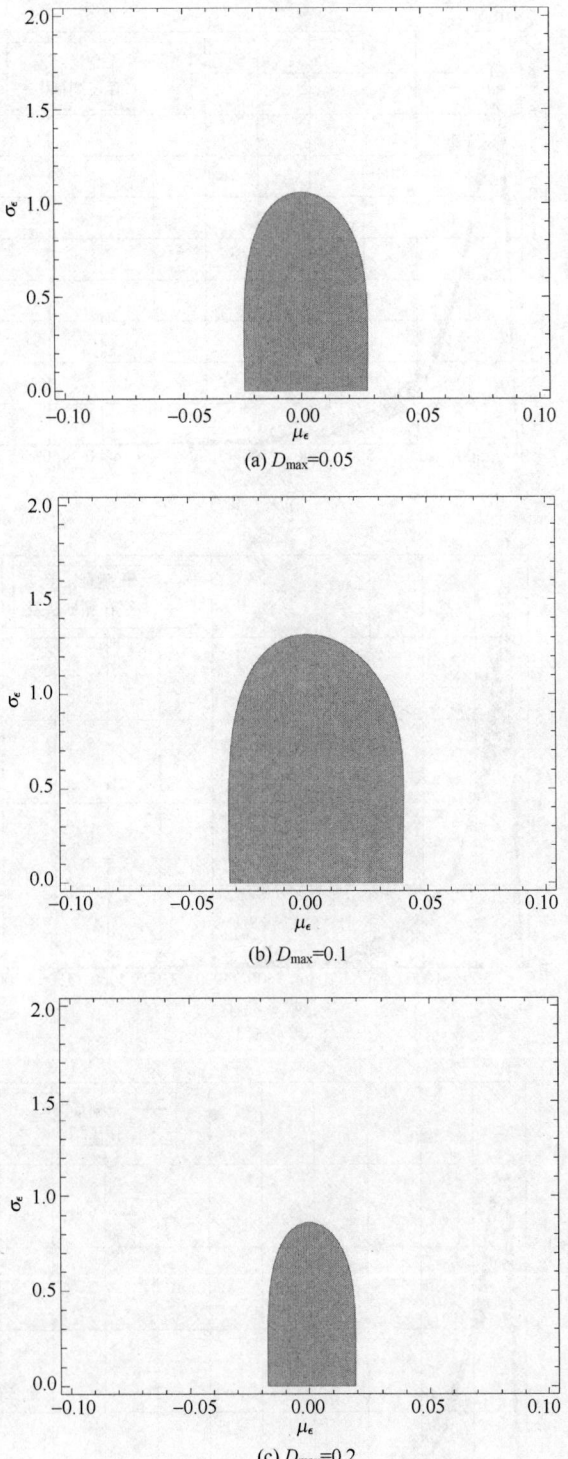

(a) $D_{max}=0.05$

(b) $D_{max}=0.1$

(c) $D_{max}=0.2$

图 2.4 $D_{max}=0.05$、0.1 和 0.2 三种情况下，测量误差参数的可行域

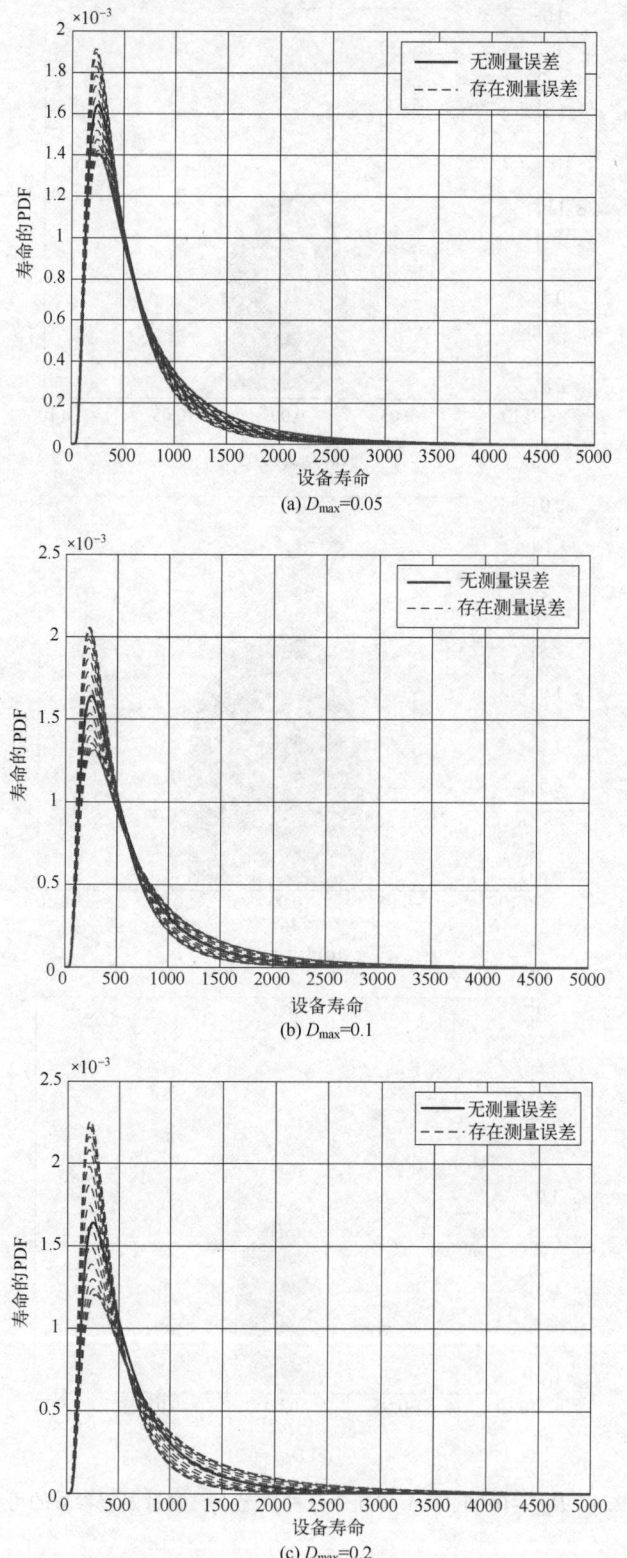

图 2.5 $D_{max}=0.05$、0.1 和 0.2 三种情况下，伪寿命 PDF 与真实值对比图

2.7 实 例 研 究

在本节中，利用 2.2 节中所提到的实际高炉退化数据说明验证。如图 2.6 所示，退化数据来源于长达 300 多天的高炉炉壁退化数据。

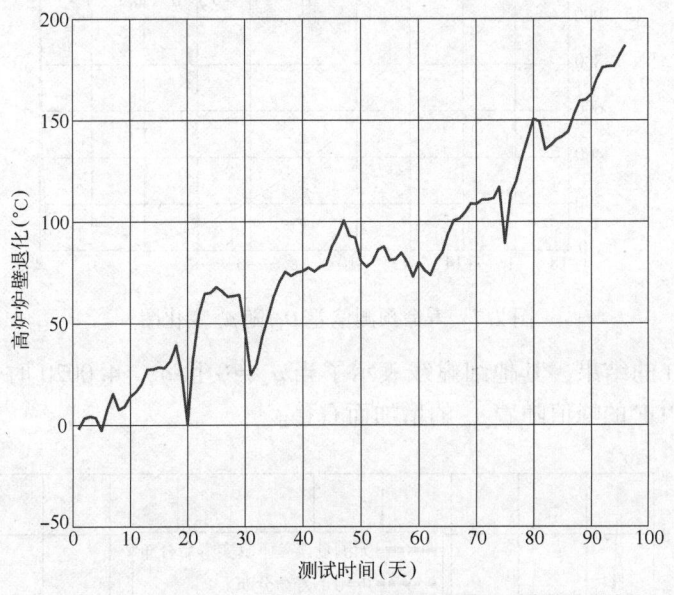

图 2.6 实际高炉炉壁退化数据

需注意到，该高炉投入使用时间不长，而一般高炉寿命往往长达 10 年。此外，不同于文献 [23] 中所采用热电偶直接暴露在空气进行试验，高炉中所安装的热电偶都加有陶瓷外壳，用于隔离空气以保证其能长时间的正常工作。因此，相比之下，其退化速率会较为缓慢。另外，由于高炉运行环境、条件的特殊性，直到下一次大修前，其安装在高炉炉体内的金属热电偶难以在高炉正常运行过程中进行校准与更换。在本节中，基于上述主要信息，对给定寿命预测偏差下的金属热电偶测量误差参数的可行域问题进行分析研究。

根据之前分析，测量误差的系统性趋势参数 μ_ϵ 往往难以根据退化数据进行辨识，因此无法直接计算寿命预测偏差。根据文献 [7，9] 中的方法，可以估计得到以下结果，$\mu+\mu_\epsilon = 1.9879$、$\sigma_B = 6.4430$ 以及 $\sigma_\epsilon = 4.0020$。

首先，考虑一种最简单的情况，即 $\mu_\epsilon = 0$，那么有 $\mu = 1.9879$，进而可以得到寿命预测偏差为 $D_{KL} = 0.1680$。在这种情况下，寿命预测偏差仅仅受到 σ_ϵ 的影响。在实际工程中，高炉的失效阈值一般设置为 800℃，那么可以得到当 μ_ϵ 取不同取值时，寿命预测偏差的变化情况，如图 2.7 所示。可以看到，当且仅当 $\mu_\epsilon = 0$ 时，寿命预测偏差取最小值。

类似于数值算例，若最大可接受的寿命预测偏差 $D_{\max}$ 给定，则 μ_ϵ 可允许的变化范围就确定了。例如，若 $D_{\max} = 0.2$，那么有 $-0.0645 \leq \mu_\epsilon \leq 0.0659$。图 2.8 展示了伪寿命的 PDF 随 μ_ϵ 的变化情况，其中实线表示当 $\mu_\epsilon = 0$ 且 $\sigma_\epsilon = 0$ 的结果，粗虚线表示了当 $\mu_\epsilon =$

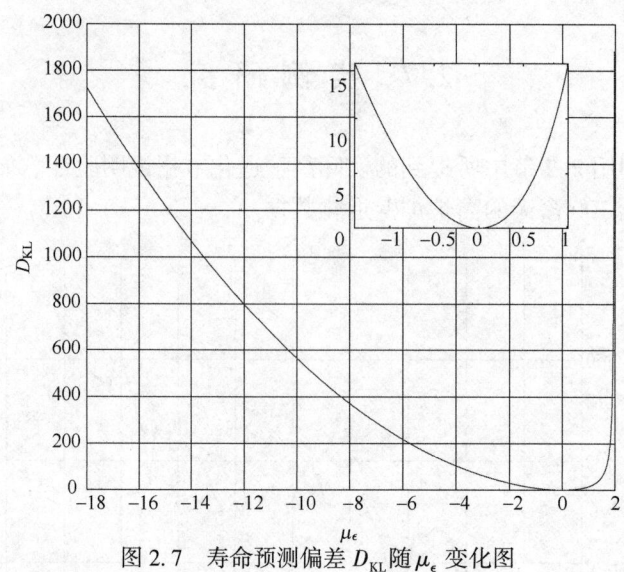

图 2.7 寿命预测偏差 D_{KL} 随 μ_ϵ 变化图

0 且 $\sigma_\epsilon = 4.0020$ 的结果,其他细虚线表示了当 $\mu_\epsilon \neq 0$ 且 $\sigma_\epsilon = 4.0020$ 时伪寿命的 PDF。可以发现,其 PDF 的峰值随着 μ_ϵ 的增加而右移。

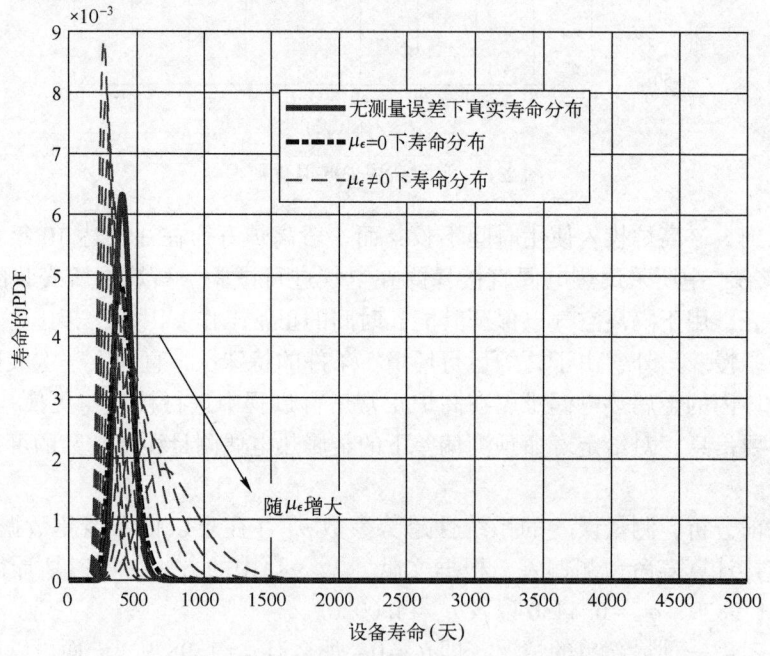

图 2.8 不同测量误差参数下的寿命 PDF

接下来,进一步分析和讨论测量误差对于维护决策的影响。如之前所分析,本节中仅考虑替代维护下的情况。根据实际情况,替代维护的费用即高炉大修费用,通常超过 2 亿元人民币,而由于高炉失效往往会带来安全事故造成巨大的人员财产损失,因此高炉失效费用难以精确量化。鉴于此,本节中用历史高炉烧穿后的维修费用做为失效费用,那么有 $c_p = 0.2 \times 10^9$(元)以及 $c_f = 1 \times 10^9$(元)。若考虑一个简单的情况,即 $\mu_\epsilon = 0$,那么可以得到期望费用率随维护时间变化如图 2.9 所示,从图中可以发现,测量误差会影响最优维护时间的制定。

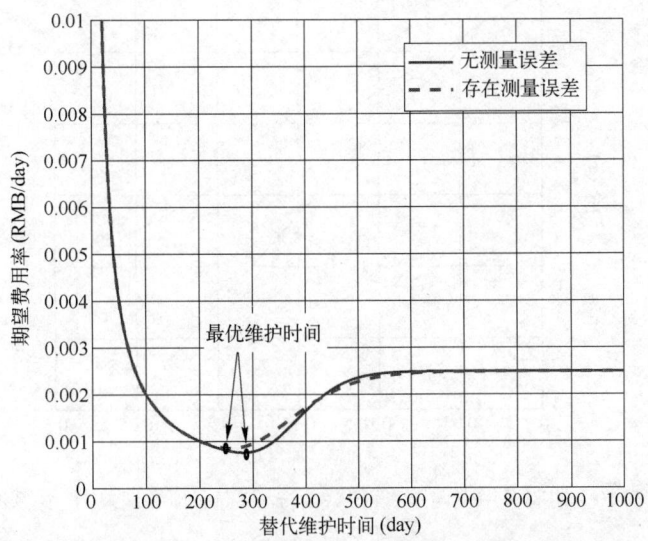

图2.9 测量误差对于期望费用率影响

实际上，μ_ϵ一般不等于0，且难以仅通过监测得到的退化数据进行辨识。鉴于此，在表2.2中，比较了不同μ_ϵ情况下的维护决策。通过表2.2可以发现，随着$|\mu_\epsilon|$的增加，真正最优维护时间与伪最优维护时间之间的偏差越来越大。需要注意的是，目前学术界对于$D_{\max}$的确定尚未形成一致的结论，因此，在本节中通过测量误差对于经济上的影响来确定$D_{\max}$。

表2.2 不同参数测量误差对于维护决策影响

序号	μ_ϵ	D_{KL}	$\tilde{\tau}$	$\tilde{\tau}-\tilde{\tau}_\epsilon$	$C_r(\tilde{\tau})$	$C_r(\tilde{\tau}_\epsilon)-C_r(\tilde{\tau})$
单位	—	—	天	天	元/天	元/天
1	-0.7879	5.164	211	-71	1.00×10^5	1.14×10^5
2	-0.5879	2.968	225	-57	0.94×10^5	0.58×10^5
3	-0.3879	1.340	242	-40	0.88×10^5	0.21×10^5
4	-0.1879	0.327	261	-21	0.81×10^5	0.04×10^5
5	0.0121	0.001	284	2	0.75×10^5	0.00×10^5
6	0.2121	0.462	311	29	0.69×10^5	0.03×10^5
7	0.4121	1.862	344	62	0.63×10^5	0.08×10^5
8	0.6121	4.440	386	104	0.56×10^5	0.14×10^5
9	0.8121	8.601	440	158	0.50×10^5	0.21×10^5

具体来说，根据图2.10，若希望最优期望费用率的偏差$C_r(\tilde{\tau}_\epsilon)-C_r(\tilde{\tau})$不超过$0.3\times10^5$元/天，那么$D_{\max}$应该小于0.26。这样，若给定$D_{\max}=0.26$，则测量误差的可行域如图2.11所示。

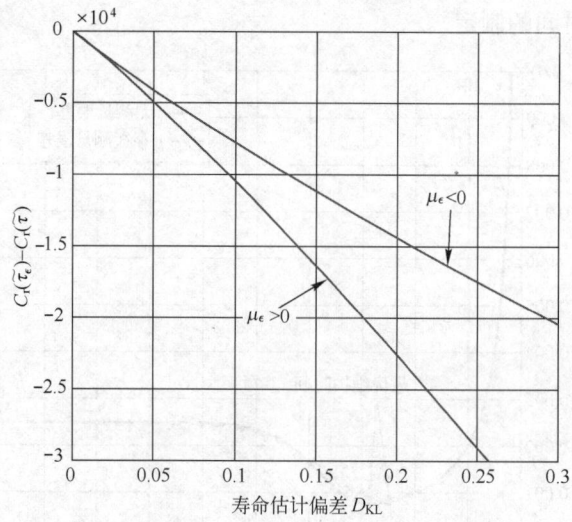

图 2.10 期望费用率偏差 $C_r(\hat{\tau}_\epsilon)-C_r(\tilde{\tau})$ 与寿命预测偏差 D_{KL} 关系图

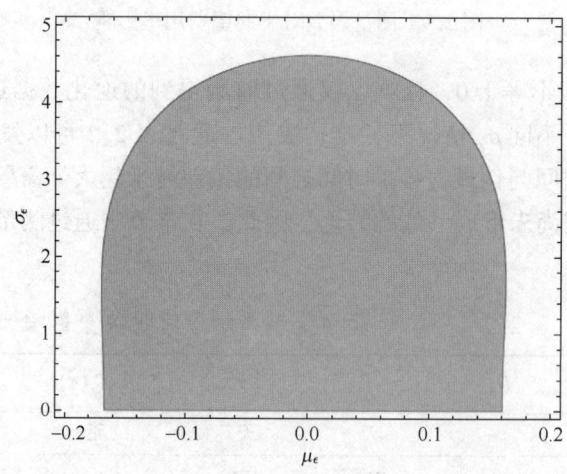

图 2.11 当 $D_{max}=0.26$ 时,测量误差参数可行域

可以发现,寿命预测与维护决策都会受到测量误差的影响,所以选择合适的传感器用于测量退化数据很有意义。除此之外,由于测量误差时间相关参数往往难以仅通过获取的退化数据进行辨识,因此更需要在退化设备运行前进行选择,以保证寿命预测的准确性。

注释 2.2:尽管利用本节的方法可以得到测量误差的可行域,但需要满足一些应用前提和要求。首先,需要已知可选传感器的性能,包括其测量误差时间相关与否、误差函数形式;其次,最大可接受的寿命预测偏差需要提前给定。

2.8 本章小结

退化数据的测量精度影响了寿命预测的准确度,选择合理的传感器以及测量方法,

第 2 章 基于 KL 距离的传感器测量误差可行域分析

能够提高预测结果的可信度,以及保证维护的及时性与有效性。本章提出了一种基于 KL 距离的传感器测量误差模型参数可行域分析方法。具体地,本章的主要工作可总结如下:

(1)基于 KL 散度,给出了一种随机变量间偏差的度量方法,并基于此来衡量无测量误差下真实寿命与含测量误差数据得到的伪寿命之间的偏差。

(2)分别考虑了时间相关、时间无关测量误差两种情况下对寿命预测结果的影响,并基于所提出的 KL 距离构造了寿命预测偏差的解析表示形式。

(3)基于构造的寿命预测偏差的解析表达式,得到了给定最大可接受寿命预测偏差下,传感器测量误差模型参数的可行域分析结果,并讨论研究了测量误差对于维护决策的影响。

数值算例与高炉实例表明,若给定可接受的寿命预测偏差大小,则可通过本章方法给出测量误差参数可允许的变化范围,并基于该范围可用于选择满足条件的传感器。

参 考 文 献

[1] Jardine A K S, Lin D, Banjevic D. A review on machinery diagnostics and prognostics implementing condition-based maintenance [J]. Mechanical Systems & Signal Processing, 2006, 20 (7): 1483-1510.

[2] Heng A, Zhang S, Tan A C C, et al. Rotating machinery prognostics: State of the art, challenges and opportunities [J]. Mechanical Systems & Signal Processing, 2009, 23 (3): 724-739.

[3] Pecht M G. A prognostics and health management roadmap for information and electronics-rich systems [J]. IEICE Fundamentals Review, 2009, 3 (4): 25-32.

[4] Si X S, Wangbde W, Zhouc D H. Remaining useful life estimation: A review on the statistical data driven approaches [J]. European Journal of Operational Research, 2011, 213 (1): 1-14.

[5] Hu C, Zhou Z, Zhang J, et al. A survey on life prediction of equipment [J]. Chinese Journal of Aeronautics, 2015, 28 (1): 25-33.

[6] Ye Z S, Chen N. The inverse Gaussian process as a degradation model [J]. Technometrics, 2014, 56 (3): 302-311.

[7] Whitmore G. Estimating degradation by a Wiener diffusion process subject to measurement error [J]. Lifetime Data Analysis, 1995, 1 (3): 307-319.

[8] Tang S, Yu C, Wang X, et al. Remaining useful life prediction of lithiumion batteries based on the Wiener process with measurement error [J]. Energies, 2014, 7 (2): 520-547.

[9] Ye Z S, Wang Y, Tsui K L, et al. Degradation data analysis using Wiener processes with measurement errors [J]. IEEE Transactions on Reliability, 2013, 62 (4): 772-780.

[10] Si X S, Chen M Y, Wang W, et al. Specifying measurement errors for required lifetime estimation performance [J]. European Journal of Operational Research, 2013, 231 (3): 631-644.

[11] Scanff E, Feldman K L, Ghelam S, et al. Life cycle cost impact of using prognostic health management (PHM) for helicopter avionics [J]. Microelectronics Reliability, 2007, 47 (12): 1857-1864.

[12] Tang S, Guo X, Zhou Z. Misspecification analysis of linear Wiener process-based degradation models for the remaining useful life estimation [J]. Proceedings of the Institution of Mechanical Engineers, Part O: Journal of Risk and Reliability, 2014, 228 (5): 478-487.

[13] Takatani K, Inada T, Takata K. Mathematical model for transient erosion process of blast furnace hearth

[J]. ISIJ International, 2001, 41 (10): 1139-1145.

[14] Zheng K, Wen Z, Liu X, et al. Research status and development trend of numerical simulation on blast furnace lining erosion [J]. ISIJ International, 2009, 49 (9): 1277-1282.

[15] Sloneker K. Life expectancy study of small diameter type E, K, and N mineralinsulated thermocouples above 1000℃ in air [J]. International Journal of Thermophysics, 2011, 32 (1-2): 537-547.

[16] Dahl A I. Stability of base-metal thermocouples in air from 800 to 2200 F [J]. Precision Measurement and Calibration: Selected NBS Papers on Temperature, 1968, 2: 263.

[17] Walker B, Ewing C, Miller R. Thermoelectric instability of some noble metal thermocouples at high temperatures [J]. Review of Scientific Instruments, 1962, 33 (10): 1029-1040.

[18] Tobon-Mejia D A, Medjaher K, Zerhouni N, et al. A data-driven failure prognostics method based on mixture of Gaussians hidden Markov models [J]. IEEE Transactions on Reliability, 2012, 61 (2): 491-503.

[19] Whitmore G A, Schenkelberg F. Modelling accelerated degradation data using Wiener diffusion with a time scale transformation [J]. Lifetime Data Analysis, 1997, 3 (1): 27-45.

[20] Wang X. Wiener processes with random effects for degradation data [J]. Journal of Multivariate Analysis, 2010, 101 (2): 340-351.

[21] Christer A, Wang W, Sharp J. A state space condition monitoring model for furnace erosion prediction and replacement [J]. European Journal of Operational Research, 1997, 101 (1): 1-14.

[22] Folks J, Chhikara R. The inverse Gaussian distribution and its statistical application: A review [J]. Journal of the Royal Statistical Society. Series B (Methodological), 1978, 40 (3): 263-289.

[23] Ulanovskiy A A, Zemba E S, Belenkiy A M, et al. Stability of cable thermocouples at the upper temperature limit of their working range [J]. Metallurgist, 2011, 54 (9): 641-646.

[24] Kullback S, Leibler R A. On information and sufficiency [J]. Annals of Mathematical Statistics, 1951, 22 (22): 79-86.

[25] Bennaim A. Elements of information theory [J]. Journal of Modern Optics, 2014, (39): 1600-1601.

[26] Huynh K T, Barros A, Berenguer C. Maintenance decision-making for systems operating under indirect condition monitoring: value of online information and impact of measurement uncertainty [J]. IEEE Transactions on Reliability, 2012, 61 (2): 410-425.

第3章 含自恢复特性的多阶段非线性退化建模与寿命预测

3.1 引　言

在实际工程中,一些设备受到环境变化、运行工况切换等因素的影响,其退化过程呈现出两阶段甚至多阶段的特征,且退化状态在退化过程中会出现一定程度的恢复现象,如锂电池[1]、光敏二极管[2-3]、晶体管[4]等。文献 [1] 中指出,锂电池是一种典型的具有自恢复特性的退化设备,其退化过程在连续充放电循环的停机间隙会存在一定程度的恢复。值得注意的是,这种自恢复现象不仅改变了退化状态,还会导致退化速率等其他特性的改变。若不考虑自恢复现象,退化建模精度与寿命预测准确度必然会受到影响。因此,本章以实际锂电池退化数据为例,对含自恢复特性的多阶段非线性退化过程的退化建模和寿命预测问题展开研究。

迄今为止,已有国内外部分学者对此问题展开研究并取得了一系列的研究成果。例如,在文献 [5] 中,Liu 等分析了自恢复现象发生机理,并提出了一种基于高斯过程的退化模型来同时建模退化趋势和自恢复造成的退化影响。类似地,He 等[6]首先利用小波分析方法将退化数据分解为趋势变化过程、自恢复特性和随机波动三部分,然后通过高斯回归过程分别进行建模。Orchard 等[1,7]通过构造状态空间模型描述退化过程,然后通过粒子滤波(Particle Filtering,PF)来预测未来可能的退化过程并对其寿命进行预测。以上文献考虑了自恢复现象所引起退化状态的变化(即退化状态得到一定程度的恢复),但是未考虑自恢复现象发生后退化速率等特性的改变。实际上,在电池退化过程中,若自恢复现象发生,则会导致退化速率迅速加快,然后逐渐变慢至自恢复发生之前的水平。鉴于此,文献 [8-9] 采用了非线性退化模型来描述自恢复现象出现后导致速率的变化。文献 [8] 通过两状态隐马尔可夫模型描述自恢复现象,并结合随机过程模型给出了一般性的退化模型。但是,这两篇文献均认为自恢复现象所导致的退化状态恢复量为固定值,而在实际应用中,类似于锂电池等设备,每次自恢复的退化状态往往存在一定的差异,所以该问题仍然有待深入研究。

本章进一步研究含自恢复特性的多阶段非线性退化建模与寿命预测问题,主要工作包括：一是建立一种多阶段非线性退化过程模型来描述含自恢复现象的退化过程;二是提出一种基于 ECM 算法的参数估计方法,以克服传统 MLE 方法和 EM 算法对所提模型参数估计问题的局限性;三是通过时间—空间变换推导得到 FHT 意义下寿命预测结果的近似解析表示。

本章的结构安排如下：3.2 节介绍问题来源与问题描述；3.3 节给出 FHT 意义下寿命的预测方法并推导寿命分布的近似解析表达；3.4 节提出一种基于 ECM 算法的参数模型估计方法；3.5 节与 3.6 节分别提供一个数值仿真例子与真实锂电池的应用案例；3.7 节对本章进行总结。

3.2　问题来源与问题描述

锂电池作为一种典型的退化设备，其电容量会随充放电次数的增加而逐渐减小，发生退化[5,10-11]。如果其电容量少于初始值一定程度，即可认为其发生失效，也就是寿命终结[11-12]，如图 3.1 所示。

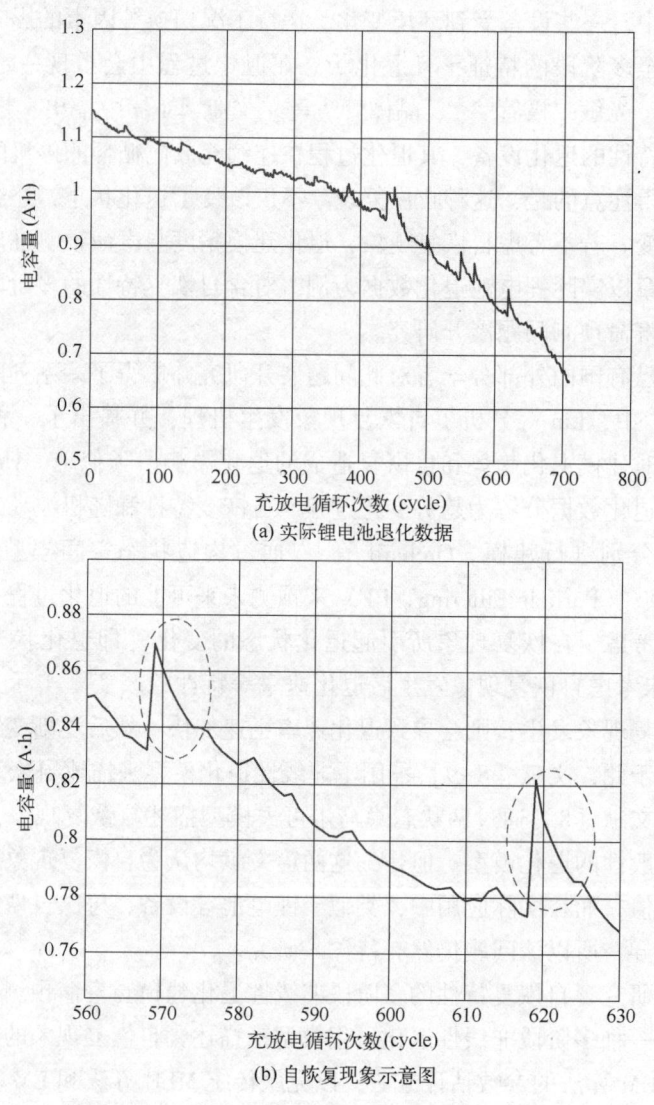

(a) 实际锂电池退化数据

(b) 自恢复现象示意图

图 3.1　实际电池退化数据及自恢复现象示意图

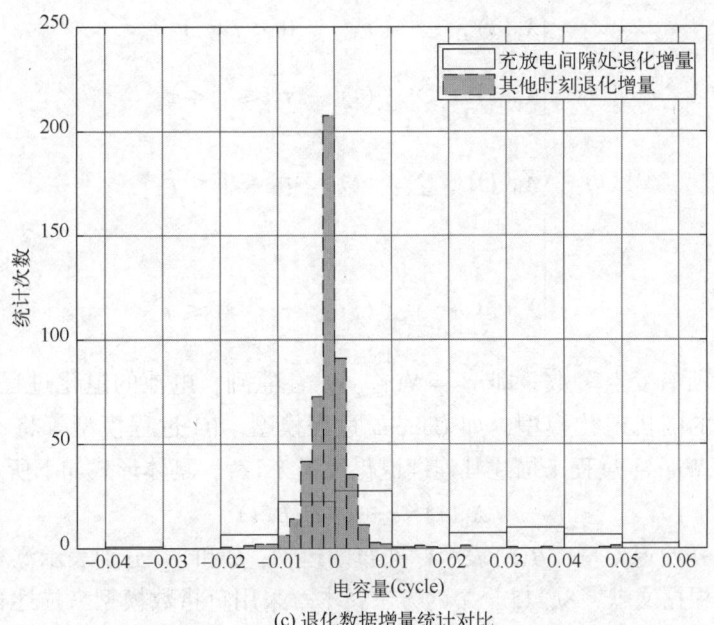

(c) 退化数据增量统计对比

图 3.1 实际电池退化数据及自恢复现象示意图（续）

图 3.1 中所展示的是来自马里兰大学 Pecht 教授团队测量收集的电池退化数据。从图 3.1（a）中可见，其电容量随着时间的累积逐渐变少，这反映了电池的性能退化过程。值得注意的是，上述数据是在连续充放电循环中测试得到的，若充放电循环中存在中断，则很可能会导致自恢复现象的出现，如图 3.1（b）所示。在图 3.1（c）中，我们进一步将充放电循环间隙的退化增量与其他时刻退化增量进行对比，可以发现两者有明显差异，前者的变化范围（即样本方差）更大，且样本均值也明显大于后者。这说明充放电间隙与自恢复现象的发生之间存在关联，Qin 等在文献 [9] 中讨论分析了这种联系。

注释 3.1：在马里兰大学测试收集得到的电池数据中，两次充放电循环的间隙常常持续十几个小时甚至更多。因此，可根据每次的测试间隙将退化分为多个退化阶段。此外，充放电循环间隙不一定会导致状态的恢复也有可能造成退化程度的加深，如图 3.1（b）所示。换句话说，锂电池充放电循环的中断是其自恢复现象出现的必要条件，而不是充要条件。此外，从图 3.1（b）中可以发现，自恢复现象出现后会导致退化速率先增快后逐渐减缓。

综上所述，本章拟通过非线性的多阶段模型来描述具有自恢复特性的退化过程，具体形式如下所示：

$$X(t) = X_0(t) + \sum_{i=1}^{N(t)} X_i(t) \tag{3.1}$$

式中：$N(t)$ 表示到时间 t 为止，充放电循环的停机次数；$X(t)$ 表示总的退化过程；$X_0(t)$ 表示受到自恢复影响的连续退化过程；$X_i(t)$ 表示由于第 i 次充放电间隙所造成的退化量以及退化速率影响。这样退化过程可划分为 $N(t)+1$ 个阶段，充放电间隙可以视为变点出现的时刻。若假设所有的充放电时间确定，即变点 τ_i 给定，则上式可改写为

$$X(t) = \begin{cases} X_0(t), & 0 < t < \tau_1 \\ X_0(t) + \sum_{i=1}^{1} X_i(t), & \tau_1 \leq t < \tau_2 \\ X_0(t) + \sum_{i=1}^{2} X_i(t), & \tau_2 \leq t < \tau_3 \\ \vdots \\ X_0(t) + \sum_{i=1}^{n_\tau} X_i(t), & \tau_{n_\tau}-1 \leq t < \tau_{n_\tau} \end{cases} \quad (3.2)$$

式中：τ_{n_τ}表示所有变点个数，即$\tau_{n_\tau} = N(t_{\max})$。注意到，电池的退化过程是非单调的，那么一些单调的随机退化模型，如Gamma过程模型、IG过程模型等将不再适用，所以，本章采用Wiener过程来描述其连续退化过程$X_0(t)$，具体形式如下所示：

$$X_0(t) = x_0 + \mu t + \sigma_B B(t) \quad (3.3)$$

式中：x_0表示初始退化量；$B(t)$表示标准布朗运动；μ和σ_B分别表示漂移系数与扩散系数。此外，根据文献[8，13]中的方法，本章采用负指数模型来描述自恢复现象对退化过程的影响，即

$$X_i(t) = \begin{cases} -\lambda_1 e^{-\lambda_2(t-\tau_i)} + \lambda_3, & t-\tau_i \geq 0 \\ 0, & t-\tau_i < 0 \end{cases} \quad (3.4)$$

式中：$\boldsymbol{\lambda} = [\lambda_1, \lambda_2, \lambda_3]$表示模型参数。注意到，$\lambda_1 + \lambda_3$表示充放电循环中断后可能恢复的退化量，$\lambda_2$用于描述可能导致的退化速率变化。为了更好地描述退化过程中的不确定性，假设λ_1和λ_3分别服从正态分布$N(\mu_1, \sigma_1^2)$和$N(\mu_3, \sigma_3^2)$。

FHT意义下的寿命分布的定义为

$$T = \inf\{t : X(t) \geq \xi \mid X(0) \leq \xi\} \quad (3.5)$$

基于退化模型的基本定义，接下来推导FHT意义下的寿命分布表达式。

3.3 FHT意义下寿命预测

需要注意的是，FHT意义下的寿命分布表达式与$N(t)$的形式息息相关，本章致力于$N(t)$形式给定，即所有变点出现时刻已知情况下，FHT意义的寿命预测问题。

假设一共存在n_τ次充放电循环中断，即n_τ个变点。根据锂电池自恢复现象会导致退化速率突然增快然后逐渐减缓的情况，结合式（3.4），首先给出假设3.1。

假设3.1：假设第i个变点所导致的阶段退化速率的改变不会影响到第$i+1$个阶段的退化速率。也就是说，在式（3.5）中，$-\lambda_1 e^{-\lambda_2(t-\tau_i)}$会逼近0，且仅会对当前退化阶段产生影响。

值得注意的是，由于自恢复现象所导致的跳变，那么寿命的PDF需要分阶段分别进行计算，即分三种情况：$(0, \tau_1)$、$[\tau_{i-1}, \tau_i)$（$i=2,3,\cdots,n_\tau$）和$[\tau_{n_\tau}, +\infty)$。

首先考虑寿命分布在$(0, \tau_1)$上的取值。由于第一阶段仅为线性连续退化过程，因此根据Wiener过程的性质，寿命PDF $f_T(t)$在$(0, \tau_1)$上的形式服从IG分布，即

$$f_T(t) = \frac{\xi - x_0}{\sqrt{2\pi \sigma_B^2 t^3}} \exp\left[-\frac{(\xi - x_0 - \mu t)^2}{2\sigma_B^2 t}\right] \tag{3.6}$$

式中：x_0 表示初始退化量，一般可通过调整阈值，等效 $x_0 = 0$ 来简化计算。

但是，寿命 PDF 在其他阶段 $[\tau_{i-1}, \tau_i)$ 和 $[\tau_{n_\tau}, +\infty)$ 难以直接计算得到，这里 $i = 2, 3, \cdots, n_\tau$。为计算 $f_T(t)$ 在这上述若干阶段的表达式，假设 x_{τ_i} 表示在变点 τ_i 处的退化状态，令 τ_i^- 表示 τ_i 的左极限。那么，基于假设 3.1，退化过程在 $[\tau_{i-1}, \tau_i)$ 和 $[\tau_{n_\tau}, +\infty)$ 上的具体模型可以改写为

$$\begin{aligned} X(t) &= x_{\tau_i^-} + X_0(t - \tau_i) + X_i(t) \\ &= x_{\tau_i^-} + \mu(t - \tau_i) + \sigma_B B(t - \tau_i) - \lambda_1 e^{-\lambda_2(t - \tau_i)} + \lambda_3 \end{aligned} \tag{3.7}$$

其中，若属于区间 $[\tau_{n_\tau}, +\infty)$，那么 $x_{\tau_i^-} = x_{\tau_{n_\tau}}$。

由此可以看出退化模型在第二阶段开始表现出非线性的特征，为了便于计算，给出引理 3.1 用于说明非线性 Wiener 过程的寿命预测计算方法。

引理 3.1[14]：若假设退化过程表示形式为 $x_0 + s(t) + \sigma_B B(t)$，那么其寿命 PDF 近似解析表达为

$$f_T(t) \cong \frac{1}{\sqrt{2\pi t}} \left[\frac{S(t)}{t} - \frac{dS(t)}{dt}\right] \exp\left[-\frac{S^2(t)}{2t}\right] \tag{3.8}$$

式中：$S(t) = \dfrac{\xi - x_0 - s(t)}{\sigma_B}$。

这样，根据引理 3.1 可以得到 λ_1 和 λ_3 为固定常值情况下的近似解析表达。

$$\begin{aligned} f_T(t) &\cong \frac{1}{\sqrt{2\pi t}} \left[\frac{\xi - x_{\tau_i^-} + \lambda_1 e^{-\lambda_2(t - \tau_i)} + (t - \tau_i)\lambda_2 \lambda_1 e^{-\lambda_2(t - \tau_i)} - \lambda_1 - \lambda_3}{\sigma_B(t - \tau_i)}\right] \\ &\quad \times \exp\left[-\frac{(\xi - x_{\tau_i^-} - \mu(t - \tau_i) + \lambda_1 e^{-\lambda_2(t - \tau_i)} - \lambda_1 - \lambda_3)^2}{2\sigma_B^2(t - \tau_i)}\right] \end{aligned} \tag{3.9}$$

式中：寿命取值范围为 $[\tau_{i-1}, \tau_i)$ 或者 $[\tau_{n_\tau}, +\infty)$。

根据之前的讨论，λ_1、λ_3 和 $x_{\tau_i^-}$ 应为随机变量，若定义 $p(\lambda_1)$ 和 $p(\lambda_3)$ 分别表示 λ_1 和 λ_3 的概率分布函数，$g(x_{\tau_i^-})$ 表示 $X(t)$ 从 0 到 $x_{\tau_i^-}$ 在 FHT 意义下的转移概率。那么根据全概率公式，式 (3.9) 可以改写为

$$\begin{aligned} f_T(t) &\cong \int_{-\infty}^{+\infty} \int_{-\infty}^{+\infty} \int_{-\infty}^{\xi} \left[\frac{\xi - x_{\tau_i^-} + \lambda_1 e^{-\lambda_2(t - \tau_i)} + (t - \tau_i)\lambda_2 \lambda_1 e^{-\lambda_2(t - \tau_i)} - \lambda_1 - \lambda_3}{\sqrt{2\pi(t - \tau_i)} \sigma_B(t - \tau_i)}\right] \\ &\quad \times \exp\left[-\frac{(\xi - x_{\tau_i^-} - \mu(t - \tau_i) + \lambda_1 e^{-\lambda_2(t - \tau_i)} - \lambda_1 - \lambda_3)^2}{2\sigma_B^2(t - \tau_i)}\right] p(\lambda_1) p(\lambda_3) g(x_{\tau_i^-}) dx_{\tau_i^-} d\lambda_1 d\lambda_3 \end{aligned}$$

$$\tag{3.10}$$

式中：t 的取值范围为 $[\tau_{i-1}, \tau_i)$ 和 $[\tau_{n_\tau}, +\infty)$。

根据之前的假设，λ_1 和 λ_3 服从正态分布，但是 $g(x_{\tau_i^-})$ 的表达形式难以根据退化模型直接推导得到。因此，这里给出一种近似的方法来得到 $g(x_{\tau_i^-})$ 的解析表达式。

定义 $p(x_{\tau_i^-})$ 表示非首达时间意义下的转移概率，那么根据 Wiener 过程的定义，$p(x_{\tau_i^-})$ 具有正态分布的表示形式，具体解析表达式如下：

$$p(x_{\tau_i^-}) = \frac{1}{\sqrt{2\pi[\sigma_B^2 \tau_i + (i-1)^2 \sigma_3^2]}} \exp\left[-\frac{(x_{\tau_i^-} - \mu\tau_i - (i-1)\mu_3)^2}{2\sigma_B^2 \tau_i + (i-1)^2 \sigma_3^2}\right] \qquad (3.11)$$

根据时间的连续性可知 $\tau_i^- = \tau_i$，但是需注意到 $x_{\tau_i^-} \neq x_{\tau_i}$。

为推导寿命分布，利用 $p(x_{\tau_i^-})$ 来近似代替 $g(x_{\tau_i^-})$。这样，结合式 (3.6) 和式 (3.10)，可以得到寿命分布的近似表达式如下：

$$f_T(t) = \frac{1}{\sqrt{2\pi\sigma_B^2 t^3}} \exp\left[-\frac{(\xi - x_0 - \mu t)^2}{2\sigma_B^2 t}\right], t \in (0, \tau_1) \qquad (3.12)$$

$$f_T(t) \cong \int_{-\infty}^{+\infty} \int_{-\infty}^{+\infty} \int_{-\infty}^{\xi} p(\lambda_1) p(\lambda_3) p(x_{\tau_i^-})$$

$$\times \frac{\xi - x_{\tau_i^-} - \lambda_1 e^{-\lambda_2(t-\tau_i)} + (t-\tau_i)\lambda_2 \lambda_1 e^{-\lambda_2(t-\tau_i)} - \lambda_3}{\sqrt{2\pi\sigma_B^2(t-\tau_i)^3}}, \quad t \in [\tau_{i-1}, \tau_i) \cup [\tau_{n_\tau}, +\infty)$$

$$\times \exp\left[-\frac{(\xi - x_{\tau_i^-} - \mu(t-\tau_i) + \lambda_1 e^{-\lambda_2(t-\tau_i)} - \lambda_3)^2}{2\sigma_B^2(t-\tau_i)}\right] \mathrm{d}x_{\tau_i^-} \mathrm{d}\lambda_1 \mathrm{d}\lambda_3 \qquad (3.13)$$

式中：$i = 2, 3, \cdots, n_\tau$。注意到，在式 (3.13) 中，存在三层积分需要进行求解和计算。为了对此积分进行简化计算，基于多元正态分布的性质，给出定理 3.1。

定理 3.1：定义 $z_1 \sim N(\mu_{z_1}, \sigma_{z_1}^2)$ 和 $z_2 \sim N(\mu_{z_2}, \sigma_{z_2}^2)$ 为两个独立不相关的正态随机变量，A_1、A_2、B_1、B_2、C 和 D 为固定常值。令 $\mathbf{Z} = [z_1, z_2]$，那么可以得到如下结论：

$$\begin{cases} \mathbb{E}_\mathbf{Z}[\exp(-0.5A_1 z_1^2 - 0.5A_2 z_2^2 + B_1 z_1 + B_2 z_2 + C z_1 z_2 - 0.5D)] \\ = \dfrac{\widetilde{\sigma}_{z_1} \widetilde{\sigma}_{z_2} \sqrt{1-\rho^2}}{\sigma_{z_1} \sigma_{z_2}} \exp\left(\dfrac{A_1 \sigma_{z_1}^2 + 1}{2\sigma_{z_1}^2} \widetilde{\mu}_{z_1}^2 + \dfrac{A_2 \sigma_{z_2}^2 + 1}{2\sigma_{z_2}^2} \widetilde{\mu}_{z_2}^2 - C \widetilde{\mu}_{z_1} \widetilde{\mu}_{z_2} - 0.5E\right) \\ \mathbb{E}_\mathbf{Z}[z_1 \exp(-0.5A_1 z_1^2 - 0.5A_2 z_2^2 + B_1 z_1 + B_2 z_2 + C z_1 z_2 - 0.5D)] \\ = \dfrac{\widetilde{\sigma}_{z_1} \widetilde{\sigma}_{z_2} \sqrt{1-\rho^2}}{\sigma_{z_1} \sigma_{z_2}} \widetilde{\mu}_{z_1} \exp\left(\dfrac{A_1 \sigma_{z_1}^2 + 1}{2\sigma_{z_1}^2} \widetilde{\mu}_{z_1}^2 + \dfrac{A_2 \sigma_{z_2}^2 + 1}{2\sigma_{z_2}^2} \widetilde{\mu}_{z_2}^2 - C \widetilde{\mu}_{z_1} \widetilde{\mu}_{z_2} - 0.5E\right) \\ \mathbb{E}_\mathbf{Z}[z_2 \exp(-0.5A_1 z_1^2 - 0.5A_2 z_2^2 + B_1 z_1 + B_2 z_2 + C z_1 z_2 - 0.5D)] \\ = \dfrac{\widetilde{\sigma}_{z_1} \widetilde{\sigma}_{z_2} \sqrt{1-\rho^2}}{\sigma_{z_1} \sigma_{z_2}} \widetilde{\mu}_{z_2} \exp\left(\dfrac{A_1 \sigma_{z_1}^2 + 1}{2\sigma_{z_1}^2} \widetilde{\mu}_{z_1}^2 + \dfrac{A_2 \sigma_{z_2}^2 + 1}{2\sigma_{z_2}^2} \widetilde{\mu}_{z_2}^2 - C \widetilde{\mu}_{z_1} \widetilde{\mu}_{z_2} - 0.5E\right) \\ \mathbb{E}_\mathbf{Z}[z_1 z_2 \exp(-0.5A_1 z_1^2 - 0.5A_2 z_2^2 + B_1 z_1 + B_2 z_2 + C z_1 z_2 - 0.5D)] \\ = \dfrac{\widetilde{\sigma}_{z_1} \widetilde{\sigma}_{z_2} \sqrt{1-\rho^2}}{\sigma_{z_1} \sigma_{z_2}} (\widetilde{\mu}_{z_1} \widetilde{\mu}_{z_2} - \rho \sigma_{z_1} \sigma_{z_2}) \exp\left(\dfrac{A_1 \sigma_{z_1}^2 + 1}{2\sigma_{z_1}^2} \widetilde{\mu}_{z_1}^2 + \dfrac{A_2 \sigma_{z_2}^2 + 1}{2\sigma_{z_2}^2} \widetilde{\mu}_{z_2}^2 - C \widetilde{\mu}_{z_1} \widetilde{\mu}_{z_2} - 0.5E\right) \end{cases} \qquad (3.14)$$

其中，

$$\begin{cases}\widetilde{\mu}_{z_1}=\dfrac{(B_1\sigma_{z_1}^2+\mu_{z_1})(A_2\sigma_{z_2}^2+1)+(B_2\sigma_{z_2}^2+\mu_{z_2})C\sigma_{z_1}^2}{(A_1\sigma_{z_1}^2+1)(A_2\sigma_{z_2}^2+1)-C^2\sigma_{z_1}^2\sigma_{z_2}^2}\\[2mm]\widetilde{\mu}_{z_2}=\dfrac{(B_2\sigma_{z_2}^2+\mu_{z_2})(A_1\sigma_{z_1}^2+1)+(B_1\sigma_{z_1}^2+\mu_{z_1})C\sigma_{z_2}^2}{(A_1\sigma_{z_1}^2+1)(A_2\sigma_{z_2}^2+1)-C^2\sigma_{z_1}^2\sigma_{z_2}^2}\\[2mm]\rho^2=\dfrac{C^2\sigma_{z_1}^2\sigma_{z_2}^2}{(A_1\sigma_{z_1}^2+1)(A_2\sigma_{z_2}^2+1)}\\[2mm]E=\dfrac{D\sigma_{z_1}^2\sigma_{z_2}^2+\mu_{z_1}^2\sigma_{z_2}^2+\mu_{z_2}^2\sigma_{z_1}^2}{\sigma_{z_2}^2\sigma_{z_1}^2}\\[2mm]\widetilde{\sigma}_{z_1}\widetilde{\sigma}_{z_2}=\dfrac{\rho}{C\sqrt{1-\rho^2}}\end{cases} \quad (3.15)$$

证明见附录 B.1。

这样根据以上定理 3.1，可以对式（3.13）进行化简，具体表示形式为

$$f_T(t)\cong\int_{-\infty}^{\xi}\rho p(x_{\tau_i^-})\dfrac{\xi-x_{\tau_i^-}+\widetilde{\mu}_1[(-1+\lambda_2 t-\tau_i\lambda_2)e^{-\lambda_2(t-\tau_i)}]-\widetilde{\mu}_3}{C'\sqrt{2\pi\sigma_B^2(t-\tau_i)^3}}$$
$$\times\exp\left(\dfrac{A_1'\sigma_1^2+1}{2\sigma_1^2}\widetilde{\mu}_1^2+\dfrac{A_3'\sigma_3^2+1}{2\sigma_3^2}\widetilde{\mu}_3^2-C'\widetilde{\mu}_1\widetilde{\mu}_3-0.5E'\right)\mathrm{d}x_{\tau_i^-},\ t\in[\tau_{i-1},\tau_i)\cup[\tau_{n_\tau},+\infty)$$
(3.16)

式中：

$$\begin{cases}\widetilde{\mu}_1=\dfrac{(B_1'\sigma_1^2+\mu_1)(A_3'\sigma_3^2+1)+(B_3'\sigma_3^2+\mu_3)C'\sigma_1^2}{(A_1'\sigma_1^2+1)(A_3'\sigma_3^2+1)-C'^2\sigma_1^2\sigma_3^2}\\[2mm]\widetilde{\mu}_3=\dfrac{(B_3'\sigma_3^2+\mu_3)(A_1'\sigma_1^2+1)+(B_1'\sigma_1^2+\mu_1)C'\sigma_3^2}{(A_1'\sigma_1^2+1)(A_3'\sigma_3^2+1)-C'^2\sigma_1^2\sigma_3^2}\\[2mm]\rho'^2=\dfrac{C'^2\sigma_1^2\sigma_3^2}{(A_1'\sigma_1^2+1)(A_3'\sigma_3^2+1)}\\[2mm]E'=\dfrac{D'\sigma_1^2\sigma_3^2+\mu_1^2\sigma_3^2+\mu_3^2\sigma_1^2}{\sigma_3^2\sigma_1^2}\\[2mm]A_1'=\dfrac{e^{-2\lambda_2(t-\tau_i)}}{\sigma_B^2(t-\tau_i)},\ B_1'=\dfrac{-e^{-\lambda_2(t-\tau_i)}(\xi-x_{\tau_i^-}-\mu(t-\tau_i))}{\sigma_B^2(t-\tau_i)}\\[2mm]A_3'=\dfrac{1}{\sigma_B^2(t-\tau_i)},\ B_3'=\dfrac{\xi-x_{\tau_i^-}-\mu(t-\tau_i)}{\sigma_B^2(t-\tau_i)}\\[2mm]C'=\dfrac{e^{-\lambda_2(t-\tau_i)}}{\sigma_B^2(t-\tau_i)},\ D'=\dfrac{[\xi-x_{\tau_i^-}-\mu(t-\tau_i)]^2}{\sigma_B^2(t-\tau_i)}\end{cases} \quad (3.17)$$

值得注意的是，由于式（3.17）的表达形式复杂，因此无法直接推导得到 $f_T(t)$ 的解析表达式，需通过数值方法来计算。幸运的是，由于仅有一层积分需要计算，可以通

过数值方法较快地得到以上积分求解。

在式（3.16）中，所有变点出现时间都是预先已知的，而实际中这些变点可能是未知或随机的，在这种情况下，若定义每个变点出现时间分布为 $p(\tau_i)$，则可由全概率公式得到变点随机出现情况下的寿命分布函数为

$$f_{RT}(t) = \iint \cdots \int f_T(t) p(\tau_1) p(\tau_2) \cdots p(\tau_{n_\tau}) \mathrm{d}\tau_1 \mathrm{d}\tau_2 \mathrm{d}\tau_{n_\tau} \quad (3.18)$$

式中：$f_T(t)$ 表示固定变点情况下的寿命 PDF。

对于在时刻 t_κ 处的 RUL 预测问题，可通过 RUL 预测与寿命预测之间的关系进行计算，即将 RUL 预测问题转化为初值为 x_κ、阈值为 $\xi-x_\kappa$ 的寿命预测问题进行求解，受篇幅所限在本章中不再赘述。3.4 节将主要介绍如何基于收集得到的退化数据对模型参数进行估计。

3.4 模型参数估计

首先，定义 $\boldsymbol{X}=[x_0,x_1,\cdots,x_k]$ 表示在时刻 $[t_0,t_1,\cdots,t_k]$ 处得到的退化数据。为便于计算，将各阶段退化数据汇总，记为 $\boldsymbol{X}_{0:k}=[x_{1,1},x_{1,2},\cdots,x_{1,N_1},x_{2,1},x_{2,1},\cdots,x_{2,N_2},\cdots,x_{i,j},\cdots,x_{n_\tau,N_{n_\tau}}]$，其中 $x_{i,j}$ 表示在第 i 个阶段的第 j 个退化数据，那么有 $k+1=\sum_{i=1}^{n_\tau} N_i$。若 λ_1 和 λ_3 为常值参数，那么退化过程的增量数据表示为

$$\Delta x_{i,j} = \begin{cases} \mu \Delta t_{i,j} + \sigma_B B(\Delta t_{i,j}), & i=1 \\ \mu \Delta t_{i,j} - \lambda_1 + \lambda_3 + \sigma_B B(\Delta t_{i,j}), & i=j, i \neq 1 \\ \mu \Delta t_{i,j} - \lambda_2 \lambda_1 \int_{t_{i,j-1}}^{t_{i,j}} \mathrm{e}^{-\lambda_2(\tau-t_i)} \mathrm{d}\tau + \sigma_B B(\Delta t_{i,j}), & i \neq j, i \neq 1 \end{cases} \quad (3.19)$$

式中：$i=1,2,\cdots,n_\tau$。但是，由于 λ_1 和 λ_3 定义为随机参数，其不确定性会导致似然函数难以直接构造，因此也难以直接使用 MLE 算法来对模型参数进行估计。考虑到存在随机参数的影响，通常采用 EM 算法进行参数估计。EM 算法可分为两步：E-step 与 M-step。

E-step： 令 $[\lambda_1,\lambda_3]$ 为隐变量。那么，如果隐变量已知，似然函数可表示如下：

$$\begin{aligned}
l(\boldsymbol{\Theta}|\boldsymbol{X}_{0:k},\boldsymbol{\lambda}_{2:n_\tau}) &= \prod_{i=2}^{n_\tau} \prod_{j=2}^{N_i} \frac{1}{\sqrt{2\pi\sigma_B^2 \Delta t_{i,j}}} \exp\left[-\frac{(\Delta x_{i,j} - \mu \Delta t_{i,j} - \lambda_2 \lambda_1 \int_{t_{i,j-1}}^{t_{i,j}} \mathrm{e}^{-\lambda_2(\tau-t_i)} \mathrm{d}\tau)^2}{2\sigma_B^2 \Delta t_{i,j}}\right] \\
&+ \prod_{i=2}^{n_\tau} \frac{1}{\sqrt{2\pi\sigma_B^2 \Delta t_{i,j}}} \exp\left[-\frac{(x_{i,1} - x_{i-1,N_{i-1}} - \mu \Delta t_{i,j} + \lambda_1 - \lambda_3)^2}{2\sigma_B^2 \Delta t_{i,j}}\right] + \prod_{i=2}^{n_\tau} \frac{1}{\sqrt{2\pi\sigma_1^2}} \exp\left[-\frac{(\lambda_1 - \mu_1)^2}{2\sigma_1^2}\right] \\
&+ \prod_{i=2}^{n_\tau} \frac{1}{\sqrt{2\pi\sigma_3^2}} \exp\left[-\frac{(\lambda_3 - \mu_1)^2}{2\sigma_3^2}\right] + \prod_{j=2}^{N_1} \frac{1}{\sqrt{2\pi\sigma_B^2 \Delta t_{i,j}}} \exp\left[-\frac{(x_{1,j} - x_{1,j-1} - \mu \Delta t_{i,j})^2}{2\sigma_B^2 \Delta t_{i,j}}\right]
\end{aligned} \quad (3.20)$$

式中：$\boldsymbol{\Theta}=[\mu,\sigma_B,\lambda_2,\mu_1,\mu_3,\sigma_1,\sigma_3]$ 表示所有未知参数；$\boldsymbol{\lambda}_{2:n_\tau}$ 为隐变量 $[\lambda_1,\lambda_3]$ 的观测值。接下来，求解完全似然函数在 $\hat{\boldsymbol{\Theta}}_k^{(m)}$ 下的条件期望，即

第3章 含自恢复特性的多阶段非线性退化建模与寿命预测

$$Q(\boldsymbol{\Theta}|\hat{\boldsymbol{\Theta}}_k^{(m)}) = \mathbb{E}_{\lambda_1,\lambda_3|X_{0:k},\hat{\boldsymbol{\Theta}}_k^{(m)}}[\ln p(X_{0:k},\lambda_{2:n_\tau}|\boldsymbol{\Theta})] \quad (3.21)$$

式中：$\hat{\boldsymbol{\Theta}}_k^{(m)}$ 表示所有参数在第 m 步的估计值。

值得注意的是，由于 λ_1 和 λ_3 服从正态分布，因此根据 Bayesian 理论，可以得到条件期望 $\mathbb{E}_{\lambda_1,\lambda_3|X_{0:k},\hat{\boldsymbol{\Theta}}_k^{(m)}}[\lambda_{1,i}]$、$\mathbb{E}_{\lambda_1,\lambda_3|X_{0:k},\hat{\boldsymbol{\Theta}}_k^{(m)}}[\lambda_{3,i}]$、$\mathbb{E}_{\lambda_1,\lambda_3|X_{0:k},\hat{\boldsymbol{\Theta}}_k^{(m)}}[\lambda_{1,i}^2]$、$\mathbb{E}_{\lambda_1,\lambda_3|X_{0:k},\hat{\boldsymbol{\Theta}}_k^{(m)}}[\lambda_{3,i}^2]$ 和 $\mathbb{E}_{\lambda_1,\lambda_3|X_{0:k},\hat{\boldsymbol{\Theta}}_k^{(m)}}[\lambda_{1,i}\lambda_{3,i}]$。

在实际工程中，常采用等间隔采样，为了简化计算，假设采样间隔为固定常值，那么有 $\Delta t_{i,j} = \Delta t$，上述条件期望的具体表达式为

$$\begin{cases} \mathbb{E}_{\lambda_1,\lambda_3|X_{0:k},\hat{\boldsymbol{\Theta}}_k^{(m)}}[\lambda_{1,i}] = \mu_{\lambda_1}, \mathbb{E}_{\lambda_1,\lambda_3|X_{0:k},\hat{\boldsymbol{\Theta}}_k^{(m)}}[\lambda_{3,i}] = \mu_{\lambda_3}, \mathbb{E}_{\lambda_1,\lambda_3|X_{0:k},\hat{\boldsymbol{\Theta}}_k^{(m)}}[\lambda_{1,i}^2] = \mu_{\lambda_1}^2 + \sigma_{\lambda_1}^2 \\ \mathbb{E}_{\lambda_1,\lambda_3|X_{0:k},\hat{\boldsymbol{\Theta}}_k^{(m)}}[\lambda_{3,i}^2] = \mu_{\lambda_3}^2 + \sigma_{\lambda_3}^2, \mathbb{E}_{\lambda_1,\lambda_3|X_{0:k},\hat{\boldsymbol{\Theta}}_k^{(m)}}[\lambda_{1,i}\lambda_{3,i}] = \mu_{\lambda_1}\mu_{\lambda_3} - \rho\sigma_{\lambda_1}\sigma_{\lambda_3} \end{cases} \quad (3.22)$$

式中：

$$\mu_{\lambda_1} = -\frac{\left(\hat{\sigma}_3^{2,(m)}(x_{i,1} - x_{i-1,N_{i-1}} - \hat{\mu}^{(m)}\Delta t) + \hat{\sigma}_B^{2,(m)}\Delta t \hat{\mu}_3^{(m)}\right)\left(\hat{\sigma}_1^{2,(m)}\sum_{j=2}^{N_i}(e^{-\hat{\lambda}_2^{(m)}t_{i,j}} - e^{-\hat{\lambda}_2^{(m)}t_{i,j-1}})^2 + \hat{\sigma}_1^{2,(m)}\right)}{\left(\hat{\sigma}_1^{2,(m)}\sum_{j=2}^{N_i}(e^{-\hat{\lambda}_2^{(m)}t_{i,j}} - e^{-\hat{\lambda}_2^{(m)}t_{i,j-1}})^2 + \hat{\sigma}_1^{2,(m)} + \hat{\sigma}_B^{2,(m)}\Delta t\right)(\hat{\sigma}_3^{2,(m)} + \hat{\sigma}_B^{2,(m)}\Delta t) - \hat{\sigma}_1^{2,(m)}\hat{\sigma}_3^{2,(m)}}$$

$$+ \frac{\left(\hat{\mu}_1^{(m)}\hat{\sigma}_B^{2,(m)}\Delta t - \hat{\sigma}_1^{2,(m)}\sum_{j=2}^{N_i}(e^{-\hat{\lambda}_2^{(m)}t_{i,j}} - e^{-\hat{\lambda}_2^{(m)}t_{i,j-1}})(x_{i,j} - x_{i,j-1} - \hat{\mu}^{(m)}\Delta t) - \hat{\sigma}_1^{2,(m)}(x_{i,1} - x_{i-1,N_{i-1}} - \hat{\mu}^{(m)}\Delta t)\right)}{\left(\hat{\sigma}_1^{2,(m)}\sum_{j=2}^{N_i}(e^{-\hat{\lambda}_2^{(m)}t_{i,j}} - e^{-\hat{\lambda}_2^{(m)}t_{i,j-1}})^2 + \hat{\sigma}_1^{2,(m)} + \hat{\sigma}_B^{2,(m)}\Delta t\right)(\hat{\sigma}_3^{2,(m)} + \hat{\sigma}_B^{2,(m)}\Delta t) - \hat{\sigma}_1^{2,(m)}\hat{\sigma}_3^{2,(m)}}$$

$$\times (\hat{\sigma}_3^{2,(m)} + \hat{\sigma}_B^{2,(m)}\Delta t)$$

$$\mu_{\lambda_3} = \frac{\left(\hat{\sigma}_3^{2,(m)}(x_{i,1} - x_{i-1,N_{i-1}} - \hat{\mu}^{(m)}\Delta t) + \hat{\sigma}_B^{2,(m)}\Delta t \hat{\mu}_3^{(m)}\right)\left(\hat{\sigma}_1^{2,(m)}\sum_{j=2}^{N_i}(e^{-\hat{\lambda}_2^{(m)}t_{i,j}} - e^{-\hat{\lambda}_2^{(m)}t_{i,j-1}})^2 + \hat{\sigma}_1^{2,(m)}\right)}{\left(\hat{\sigma}_1^{2,(m)}\sum_{j=2}^{N_i}(e^{-\hat{\lambda}_2^{(m)}t_{i,j}} - e^{-\hat{\lambda}_2^{(m)}t_{i,j-1}})^2 + \hat{\sigma}_1^{2,(m)} + \hat{\sigma}_B^{2,(m)}\Delta t\right)(\hat{\sigma}_3^{2,(m)} + \hat{\sigma}_B^{2,(m)}\Delta t) - \hat{\sigma}_1^{2,(m)}\hat{\sigma}_3^{2,(m)}}$$

$$- \frac{\left(\hat{\mu}_1^{(m)}\hat{\sigma}_B^{2,(m)}\Delta t - \hat{\sigma}_1^{2,(m)}\sum_{j=2}^{N_i}(e^{-\hat{\lambda}_2^{(m)}t_{i,j}} - e^{-\hat{\lambda}_2^{(m)}t_{i,j-1}})(x_{i,j} - x_{i,j-1} - \hat{\mu}^{(m)}\Delta t) - \hat{\sigma}_1^{2,(m)}(x_{i,1} - x_{i-1,N_{i-1}} - \hat{\mu}^{(m)}\Delta t)\right)\hat{\sigma}_3^{2,(m)}}{\left(\hat{\sigma}_1^{2,(m)}\sum_{j=2}^{N_i}(e^{-\hat{\lambda}_2^{(m)}t_{i,j}} - e^{-\hat{\lambda}_2^{(m)}t_{i,j-1}})^2 + \hat{\sigma}_1^{2,(m)} + \hat{\sigma}_B^{2,(m)}\Delta t\right)(\hat{\sigma}_3^{2,(m)} + \hat{\sigma}_B^{2,(m)}\Delta t) - \hat{\sigma}_1^{2,(m)}\hat{\sigma}_3^{2,(m)}}$$

$$\sigma_{\lambda_1}^2 = \frac{(\hat{\sigma}_3^{2,(m)} + \hat{\sigma}_B^{2,(m)}\Delta t)\hat{\sigma}_1^{2,m}\hat{\sigma}_B^{2,(m)}\Delta t}{\left(\hat{\sigma}_1^{2,(m)}\sum_{j=2}^{N_i}(e^{-\hat{\lambda}_2^{(m)}t_{i,j}} - e^{-\hat{\lambda}_2^{(m)}t_{i,j-1}})^2 + \hat{\sigma}_1^{2,(m)} + \hat{\sigma}_B^{2,(m)}\Delta t\right)(\hat{\sigma}_3^{2,(m)} + \hat{\sigma}_B^{2,(m)}\Delta t) - \hat{\sigma}_1^{2,(m)}\hat{\sigma}_3^{2,(m)}}$$

$$\sigma_{\lambda_3}^2 = \frac{\left(\hat{\sigma}_1^{2,(m)}\sum_{j=2}^{N_i}(e^{-\hat{\lambda}_2^{(m)}t} - e^{-\hat{\lambda}_2^{(m)}t_{i,j-1}})^2 + \hat{\sigma}_1^{2,(m)} + \hat{\sigma}_B^{2,(m)}\Delta t\right)\hat{\sigma}_3^{2,m}\hat{\sigma}_B^{2,(m)}\Delta t}{\left(\hat{\sigma}_1^{2,(m)}\sum_{j=2}^{N_i}(e^{-\hat{\lambda}_2^{(m)}t_{i,j}} - e^{-\hat{\lambda}_2^{(m)}t_{i,j-1}})^2 + \hat{\sigma}_1^{2,(m)} + \hat{\sigma}_B^{2,(m)}\Delta t\right)(\hat{\sigma}_3^{2,(m)} + \hat{\sigma}_B^{2,(m)}\Delta t) - \hat{\sigma}_1^{2,(m)}\hat{\sigma}_3^{2,(m)}}$$

$$\rho = \frac{\hat{\sigma}_1^{(m)}\hat{\sigma}_3^{(m)}}{\sqrt{\left(\hat{\sigma}_1^{2,(m)}\sum_{j=2}^{N_i}(e^{-\hat{\lambda}_2^{(m)}t_{i,j}} - e^{-\hat{\lambda}_2^{(m)}t_{i,j-1}})^2 + \hat{\sigma}_1^{2,(m)} + \hat{\sigma}_B^{2,(m)}\Delta t\right)(\hat{\sigma}_3^{2,(m)} + \hat{\sigma}_B^{2,(m)}\Delta t)}}$$

证明过程详见附录 B.2。

进一步，可以推导得到 $Q(\boldsymbol{\Theta}|\hat{\boldsymbol{\Theta}}_k^{(m)})$ 的解析表示为

$$Q(\boldsymbol{\Theta}|\hat{\boldsymbol{\Theta}}_k^{(m)}) = \mathbb{E}_{\lambda_1,\lambda_3|X_{0:k},\hat{\boldsymbol{\Theta}}_k^{(m)}}\left[-\sum_{i=2}^{n_\tau}\sum_{j=2}^{N_i}\frac{(\Delta x_{i,j}-\mu\Delta t_{i,j}+\lambda_{1,i}e^{-\lambda_2 t_{i,j}}-\lambda_{1,i}e^{-\lambda_2 t_{i,j-1}})^2}{2\sigma_B^2\Delta t_{i,j}}\right.$$

$$-\sum_{i=2}^{n_\tau}\frac{(x_{i,1}-x_{i-1,N_{i-1}}-\mu\Delta t_{i,j}+\lambda_{1,i}-\lambda_3)^2}{2\sigma_B^2\Delta t_{i,j}}-\sum_{j=2}^{N_1}\frac{(x_{1,j}-x_{1,j-1}-\mu\Delta t_{i,j})^2}{2\sigma_B^2\Delta t_{i,j}}$$

$$+\sum_{i=2}^{n_\tau}N_i\ln\frac{1}{\sqrt{2\pi\sigma_B^2\Delta t_{i,j}}}+\sum_{i=2}^{n_\tau}\ln\frac{1}{\sqrt{2\pi\sigma_1^2}}-\sum_{i=2}^{n_\tau}\frac{(\lambda_{1,i}-\mu_1)^2}{2\sigma_1^2}+\sum_{i=2}^{n_\tau}\ln\frac{1}{\sqrt{2\pi\sigma_3^2}}-\sum_{i=2}^{n_\tau}\frac{(\lambda_{3,i}-\mu_3)^2}{2\sigma^2}\right]$$

(3.23)

这样，便得到了 $Q(\boldsymbol{\Theta}|\hat{\boldsymbol{\Theta}}_k^{(m)})$ 的解析表达，接下来可通过最大化 $Q(\boldsymbol{\Theta}|\hat{\boldsymbol{\Theta}}_k^{(m)})$ 来计算参数在第 $m+1$ 步迭代的估计值。

M-step：为了最大化 $Q(\boldsymbol{\Theta}|\hat{\boldsymbol{\Theta}}_k^{(m)})$，直接的方法是通过对 $Q(\boldsymbol{\Theta}|\hat{\boldsymbol{\Theta}}_k^{(m)})$ 求偏导数，然后求解方程 $\partial Q(\boldsymbol{\Theta}|\hat{\boldsymbol{\Theta}}_k^{(m)})/\partial\boldsymbol{\Theta}=0$。那么，可以得到以下结论：

$$\begin{cases}\hat{\mu}_1^{(m+1)}=\dfrac{\sum\limits_{i=2}^{n_\tau}\mathbb{E}_{\lambda_1,\lambda_3|X_{0:k},\hat{\boldsymbol{\Theta}}_k^{(m)}}[\lambda_{1,i}]}{n_\tau-1}\\[2mm]\hat{\mu}_3^{(m+1)}=\dfrac{\sum\limits_{i=2}^{n_\tau}\mathbb{E}_{\lambda_1,\lambda_3|X_{0:k},\hat{\boldsymbol{\Theta}}_k^{(m)}}[\lambda_{3,i}]}{n_\tau-1}\\[2mm]\hat{\sigma}_1^{2,(m+1)}=\dfrac{\sum\limits_i^N\mathbb{E}_{\lambda_1,\lambda_3|X_{0:k},\hat{\boldsymbol{\Theta}}_k^{(m)}}[\lambda_{1,i}^2]-\sum\limits_i^N\mathbb{E}_{\lambda_1,\lambda_3|X_{0:k},\hat{\boldsymbol{\Theta}}_k^{(m)}}^2[\lambda_{1,i}]}{n_\tau-1}\\[2mm]\hat{\sigma}_3^{2,(m+1)}=\dfrac{\sum\limits_i^N\mathbb{E}_{\lambda_1,\lambda_3|X_{0:k},\hat{\boldsymbol{\Theta}}_k^{(m)}}[\lambda_{3,i}^2]-\sum\limits_i^N\mathbb{E}_{\lambda_1,\lambda_3|X_{0:k},\hat{\boldsymbol{\Theta}}_k^{(m)}}^2[\lambda_{3,i}]}{n_\tau-1}\end{cases}$$

(3.24)

其中，$\mathbb{E}_{\lambda_1,\lambda_3|X_{0:k},\hat{\boldsymbol{\Theta}}_k^{(m)}}[\lambda_{1,i}]$、$\mathbb{E}_{\lambda_1,\lambda_3|X_{0:k},\hat{\boldsymbol{\Theta}}_k^{(m)}}[\lambda_{3,i}]$、$\mathbb{E}_{\lambda_1,\lambda_3|X_{0:k},\hat{\boldsymbol{\Theta}}_k^{(m)}}[\lambda_{1,i}^2]$、$\mathbb{E}_{\lambda_1,\lambda_3|X_{0:k},\hat{\boldsymbol{\Theta}}_k^{(m)}}[\lambda_{3,i}^2]$ 和 $\mathbb{E}_{\lambda_1,\lambda_3|X_{0:k},\hat{\boldsymbol{\Theta}}_k^{(m)}}[\lambda_{1,i}\lambda_{3,i}]$ 的具体表示见式（3.22）。这里，$\hat{\mu}_1^{(m+1)}$、$\hat{\mu}_3^{(m+1)}$、$\hat{\sigma}_1^{(m+1)}$ 和 $\hat{\sigma}_3^{(m+1)}$ 为 $\arg\max Q(\boldsymbol{\Theta}|\hat{\boldsymbol{\Theta}}_k^{(m)})$ 的全局最优解。

但需要注意的是，仅有 μ_1、μ_3、σ_1 和 σ_3 可以推导得到解析表达式，其他参数，如 μ、σ_B 和 λ_2，则无法通过求解方程 $\partial Q(\boldsymbol{\Theta}|\hat{\boldsymbol{\Theta}}_k^{(m)})/\partial\boldsymbol{\Theta}=0$ 得到解析表达式。如果采用启发式的优化算法进行求解，则不仅无法保证算法的收敛性，而且可能会导致较差的在线能力。

基于此，本章采用 ECM 算法来克服 EM 在这种情况下的缺陷[15-16]。根据 ECM 算法，首先固定参数 λ_2，用其上一步迭代值 $\lambda_2^{(m)}$ 来代替，便可得到这种情况下 μ 和 σ_B 在方程 $\partial Q(\boldsymbol{\Theta}|\hat{\boldsymbol{\Theta}}_k^{(m)})/\partial\boldsymbol{\Theta}=0$ 中的解析解，即

第3章 含自恢复特性的多阶段非线性退化建模与寿命预测

$$\hat{\mu}^{(m+1)} = \frac{\sum_{i=2}^{n_\tau}\sum_{j=2}^{N_i}(x_{i,j}-x_{i,j-1})(\mathrm{e}^{-\hat{\lambda}_2^{(m)}t_{i,j}}-\mathrm{e}^{-\hat{\lambda}_2^{(m)}t_{i,j-1}})+\sum_{j=2}^{N_1}(x_{1,j}-x_{1,j-1})}{\left(\sum_{i=1}^{n_\tau}N_i-1\right)\Delta t}$$

$$+\frac{\sum_{i=2}^{n_\tau}(x_{i,1}-x_{i-1,N_{i-1}}+\mathbb{E}_{\lambda_1,\lambda_3\mid\boldsymbol{x}_{0:k},\hat{\boldsymbol{\Theta}}_k^{(m)}}[\lambda_{1,i}]-\mathbb{E}_{\lambda_1,\lambda_3\mid\boldsymbol{x}_{0:k},\hat{\boldsymbol{\Theta}}_k^{(m)}}[\lambda_{3,i}])}{\left(\sum_{i=1}^{n_\tau}N_i-1\right)\Delta t}$$

$$+\frac{\sum_{i=2}^{n_\tau}\mathbb{E}_{\lambda_1,\lambda_3\mid\boldsymbol{x}_{0:k},\hat{\boldsymbol{\Theta}}_k^{(m)}}[\lambda_{1,i}]\sum_{j=2}^{N_i}(x_{i,j}-x_{i,j-1})(\mathrm{e}^{-\hat{\lambda}_2^{(m)}t_{i,j}}-\mathrm{e}^{-\hat{\lambda}_2^{(m)}t_{i,j-1}})}{\left(\sum_{i=1}^{n_\tau}N_i-1\right)\Delta t}$$

(3.25)

$$\hat{\sigma}_B^{2,(m+1)} = \frac{\sum_{i=2}^{n_\tau}\sum_{j=2}^{N_i}(x_{i,j}-x_{i,j-1})^2+k\hat{\mu}^{2,(m+1)}\Delta t+\sum_{i=2}^{n_\tau}\mathbb{E}_{\lambda_1,\lambda_3\mid\boldsymbol{x}_{0:k},\hat{\boldsymbol{\Theta}}_k^{(m)}}[\lambda_{1,i}^2]\left[\sum_{j=2}^{N_i}(\mathrm{e}^{-\hat{\lambda}_2^{(m)}t_{i,j}}-\mathrm{e}^{-\hat{\lambda}_2^{(m)}t_{i,j-1}})^2+1\right]}{\left(\sum_{i=1}^{n_\tau}N_i-1\right)\Delta t}$$

$$+\frac{2\sum_{i=2}^{n_\tau}\mathbb{E}_{\lambda_1,\lambda_3\mid\boldsymbol{x}_{0:k},\hat{\boldsymbol{\Theta}}_k^{(m)}}[\lambda_{1,i}]\left[\sum_{j=2}^{N_i}(x_{i,j}-x_{i,j-1})(\mathrm{e}^{-\lambda_2^{(m)}t_{i,j}}-\mathrm{e}^{-\lambda_2^{(m)}t_{i,j-1}})-\hat{\mu}^{(m+1)}\Delta t-\hat{\lambda}_3^{(m+1)}\right]}{\left(\sum_{i=1}^{n_\tau}N_i-1\right)\Delta t}$$

$$-\frac{2\sum_{i=2}^{n_\tau}\sum_{j=2}^{N_i}(x_{i,j}-x_{i,j-1})\hat{\mu}^{(m+1)}\Delta t}{\left(\sum_{i=1}^{n_\tau}N_i-1\right)\Delta t}$$

$$-\frac{2\hat{\mu}^{(m+1)}\Delta t\sum_{i=2}^{n_\tau}\mathbb{E}_{\lambda_1,\lambda_3\mid\boldsymbol{x}_{0:k},\hat{\boldsymbol{\Theta}}_k^{(m)}}[\lambda_{1,i}]\sum_{j=2}^{N_i}(\mathrm{e}^{-\hat{\lambda}_2^{(m)}t_{i,j}}-\mathrm{e}^{-\hat{\lambda}_2^{(m)}t_{i,j-1}})+2\hat{\mu}^{(m+1)}\Delta t\sum_{j=2}^{N_1}(x_{1,j}-x_{1,j-1})}{\left(\sum_{i=1}^{n_\tau}N_i-1\right)\Delta t}$$

$$+\frac{\sum_{i=2}^{n_\tau}(x_{i,1}-x_{i-1,N_{i-1}})^2+2\sum_{i=2}^{n_\tau}(x_{i,1}-x_{i-1,N_{i-1}})(\mathbb{E}_{\lambda_1,\lambda_3\mid\boldsymbol{x}_{0:k},\hat{\boldsymbol{\Theta}}_k^{(m)}}[\lambda_{1,i}]-\hat{\lambda}_3^{(m+1)}-\hat{\mu}^{(m+1)}\Delta t)+2N\hat{\lambda}_3^{(m+1)}\hat{\mu}^{(m+1)}\Delta t}{\left(\sum_{i=1}^{n_\tau}N_i-1\right)\Delta t}$$

(3.26)

式中: $k=\sum_{i=1}^{n_\tau}N_i-1$。

接下来,便可通过最大化 $\mathcal{Q}(\hat{\lambda}_2\mid\hat{\mu}^{(m+1)},\hat{\sigma}_B^{2,(m+1)},\hat{\lambda}_3^{(m+1)},\hat{\mu}_1^{(m+1)},\hat{\sigma}_1^{2,(m+1)},\hat{\mu}_3^{(m+1)},\hat{\sigma}_3^{2,(m+1)})$ 来估计 $\hat{\lambda}_2^{(m+1)}$,即

$$\begin{aligned}\hat{\lambda}_2^{(m+1)} &= \arg\max_{\lambda_2} \mathbb{E}_{\lambda_1,\lambda_3 \mid x_{0:k},\hat{\boldsymbol{\Theta}}_k^{(m)}}[\ln p(X_{0:k},\lambda_1,\lambda_3 \mid \hat{\boldsymbol{\Theta}}_k^{(m)})] \\
&= \arg\min_{\lambda_2}\Big\{ \sum_{i=2}^{n_T}\sum_{j=2}^{N_i}[\mathbb{E}_{\lambda_{1,i} \mid x_{0:k},\hat{\boldsymbol{\Theta}}_k^{(m)}}[\lambda_{1,i}^2](e^{-\lambda_2 t_{i,j}}-e^{-\lambda_2 t_{i,j-1}})^2] - 2\hat{\mu}^{(m+1)}\Delta t \sum_{i=2}^{n_T}\sum_{j=2}^{N_i}(x_{i,j}-x_{i,j-1}) \\
&\quad + 2\sum_{i=2}^{n_T}(\mathbb{E}_{\lambda_{1,i} \mid x_{0:k},\hat{\boldsymbol{\Theta}}_k^{(m)}}[\lambda_{1,i}])\sum_{j=2}^{N_i}[(e^{-\lambda_2 t_{i,j}}-e^{-\lambda_2 t_{i,j-1}})(x_{i,j}-x_{i,j-1}-\hat{\mu}^{(m+1)}\Delta t)] \\
&\quad + \sum_{i=2}^{n_T}\sum_{j=2}^{N_i}(\hat{\mu}^{2,(m+1)}\Delta t^2 + \Delta x_{i,j}^2)\Big\}\end{aligned} \quad (3.27)$$

这样，相比于传统 EM 算法，ECM 算法中仅有一个参数需要通过启发式优化算法来求解，减少了待优化参数的个数，降低了计算复杂度，提高了模型参数在线估计性能。

3.5 数值仿真

在本节中，主要通过仿真实验来验证本章所提方法理论上的正确性与有效性，主要包括模型参数估计与寿命预测两部分。首先，通过仿真数据来验证所得到的寿命预测近似结果。在本节中，考虑两种情况：一是模型参数均为固定参数的寿命预测问题，此时模型参数为 $\mu=0.01$、$\sigma_B=0.1$、$\lambda_1=-5$、$\lambda_3=1$ 和 $\lambda_3=-0.02$；二是考虑随机效应情况下的寿命预测问题，其中模型参数为 $\mu=0.01$、$\sigma_B=0.1$、$\mu_1=5$、$\mu_3=0$、$\sigma_1=3$、$\sigma_3=1$ 和 $\lambda_2=-0.02$。根据给定的参数，可以仿真生成退化轨迹，如图 3.2 所示。

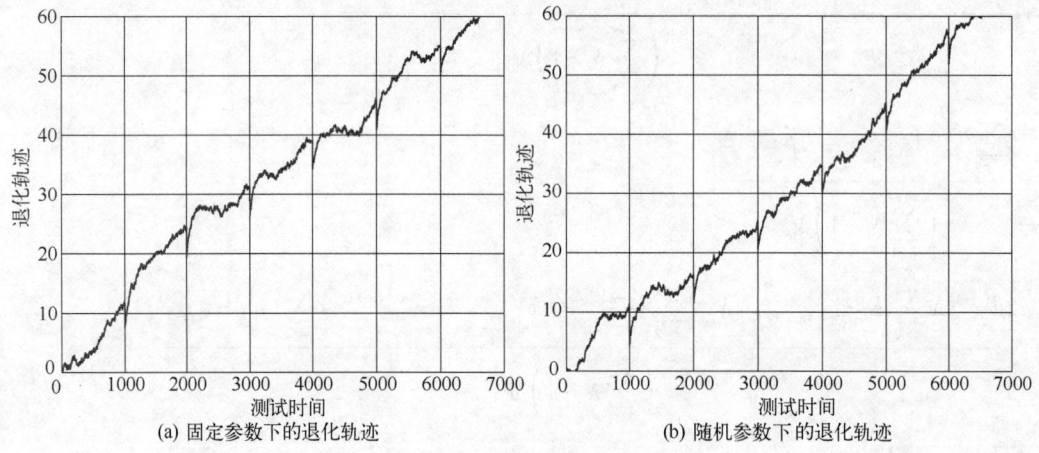

图 3.2 仿真得到的退化轨迹

令 $y(t)=\xi-x(t)$，$y(t)$ 的退化轨迹如图 3.3 所示，其类似于图 3.1 中的实际锂电池退化轨迹。

注意到，$y(t)$ 的初值为 $y_0=60$，若给定失效阈值为 $\xi=0$，则利用 MC 方法产生 100000 组退化轨迹，便可得到 FHT 意义下的寿命分布。进一步将由 MC 方法得到的寿命分布与本章推导得到的近似解析分布进行对比，如图 3.4 所示。

通过对比，可以发现图 3.4 中实线相比虚线能够较好地拟合 MC 数值仿真得到区域，说明本章所提出方法得到的结果能够较好地刻画仿真数据得到的真实寿命分布。鉴于此，可以得出结论，本章所得到的近似寿命预测结果能够较好地反映 FHT 意义下的

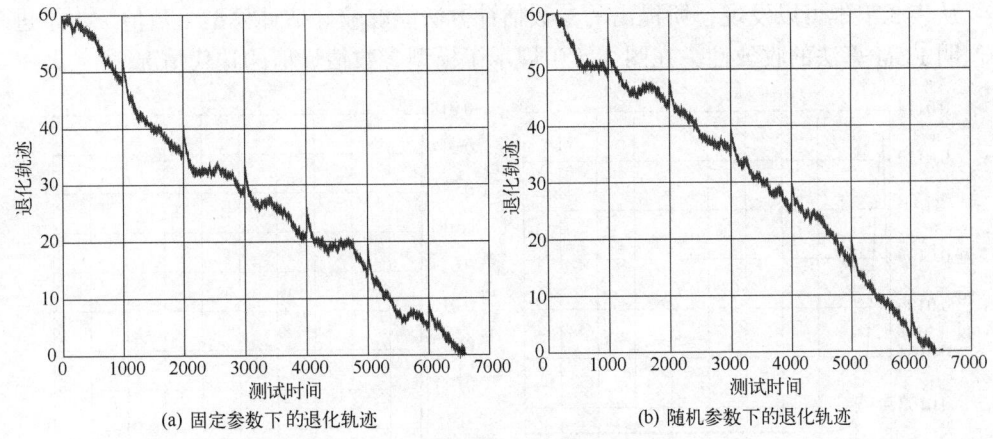

(a) 固定参数下的退化轨迹　　(b) 随机参数下的退化轨迹

图 3.3　考虑失效阈值下仿真得到的退化轨迹

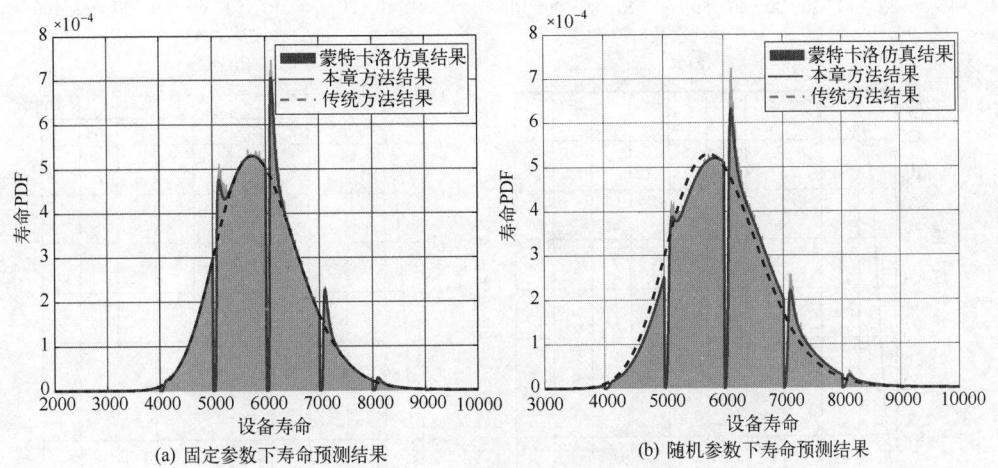

(a) 固定参数下寿命预测结果　　(b) 随机参数下寿命预测结果

图 3.4　寿命预测结果对比

真实寿命分布,说明了所提方法的合理性与有效性。

接下来,对本章所提出的基于 ECM 算法模型参数估计方法进行验证。根据上述第二种情况下考虑模型参数随机效应的参数设定值,即 $\mu=0.01$、$\sigma_B=0.1$、$\mu_1=5$、$\mu_3=0$、$\sigma_1=3$、$\sigma_3=1$ 和 $\lambda_2=-0.02$,生成一组包含 1000 个退化数据和 10 个变点的仿真数据,进一步将其化分为 10 个阶段。那么,根据所提出的参数估计算法,能够得到的参数估计结果如表 3.1 所示。

表 3.1　参数估计结果

样本量	μ	σ_B	μ_1	μ_3	σ_1	σ_3	λ_2
真实值	0.0100	0.100	5.000	0.000	3.000	1.000	-0.0200
$n=2$	0.0205	0.149	4.541	-0.289	2.720	1.491	-0.0204
$n=5$	0.0148	0.072	4.516	-0.214	2.789	1.428	-0.0210
$n=10$	0.0101	0.095	4.987	0.261	2.898	1.342	-0.0196

从表 3.1 中可以发现,所提出的参数估计方法能够较好估计模型参数值,为了进一步说明 ECM 算法的收敛性,在图 3.5 中展示了模型参数估计值的迭代情况。

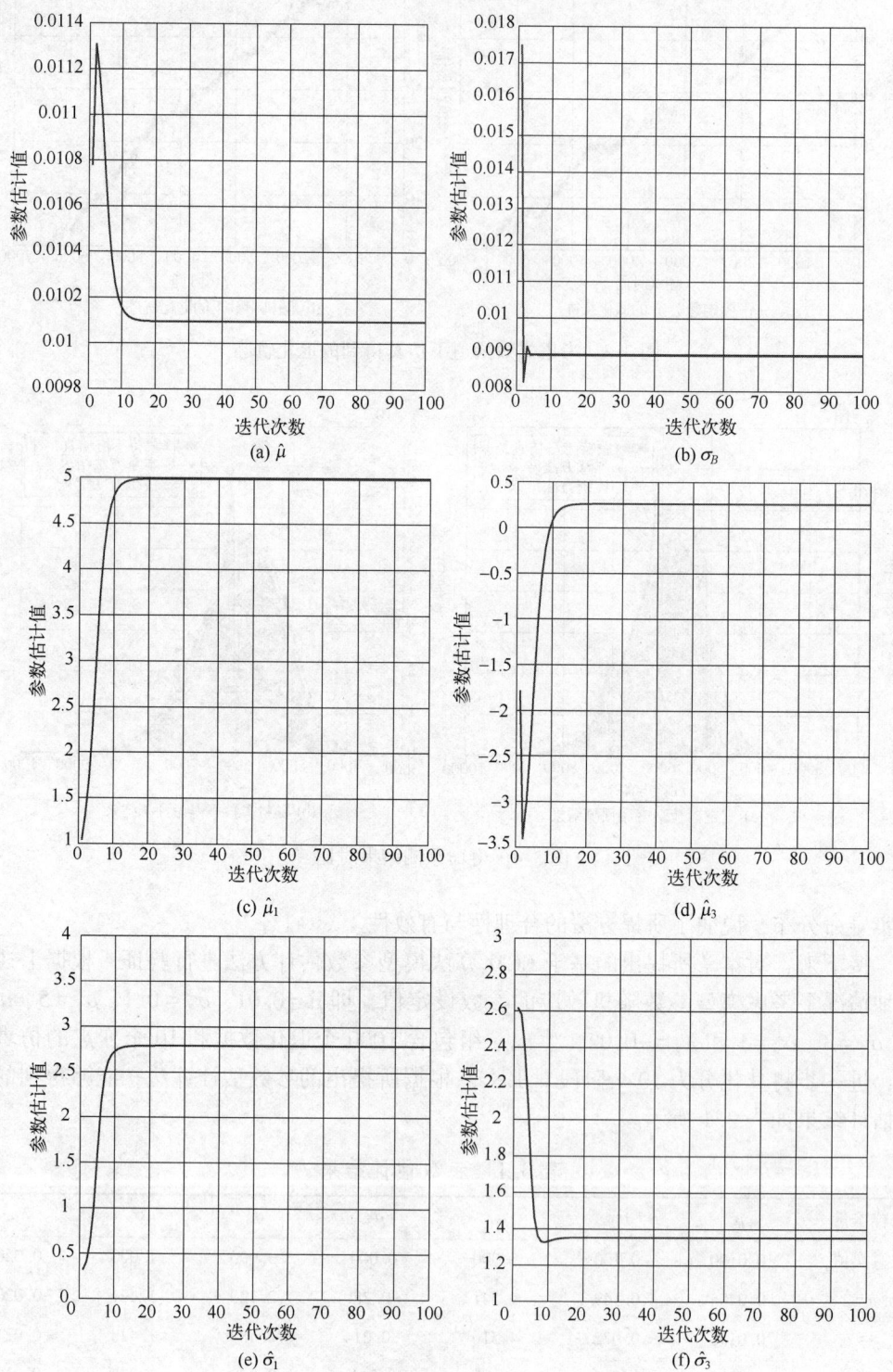

图 3.5 基于 ECM 算法的参数估计迭代结果

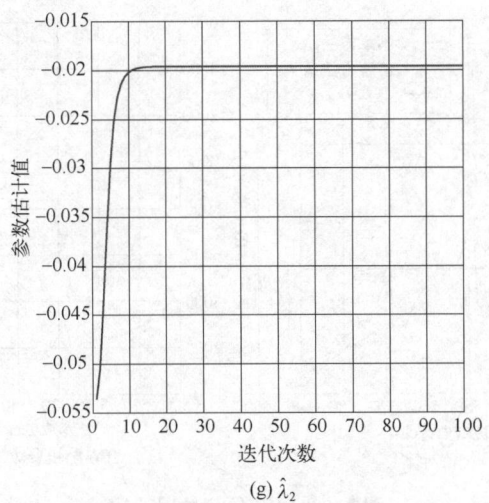

(g) $\hat{\lambda}_2$

图 3.5　基于 ECM 算法的参数估计迭代结果（续）

从图 3.5 中可以发现，几乎所有的参数估计值能够在 10 次迭代后迅速收敛，说明 ECM 算法具有较好的在线能力。

3.6　实 例 研 究

在本节中，采用问题描述中所提及的锂电池数据[11,17]用于验证本章所提方法，其中实验条件为：充电电流为 0.5C、充电电压为 4.2V。首先，利用所提参数估计算法对 CS2-34 电池数据的模型参数进行估计，可得 $\hat{\mu} = -4.393 \times 10^{-04}$、$\hat{\sigma}_B = 0.0032$、$\hat{\mu}_1 = -0.0354$、$\hat{\mu}_3 = -0.0158$、$\hat{\sigma}_1 = 0.0181$、$\hat{\sigma}_3 = 0.0089$ 和 $\hat{\lambda}_2 = 0.0812$。注意到，$-\hat{\mu}_1 + \hat{\mu}_3 > 0$ 且明显大于 $\mu \Delta t$ 以及实际非变点处退化数据增量，这可以说明自恢复现象确实存在且影响着锂电池的退化过程。

定义 CS2-34 电池的失效阈值为初始容量的 70%，即 $\xi = 0.8$，便可得到其真实的失效时间为 597（cycle），进一步可以得到其在任意时刻的真实 RUL。假设变点出现时刻已知，即实验中充放电循环停机中断已预先安排。将参数估计值代入推导得到的寿命预测表达式，预测其 RUL。结合 CS2-34 电池的真实 RUL，将利用本章所提方法与传统基于 Wiener 过程模型方法所得的 RUL 预测值进行对比，具体结果如图 3.6 所示。

在图 3.6 中，可以发现本章所提方法相比传统基于 Wiener 过程模型方法的 RUL 预测偏差相对较小，这说明了考虑自恢复现象对退化建模及寿命、RUL 预测所带来影响的必要性与科学性。

此外，值得注意的是，若如同传统方法忽略自恢复现象的影响，那么在变点处的 RUL 预测结果会存在较大偏差。为了更好地说明该问题，我们进一步比较了本章所提方法与传统基于 Wiener 过程模型方法在 568（cycle）和 569（cycle）处的 RUL，如图 3.7 所示。

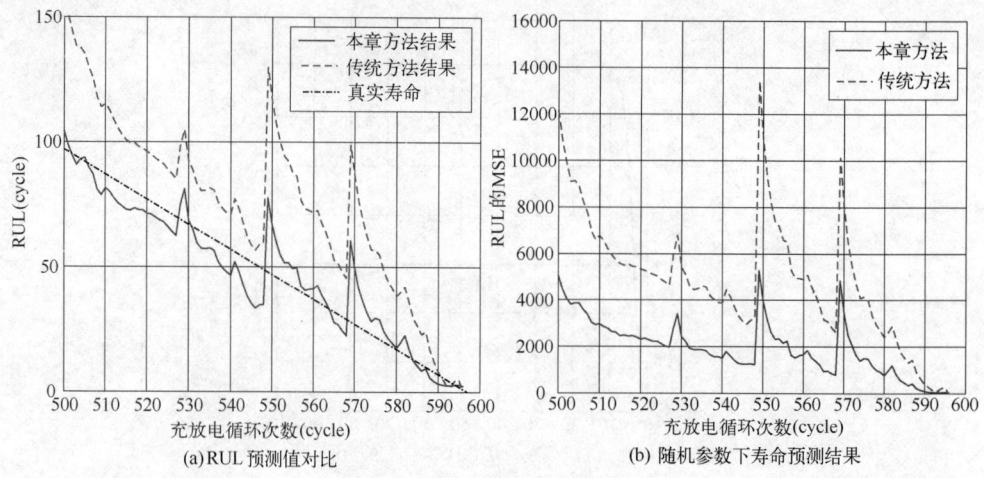

(a) RUL 预测值对比

(b) 随机参数下寿命预测结果

图 3.6　RUL 预测情况对比

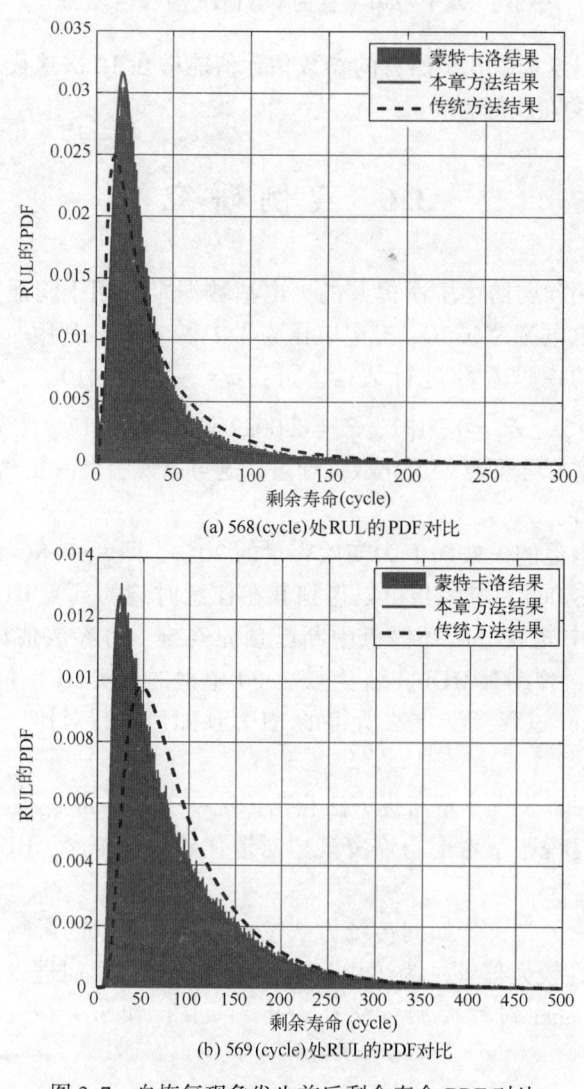

(a) 568(cycle)处RUL的PDF对比

(b) 569(cycle)处RUL的PDF对比

图 3.7　自恢复现象发生前后剩余寿命 PDF 对比

可以看出，传统方法在568（cycle）处的估计偏差小于在569（cycle）处的估计偏差。也就是说，传统方法会受到自恢复现象的影响，导致在变点出现后的预测结果误差较大。因此，可以看出本章所提方法能够较好地建模与描述自恢复现象对退化过程所带来的影响，进一步提高含自恢复特性的多阶段非线性退化过程寿命与RUL预测的准确性。

3.7　本章小结

本章主要研究含自恢复特性的多阶段非线性退化过程的建模与寿命预测问题，提出了一种更具有普适性的多阶段退化建模与寿命预测方法，主要工作包括：

（1）提出了一种基于多阶段非线性Wiener过程的退化模型，该模型充分考虑了自恢复现象可能带来的退化量的突变与退化速率的改变，并且通过引入模型参数的随机效应来描述不同阶段自恢复现象带来影响的差异性。

（2）研究了变点处FHT意义下转移概率的近似表示，基于非线性Wiener过程的寿命预测方法和全概率公式，研究了寿命分布的推导方法，并给出了寿命分布PDF的近似表示形式。

（3）利用ECM算法给出了基于退化数据的模型参数估计方法，克服了传统MLE与EM算法的缺陷，仿真结果表明，该方法能够快速、准确地收敛至模型参数真实值。

通过数值仿真和某型锂电池容量退化的实例研究验证了本章所提方法的适用性和有效性。结果表明，考虑自恢复特性对退化过程退化状态突变和退化速率改变的影响，可以有效提高RUL预测的准确性，减小预测结果的不确定性。

参　考　文　献

［1］ Olivares B E, Munoz M A C, Orchard M E, et al. Particle-filtering-based prognosis framework for energy storage devices with a statistical characterization of state-of-health regeneration phenomena［J］. IEEE Transactions on Instrumentation and Measurement, 2013, 62（2）: 364-376.

［2］ Reisinger H, Blank O, Heinrigs W, et al. A comparison of very fast to very slow components in degradation and recovery due to NBTI and bulk hole trapping to existing physical models［J］. IEEE Transactions on Device & Materials Reliability, 2007, 7（1）: 119-129.

［3］ Kawauchi T, Kishimoto S, Fukutani K. Performance recovery of siliconavalanche-photodiode electron detector by low-temperature annealing［J］. IEEE Journal of the Electron Devices Society, 2013, 1（8）: 162-165.

［4］ Kleeberger V B, Barke M, Werner C, et al. A compact model for NBTI degradation and recovery under use-profile variations and its application to aging analysis of digital integrated circuits［J］. Microelectronics Reliability, 2014, 54（6）: 1083-1089.

［5］ Liu D, Pang J, Zhou J, et al. Prognostics for state of health estimation of lithiumion batteries based on combination Gaussian process functional regression［J］. Microelectronics Reliability, 2013, 53（6）: 832-839.

［6］ He Y J, Shen J N, Shen J F, et al. State of health estimation of lithiumion batteries: A multiscale Gaussian process regression modeling approach [J]. AIChE Journal, 2015, 61 (5): 1589-1600.

[7] Orchard M E, Lacalle M S, Olivares B E, et al. Information-theoretic measures and sequential monte carlo methods for detection of regeneration phenomena in the degradation of lithiumion battery cells [J]. IEEE Transactions on Reliability, 2015, 64 (2): 701-709.

[8] Zhang Z X, Si X S, Hu C H, et al. A prognostic model for stochastic degrading systems with state recovery: Application to li-ion batteries [J]. IEEE Transactions on Reliability, 2017, 66 (4): 1293-1308.

[9] Qin T, Zeng S, Guo J, et al. A rest time-based prognostic framework for state of health estimation of lithium-ion batteries with regeneration phenomena [J]. Energies, 2016, 9 (11): 896-908.

[10] Tang S, Yu C, Wang X, et al. Remaining useful life prediction of lithium-ion batteries based on the Wiener process with measurement error [J]. Energies, 2014, 7 (2): 520-547.

[11] He W, Williard N, Osterman M, et al. Prognostics of lithium-ion batteries based on Dempster-Shafer theory and the Bayesian Monte Carlo method [J]. Journal of Power Sources, 2011, 196 (23): 10314-10321.

[12] Si X S. An adaptive prognostic approach via nonlinear degradation modeling: Application to battery data [J]. IEEE Transactions on Industrial Electronics, 2015, 62 (8): 5082-5096.

[13] Chaari R, Briat O, Vinassa J M. Capacitance recovery analysis and modelling of supercapacitors during cycling ageing tests [J]. Energy Conversion and Management, 2014, 82: 37-45.

[14] Si X S, Wang W B, Hu C H, et al. Remaining useful life estimation based on a nonlinear diffusion degradation process [J]. IEEE Transactions on Reliability, 2012, 61 (1): 50-67.

[15] Nagaraju V, Fiondella L, Zeephongsekul P, et al. Performance optimized expectation conditional maximization algorithms for nonhomogeneous Poisson process software reliability models [J]. IEEE Transactions on Reliability, 2017, 66 (3): 722-734.

[16] Horaud R, Forbes F, Yguel M, et al. Rigid and articulated point registration with expectation conditional maximization [J]. IEEE Transactions on Pattern Analysis and Machine Intelligence, 2011, 33 (3): 587-602.

[17] Pecht M. CALCE Battery Group [EB/OL]. http://www.calce.umd.edu/batteries/data.html.

第4章 退化时间与状态同时依赖的非线性退化设备 RUL 自适应预测方法

4.1 引 言

由于设备的退化过程具有随时间变化的固有不确定性，因此其退化过程通常是不确定和随机的[1]。因此，常利用随机过程模型描述设备的退化过程。Si 等[1]全面回顾了用于设备退化建模的常见随机退化过程，包括 Wiener 过程[2-4]、Gamma 过程[5-6]和 IG 过程[7-8]。其中，Wiener 过程因其优良的数学性质和物理意义而广泛应用于描述非单调的连续退化过程[9-11]。Zhang 等[12]进一步回顾了基于 Wiener 过程的退化建模和估计方法的最新进展及其在 PHM 领域的应用。此外，退化过程的非线性是普遍存在的，线性退化模型无法有效跟踪非线性退化过程的动态。基于随机过程模型的 RUL 预测研究已经从线性模型[2]发展到利用时间尺度变换[13-15]或对数变换[16-17]的线性化模型，最后发展到非线性模型[18]。在 Wiener 过程退化模型的基础上，Si 等[18]进一步提出了更具有一般性的扩散过程模型来描述非线性退化过程，推导得到了 FHT 意义下 RUL 分布的近似解析解，并在实际工程中得到广泛的应用[19-20]。当设备的退化过程仅依赖于退化时间时，上述模型可以准确地预测退化设备的 RUL。

但是，实际工程中部分设备的退化过程不仅受退化时间的影响，还依赖自身的退化状态。以疲劳裂纹的扩展过程为例[21]，初始阶段裂纹扩展的速率较慢，但随着裂纹长度的增加，其退化速度显著加快。此时，仅依赖设备退化时间的模型不能准确地表征其退化过程，RUL 的预测值与真实值之间必然存在一定的偏差。在金属合金[22]、气缸套筒[23]和滚珠轴承[24]的退化过程中均发现了这种与退化时间和状态有关的特征。鉴于此，部分学者开展了有关退化时间和状态同时依赖的退化建模和 RUL 预测方法研究。Giorgio 等[22]提出了一类基于四参数 Markov 链的模型来描述退化过程对其状态的依赖性，但仅适用于单调退化过程。An 等[25]提出了序贯蒙特卡洛（Sequential Monte Carlo，SMC）算法来解决状态相关模型的 RUL 预测问题，并应用于电池和疲劳裂纹的退化过程。Orchard 等[26]同样利用 SMC 算法推导得到了退化设备 RUL 的 PDF。在 SMC 算法的基础上，Li 等[27]基于具有一般性的时间和状态依赖的 Wiener 过程模型，提出了退化过程仿真算法来预测设备的 RUL。该算法能够在状态转移过程中自适应的调整时间间隔以保证离散概率密度的多样性，得到比 SMC 方法更高准确性的 RUL 预测值，但难以通过解析表达式来求解 RUL 的 PDF。受文献 [18] 的启发，Zhang 等[24]将依赖于退化时间和状态的设备 RUL 预测问题转化为标准 BM 穿过随机时变阈值的 FHT 问题，并推导出 RUL 的近似解析分布。基于此模型，Zhang 等[28]将退化时间和状态依赖的 Wiener 过程模型扩展到基于 FBM 的模型，用以说明退化过程中存在的长期依赖性。在上述研究中，无论是考虑单变量的退化过程[24,28]，还是将不同设备个体的退化过程视为相同的随机过程[22,27]，均未考虑 RUL 预测中退化设备个体差异性和退化状态测量不确定性的影响。

由于工作环境和健康状态不同，因此同一批设备中不同个体的退化速率存在一定的差异，称为个体差异性。在基于随机过程模型的退化建模中，个体差异性作为描述设备退化路径个体差异的一个重要因素，受到广泛的关注。文献［10,18,29］讨论了仅依赖退化时间的 Wiener 过程模型中存在的个体差异性，并推导了 RUL 分布的解析解。然而，对于退化过程同时依赖退化时间和退化状态的设备而言，鲜有研究考虑其退化过程的个体差异性。Peng 等[8]提出了一种包含可解释变量和随机效应的 IG 过程来研究具有个体差异性的退化设备，但它只适用于单调退化过程。对于非单调退化过程，Li 等[30]在文献［27］的基础上提出了一种考虑设备个体差异性的 RUL 预测方法，并利用 PF 对漂移系数进行了实时更新。但是，该方法并未考虑退化过程中普遍存在的测量误差，即退化状态的测量不确定性，将会影响 RUL 预测结果的准确性。

由于设备本身的复杂性或直接监测退化状态的成本较高，因此实际退化过程中往往存在着退化状态的测量不确定性，真实的退化状态是隐藏的或部分可见的。Li 等[31]提出了一个基于广义 Wiener 过程的退化模型，综合考虑了个体差异性和测量不确定性的影响。由于存在测量不确定性，因此如何准确描述 CM 数据与真实退化状态之间的关系是解决这一问题的关键，状态空间模型是描述这种关系的有效方法。Zheng 等[32]利用状态空间模型和 KF 算法实现了考虑多重不确定性的非线性退化设备 RUL 自适应预测，预测结果可根据 CM 数据实时更新。Feng 等[33]针对隐含退化状态与观测值具有一般非线性函数关系的情况，提出了一种基于状态空间模型的 RUL 预测方法，并推导得到了相应 RUL 分布的解析形式。但是，上述研究仅局限于时间依赖的退化模型。

基于上述讨论可知，针对退化时间和状态同时依赖的非线性退化设备，考虑退化设备的个体差异性和退化状态的测量不确定性对 RUL 预测的影响，是一个具有重要意义且亟待解决的问题。本章针对非线性退化设备的 RUL 预测问题，建立了具有一般性的退化时间和状态同时依赖的退化模型，同时考虑了退化设备个体差异性和退化状态测量不确定性的影响。首先，利用非线性扩散过程模型描述设备退化过程的随机性和非线性，并将漂移系数函数中时间依赖部分的系数视为表示设备个体差异性的随机变量，同时建立状态空间模型，以表征 CM 数据与真实退化状态之间的关系；其次，利用 EKF 算法和 EM 算法对退化状态和未知模型参数进行估计，并推导得到了 FHT 意义下设备 RUL 分布 PDF 的近似解析解，当得到最新 CM 数据时，能够实时更新模型参数和设备退化状态，从而实现了 RUL 的自适应预测；最后，通过仿真验证和滚珠轴承退化数据的实例研究，说明了本章所提方法的有效性和优越性。

本章的具体结构如下：4.2 节描述本章所提问题；4.3 节对 RUL 分布的解析表达式进行推导，并提出 RUL 自适应预测方法；4.4 节基于 EM 算法提出未知模型参数的自适应估计框架；4.5 节针对一类具体的同时依赖于退化时间和状态的非线性退化模型，仿真验证所提方法的有效性；4.6 节利用本章方法对 2012-PHM 数据挑战赛的轴承退化数据进行实例验证；4.7 节总结本章工作。

4.2 问题描述

令 $X(t)$ 表示设备在 t 时刻的性能退化状态，$\{X(t),t\geq0\}$ 表示设备的非线性退化过程，通常可将其表示为扩散过程的随机微分方程形式，具体如下：

$$\mathrm{d}X(t)=\mu(X(t),t;\boldsymbol{\theta})\mathrm{d}t+\sigma(X(t),t;\boldsymbol{\theta})\mathrm{d}B(t) \quad (4.1)$$

式中：$\mu(X(t),t;\boldsymbol{\theta})$ 和 $\sigma(X(t),t;\boldsymbol{\theta})$ 分别为非线性漂移系数函数和扩散系数函数，其中 $\boldsymbol{\theta}$ 为包含其中的未知参数矢量；$\{B(t),t\geq0\}$ 表示标准 BM。不失一般性，假设设备在初始监测时刻 $t=0$ 时的退化状态为 $X(0)=0$。若设备的初始退化状态不等于 0，可对其进行适当的转换，使其满足初始退化状态为 0 的假设，再由模型式（4.1）进行描述。

退化模型式（4.1）是具有一般性的扩散过程模型，与现有仅依赖退化时间的模型相比，该模型的漂移系数函数和扩散系数函数均依赖于设备的退化时间 t 和退化状态 $X(t)$。为推导该退化模型的 RUL 分布，可利用文献[34-35]中所提出的 Lamperti 变换将退化模型式（4.1）转换为具有常值扩散系数的随机过程模型，该变换的本质是已经被广泛使用的 Ito 公式[36]，具体的 Lamperti 变换形式可参考文献[24]。那么，转换后的退化模型仍是退化时间和状态同时依赖的模型，具体如下：

$$\mathrm{d}X(t)=\mu(X(t),t;\boldsymbol{\theta})\mathrm{d}t+\sigma_B\mathrm{d}B(t) \quad (4.2)$$

为了确保具有一般性的随机过程 $\{X(t),t\geq0\}$ 能够唯一的转换为式（4.2）的形式，假设 $\mu(X(t),t;\boldsymbol{\theta})$ 满足文献[37]中给出的条件。在本章的后续小节中，重点考虑式（4.2）所描述的随机退化过程。

由于不同的设备个体可能经历不同的工作环境，因此即使是产自同一批次的设备个体也可能表现出不同的退化速率。为了使退化模型与实际情况更加相符，在退化过程中考虑设备的个体差异性是恰当的。已知随机退化过程 $\{X(t),t\geq0\}$ 的漂移系数函数 $\mu(X(t),t;\boldsymbol{\theta})$ 依赖于退化时间 t 和退化状态 $X(t)$，本章主要考虑如下情形：

$$\mu(X(t),t;\boldsymbol{\theta})=a\cdot h[X(t)]+b\cdot q(t) \quad (4.3)$$

式中：$h[X(t)]$ 和 $q(t)$ 分别为关于退化状态 $X(t)$ 和退化时间 t 的函数；定义 a 为固定参数，b 为表示个体差异性的随机效应参数，与已有文献[11,18,29]相似，假设参数 b 服从正态分布 $b\sim N(\mu_b,\sigma_b^2)$，$\mu_b$ 和 σ_b^2 分别为正态分布的均值和方差。

需要注意的是，尽管本章针对漂移系数函数 $\mu(X(t),t;\boldsymbol{\theta})$ 的一个具体形式，但该形式可将常见的 Wiener 过程模型和扩散过程模型包含为特例。具体地，当 $\mu(X(t),t;\boldsymbol{\theta})$ 为常数时，式（4.2）简化为线性 Wiener 过程退化模型[2]；当 $\mu(X(t),t;\boldsymbol{\theta})=\mu(t;\boldsymbol{\theta})$ 时，式（4.2）简化为非线性扩散过程退化模型[18]；当 $\mu(X(t),t;\boldsymbol{\theta})=\mu(X(t);\boldsymbol{\theta})$ 时，式（4.2）简化为仅依赖退化状态的模型[38]。

此外，由于测量误差的普遍存在，难以完美地测量设备真实的退化状态。在这种情况下，CM 数据只能描述退化状态的部分信息。因此，可利用测量过程 $\{Y(t),t\geq0\}$ 描述 CM 数据与真实退化状态之间的关系，即

$$Y(t)=r(X(t);\boldsymbol{\xi})+\varepsilon(t) \quad (4.4)$$

式中：$r(X(t);\boldsymbol{\xi})$ 表示关于退化状态 $X(t)$ 的非线性函数，其中 $\boldsymbol{\xi}$ 为包含其中的未知参数

矢量；$\varepsilon(t)$ 表示测量误差，假设在任意时刻 t，$\varepsilon(t)$ 独立同分布，且 $\varepsilon(t) \sim N(0,\sigma_\varepsilon^2)$；进一步地，假设随机效应参数 b、测量误差 $\varepsilon(t)$ 和 BM $B(t)$ 相互独立。上述假设在随机退化建模过程中得到了广泛的应用[2,32,39]。

根据 FHT 的概念，设备的退化状态 $X(t)$ 首次达到失效阈值 ω 的时间被定义为设备的寿命 T[1]，即

$$T = \inf\{t : X(t) \geq \omega | X(0) < \omega\} \tag{4.5}$$

式中：失效阈值 ω 通常是由专家经验知识或具体设备的行业标准所确定的常数；寿命 T 的 PDF 表示为 $f_T(t)$。

假设在离散时刻 $0 = t_0 < t_1 < \cdots < t_k$ 可以得到设备的 CM 数据 $Y_{1:k} = \{y_0, y_1, \cdots, y_k\}$，其中，$y_k = Y(t_k)$。设备相应的真实退化状态可、可以表示为 $X_{1:k} = \{x_0, x_1, \cdots, x_k\}$，其中，$x_k = X(t_k)$。那么，FHT 意义下退化设备在 t_k 时刻的 RUL L_k 可定义为[1]

$$L_k = \inf\{l_k > 0 : X(l_k + t_k) \geq \omega | x_k < \omega\} \tag{4.6}$$

相应地，RUL L_k 的条件 PDF 可表示为 $f_{L_k|Y_{1:k}}(l_k|Y_{1:k})$。

4.3 RUL 分布推导与自适应预测

本节将考虑设备退化过程的个体差异性和退化状态的测量不确定性，根据 CM 数据 $Y_{1:k}$ 推导 $f_{L_k|Y_{1:k}}(l_k|Y_{1:k})$，并实现设备 RUL 预测值随 CM 数据的自适应更新。

4.3.1 RUL 分布推导

利用时—空变换 $\tilde{x} = \psi(x,t)$ 和 $\tilde{t} = \varphi(t)$，可以将式（4.2）中所描述的退化过程 $\{X(t), t \geq 0\}$ 转换为标准 BM $\{B(\tilde{t}), \tilde{t} \geq 0\}$[40]，即

$$\begin{cases} \psi(x,t) = \exp\left[-\frac{1}{2}\int_0^t g_2(\tau)d\tau\right] \cdot \frac{x}{\sigma_B} - \frac{1}{2}\int_0^t g_1(\tau) \cdot \exp\left[-\frac{1}{2}\int_0^\tau g_2(\nu)d\nu\right]d\tau \\ \varphi(t) = \int_0^t \exp\left[-\frac{1}{2}\int_0^\tau g_2(\nu)d\nu\right]d\tau \end{cases} \tag{4.7}$$

其中，关于时间 t 的函数 $g_1(t)$ 和 $g_2(t)$ 满足

$$\begin{cases} g_1(t) = \dfrac{2\mu(x,t;\boldsymbol{\theta}) - x g_2(t)}{\sigma_B} \\ g_2(t) = 2\dfrac{\partial \mu(x,t;\boldsymbol{\theta})}{\partial x} \end{cases} \tag{4.8}$$

那么，通过求解标准 BM $\{B(\tilde{t}), \tilde{t} \geq 0\}$ 超过时变失效阈值 FHT 的 PDF，即可得到式（4.2）中的退化过程 $\{X(t), t \geq 0\}$ 超过固定失效阈值 FHT 的 PDF。因此，基于时-空变换 $\tilde{x} = \psi(x,t)$ 和 $\tilde{t} = \varphi(t)$，退化设备寿命 T 的 PDF $f_T(t)$ 为

$$f_T(t) = p_{B(\tilde{t})}(S(\tilde{t}),\tilde{t}) \frac{d\varphi(t)}{dt} \tag{4.9}$$

式中：$p_{B(\tilde{t})}(S(\tilde{t}),\tilde{t})$ 表示标准 BM 在 $\tilde{t}$ 时间尺度下超过时变阈值 $S(\tilde{t})$ 的概率；此时，

相应的逆变换为 $S(\tilde{t}) = \psi(\omega[\varphi^{-1}(\tilde{t})], \varphi^{-1}(\tilde{t})) = \psi(\omega, \varphi^{-1}(\tilde{t}))$ 和 $\tilde{t} = \varphi(t)$。

根据文献 [24] 中的定理 1 和式 (4.9)，可由以下定理进一步推导出，在不考虑退化设备个体差异性和测量误差情况下，设备寿命 T 的 PDF $f_T(t)$。

定理 4.1：对于式 (4.2) 所描述的退化过程 $\{X(t), t \geq 0\}$，给定随机效应参数 b，则设备退化过程 $\{X(t), t \geq 0\}$ 在 FHT 意义下超过固定失效阈值 ω 的 PDF $f_T(t|b)$ 可由近似的解析形式表示为

$$f_T(t|b) \cong \frac{\exp[-J(t)]}{\sigma_B\sqrt{2\pi H^3(t)}}\left\{I(t) + \left[M(t) + \frac{\partial \mu(x, t; \boldsymbol{\theta})}{\partial x}\omega\right]H(t)\right\} \cdot \exp\left\{-\frac{I^2(t)}{2\sigma_B^2 H(t)}\right\}$$
(4.10)

式中：

$$J(t) = \int_0^t \frac{\partial \mu(x, \tau; \boldsymbol{\theta})}{\partial x}\mathrm{d}\tau$$

$$J(\tau) = \int_0^\tau \frac{\partial \mu(x, \nu; \boldsymbol{\theta})}{\partial x}\mathrm{d}\nu$$

$$M(t) = \mu(x, t; \boldsymbol{\theta}) - x\frac{\partial \mu(x, t; \boldsymbol{\theta})}{\partial x}$$

$$M(\tau) = \mu(x, \tau; \boldsymbol{\theta}) - x\frac{\partial \mu(x, \tau; \boldsymbol{\theta})}{\partial x}$$

$$I(t) = \omega\exp[-J(t)] - \int_0^t M(\tau)\exp[-J(\tau)]\mathrm{d}\tau$$

$$H(t) = \int_0^t \exp[-J(\tau)]\mathrm{d}\tau$$

定理 4.1 的证明过程详见附录 C.1。

至此，退化时间与状态同时依赖的非线性退化设备寿命 T 的 PDF $f_T(t|b)$ 可由定理 4.1 得到。但是，定理 4.1 的结论是建立在设备的初始退化状态 $X(0) = 0$ 的假设之上的，并未将退化设备的真实退化状态融入到寿命预测中。对于实际工程应用中的设备而言，使用者更加关注设备在任意 t_k 时刻，真实退化状态为 $x_k = X(t_k)$ 时的 RUL。鉴于此，给出如下定理。

定理 4.2：对于式 (4.2) 所描述的退化过程 $\{X(t), t \geq 0\}$，给定随机效应参数 b 和 t_k 时刻设备的真实退化状态 x_k，则退化设备在 t_k 时刻 RUL L_k 的 PDF $f_{L_k}(l_k|x_k, b)$ 可由近似的解析形式表示为

$$f_{L_k}(l_k|x_k, b) \cong \frac{\exp[-J^*(l_k)]}{\sigma_B\sqrt{2\pi H^{*3}(l_k)}}\left\{I^*(l_k) + \left[M^*(l_k) + \frac{\partial \eta(u, l_k; \boldsymbol{\theta})}{\partial u}\omega_k\right]H^*(l_k)\right\} \cdot \exp\left\{-\frac{I^{*2}(l_k)}{2\sigma_B^2 H^*(l_k)}\right\}$$
(4.11)

式中：

$$J^*(l_k) = \int_0^{l_k}\frac{\partial \eta(u, l_k; \boldsymbol{\theta})}{\partial u}\mathrm{d}\tau$$

$$I^*(l_k) = \omega_k\exp[-J^*(l_k)] - \int_0^{l_k}M^*(\tau)\exp[-J^*(\tau)]\mathrm{d}\tau$$

$$J^*(\tau) = \int_0^\tau \frac{\partial \eta(u,\nu;\boldsymbol{\theta})}{\partial u}\mathrm{d}\nu$$

$$M^*(\tau) = \eta(u,\tau;\boldsymbol{\theta}) - u\frac{\partial \eta(u,\tau;\boldsymbol{\theta})}{\partial u}$$

$$M^*(l_k) = \eta(u,l_k;\boldsymbol{\theta}) - u\frac{\partial \eta(u,l_k;\boldsymbol{\theta})}{\partial u}$$

$$H^*(l_k) = \int_0^{l_k} \exp[-J^*(\tau)]\mathrm{d}\tau$$

定理 4.2 的证明过程详见附录 C.2。

以上的推导过程均假设退化设备不存在个体差异性，且设备的真实退化状态可以直接测量得到。但在实际工程中，不同设备的退化路径存在差异，且由于测量误差的存在，往往难以直接获得退化设备的真实退化状态。4.3.2 小节将在上述推导的基础上，同时考虑存在个体差异性和测量误差时退化设备的 RUL 预测问题。在这种情况下，设备的真实退化状态是未知的，仅能利用退化设备的 CM 数据 $Y_{1:k}$。

4.3.2 自适应 RUL 预测

考虑设备退化过程中的个体差异性，将漂移系数函数 $\mu(X(t),t;\boldsymbol{\theta})$ 中表示个体差异性的随机效应参数 b 随 CM 数据的更新过程描述为随机游走模型，即 $b_k = b_{k-1} + \alpha$，其中，$\alpha \sim N(0,\sigma_\alpha^2)$，并且参数 b 初始分布为 $b_0 \sim N(\mu_b,\sigma_b^2)$，利用 CM 数据对参数 b 的后验分布进行更新。同时，考虑到退化过程中的测量误差，需要利用退化设备的 CM 数据 $Y_{1:k}$ 估计其真实退化状态 $X_{1:k}$。

因此，为综合考虑退化过程 $\{X(t),t \geq 0\}$ 中的个体差异性和测量误差，将设备退化状态方程和观测方程在各观测时刻转换为离散时间的形式。基于状态空间模型的框架，式 (4.2) 和式 (4.4) 在各离散时刻 $t_k(k=1,2,3,\cdots)$ 可重构为如下的状态空间模型：

$$\begin{cases} x_k = x_{k-1} + [ah(x_{k-1}) + b_{k-1}q(t_{k-1})](t_k - t_{k-1}) + v_k \\ b_k = b_{k-1} + \alpha_{k-1} \\ y_k = r(x_k;\boldsymbol{\xi}) + \varepsilon_k \end{cases} \quad (4.12)$$

式中：$v_k = \sigma_B[B(t_k) - B(t_{k-1})]$；$\varepsilon_k$ 为测量误差 $\varepsilon(t)$ 在 t_k 时刻的具体实现。$\{v_k\}_{k \geq 1}$ 和 $\{\varepsilon_k\}_{k \geq 1}$ 均为独立同分布的噪声序列，且 $v_k \sim N(0,\sigma_B^2(t_k - t_{k-1}))$，$\varepsilon_k \sim N(0,\sigma_\varepsilon^2)$。

为便于退化状态 x_k 和随机效应参数 b_k 的估计，将其定义为隐含状态 s_k。进一步地，可将状态空间模型式 (4.12) 改写为

$$\begin{cases} \boldsymbol{s}_k = \boldsymbol{\varphi}_{k-1}(\boldsymbol{s}_{k-1};\boldsymbol{\theta}) + \boldsymbol{\eta}_{k-1} \\ y_k = \boldsymbol{C}r(\boldsymbol{s}_k;\boldsymbol{\xi}) + \varepsilon_k \end{cases} \quad (4.13)$$

式中：$\boldsymbol{s}_k \in \mathbb{R}^{2 \times 1}$，$\boldsymbol{\varphi}_{k-1}(\boldsymbol{s}_{k-1};\boldsymbol{\theta}) \in \mathbb{R}^{2 \times 1}$，$\boldsymbol{\eta}_{k-1} \in \mathbb{R}^{2 \times 1}$，$\boldsymbol{\eta}_{k-1} \sim N(0,\boldsymbol{Q}_{k-1})$，$\boldsymbol{C} \in \mathbb{R}^{1 \times 2}$。具体地，有

$$\boldsymbol{s}_k = \begin{bmatrix} x_k \\ b_k \end{bmatrix}, \boldsymbol{\varphi}_{k-1}(\boldsymbol{s}_{k-1};\boldsymbol{\theta}) = \begin{bmatrix} x_{k-1} + [ah(x_{k-1}) + b_{k-1}q(t_{k-1})](t_k - t_{k-1}) \\ b_{k-1} \end{bmatrix}$$

$$\boldsymbol{\eta}_{k-1} = \begin{bmatrix} v_{k-1} \\ \alpha_{k-1} \end{bmatrix}, \boldsymbol{C} = \begin{bmatrix} 1 \\ 0 \end{bmatrix}^\mathrm{T}, \boldsymbol{Q}_{k-1} = \begin{bmatrix} \sigma_B^2(t_k - t_{k-1}) & 0 \\ 0 & \sigma_\alpha^2 \end{bmatrix}$$

第 4 章　退化时间与状态同时依赖的非线性退化设备 RUL 自适应预测方法

考虑到 KF、EKF、无迹卡尔曼滤波（Unscented Kalman Filtering，UKF）和 PF 等常用滤波方法的优缺点，由于状态空间模型式（4.13）是非线性的，且满足高斯噪声的约束，因此为了避免复杂的运算和便于推导 RUL 的解析分布，选择 EKF 算法来估计隐含状态 s_k。

首先，定义隐含状态 s_k 基于 CM 数据 $Y_{1:k}$ 的期望和协方差分别为

$$\hat{\boldsymbol{s}}_{k|k} = \begin{bmatrix} \hat{x}_{k|k} \\ \hat{b}_{k|k} \end{bmatrix} = \mathbb{E}(\boldsymbol{s}_k | \boldsymbol{Y}_{1:k})$$

$$\boldsymbol{P}_{k|k} = \begin{bmatrix} \kappa_{x,k}^2 & \kappa_{xb,k}^2 \\ \kappa_{xb,k}^2 & \kappa_{b,k}^2 \end{bmatrix} = \text{cov}(\boldsymbol{s}_k | \boldsymbol{Y}_{1:k})$$

式中：$\hat{x}_{k|k} = \mathbb{E}(x_k | \boldsymbol{Y}_{1:k})$，$\hat{b}_{k|k} = \mathbb{E}(b_k | \boldsymbol{Y}_{1:k})$，$\kappa_{x,k}^2 = \text{var}(x_k | \boldsymbol{Y}_{1:k})$，$\kappa_{b,k}^2 = \text{var}(b_k | \boldsymbol{Y}_{1:k})$，$\kappa_{xb,k}^2 = \text{cov}(x_k b_k | \boldsymbol{Y}_{1:k})$。

同理，定义隐含状态 s_k 一步向前预测的期望和协方差分别为

$$\hat{\boldsymbol{s}}_{k|k-1} = \begin{bmatrix} \hat{x}_{k|k-1} \\ \hat{b}_{k|k-1} \end{bmatrix} = \mathbb{E}(\boldsymbol{s}_k | \boldsymbol{Y}_{1:k-1})$$

$$\boldsymbol{P}_{k|k-1} = \begin{bmatrix} \kappa_{x,k|k-1}^2 & \kappa_{xb,k|k-1}^2 \\ \kappa_{xb,k|k-1}^2 & \kappa_{b,k|k-1}^2 \end{bmatrix} = \text{cov}(\boldsymbol{s}_k | \boldsymbol{Y}_{1:k-1})$$

为了利用 EKF 算法，需要对非线性状态空间模型式（4.13）进行线性化处理，即将非线性函数 $\boldsymbol{\varphi}_{k-1}(\boldsymbol{s}_{k-1};\boldsymbol{\theta})$ 和 $r(\boldsymbol{s}_k;\boldsymbol{\xi})$ 用泰勒展式分别在 $\hat{\boldsymbol{s}}_{k-1|k-1}$ 和 $\hat{\boldsymbol{s}}_{k|k-1}$ 处展开，并略去二阶以上项，可以得到

$$\begin{cases} \boldsymbol{s}_k = \boldsymbol{\eta}_{k-1} + \boldsymbol{\varphi}_{k-1}(\hat{\boldsymbol{s}}_{k-1|k-1}) + \partial \boldsymbol{\varphi}_{k-1}(\boldsymbol{s}_{k-1};\boldsymbol{\theta})/\partial \boldsymbol{s}_{k-1} \big|_{\boldsymbol{s}_{k-1}=\hat{\boldsymbol{s}}_{k-1|k-1}} [\boldsymbol{s}_{k-1}-\hat{\boldsymbol{s}}_{k-1|k-1}] \\ y_k = \boldsymbol{C}\left[r(\hat{\boldsymbol{s}}_{k|k-1}) + \dfrac{\partial r_k(\boldsymbol{s}_k;\boldsymbol{\xi})}{\partial \boldsymbol{s}_k}\bigg|_{\boldsymbol{s}_k=\hat{\boldsymbol{s}}_{k|k-1}} (\boldsymbol{s}_k-\hat{\boldsymbol{s}}_{k|k-1}) \right] + \varepsilon_k \end{cases} \quad (4.14)$$

令

$$\boldsymbol{\Phi}_{k|k-1} = \dfrac{\partial \boldsymbol{\varphi}_{k-1}(\boldsymbol{s}_{k-1};\boldsymbol{\theta})}{\partial \boldsymbol{s}_{k-1}}\bigg|_{\boldsymbol{s}_{k-1}=\hat{\boldsymbol{s}}_{k-1|k-1}}$$

$$\boldsymbol{U}_{k-1} = \boldsymbol{\varphi}_{k-1}(\hat{\boldsymbol{s}}_{k-1|k-1}) - \dfrac{\partial \boldsymbol{\varphi}_{k-1}(\boldsymbol{s}_{k-1};\boldsymbol{\theta})}{\partial \boldsymbol{s}_{k-1}}\bigg|_{\boldsymbol{s}_{k-1}=\hat{\boldsymbol{s}}_{k-1|k-1}} \hat{\boldsymbol{s}}_{k-1|k-1}$$

$$\boldsymbol{\varGamma}_k = r(\hat{\boldsymbol{s}}_{k|k-1}) - \dfrac{\partial r(\boldsymbol{s}_k;\boldsymbol{\xi})}{\partial \boldsymbol{s}_k}\bigg|_{\boldsymbol{s}_k=\hat{\boldsymbol{s}}_{k|k-1}} \hat{\boldsymbol{s}}_{k|k-1}$$

$$\boldsymbol{H}_k = \dfrac{\partial r(\boldsymbol{s}_k;\boldsymbol{\xi})}{\partial \boldsymbol{s}_k}\bigg|_{\boldsymbol{s}_k=\hat{\boldsymbol{s}}_{k|k-1}}$$

则式（4.14）可改写为

$$\begin{cases} \boldsymbol{s}_k = \boldsymbol{\Phi}_{k|k-1} \boldsymbol{s}_{k-1} + \boldsymbol{U}_{k-1} + \boldsymbol{\eta}_{k-1} \\ y_k = \boldsymbol{C}\boldsymbol{H}_k \boldsymbol{s}_k + \boldsymbol{C}\boldsymbol{\varGamma}_k + \varepsilon_k \end{cases} \quad (4.15)$$

基于上述定义和推导，利用 EKF 算法可以得到 t_k 时刻隐含状态 s_k 的期望 $\hat{\boldsymbol{s}}_{k|k}$ 和协

方差 $P_{k|k}$，具体步骤如下：

算法 4.1　EKF 算法

步骤 1：初始化

$$\hat{s}_{0|0} = \begin{bmatrix} 0 \\ \mu_b \end{bmatrix}, \quad P_{0|0} = \begin{bmatrix} 0 & 0 \\ 0 & \sigma_b^2 \end{bmatrix}$$

对于 $i = 1, 2, \cdots, k$

步骤 2：状态估计

$$\hat{s}_{i|i-1} = \varphi_{i-1}(\hat{s}_{i-1|i-1})$$

$$P_{i|i-1} = \Phi_{i-1} P_{i-1|i-1} \Phi_{i-1}^{\mathrm{T}} + Q_{i-1}$$

$$K(i) = P_{i|i-1}(CH_i)^{\mathrm{T}} [CH_i P_{i|i-1}(CH_i)^{\mathrm{T}} + \sigma_\varepsilon^2]^{-1}$$

$$\hat{s}_{i|i} = \hat{s}_{i|i-1} + K(i)[y_i - Cr(\hat{s}_{i|i-1})]$$

步骤 3：协方差更新

$$P_{i|i} = [I - K(i)CH_i] P_{i|i-1}$$

结束

得到 t_k 时刻隐含状态 s_k 的期望 $\hat{s}_{k|k}$ 和协方差 $P_{k|k}$

由状态空间模型（4.15）和 EKF 算法的高斯性质易知，基于 CM 数据 $Y_{1:k}$ 的隐含状态 s_k 服从双变量的高斯分布，即 $s_k \sim N(\hat{s}_{k|k}, P_{k|k})$，并且隐含退化状态 x_k 的后验分布与随机效应参数 b_k 是相关的。由双变量高斯分布的性质可得

$$\begin{cases} x_k | Y_{1:k} \sim N(\hat{x}_{k|k}, \kappa_{x,k}^2) \\ b_k | Y_{1:k} \sim N(\hat{b}_{k|k}, \kappa_{b,k}^2) \\ x_k | b_k, Y_{1:k} \sim N(\mu_{x_k|b,k}, \sigma_{x_k|b,k}^2) \end{cases} \tag{4.16}$$

其中：

$$\begin{cases} \mu_{x_k|b,k} = \hat{x}_{k|k} + \rho_k \dfrac{\kappa_{x,k}}{\kappa_{b,k}} (b_k - \hat{b}_{k|k}) \\ \sigma_{x_k|b,k}^2 = \kappa_{x,k}^2 (1 - \rho_k^2) \end{cases} \tag{4.17}$$

且 $\rho_k = \kappa_{xb,k}^2 / (\kappa_{x,k} \kappa_{b,k})$。

根据式（4.16），基于全概率公式，可以计算得到 t_k 时刻退化设备 RUL L_k 的条件 PDF $f_{L_k|Y_{1:k}}(l_k|Y_{1:k})$，如下式所示：

$$\begin{aligned} f_{L_k|Y_{1:k}}(l_k|Y_{1:k}) &= \int_{-\infty}^{\infty} f_{L_k|s_k, Y_{1:k}}(l_k|s_k, Y_{1:k}) p(s_k|Y_{1:k}) \mathrm{d}s_k \\ &= \int_{-\infty}^{\infty} [p(b_k|Y_{1:k}) \int_{-\infty}^{\infty} f_{L_k|x_k, b_k, Y_{1:k}}(l_k|x_k, b_k, Y_{1:k}) p(x_k|b_k, Y_{1:k}) \mathrm{d}x_k] \mathrm{d}b_k \\ &= \mathbb{E}_{b_k|Y_{1:k}} [\mathbb{E}_{x_k|b_k, Y_{1:k}} [f_{L_k|x_k, b_k, Y_{1:k}}(l_k|x_k, b_k, Y_{1:k})]] \end{aligned} \tag{4.18}$$

式中：$f(s_k|Y_{1:k})$ 表示隐含状态 s_k 基于 CM 数据 $Y_{1:k}$ 的条件 PDF；相似地，$f(b_k|Y_{1:k})$ 和

$f(x_k|b_k,\boldsymbol{Y}_{1:k})$ 分别表示随机效应参数 b_k 基于 CM 数据 $\boldsymbol{Y}_{1:k}$ 的条件 PDF 和设备退化状态 x_k 基于随机效应参数 b_k 和 CM 数据 $\boldsymbol{Y}_{1:k}$ 的条件 PDF。

需要注意的是，根据式 (4.18)，当漂移系数函数 $\mu(x,t;\boldsymbol{\theta})$ 中关于退化状态 x 的函数 $h(x)$ 是关于 x 的正比例函数时，可以进一步化简式 (4.18)，得到 RUL L_k 分布的解析表达式；当 $h(x)$ 是关于 x 的其他函数形式时，可利用 MC 方法可以得到 RUL L_k 的数值解，具体步骤可参考文献 [42]。

对于 $h(x)$ 是关于 x 的正比例函数的情况，给出如下的推导过程以得到 RUL L_k 分布的解析表达式。此时，假设 $h(x)=\delta x$，其中 δ 为比例系数。为进一步化简式 (4.18)，给出如下引理[33]。

引理 4.1： 若 $\delta\sim N(\mu,\sigma^2)$，且 $\gamma_1,\gamma_2,\alpha,\beta\in\mathbb{R}$，$\lambda\in\mathbb{R}^+$，则存在

$$\mathbb{E}_\delta\left[(\gamma_1-\alpha\chi)\cdot\exp\left\{-\frac{(\gamma_2-\beta\chi)^2}{2\lambda}\right\}\right]$$
$$=\sqrt{\frac{\lambda}{\sigma^2\beta^2+\lambda}}\cdot\left(\gamma_1-\alpha\frac{\beta\sigma^2\gamma_2+\mu\lambda}{\sigma^2\beta^2+\lambda}\right)\cdot\exp\left\{-\frac{(\gamma_2-\mu\beta)^2}{2(\sigma^2\beta^2+\lambda)}\right\} \tag{4.19}$$

根据引理 4.1 和定理 4.2，将式 (4.11) 代入式 (4.18) 进行化简，由如下定理可以得到退化设备在 t_k 时刻 RUL L_k 的 PDF $f_{L_k|\boldsymbol{Y}_{1:k}}(l_k|\boldsymbol{Y}_{1:k})$。

定理 4.3： 对于式 (4.2) 所描述的退化过程 $\{X(t),t\geq 0\}$，定义退化设备在 t_k 时刻的 RUL L_k 为式 (4.6)，假设 $h(x)=\delta x$，则设备在 t_k 时刻 RUL L_k 基于 CM 数据 $\boldsymbol{Y}_{1:k}$ 的 PDF $f_{L_k|\boldsymbol{Y}_{1:k}}(l_k|\boldsymbol{Y}_{1:k})$ 可由如下近似的解析形式表示为

$$f_{L_k|\boldsymbol{Y}_{1:k}}(l_k|\boldsymbol{Y}_{1:k})=\frac{\exp[-J^*(l_k)]}{\sigma_B\sqrt{2\pi H^{*3}(l_k)}}\sqrt{\frac{\sigma_B^2 H^*(l_k)}{\kappa_{b,k}^2\mathcal{D}_2^2+[\sigma_{x_k|b,k}^2\mathcal{D}_1^2+\sigma_B^2 H^*(l_k)]}}$$
$$\cdot\left\{\mathcal{A}_2-\mathcal{B}_2\frac{\kappa_{b,k}^2\mathcal{C}_2\mathcal{D}_2+\hat{b}_{k|k}[\sigma_{x_k|b,k}^2\mathcal{D}_1^2+\sigma_B^2 H^*(l_k)]}{\kappa_{b,k}^2\mathcal{D}_2^2+[\sigma_{x_k|b,k}^2\mathcal{D}_1^2+\sigma_B^2 H^*(l_k)]}\right\}$$
$$\cdot\exp\left\{-\frac{(\mathcal{C}_2-\hat{b}_{k|k}\mathcal{D}_2)^2}{2(\kappa_{b,k}^2\mathcal{D}_2^2+[\sigma_{x_k|b,k}^2\mathcal{D}_1^2+\sigma_B^2 H^*(l_k)])}\right\} \tag{4.20}$$

其中：

$$\mathcal{B}_1=\exp[-J^*(l_k)]+ah_u' H^*(l_k)+a\delta\left\{\int_0^{l_k}\exp[-J^*(\tau)]\mathrm{d}\tau-H^*(l_k)\right\}$$

$$\mathcal{D}_1=\exp[-J^*(l_k)]+a\delta\int_0^{l_k}\exp[-J^*(\tau)]\mathrm{d}\tau$$

$$\mathcal{A}_2=\omega\{\exp[-J^*(l_k)]+ah_u' H^*(l_k)\}-\int_0^{l_k}[ah(u)-auh']\exp[-J^*(\tau)]\mathrm{d}\tau$$
$$+[ah(u)-auh']H^*(l_k)-\frac{\mathcal{B}_1}{\sigma_{x_k|b,k}^2\mathcal{D}_1^2+\sigma_B^2 H^*(l_k)}\left\{\left(\hat{x}_{k|k}-\rho_k\frac{\kappa_{x,k}}{\kappa_{b,k}}\hat{b}_{k|k}\right)\sigma_B^2 H^*(l_k)\right.$$
$$\left.+\sigma_{x_k|b,k}^2\left\{\omega\exp[-J^*(l_k)]-\int_0^{l_k}[ah(u)-auh']\exp[-J^*(\tau)]\mathrm{d}\tau\right\}\mathcal{D}_1\right\}$$

$$\mathcal{B}_2=\int_0^{l_k}q(t_k+\tau)\exp[-J^*(\tau)]\mathrm{d}\tau-q(t_k+l_k)H^*(l_k)$$

$$-\mathcal{B}_1\frac{\sigma_{x_k|b,k}^2 \mathcal{D}_1 \int_0^{l_k} q(t_k+\tau)\exp[-J^*(\tau)]\mathrm{d}\tau - \rho_k \frac{\kappa_{x,k}}{\kappa_{b,k}}\sigma_B^2 H^*(l_k)}{\sigma_{x_k|b,k}^2 \mathcal{D}_1^2 + \sigma_B^2 H^*(l_k)}$$

$$\mathcal{C}_2 = \omega\exp[-J^*(l_k)]\int_0^{l_k}[ah(u)-auh']\exp[-J^*(\tau)]\mathrm{d}\tau - \left(\hat{x}_{k|k} - \rho_k\frac{\kappa_{x,k}}{\kappa_{b,k}}\hat{b}_{k|k}\right)\mathcal{D}_1$$

$$\mathcal{D}_2 = \int_0^{l_k} q(t_k+\tau)\exp[-J^*(\tau)]\mathrm{d}\tau + \rho_k\frac{\kappa_{x,k}}{\kappa_{b,k}}\mathcal{D}_1$$

定理 4.3 的证明过程详见附录 C.3。

因此，基于退化设备的 CM 数据 $Y_{1:k}$ 可以对隐含状态 s_k 进行实时更新；再根据定理 4.3 即可实现对退化设备 RUL L_k 分布 $f_{L_k|Y_{1:k}}(l_k|Y_{1:k})$ 的自适应更新，从而得到退化设备 RUL L_k 的实时预测值。4.4 节将根据退化设备的 CM 数据 $Y_{1:k}$ 对状态空间模型式（4.13）中的未知参数进行估计。

4.4 模型参数估计

对于退化设备个体而言，利用实时 CM 数据来估计和更新退化模型参数能够使得退化模型更加准确的描述设备退化过程，从而提高 RUL 预测的精度。为便于后续表述，令退化模型式（4.13）中的未知模型参数矢量表示为 $\boldsymbol{\Theta} = \{\boldsymbol{\theta}, \boldsymbol{\xi}, s_{0|0}, P_{0|0}, \sigma_B^2, \sigma_\alpha^2, \sigma_\varepsilon^2\}$。显然，由于存在隐含状态，因此难以通过直接最大化似然函数 $p(Y_{1:k}|\boldsymbol{\Theta})$ 的方法来估计模型未知参数。本章利用 EM 算法估计未知模型参数矢量 $\boldsymbol{\Theta}$，该算法为解决存在隐含状态的 MLE 问题提供了框架。利用 EM 算法迭代地计算和最大化联合似然函数 $p(s_{1:k}, Y_{1:k}|\boldsymbol{\Theta})$，能够得到参数矢量估计值的序列，该序列将沿着似然函数增大的方向不断逼近 $\hat{\boldsymbol{\Theta}}$。

具体地，利用 EM 算法进行模型未知参数矢量估计的步骤如下：

算法 4.2 EM 算法

步骤 1：E-步骤 计算完全似然函数 $p(s_{0:k}, Y_{1:k}|\boldsymbol{\Theta})$ 关于隐含状态 $s_{0:k}$ 的条件期望；

$$\mathcal{Q}(\boldsymbol{\Theta}|\hat{\boldsymbol{\Theta}}^{(j)}) = \mathbb{E}_{s_{0:k}|Y_{1:k},\hat{\boldsymbol{\Theta}}^{(j)}}[\ell(\boldsymbol{\Theta}|s_{0:k}, Y_{1:k})]$$

其中，$\hat{\boldsymbol{\Theta}}^{(j)}$ 表示 EM 算法经第 j 步迭代后的参数估计值；$\mathbb{E}_{s_{0:k}|Y_{1:k},\hat{\boldsymbol{\Theta}}^{(j)}}[\cdot]$ 表示关于隐含状态 $s_{1:k}$ 的条件期望算子；$\ell(\boldsymbol{\Theta}|s_{0:k}, Y_{1:k}) = \ln p(s_{0:k}, Y_{1:k}|\boldsymbol{\Theta})$。

步骤 2：M-步骤最大化 $\mathcal{Q}(\boldsymbol{\Theta}|\hat{\boldsymbol{\Theta}}^{(j)})$，以得到第 $(j+1)$ 步的参数估计值 $\hat{\boldsymbol{\Theta}}^{(j+1)}$。

$$\hat{\boldsymbol{\Theta}}^{(j+1)} = \arg\max_{\boldsymbol{\Theta}} \mathcal{Q}(\boldsymbol{\Theta}|\hat{\boldsymbol{\Theta}}^{(j)})$$

反复迭代 E-步骤和 M-步骤，直至满足某一收敛判据，此时的参数估计值即为最终估计结果。

基于状态空间模型式（4.13）的马尔可夫特性和条件概率的乘法公式，可以得到 t_k 时刻隐含状态序列 $s_{0:k}$ 和 CM 数据 $Y_{1:k}$ 的联合对数似然函数 $\ell(\boldsymbol{\Theta}|s_{0:k}, Y_{1:k})$ 为

$$\ell(\boldsymbol{\Theta}|s_{0:k},\boldsymbol{Y}_{1:k}) \propto -\frac{1}{2}\ln|\boldsymbol{P}_{0|0}| - \frac{1}{2}(s_0-\hat{s}_{0|0})^{\mathrm{T}}\boldsymbol{P}_{0|0}^{-1}(s_0-\hat{s}_{0|0})$$

$$-\frac{1}{2}\sum_{i=1}^{k}\ln|\boldsymbol{Q}_{i-1}| - \frac{1}{2}\sum_{i=1}^{k}(s_i-\boldsymbol{\Phi}_{i|i-1}s_{i-1}-\boldsymbol{U}_{i-1})^{\mathrm{T}}\boldsymbol{Q}_{i-1}^{-1}(s_i-\boldsymbol{\Phi}_{i|i-1}s_{i-1}-\boldsymbol{U}_{i-1})$$

$$-\frac{1}{2}\sum_{i=1}^{k}\ln\sigma_{\varepsilon}^{2} - \frac{1}{2\sigma_{\varepsilon}^{2}}\sum_{i=1}^{k}(y_i-\boldsymbol{CH}_is_i-\boldsymbol{C}\boldsymbol{\varGamma}_i)^2 \quad (4.21)$$

根据 E-步骤，计算联合对数似然函数 $\ell(\boldsymbol{\Theta}|s_{0:k},\boldsymbol{Y}_{1:k})$ 的条件期望 $\mathcal{Q}(\boldsymbol{\Theta}|\hat{\boldsymbol{\Theta}}^{(j)})$ 可得

$$\mathcal{Q}(\boldsymbol{\Theta}|\hat{\boldsymbol{\Theta}}^{(j)}) = \mathbb{E}_{s_{0:k}|\boldsymbol{Y}_{1:k},\hat{\boldsymbol{\Theta}}^{(j)}}[\ell(\boldsymbol{\Theta}|s_{0:k},\boldsymbol{Y}_{1:k})]$$

$$\propto -\frac{1}{2}\ln|\boldsymbol{P}_{0|0}| - \frac{1}{2}\mathbb{E}_{s_{0:k}|\boldsymbol{Y}_{1:k},\hat{\boldsymbol{\Theta}}^{(j)}}[(s_{0|0}-\hat{s}_{0|0})^{\mathrm{T}}\boldsymbol{P}_{0|0}^{-1}(s_{0|0}-\hat{s}_{0|0})]$$

$$-\frac{1}{2}\sum_{i=1}^{k}\mathbb{E}_{s_{0:k}|\boldsymbol{Y}_{1:k},\hat{\boldsymbol{\Theta}}^{(j)}}[(s_i-\boldsymbol{\Phi}_{i|i-1}s_{i-1}-\boldsymbol{U}_{i-1})^{\mathrm{T}}\boldsymbol{Q}_{i-1}^{-1}(s_i-\boldsymbol{\Phi}_{i|i-1}s_{i-1}-\boldsymbol{U}_{i-1})]$$

$$-\frac{1}{2}\sum_{i=1}^{k}\ln|\boldsymbol{Q}_{i-1}| - \frac{1}{2}\sum_{i=1}^{k}\ln\sigma_{\varepsilon}^{2} - \frac{1}{2\sigma_{\varepsilon}^{2}}\sum_{i=1}^{k}\mathbb{E}_{s_{0:k}|\boldsymbol{Y}_{1:k},\hat{\boldsymbol{\Theta}}^{(j)}}[(y_i-\boldsymbol{CH}_is_i-\boldsymbol{C}\boldsymbol{\varGamma}_i)^2] \quad (4.22)$$

求解条件期望 $\mathcal{Q}(\boldsymbol{\Theta}|\hat{\boldsymbol{\Theta}}^{(j)})$，需要计算式 (4.22) 中每一项的条件期望。为便于后续的计算，对于 $i=1,2,\cdots,k$，进行如下的定义：

$$\begin{cases} \hat{s}_{i|k} = \mathbb{E}_{s_{0:k}|\boldsymbol{Y}_{1:k},\hat{\boldsymbol{\Theta}}^{(j)}}[s_i] \\ \boldsymbol{P}_{i|k} = \mathbb{E}_{s_{0:k}|\boldsymbol{Y}_{1:k},\hat{\boldsymbol{\Theta}}^{(j)}}[s_is_i^{\mathrm{T}}] - \hat{s}_{i|k}\hat{s}_{i|k}^{\mathrm{T}} \\ \boldsymbol{M}_{i|k} = \text{cov}(s_i,s_{i-1}|\boldsymbol{Y}_{1:k}) = \mathbb{E}_{s_{0:k}|\boldsymbol{Y}_{1:k},\hat{\boldsymbol{\Theta}}^{(j)}}[s_is_{i-1}^{\mathrm{T}}] - \hat{s}_{i|k}\hat{s}_{i-1|k}^{\mathrm{T}} \end{cases} \quad (4.23)$$

显然，为计算条件期望 $\mathcal{Q}(\boldsymbol{\Theta}|\hat{\boldsymbol{\Theta}}^{(j)})$，需要基于 CM 数据 $\boldsymbol{Y}_{1:k}$ 计算 $\hat{s}_{i|k}$，$\hat{s}_{i-1|k}$，$\boldsymbol{P}_{i|k}$，$\boldsymbol{P}_{i-1|k}$ 和 $\boldsymbol{M}_{i|k}$，可利用扩展卡尔曼平滑（Extended Kalman Smoother, EKS）算法[33]实现，算法的具体步骤如下：

算法 4.3 EKS 算法

步骤 1：根据算法 4.1 进行前向迭代，得到 t_k 时刻隐含状态 s_k 的期望 $\hat{s}_{k|k}$ 和协方差 $\boldsymbol{P}_{k|k}$；对于 $i=k,k-1,\cdots,1$

步骤 2：后向平滑计算

$$\boldsymbol{J}_{i-1} = \boldsymbol{P}_{i-1|i-1}\boldsymbol{\Phi}_{i|i-1}^{\mathrm{T}}\boldsymbol{P}_{i|i-1}^{-1}$$

$$\hat{s}_{i-1|k} = \hat{s}_{i-1|i-1} + \boldsymbol{J}_{i-1}(\hat{s}_{i|k}-\hat{s}_{i|i-1})$$

$$\boldsymbol{P}_{i-1|k} = \boldsymbol{P}_{i-1|i-1} + \boldsymbol{J}_{i-1}(\boldsymbol{P}_{i|k}-\boldsymbol{P}_{i|i-1})\boldsymbol{J}_{i-1}^{\mathrm{T}}$$

步骤 3：初始化协方差矩阵

$$\boldsymbol{M}_{k|k} = [\boldsymbol{I}-\boldsymbol{K}(k)\boldsymbol{CH}_k]\boldsymbol{\Phi}_{k-1|k-1}\boldsymbol{P}_{k-1|k-1}$$

步骤 4：更新协方差矩阵

$$\boldsymbol{M}_{i|k} = \boldsymbol{P}_{k|k}\boldsymbol{J}_{i-1}^{\mathrm{T}} + \boldsymbol{J}_i(\boldsymbol{M}_{i+1|k}-\boldsymbol{\Phi}_{i|i-1}\boldsymbol{P}_{i|i})\boldsymbol{J}_{i-1}^{\mathrm{T}}$$

结束

基于第 j 步迭代后的参数估计值 $\hat{\boldsymbol{\Theta}}^{(j)}$ 执行算法 4.3，根据协方差矩阵的性质，可以计算得到所需的条件期望值，具体如下：

$$\begin{cases}
\mathbb{E}_{s_k|Y_{1:k},\hat{\boldsymbol{\Theta}}^{(j)}}[\boldsymbol{s}_i^{\mathrm{T}}\boldsymbol{Q}_{i-1}^{-1}\boldsymbol{s}_i] = \mathrm{Tr}(\boldsymbol{Q}_{i-1}^{-1}\boldsymbol{P}_{i|k}) + \mathrm{Tr}(\boldsymbol{Q}_{i-1}^{-1}\hat{\boldsymbol{s}}_{i|k}\hat{\boldsymbol{s}}_{i|k}^{\mathrm{T}}) \\
\mathbb{E}_{s_k|Y_{1:k},\hat{\boldsymbol{\Theta}}^{(j)}}[(\boldsymbol{\Phi}_{i|i-1}\boldsymbol{s}_{i-1})^{\mathrm{T}}\boldsymbol{Q}_{i-1}^{-1}\boldsymbol{s}_i] = \mathrm{Tr}(\boldsymbol{\Phi}_{i|i-1}^{\mathrm{T}}\boldsymbol{Q}_{i-1}^{-1}\boldsymbol{M}_{i|k}) + \mathrm{Tr}(\boldsymbol{\Phi}_{i|i-1}^{\mathrm{T}}\boldsymbol{Q}_{i-1}^{-1}\hat{\boldsymbol{s}}_{i|k}\hat{\boldsymbol{s}}_{i-1|k}^{\mathrm{T}}) \\
\mathbb{E}_{s_k|Y_{1:k},\hat{\boldsymbol{\Theta}}^{(j)}}[\boldsymbol{U}_{i-1}^{\mathrm{T}}\boldsymbol{Q}_{i-1}^{-1}\boldsymbol{s}_i] = \boldsymbol{U}_{i-1}^{\mathrm{T}}\boldsymbol{Q}_{i-1}^{-1}\hat{\boldsymbol{s}}_{i|k} \\
\mathbb{E}_{s_k|Y_{1:k},\hat{\boldsymbol{\Theta}}^{(j)}}[\boldsymbol{s}_i^{\mathrm{T}}\boldsymbol{Q}_{i-1}^{-1}\boldsymbol{\Phi}_{i|i-1}\boldsymbol{s}_{i-1}] = \mathrm{Tr}(\boldsymbol{Q}_{i-1}^{-1}\boldsymbol{\Phi}_{i|i-1}\boldsymbol{M}_{i|k}^{k}) + \mathrm{Tr}(\boldsymbol{Q}_{i-1}^{-1}\boldsymbol{\Phi}_{i|i-1}\hat{\boldsymbol{s}}_{i-1|k}\hat{\boldsymbol{s}}_{i|k}^{\mathrm{T}}) \\
\mathbb{E}_{s_k|Y_{1:k},\hat{\boldsymbol{\Theta}}^{(j)}}[\boldsymbol{s}_i^{\mathrm{T}}\boldsymbol{Q}_{i-1}^{-1}\boldsymbol{U}_{i-1}] = \hat{\boldsymbol{s}}_{i|k}^{\mathrm{T}}\boldsymbol{Q}_{i-1}^{-1}\boldsymbol{U}_{i-1} \\
\mathbb{E}_{s_k|Y_{1:k},\hat{\boldsymbol{\Theta}}^{(j)}}[(\boldsymbol{\Phi}_{i|i-1}\boldsymbol{s}_{i-1})^{\mathrm{T}}\boldsymbol{Q}_{i-1}^{-1}\boldsymbol{\Phi}_{i|i-1}\boldsymbol{s}_{i-1}] = \mathrm{Tr}(\boldsymbol{\Phi}_{i|i-1}^{\mathrm{T}}\boldsymbol{Q}_{i-1}^{-1}\boldsymbol{\Phi}_{i|i-1}\boldsymbol{P}_{i-1|k}) + \\
\quad \mathrm{Tr}(\boldsymbol{\Phi}_{i|i-1}^{\mathrm{T}}\boldsymbol{Q}_{i-1}^{-1}\boldsymbol{\Phi}_{i|i-1}\hat{\boldsymbol{s}}_{i-1|k}\hat{\boldsymbol{s}}_{i-1|k}^{\mathrm{T}}) \\
\mathbb{E}_{s_k|Y_{1:k},\hat{\boldsymbol{\Theta}}^{(j)}}[\boldsymbol{U}_{i-1}^{\mathrm{T}}\boldsymbol{Q}_{i-1}^{-1}\boldsymbol{\Phi}_{i|i-1}\boldsymbol{s}_{i-1}] = \boldsymbol{U}_{i-1}^{\mathrm{T}}\boldsymbol{Q}_{i-1}^{-1}\boldsymbol{\Phi}_{i|i-1}\hat{\boldsymbol{s}}_{i-1|k} \\
\mathbb{E}_{s_k|Y_{1:k},\hat{\boldsymbol{\Theta}}^{(j)}}[(\boldsymbol{\Phi}_{i|i-1}\boldsymbol{s}_{i-1})^{\mathrm{T}}\boldsymbol{Q}_{i-1}^{-1}\boldsymbol{U}_{i-1}] = \hat{\boldsymbol{s}}_{i-1|k}^{\mathrm{T}}\boldsymbol{\Phi}_{i|i-1}^{\mathrm{T}}\boldsymbol{Q}_{i-1}^{-1}\boldsymbol{U}_{i-1}
\end{cases}$$

(4.24)

将式（4.24）代入式（4.22），可得

$$\begin{aligned}
&\mathcal{Q}(\boldsymbol{\Theta}|\hat{\boldsymbol{\Theta}}^{(j)}) \\
&\propto -\frac{1}{2}\ln|\boldsymbol{P}_{0|0}| - \frac{1}{2}\mathrm{Tr}\{\boldsymbol{P}_{0|0}^{-1}[(\hat{\boldsymbol{s}}_{0|k}-\boldsymbol{s}_{0|0})(\hat{\boldsymbol{s}}_{0|k}-\boldsymbol{s}_{0|0})^{\mathrm{T}}+\boldsymbol{P}_{0|k}]\} \\
&\quad -\frac{1}{2}\sum_{i=1}^{k}\ln|\boldsymbol{Q}_{i-1}| - \frac{1}{2}\sum_{i=1}^{k}\{\mathrm{Tr}[\boldsymbol{Q}_i^{-1}(\mathcal{F}_i - \mathcal{G}_i\boldsymbol{\Phi}_{i|i-1}^{\mathrm{T}} - \boldsymbol{\Phi}_{i|i-1}\mathcal{G}_i^{\mathrm{T}} + \boldsymbol{\Phi}_{i|i-1}\mathcal{I}_i\boldsymbol{\Phi}_{i|i-1}^{\mathrm{T}}) \\
&\quad -\boldsymbol{U}_{i-1}^{\mathrm{T}}\boldsymbol{Q}_{i-1}^{-1}\hat{\boldsymbol{s}}_{i|k} + \boldsymbol{U}_{i-1}^{\mathrm{T}}\boldsymbol{Q}_{i-1}^{-1}\boldsymbol{\Phi}_{i|i-1}\hat{\boldsymbol{s}}_{i-1|k} - \hat{\boldsymbol{s}}_{i|k}^{\mathrm{T}}\boldsymbol{Q}_{i-1}^{-1}\boldsymbol{U}_{i-1} + \hat{\boldsymbol{s}}_{i-1|k}^{\mathrm{T}}\boldsymbol{\Phi}_{i|i-1}^{\mathrm{T}}\boldsymbol{Q}_{i-1}^{-1}\boldsymbol{U}_{i-1}]\} \\
&\quad -\frac{1}{2}\sum_{i=1}^{k}\ln\sigma_{\varepsilon}^{2} - \frac{1}{2\sigma_{\varepsilon}^{2}}\sum_{i=1}^{k}\{y_i^2 + [\boldsymbol{Cr}(\hat{\boldsymbol{s}}_{i|i-1})]^2 + (\boldsymbol{CH}_i)^2\mathcal{L}_i \\
&\quad -2y_i[\boldsymbol{Cr}(\hat{\boldsymbol{s}}_{i|i-1}) + \boldsymbol{CH}_i\mathcal{O}_i] + 2\boldsymbol{Cr}(\hat{\boldsymbol{s}}_{i|i-1})\boldsymbol{CH}_i\mathcal{O}_i\}
\end{aligned}$$

(4.25)

式中：

$$\begin{cases}
\mathcal{F}_i = \mathbb{E}_{s_k|Y_{1:k},\hat{\boldsymbol{\Theta}}^{(j)}}[\boldsymbol{s}_i\boldsymbol{s}_i^{\mathrm{T}}] = \hat{\boldsymbol{s}}_{i|k}\hat{\boldsymbol{s}}_{i|k}^{\mathrm{T}} + \boldsymbol{P}_{i|k} \\
\mathcal{G}_i = \mathbb{E}_{s_k|Y_{1:k},\hat{\boldsymbol{\Theta}}^{(j)}}[\boldsymbol{s}_i\boldsymbol{s}_{i-1}^{\mathrm{T}}] = \hat{\boldsymbol{s}}_{i|k}\hat{\boldsymbol{s}}_{i-1|k}^{\mathrm{T}} + \boldsymbol{M}_{i|k} \\
\mathcal{I}_i = \mathbb{E}_{s_k|Y_{1:k},\hat{\boldsymbol{\Theta}}^{(j)}}[\boldsymbol{s}_{i-1}\boldsymbol{s}_{i-1}^{\mathrm{T}}] = \hat{\boldsymbol{s}}_{i-1|k}\hat{\boldsymbol{s}}_{i-1|k}^{\mathrm{T}} + \boldsymbol{P}_{i-1|k} \\
\mathcal{L}_i = \hat{\boldsymbol{s}}_{i|k}\hat{\boldsymbol{s}}_{i|k}^{\mathrm{T}} + \boldsymbol{P}_{i|k} + \hat{\boldsymbol{s}}_{i-1|k}\hat{\boldsymbol{s}}_{i-1|k}^{\mathrm{T}} - 2\hat{\boldsymbol{s}}_{i|k}\hat{\boldsymbol{s}}_{i-1}^{\mathrm{T}} \\
\mathcal{O}_i = \hat{\boldsymbol{s}}_{i|k} - \hat{\boldsymbol{s}}_{i|i-1}
\end{cases}$$

(4.26)

为降低最大化条件期望 $\mathcal{Q}(\boldsymbol{\Theta}|\hat{\boldsymbol{\Theta}}^{(j)})$ 的计算复杂度，考虑到设备退化状态方程参数和观测方程参数相互独立，可将条件期望 $\mathcal{Q}(\boldsymbol{\Theta}|\hat{\boldsymbol{\Theta}}^{(j)})$ 分解为相互独立的三部分，分别进行最大化。

条件期望 $\mathcal{Q}(\boldsymbol{\Theta}|\hat{\boldsymbol{\Theta}}^{(j)})$ 的第一部分包含初始状态参数 $\boldsymbol{\Theta}_1 = \{\boldsymbol{s}_{0|0}, \boldsymbol{P}_{0|0}\}$，即

$$\mathcal{Q}_1(\boldsymbol{\Theta}_1|\hat{\boldsymbol{\Theta}}_1^{(j)}) = -\frac{1}{2}\ln|\boldsymbol{P}_{0|0}|$$

$$-\frac{1}{2}\mathrm{Tr}\{P_{0|0}^{-1}[(\hat{s}_{0|k}-s_{0|0})(\hat{s}_{0|k}-s_{0|0})^{\mathrm{T}}+P_{0|k}]\} \quad (4.27)$$

条件期望 $Q(\boldsymbol{\Theta}|\hat{\boldsymbol{\Theta}}^{(j)})$ 的第二部分包含退化状态方程参数 $\boldsymbol{\Theta}_2=\{\boldsymbol{\theta},\sigma_B,\sigma_\alpha\}$，即

$$\begin{aligned}Q_2(\boldsymbol{\Theta}_2|\hat{\boldsymbol{\Theta}}_2^{(j)})\propto &-\frac{1}{2}\sum_{i=1}^{k}\ln|Q_{i-1}|-\frac{1}{2}\sum_{i=1}^{k}\{\mathrm{Tr}[-U_{i-1}^{\mathrm{T}}Q_{i-1}^{-1}\hat{s}_{i|k}\\ &+U_{i-1}^{\mathrm{T}}Q_{i-1}^{-1}\boldsymbol{\Phi}_{i|i-1}\hat{s}_{i-1|k}-\hat{s}_{i|k}^{\mathrm{T}}Q_{i-1}^{-1}U_{i-1}+\hat{s}_{i-1|k}^{\mathrm{T}}\boldsymbol{\Phi}_{i|i-1}^{\mathrm{T}}Q_{i-1}^{-1}U_{i-1}\\ &+Q_i^{-1}(\mathcal{F}_i-\mathcal{G}_i\boldsymbol{\Phi}_{i|i-1}^{\mathrm{T}}-\boldsymbol{\Phi}_{i|i-1}\mathcal{G}_i^{\mathrm{T}}+\boldsymbol{\Phi}_{i|i-1}\mathcal{I}_i\boldsymbol{\Phi}_{i|i-1}^{\mathrm{T}})]\}\end{aligned} \quad (4.28)$$

条件期望 $Q(\boldsymbol{\Theta}|\hat{\boldsymbol{\Theta}}^{(j)})$ 的第三部分包含观测方程参数 $\boldsymbol{\Theta}_3=\{\boldsymbol{\xi},\sigma_\varepsilon\}$，即

$$\begin{aligned}Q_3(\boldsymbol{\Theta}_3|\hat{\boldsymbol{\Theta}}_3^{(j)})=&-\frac{1}{2}\sum_{i=1}^{k}\ln\sigma_\varepsilon^2-\frac{1}{2\sigma_\varepsilon^2}\sum_{i=1}^{k}\{y_i^2+[Cr(\hat{s}_{i|i-1})]^2+(CH_i)^2\mathcal{L}_i\\ &-2y_i[Cr(\hat{s}_{i|i-1})+CH_i\mathcal{O}_i]+2Cr(\hat{s}_{i|i-1})CH_i\mathcal{O}_i\end{aligned} \quad (4.29)$$

通过分别最大化 $Q_1(\boldsymbol{\Theta}_1|\hat{\boldsymbol{\Theta}}_1^{(j)})$，$Q_2(\boldsymbol{\Theta}_2|\hat{\boldsymbol{\Theta}}_2^{(j)})$ 和 $Q_3(\boldsymbol{\Theta}_3|\hat{\boldsymbol{\Theta}}_3^{(j)})$ 可以实现对条件期望 $Q(\boldsymbol{\Theta}|\hat{\boldsymbol{\Theta}}^{(j)})$ 的最大化。显然，三个部分所包含的未知参数相互独立且数量较少，便于最大化 $Q(\boldsymbol{\Theta}|\hat{\boldsymbol{\Theta}}^{(j)})$ 运算。

由上述推导可知，首先利用 EM 算法对模型未知参数进行估计，当得到最新 CM 数据时，可利用 EKF 算法和 EM 算法对当前时刻的退化状态和模型参数进行估计和更新。从而实现了退化设备 RUL 分布的更新，最终，得到 RUL 预测值。本章所提方法的流程图如图 4.1 所示。

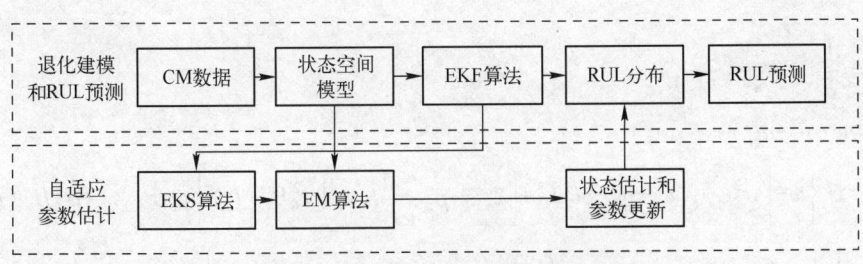

图 4.1 本章所提方法的流程图

4.5 一类典型退化模型

本节以一类典型的退化时间和状态同时依赖的非线性退化模型为例，进一步说明本章所提方法。该模型还将应用于下一节的实例研究中。

4.5.1 退化建模与 RUL 预测

定义该典型退化模型的漂移系数函数为 $\mu(X(t),t;\boldsymbol{\theta})=aX(t)+b\exp(ct)$，其中，$\boldsymbol{\theta}=\{a,b,c\}$。那么，这类典型的退化时间和状态同时依赖的非线性退化模型可表示为

$$\mathrm{d}X(t)=[aX(t)+b(t)c\exp(ct)]\mathrm{d}t+\sigma_B\mathrm{d}B(t) \quad (4.30)$$

显然，式（4.30）中的漂移系数函数是时间和状态相关的，这是与仅依赖退化时

间的模型最明显的区别。同时，本章所提方法考虑了退化设备的个体差异性和测量误差，用随机效应参数 b 的随机性来描述退化设备的个体差异性，用简化的观测方程 $Y(t)=X(t)+\varepsilon(t)$ 来描述测量误差。为便于后续表述，将本章所提模型记为 M_1。

相应地，将式（4.30）所描述的忽略设备个体差异性和测量误差的退化模型记为 M_2，该模型出现于文献［24］。

此外，为进一步地进行比较，将模型 M_2 简化后的，仅依赖退化时间且不考虑设备个体差异性和测量误差的退化模型记为 M_3，即

$$\mathrm{d}X(t)=b\exp(ct)\mathrm{d}t+\sigma_B\mathrm{d}B(t) \tag{4.31}$$

不难发现，式（4.31）所描述的模型 M_3 是模型 M_2 在 $a=0$ 时的特例。此时，说明设备的退化过程与退化状态无关，仅依赖于设备的退化时间。模型 M_3 最早出现于文献［18］中，具有优良的拟合性能，已被广泛的应用于激光发生器[18]、锂电池[33]、疲劳裂纹[18,32]和陀螺仪[18]等不同类型的退化数据分析和 RUL 预测中。

根据定理 4.2 和定理 4.3，可以推导得到三种模型所描述的退化设备，在 t_k 时刻 RUL L_k 分布的 PDF，分别如下：

$$f_{L_k|M_1}(l_k;\boldsymbol{\Theta}_{M_1})=\frac{\exp(-al_k)}{\sigma_B\sqrt{2\pi H^{*2}(l_k)}}\cdot\sqrt{\frac{\sigma_B^2 H^*(l_k)}{\kappa_{b,k}^2\mathcal{D}_2^2+[\sigma_{x_k|b,k}^2+\sigma_B^2 H^*(l_k)]}}$$

$$\cdot\left\{\mathcal{A}_2-\mathcal{B}_2\frac{\kappa_{b,k}^2\mathcal{C}_2\mathcal{D}_2+\hat{b}_{k|k}[\sigma_{x_k|b,k}^2+\sigma_B^2 H^*(l_k)]}{\kappa_{b,k}^2\mathcal{D}_2^2+[\sigma_{x_k|b,k}^2+\sigma_B^2 H^*(l_k)]}\right\}\exp\left\{-\frac{(\mathcal{C}_2-\hat{b}_{k|k}\mathcal{D}_2)^2}{2(\kappa_{b,k}^2\mathcal{D}_2^2+[\sigma_{x_k|b,k}^2+\sigma_B^2 H^*(l_k)])}\right\}$$

$$\tag{4.32}$$

式中：

$$H^*(l_k)=\frac{1}{a}[1-\exp(-al_k)],$$

$$\mathcal{B}_1=\exp(-al_k)+H^*(l_k)$$

$$\mathcal{A}_2=\mathcal{B}_1\left\{\omega-\left[\sigma_{x_k|b,k}^2[\omega\exp(-al_k)]+\left(\hat{x}_{k|k}-\rho_k\frac{\kappa_{x,k}}{\kappa_{b,k}}\hat{b}_{k|k}\right)\sigma_B^2 H^*(l_k)\right]\bigg/[\sigma_{x_k|b,k}^2+\sigma_B^2 H^*(l_k)]\right\}$$

$$\mathcal{B}_2=\left[c\exp(c(l_k+t_k))H^*(l_k)-\frac{c\exp(ct_k)}{c-a}[\exp((c-a)l_k)-1]\right]$$

$$-\frac{\mathcal{B}_1\left[\sigma_{x_k|b,k}^2\frac{c\exp(ct_k)}{c-a}[\exp((c-a)l_k)-1]-\rho_k\frac{\kappa_{x,k}}{\kappa_{b,k}}\sigma_B^2 H^*(l_k)\right]}{\sigma_{x_k|b,k}^2+\sigma_B^2 H^*(l_k)}$$

$$\mathcal{C}_2=\omega\exp(-al_k)-\left(\hat{x}_{k|k}-\rho_k\frac{\kappa_{x,k}}{\kappa_{b,k}}\hat{b}_{k|k}\right)$$

$$\mathcal{D}_2=\frac{c\exp(ct_k)}{c-a}[\exp((c-a)l_k)-1]+\rho_k\frac{\kappa_{x,k}}{\kappa_{b,k}}$$

$$f_{L_k|M_2}(l_k;\boldsymbol{\Theta}_{M_2})=\frac{a^{3/2}\exp(-al_k)}{\sigma_B\sqrt{2\pi[1-\exp(-al_k)]^3}}$$

$$\cdot\left\{\omega_k+\frac{b\exp(ct_k)}{c-a}-\frac{bc^2\exp(ct_k)}{(c-a)a}\exp((c-a)l_k)+\frac{b\exp[c(t_k+l_k)]}{a}\right\}$$

$$\cdot \exp\left\{-\frac{\left[\omega_k a\exp(-al_k)-x_k a(1-\exp(-al_k))+\dfrac{abc}{c-a}(1-\exp((c-a)l_k))\right]^2}{2a\sigma_B^2(1-\exp(-al_k))}\right\} \tag{4.33}$$

$$f_{L_k|M_3}(l_k;\boldsymbol{\Theta}_{M_3})=\frac{1}{\sigma_B\sqrt{2\pi l_k^3}}[\omega_k+b\exp(ct_k)+b\exp(c(t_k+l_k))(cl_k-1)]$$

$$\cdot \exp\left\{-\frac{[\omega_k+b\exp(ct_k)-b\exp(c(t_k+l_k))]^2}{2\sigma_B^2 l_k}\right\} \tag{4.34}$$

4.5.2 模型参数估计

本小节将基于4.4节所提出的参数估计方法，进一步说明如何自适应地估计模型M_1中的未知参数。模型M_2和模型M_3中的未知参数可利用MLE方法进行估计，具体步骤可分别参考文献［24］和［18］。

对于退化模型M_1，改写为状态空间模型为

$$\begin{cases} s_k=\boldsymbol{\varphi}_{k-1}(s_{k-1};\boldsymbol{\theta})+\boldsymbol{\eta}_{k-1} \\ y_k=\boldsymbol{C}s_k+\varepsilon_k \end{cases} \tag{4.35}$$

式中：s_k、$\boldsymbol{\varphi}_{k-1}$、$\boldsymbol{\eta}_{k-1}$和$\boldsymbol{C}$的定义与式（4.13）一致。

此时，对联合对数似然函数$\ell(\boldsymbol{\Theta}|s_{1:k},Y_{1:k})$的条件期望$\mathcal{Q}(\boldsymbol{\Theta}|\hat{\boldsymbol{\Theta}}^{(j)})$可表示为

$$\begin{aligned}\mathcal{Q}(\boldsymbol{\Theta}|\hat{\boldsymbol{\Theta}}^{(j)})\propto &-\frac{1}{2}\ln|\boldsymbol{P}_{0|0}|-\frac{1}{2}\mathrm{Tr}\{\boldsymbol{P}_{0|0}^{-1}[(\hat{s}_{0|k}-s_0)(\hat{s}_{0|k}-s_0)^{\mathrm{T}}+\boldsymbol{P}_{0|k}]\}-\frac{1}{2}\sum_{i=1}^{k}\ln|\boldsymbol{Q}_{i-1}|\\
&-\frac{1}{2}\sum_{i=1}^{k}\{\mathrm{Tr}[\boldsymbol{Q}_i^{-1}(\mathcal{F}_i-\mathcal{G}_i\boldsymbol{\Phi}_{i|i-1}^{\mathrm{T}}-\boldsymbol{\Phi}_{i|i-1}\mathcal{G}_i^{\mathrm{T}}+\boldsymbol{\Phi}_{i|i-1}\mathcal{I}_i\boldsymbol{\Phi}_{i|i-1}^{\mathrm{T}})-\boldsymbol{U}_{i-1}^{\mathrm{T}}\boldsymbol{Q}_{i-1}^{-1}\hat{s}_{i|k}\\
&+\boldsymbol{U}_{i-1}^{\mathrm{T}}\boldsymbol{Q}_{i-1}^{-1}\boldsymbol{\Phi}_{i|i-1}\hat{s}_{i-1|k}-\hat{s}_{i|k}^{\mathrm{T}}\boldsymbol{Q}_{i-1}^{-1}\boldsymbol{U}_{i-1}+\hat{s}_{i-1|k}^{\mathrm{T}}\boldsymbol{\Phi}_{i|i-1}^{\mathrm{T}}\boldsymbol{Q}_{i-1}^{-1}\boldsymbol{U}_{i-1}]\}-\frac{1}{2}\sum_{i=1}^{k}\ln\sigma_\varepsilon^2\\
&-\frac{1}{2\sigma_\varepsilon^2}\sum_{i=1}^{k}\{y_i^2+[\boldsymbol{C}\hat{s}_{i|i-1}]^2+\boldsymbol{C}^2\mathcal{L}_i-2y_i[\boldsymbol{C}\hat{s}_{i|i-1}+\boldsymbol{C}\mathcal{O}_i]+2\boldsymbol{C}\hat{s}_{i|i-1}\boldsymbol{C}\mathcal{O}_i\}\end{aligned} \tag{4.36}$$

式中：$\mathcal{F}_i$、$\mathcal{G}_i$、$\mathcal{I}_i$、$\mathcal{L}_i$和$\mathcal{O}_i$的表达式与式（4.26）一致。

同样地，为便于最大化条件期望$\mathcal{Q}(\boldsymbol{\Theta}|\hat{\boldsymbol{\Theta}}^{(j)})$，将其分为相互独立的三个部分分别进行最大化。

第一部分$\mathcal{Q}_1(\boldsymbol{\Theta}_1|\hat{\boldsymbol{\Theta}}_1^{(j)})$仅包含初始状态参数$\boldsymbol{\Theta}_1=\{s_{0|0},\boldsymbol{P}_{0|0}\}$，$\mathcal{Q}_1(\boldsymbol{\Theta}_1|\hat{\boldsymbol{\Theta}}_1^{(j)})$与式（4.27）相同。分别求解$\mathcal{Q}_1(\boldsymbol{\Theta}_1|\hat{\boldsymbol{\Theta}}_1^{(j)})$关于参数$s_{0|0}$和$\boldsymbol{P}_{0|0}$的偏导数，可得

$$\begin{cases}\dfrac{\partial\mathcal{Q}_1(\boldsymbol{\Theta}_1,\hat{\boldsymbol{\Theta}}_1^{(j)})}{\partial s_{0|0}}=-\boldsymbol{P}_{0|0}^{-1}(s_{0|0}-\hat{s}_{0|k})\\ \dfrac{\partial\mathcal{Q}_1(\boldsymbol{\Theta}_1,\hat{\boldsymbol{\Theta}}_1^{(j)})}{\partial\boldsymbol{P}_{0|0}}=-\dfrac{1}{2}(\boldsymbol{P}_{0|0}^{-1}-\boldsymbol{P}_{0|0}^{-1}\boldsymbol{P}_{0|k}\boldsymbol{P}_{0|0}^{-1})\end{cases} \tag{4.37}$$

令式 (4.37) 为零，可以得到第 $(j+1)$ 步的参数估计值 $\hat{\boldsymbol{\Theta}}_1^{(j+1)}$，即

$$\hat{s}_{0|0}^{(j+1)} = \hat{s}_{0|k}, \quad \hat{P}_{0|0}^{(j+1)} = P_{0|k} \tag{4.38}$$

第二部分 $\mathcal{Q}_2(\boldsymbol{\Theta}_2|\hat{\boldsymbol{\Theta}}_2^{(j)})$ 包含退化状态方程参数 $\boldsymbol{\Theta}_2 = \{a, c, \sigma_B^2, \sigma_\alpha^2\}$，即

$$\begin{aligned}
& \mathcal{Q}_2(\boldsymbol{\Theta}_2|\hat{\boldsymbol{\Theta}}_2^{(j)}) \\
& \propto -\frac{1}{2}\sum_{i=1}^k \{\ln|\boldsymbol{Q}| + \mathrm{Tr}(\boldsymbol{Q}^{-1}\boldsymbol{\Gamma}_i) + \boldsymbol{\Psi}_i\} \\
& = -\frac{1}{2}\sum_{i=1}^k \left\{ \ln[\sigma_\alpha^2 \sigma_B^2 \Delta t] + \mathrm{Tr}\left[\begin{bmatrix} \dfrac{1}{\sigma_B^2 \Delta t} & 0 \\ 0 & \dfrac{1}{\sigma_\alpha^2} \end{bmatrix} \begin{bmatrix} \gamma_{11(i)} & \gamma_{12(i)} \\ \gamma_{21(i)} & \gamma_{22(i)} \end{bmatrix} + \begin{bmatrix} \psi_{11(i)} & \psi_{12(i)} \\ \psi_{21(i)} & \psi_{22(i)} \end{bmatrix}\right] \right\} \\
& = -\frac{1}{2}\sum_{i=1}^k \left\{ \ln[\sigma_\alpha^2 \sigma_B^2 \Delta t] + \dfrac{\gamma_{11(i)}}{\sigma_B^2 \Delta t} + \psi_{11(i)} + \dfrac{\gamma_{22(i)}}{\sigma_\alpha^2} + \psi_{22(i)} \right\}
\end{aligned} \tag{4.39}$$

式中：

$$\boldsymbol{\Gamma}_i = \mathcal{F}_i - \mathcal{G}_i \boldsymbol{\Phi}_{i|i-1}^{\mathrm{T}} - \boldsymbol{\Phi}_{i|i-1} \mathcal{G}_i^{\mathrm{T}} + \boldsymbol{\Phi}_{i|i-1} \mathcal{I}_i \boldsymbol{\Phi}_{i|i-1}^{\mathrm{T}}$$

$$\boldsymbol{\Psi}_i = -\boldsymbol{U}_{i-1}^{\mathrm{T}} \boldsymbol{Q}^{-1} \hat{s}_{i|k} + \boldsymbol{U}_{i-1}^{\mathrm{T}} \boldsymbol{Q}^{-1} \boldsymbol{\Phi}_{i|i-1} \hat{s}_{i-1|k} - \hat{s}_{i|k}^{\mathrm{T}} \boldsymbol{Q}^{-1} \boldsymbol{U}_{i-1} + \hat{s}_{i-1|k}^{\mathrm{T}} \boldsymbol{\Phi}_{i|i-1}^{\mathrm{T}} \boldsymbol{Q}^{-1} \boldsymbol{U}_{i-1}$$

假设参数 a 和 c 固定不变，分别求解 $\mathcal{Q}_2(\boldsymbol{\Theta}_2|\hat{\boldsymbol{\Theta}}_2^{(j)})$ 关于参数 σ_B^2 和 σ_α^2 的偏导数，并令其为零，可得

$$\hat{\sigma}_B^{2(j+1)} = \frac{1}{k}\sum_{i=1}^k \frac{\gamma_{11(i)}}{\Delta t}, \quad \hat{\sigma}_\alpha^{2(j+1)} = \frac{1}{k}\sum_{i=1}^k \gamma_{22(i)} \tag{4.40}$$

将式 (4.40) 代入式 (4.39)，可以得到参数 a 和 c 关于参数 σ_B^2 和 σ_α^2 极大似然估计值的剖面似然函数的条件期望。利用二维搜索的方法，即可得到第 $(j+1)$ 步参数 a 和 c 的估计值 $\hat{a}^{(j+1)}$ 和 $=\hat{c}^{(j+1)}$，再将其代回式 (4.40)，即可得到第 $(j+1)$ 步参数 σ_B^2 和 σ_α^2 的估计值 $\hat{\sigma}_B^{2(j+1)}$ 和 $\hat{\sigma}_\alpha^{2(j+1)}$。

对于上述参数估计中所用到的多维搜索方法，可通过 MATLAB 软件中的 fminsearch 函数来实现[43]。这是一种常见的基于单纯形法的搜索方法，具有极强的可操作性和灵活性，已广泛应用于解决似然函数形式复杂的难题[18,44,47]。

第三部分 $\mathcal{Q}_3(\boldsymbol{\Theta}_3|\hat{\boldsymbol{\Theta}}_3^{(j)})$ 包含观测方程参数 $\boldsymbol{\Theta}_3 = \{\sigma_\varepsilon^2\}$，即

$$\begin{aligned}
\mathcal{Q}_3(\boldsymbol{\Theta}_3|\hat{\boldsymbol{\Theta}}_3^{(j)}) = & -\frac{1}{2}\sum_{i=1}^k \ln \sigma_\varepsilon^2 \\
& -\frac{1}{2\sigma_\varepsilon^2}\sum_{i=1}^k [y_i^2 + (C\hat{s}_{i|i-1})^2 + C^2 \mathcal{L}_i - 2y_i(C\hat{s}_{i|i-1} + C\mathcal{O}_i) + 2C\hat{s}_{i|i-1}C\mathcal{O}_i]
\end{aligned} \tag{4.41}$$

求解 $\mathcal{Q}_3(\boldsymbol{\Theta}_3|\hat{\boldsymbol{\Theta}}_3^{(j)})$ 关于参数 σ_ε^2 的偏导数，并令其为零，可得

$$\hat{\sigma}_\varepsilon^{2(j+1)} = \frac{1}{k}\sum_{i=1}^k \{y_i^2 + (C\hat{s}_{i|i-1})^2 + C^2 L_i - 2y_i[C\hat{s}_{i|i-1} + C\mathcal{O}_i] + 2C\hat{s}_{i|i-1}C\mathcal{O}_i\} \tag{4.42}$$

综上所述，我们可以得到所有未知参数的估计值，并且能够在获得新的 CM 数据时，对当前时刻的退化状态和模型参数进行在线估计和更新。

4.5.3 仿真验证

本小节将利用数值仿真的方法验证本章所提出的 RUL 预测方法的精度和有效性。采用广泛使用的 Euler-Maruyama 离散化策略[46]对三个模型进行数值仿真。

首先，根据预设参数值 $\boldsymbol{\Theta}$，利用如下的 Euler 离散化方法生成 S 条退化路径：

$$\begin{cases} x_{(k+1)\Delta t} = x_{k\Delta t} + \mu(x_{k\Delta t}, k\Delta t; \boldsymbol{\theta})\Delta t + \sigma_B B_k \sqrt{\Delta t} \\ y_{(k+1)\Delta t} = x_{(k+1)\Delta t} + \varepsilon_k \end{cases} \quad (4.43)$$

式中：$B \sim N(0,1)$，$\varepsilon_k \sim N(0,\sigma_\varepsilon^2)$，且 Δt 为离散步长。

随后，利用仿真生成的退化数据来估计和更新退化模型的未知参数，并用于计算退化设备 RUL 分布的近似解析表达式，从而得到 RUL 预测值。利用文献 [18] 中的 MC 算法，可以得到 t_k 时刻 S 条仿真的退化路径在 FHT 意义下超过失效阈值的时间，将其记为 $L = \{L^{(1)}, L^{(2)}, \cdots, L^{(S)}\}$，其中，$L^{(s)}$ 表示第 s 条退化路径的失效时间，即 RUL。

具体地，对于模型 M_1 和 M_2，式 (4.43) 中 $\mu(x_{k\Delta t}, k\Delta t; \boldsymbol{\theta}) = ax_{k\Delta t} + bc\exp(ck\Delta t)$，模型 M_1 更进一步地考虑了退化设备的个体差异性和测量误差；对于模型 M_3，式 (4.43) 中 $\mu(x_{k\Delta t}, k\Delta t; \boldsymbol{\theta}) = bc\exp(ck\Delta t)$，该模型仅依赖于退化时间。未知模型参数矢量为 $\boldsymbol{\Theta} = \{a, c, \mu_b, \sigma_b^2, \sigma_\alpha^2, \sigma_B^2, \sigma_\varepsilon^2\}$。假设仿真退化过程的初始状态为 $x_0 = 0$，失效阈值为 $\omega = 1$，样本总数和离散步长分别为 $S = 10000$ 和 $\Delta t = 0.1$。

设定退化模型中各参数值依次为 $c = 0.2$，$\mu_b = 1.5$，$\sigma_b^2 = 9 \times 10^{-4}$，$\sigma_\alpha^2 = 10^{-4}$，$\sigma_B^2 = 0.04$，$\sigma_\varepsilon^2 = 4 \times 10^{-4}$。需要注意的是，由于参数 a 决定着系数在退化过程中是否依赖于退化状态，因此本小节分别设定参数 a 的值为 $a = 0.01$，$a = 0.05$ 和 $a = 0.3$，依次表示退化过程对退化状态依赖的不同程度。从仿真得到的 10000 条退化路径中任意选取 100 条退化路径作为训练数据集。将基于训练数据集的未知参数 MLE 值作为 EM 算法自适应参数估计的初始值。基于上述数值仿真结果，在三种参数 a 的取值情况下，在第 10 个采样时刻，即 $t_k = 1$ 时，对比 MC 方法得到的 RUL 分布直方图，模型 M_1 在给定参数下 RUL 分布的 PDF 和三个模型分别在估计参数下 RUL 分布的 PDF 如图 4.2 所示。

由图 4.2 可知，在参数 a 的三种取值情况下，模型 M_1 在给定参数下 RUL 分布的 PDF 能够很好地拟合 MC 方法所得到的 RUL 直方图。对比三种模型在参数估计值下所得到的 RUL 分布的 PDF 不难发现，模型 M_1 的结果同样能够很好的拟合 MC 方法所得到的 RUL 直方图，并且与给定参数下 RUL 分布的 PDF 非常接近，说明本章方法能够准确地估计模型参数和预测 RUL。

此外，随着参数 a 的不断增大，模型 M_2 和 M_3 在参数估计值下所得到的 RUL 分布的 PDF 与模型 M_1 所得结果的偏差显著增大。出现这种偏差的原因在于，设备的退化过程对退化状态的依赖程度随着参数 a 的增大而不断增加，尽管模型 M_2 考虑了退化过程对退化状态的依赖性，但并没有考虑退化设备的个体差异性和测量误差，因此所得结果存在一定的偏差；而模型 M_3 完全忽略了退化过程对退化状态的依赖性，导致结果与模型 M_1 所得结果存在显著的偏差。

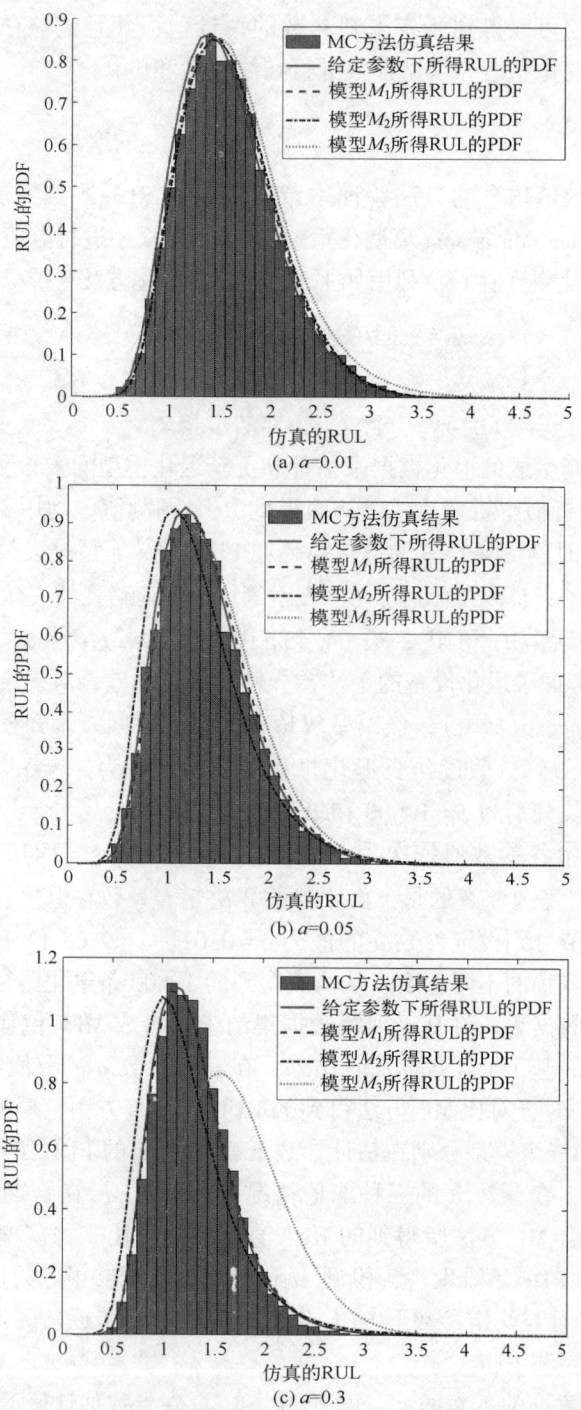

图 4.2 仿真 RUL 直方图与三种模型 RUL 分布 PDF 的对比

为了使对比更加直观,在三种参数 a 的取值情况下,三种模型在第 10 个采样时刻根据参数估计值所得的 RUL 预测盒型图如图 4.3 所示。不难发现,与模型 M_2 和 M_3 所得结果相比,模型 M_1 所得的 RUL 预测值更接近真实的 RUL,且盒体尺寸更小,说明该模型具有更高的预测精度和更小的不确定性。

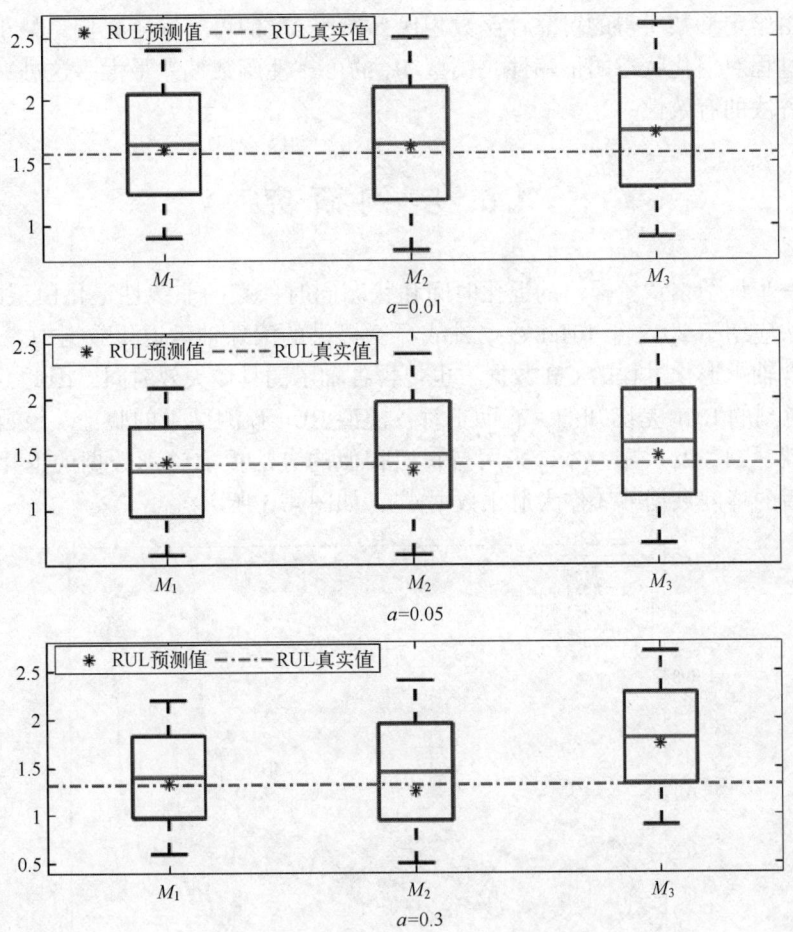

图 4.3 三种模型下 RUL 预测盒型图

从可靠性的角度进行分析,以图 4.2(c)中的参数设定为例,三种模型的可靠性函数 $R(t)$ 如图 4.4 所示。不难发现,设备的可靠性随着时间的增加而逐渐降低,直至

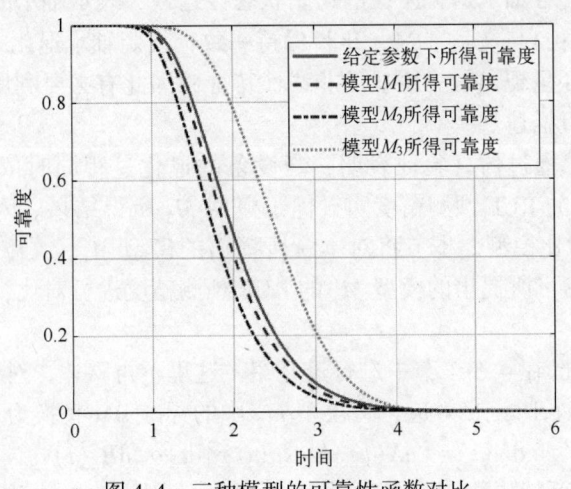

图 4.4 三种模型的可靠性函数对比

失效。与由给定参数所得的可靠性函数相比，模型 M_1 的可靠性函数偏差最小；由于忽略了退化过程对退化状态的依赖性，模型 M_3 的可靠性函数偏差最大。这进一步说明了本章所提方法的有效性。

4.6 实例研究

为进一步评估本章所提出的退化时间和状态同时依赖的非线性退化模型的有效性，将所提方法应用于 2012 年 PHM 数据挑战赛所提供的滚珠轴承退化数据中[48]。该数据集不仅包含轴承退化过程的 CM 数据，也包含各轴承的具体失效时间，因此，各轴承在任意 CM 时刻的 RUL 是已知的，有助于对各模型 RUL 预测结果的验证。该数据集也被应用于文献 [24, 28] 中，本节采用与它们相似的方法提取轴承数据的退化特征，以带通滤波后的峰度数据减 3 作为退化数据[49]，如图 4.5 所示。

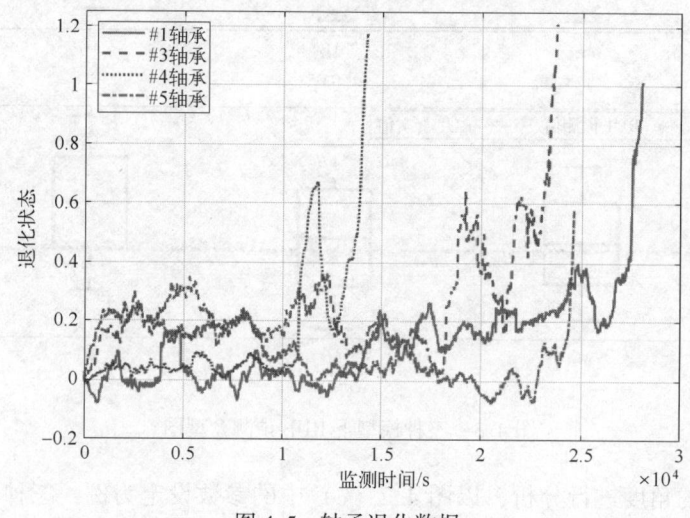

图 4.5 轴承退化数据

由图 4.5 可知，各轴承退化路径的初始状态接近零，表示轴承的初始性能良好。根据数据集的相关信息，与文献 [24, 28] 保持一致，设定轴承退化的失效阈值为 $\omega=1$。由于轴承的退化路径呈现出较为明显的非线性特征，因此有必要利用非线性退化模型对轴承的退化过程进行描述。

在 4.5.3 节中，通过仿真验证表明，当设备的退化过程同时依赖退化时间和状态时，模型 M_1 和 M_2 的 RUL 预测精度明显优于模型 M_3 所得结果。因此，在本节中，不再将模型 M_3 作为对比模型。本节将对本章所提出的模型 M_1、文献 [24] 所提出的模型 M_2 以及文献 [28] 所提出的模型 M_4 的 RUL 预测精度进行对比，以验证本章所提方法的有效性。

模型 M_1 和 M_2 已在 4.5.1 节中进行过介绍，这里不再赘述，对于模型 M_4，它在模型 M_2 的基础上引入长时记忆效应，将模型 M_2 中的标准 BM 替换为 FBM，即

$$dX(t)=[aX(t)+bc\exp(ct)]dt+\sigma_H dB_H(t) \tag{4.44}$$

式中：$B_H(t)$ 是以赫斯特指数 H 为特征的 FBM；σ_H 为固定的扩散系数。

第4章 退化时间与状态同时依赖的非线性退化设备 RUL 自适应预测方法

在本节中，Akaike 信息准则（Akaike Information Criterion，AIC）[51]、RUL 预测值的精确度得分（Score of Accuracy，SOA）[52]和均方误差（Mean Squared Error，MSE）[53]作为模型性能对比的评价指标。

具体地，AIC 的值越小，表示退化模型的拟合精度越高。AIC 通过结合对数似然函数和待估计参数个数来考虑模型过参数化问题，具体计算公式如下：

$$\text{AIC} = -2 \cdot \max\ell + 2n \quad (4.45)$$

式中：n 表示待估计模型参数的个数；$\max\ell$ 表示模型最大的对数似然函数值。

SOA 主要从 RUL 预测精度的角度衡量退化模型的性能。在实际工程应用中，低估的 RUL 预测值可能造成对退化设备相对保守的维护决策，但高估的 RUL 预测值可能导致设备的突发失效，从而造成破坏性的后果和难以估量的损失。在这种情况下，SOA 可以区分 RUL 预测值的低估和高估。在预测偏差相同时，低估的 RUL 预测值较高估的 RUL 预测值有更大的 SOA 值。因此，SOA 值越大，表示退化模型的 RUL 预测精度越高，t_k 时刻 RUL 预测结果的 SOA_k 值表示为

$$\text{SOA}_k = \begin{cases} e^{-\ln(0.5)(Er_k/5)}, & Er_k \leq 0 \\ e^{\ln(0.5)(Er_k/-20)}, & Er_k > 0 \end{cases} \quad (4.46)$$

式中：Er_k 表示 t_k 时刻的预测误差，即

$$Er_k = 100 \times (l_k - \hat{l}_k)/l_k \quad (4.47)$$

式中：$\hat{l}_k$ 和 l_k 分别表示 t_k 时刻设备 RUL 的预测值和真实值。

为进一步定量地比较 RUL 预测结果的精度和不确定性，引入 RUL 预测值的 MSE，MSE 的值越小，说明 RUL 预测结果的最小不确定性越小。t_k 时刻 RUL 预测结果的 MSE 值表示为

$$\text{MSE}_k = \int_0^\infty (\hat{l}_k - l_k)^2 f_{L_k|Y_{1:k}}(l_k|Y_{1:k}) \mathrm{d}l_k \quad (4.48)$$

选择#3、#4 和#5 轴承的最后 25 个 CM 数据作为测试数据集，并将其余 CM 数据作为训练数据集用于估计三种退化模型的未知参数。对于模型 M_1 中的未知参数，可将基于训练数据集的参数 MLE 值作为 EM 算法的初值，随着 CM 数据自适应地更新模型参数。对于模型 M_2 和 M_4 中的未知参数，可利用 MLE 方法进行估计，具体步骤可参考文献[24, 28]。三种模型的参数估计结果以及 $\ell_{\max}$、AIC，$\text{SOA} = \sum_{k=1}^{25} \text{SOA}_k$ 和 $\text{MSE} = \sum_{k=1}^{25} \text{MSE}_k/25$ 的比较结果如表 4.1 所示。

表 4.1 三种模型参数估计值及评价指标对比结果

模型	M_1			M_2			M_4		
轴承编号	#3	#4	#5	#3	#4	#5	#3	#4	#5
$\mu_b(b)$	2.527e-26	4.922e-5	6.036e-90	1.496e-26	3.172e-4	5.312e-90	2.602e-26	5.720e-5	4.206e-90
σ_b^2	3.077e-56	5.364e-14	1.778e-183	—	—	—	—	—	—
σ_α^2	1.673e-57	3.841e-15	4.753e-184	—	—	—	—	—	—
a	-2.1844e-4	-5.845e-4	-4.026e-4	-2.357e-4	-6.543e-4	-3.825e-4	-2.051e-3	-1.004e-3	-4.115e-4
c	2.469e-3	0.064e-3	8.337e-3	2.488e-3	6.450e-5	8.325e-3	2.498e-3	6.503e-7	8.331e-3

（续）

模型	M_1			M_2			M_4		
轴承编号	#3	#4	#5	#3	#4	#5	#3	#4	#5
$\sigma_B^2/10^{-5}$	1.027	3.639	0.367	4.159	5.660	1.313	—	—	—
$\sigma_H^2/10^{-5}$	—	—	—	—	—	—	1.027	3.639	0.368
$\sigma_\varepsilon^2/10^{-6}$	2.317	1.052	1.834	—	—	—	—	—	—
ℓ_{max}	5856.832	3261.593	7618.908	5847.481	3257.247	7611.754	5852.623	3269.722	7615.369
AIC	−11699.664	−6509.186	−15223.816	−11686.962	−6506.494	−15215.508	−11695.246	−6519.444	−15220.738
SOA	25.082	24.714	24.926	23.794	23.635	23.915	24.8363	24.427	24.537
MSE	9.9025e6	4.7043e4	6.9213e6	2.3156e7	8.0829e4	1.6901e7	1.7279e7	3.2591e4	1.5398e7

由表4.1可知，对于#3、#4和#5轴承，除了#4轴承的MSE以外模型M_1在ℓ_{max}、AIC、SOA和MSE方面的性能评价指标均优于模型M_2和M_4。需要注意的是，对于模型M_1，表4.1中的参数估计值是获得最后一个CM数据更新后的参数估计值。由于模型M_2和M_4并未考虑随机效应参数b，因此它们不存在参数μ_b、σ_b^2和σ_α^2，将参数b的估计值填写在参数μ_b相对应的位置。

为了更加直观地比较，图4.6~图4.8分别展示了#3、#4和#5轴承在三种模型下最后25个CM时刻的RUL预测值、RUL分布的PDF以及RUL真实值。

由图4.6~图4.8可以看出，对于三个轴承而言，三种模型均可得到相对准确的RUL预测值。但是，与轴承的真实RUL相比，模型M_1的RUL预测结果较模型M_2和M_4的结果更为准确。此外，模型M_1和M_4所得到的RUL分布的PDF比模型M_2所得结果的不确定性更小。由于赫斯特指数的存在，模型M_4比模型M_2更适合描述这类轴承的退化路径，并且RUL预测结果的不确定性得到明显提升。随着不断地获取CM数据，模型M_1的参数将持续更新，RUL预测结果的不确定性较模型M_4所得结果进一步减小。

进一步地，#3、#4和#5轴承测试数据集中每个CM时刻的SOA_k和MSE_k分别如图4.9~图4.11所示。

由图4.9~图4.11可知，对于三个轴承，尽管模型M_1较模型M_2和M_4在各CM时刻的SOA_k值提升并不非常明显，但几乎在全部CM时刻，模型M_1的SOA_k值均大于模型M_2和M_4的结果，说明模型M_1的RUL预测结果精度更高。对于#3和#5轴承，模型M_1在各CM时刻RUL预测结果的MSE_k值明显小于模型M_2和M_4的结果，说明预测结果不确定性更小。对于#4轴承，除了最后一个CM时刻，模型M_4的RUL预测结果的MSE_k值最小，这与#4轴承拥有最小的AIC值保持一致。

上述对比结果表明，本章所提出的退化时间和状态同时依赖的非线性退化模型模型M_1考虑了退化设备的个体差异性和退化状态的测量不确定性，并且模型参数随着CM数据的获取进行实时更新，因此，该模型在退化设备RUL预测方面显示出优越的性能。模型M_2和M_4的RUL预测结果的精度在很大程度上依赖由历史退化数据所估计模型参数的准确性，无法根据CM数据实现自适应的RUL预测，因此，在对退化时间和状态同时依赖的非线性退化设备进行退化建模和RUL预测时，有必要考虑退化设备的个体差异性和测量误差，以能够进一步提高RUL预测的精度，降低不确定性。

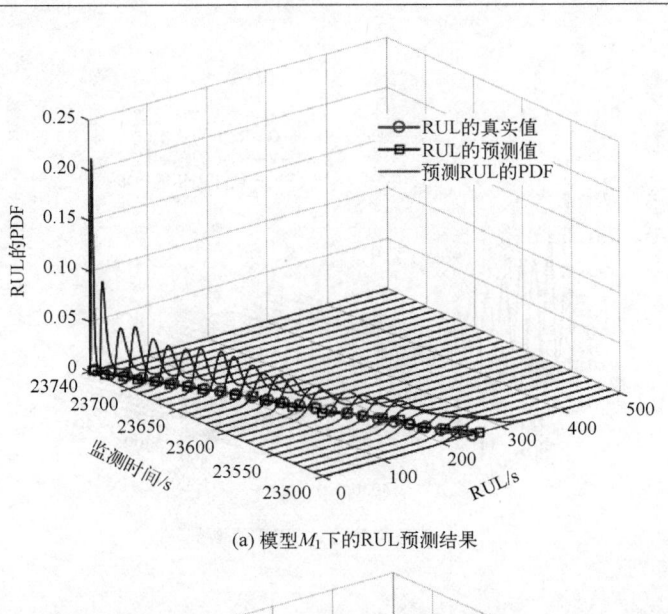

(a) 模型M_1下的RUL预测结果

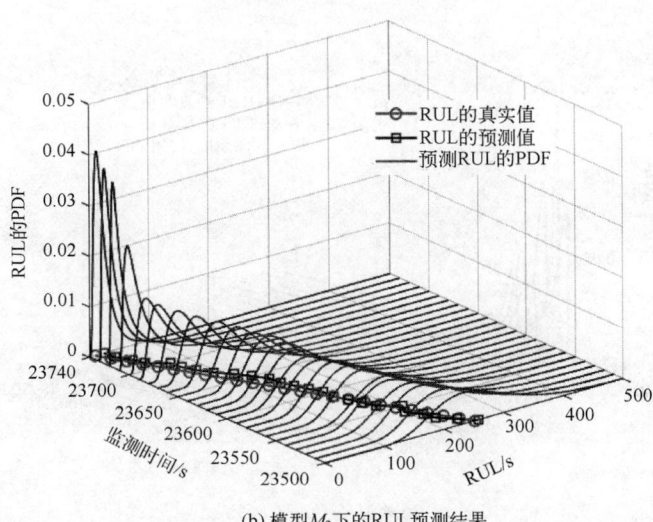

(b) 模型M_2下的RUL预测结果

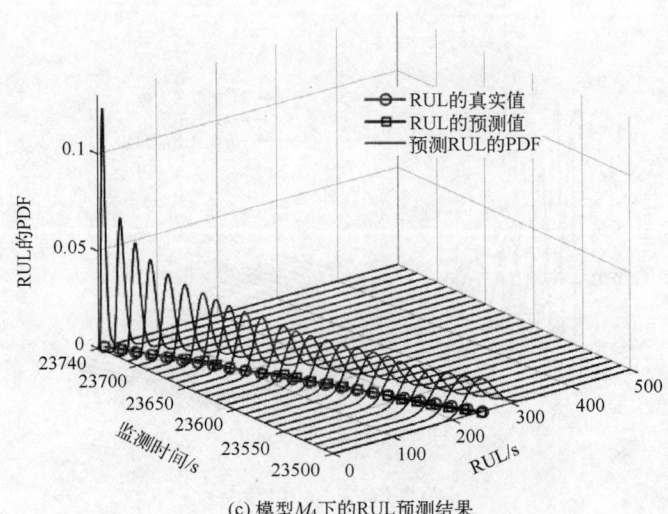

(c) 模型M_4下的RUL预测结果

图 4.6 #3 轴承在三种模型下 RUL 预测结果的对比

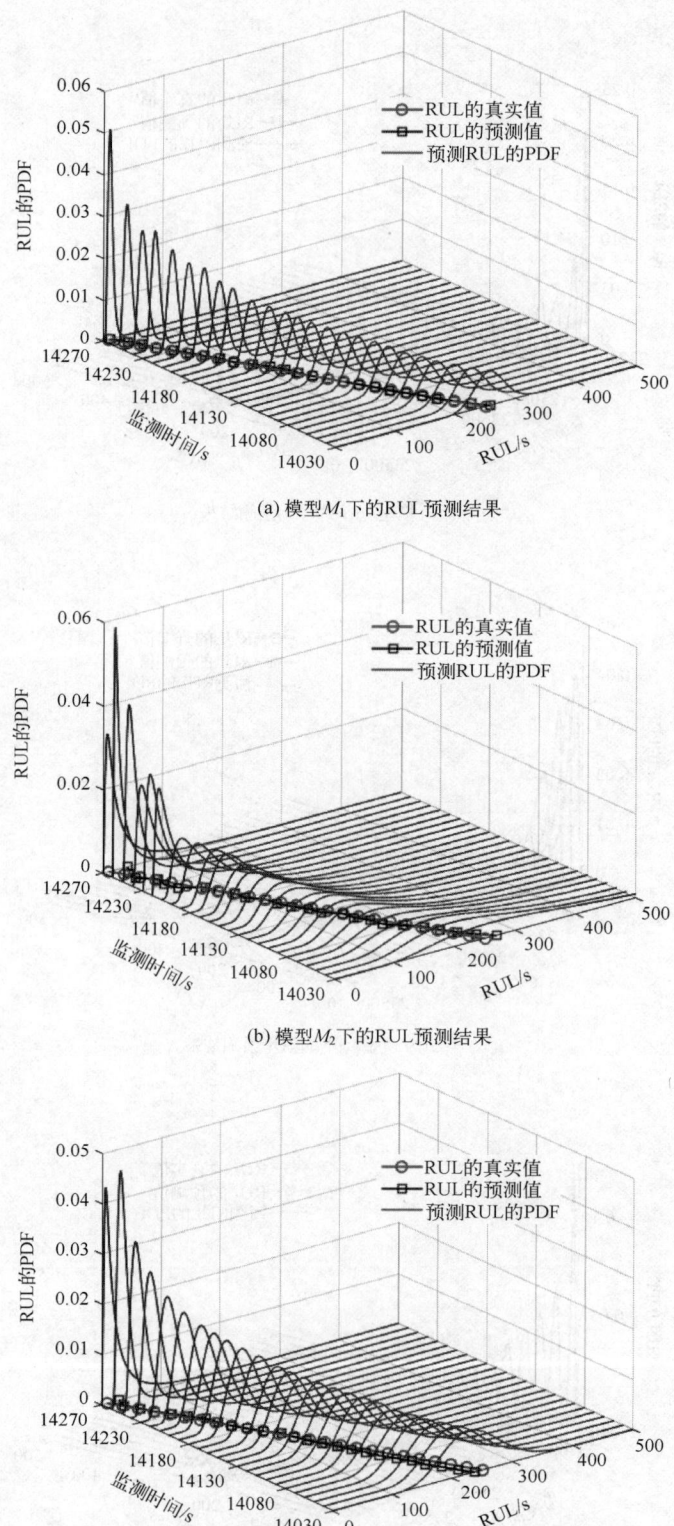

(a) 模型M_1下的RUL预测结果

(b) 模型M_2下的RUL预测结果

(c) 模型M_4下的RUL预测结果

图 4.7 #4 轴承在三种模型下 RUL 预测结果的对比

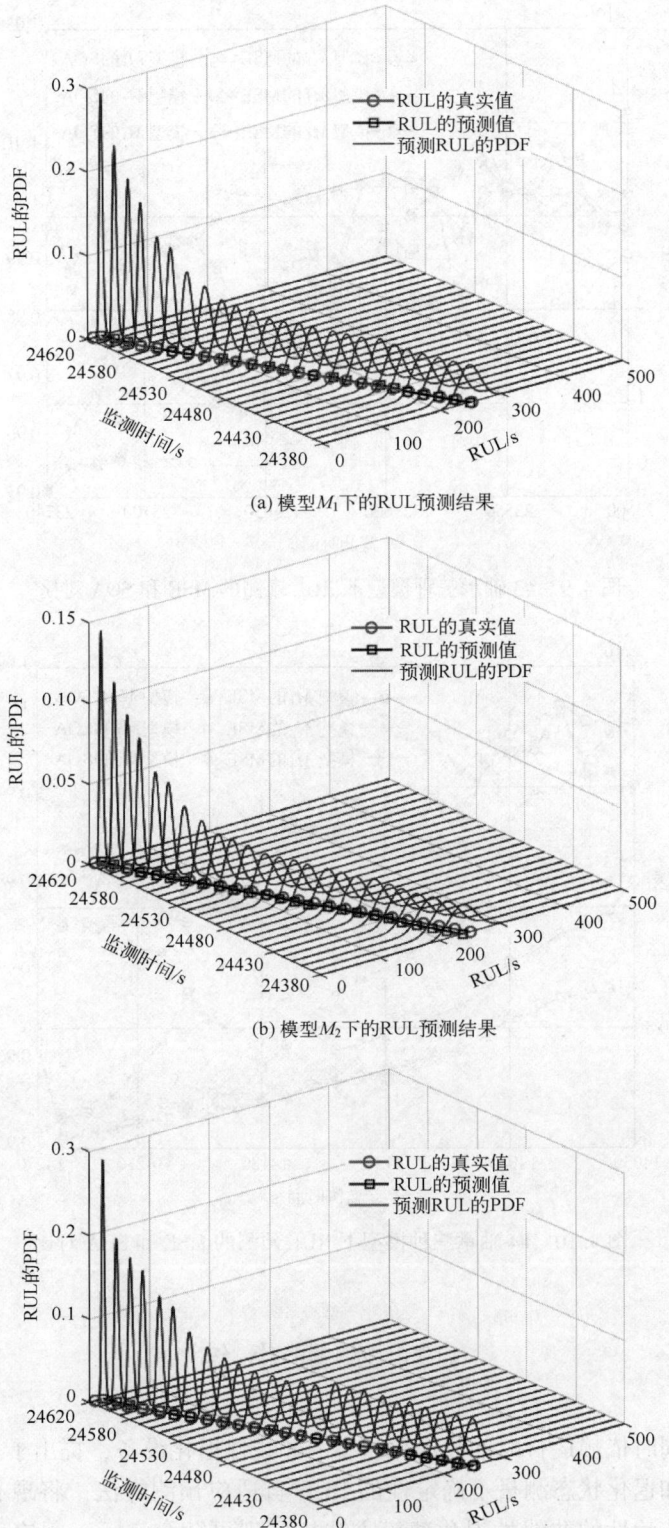

图 4.8 #5 轴承在三种模型下 RUL 预测结果的对比

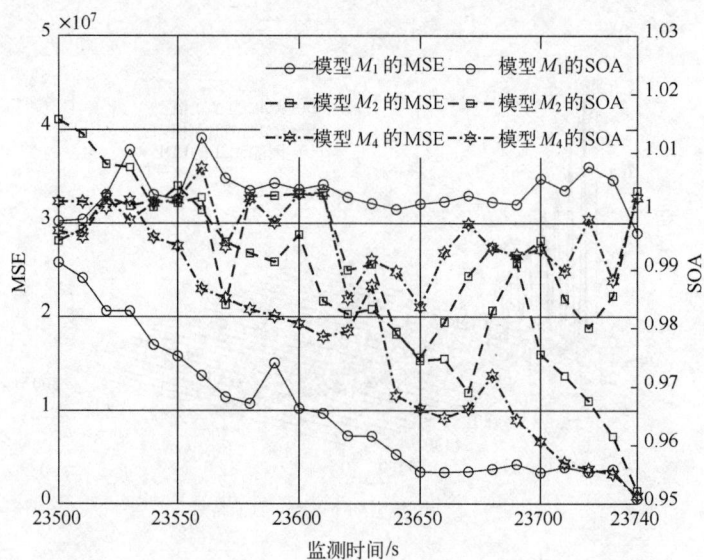

图 4.9 #3 轴承三种模型下 RUL 预测的 MSE 和 SOA 对比

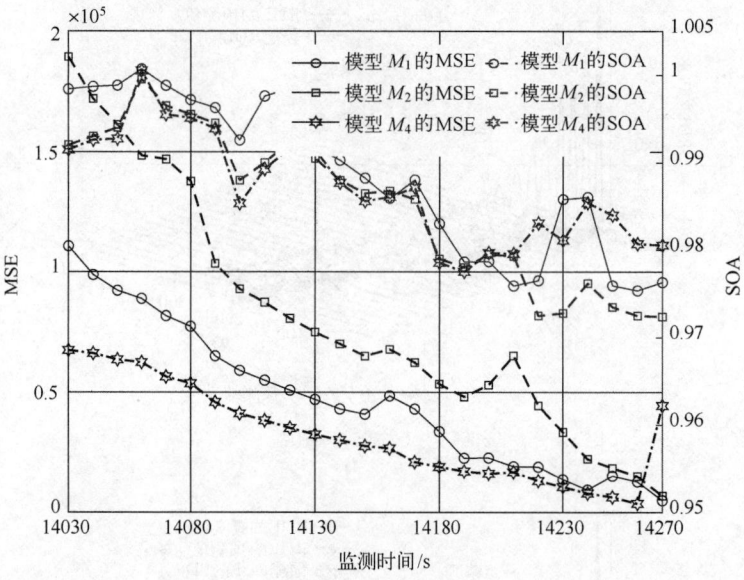

图 4.10 #4 轴承三种模型下 RUL 预测的 MSE 和 SOA 对比

4.7 本章小结

本章针对同时依赖运行时间和退化状态的非线性退化设备,提出了一种考虑退化设备个体差异性和退化状态测量不确定性的 RUL 自适应预测方法,将现有的考虑退化时间和状态同时依赖性的非线性退化建模方法拓展到更贴合实际工程应用的情形。具体地,本章的工作主要包括:

(1) 利用扩散过程模型描述设备退化过程的随机性和非线性,将漂移系数函数中

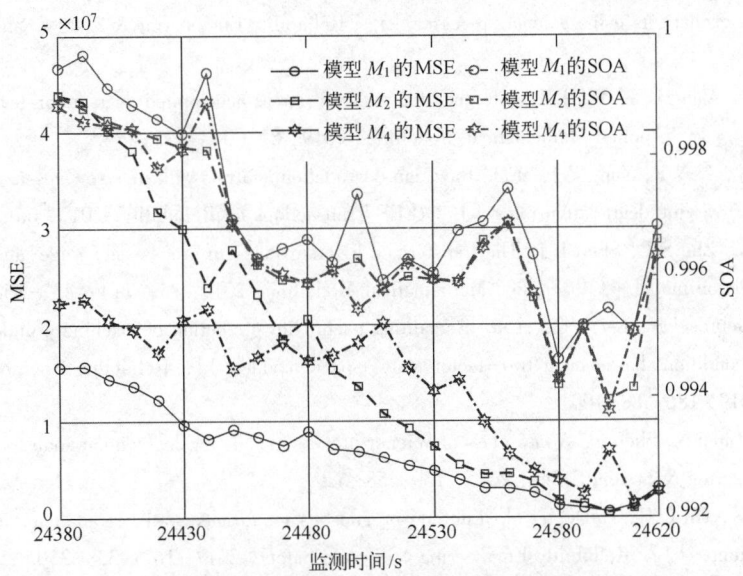

图 4.11 #5 轴承三种模型下 RUL 预测的 MSE 和 SOA 对比

的随机效应参数随 CM 数据的更新过程描述为随机游走模型以表征设备的个体差异性,利用状态空间模型描述 CM 数据与设备真实退化状态之间的随机关系。

(2) 利用 EKF 算法估计设备的真实退化状态和随机效应参数,基于时-空变换和全概率公式,推导得到了 FHT 意义下退化设备 RUL 分布的近似解析解。

(3) 利用 EM 算法估计模型的未知参数,当得到最新 CM 数据时,可利用 EKF 算法和 EM 算法对当前时刻的退化状态和模型参数分别进行估计和更新,实现了退化设备 RUL 分布的实时更新和 RUL 的自适应预测。

通过数值仿真和滚珠轴承退化数据的实例研究,验证了本章所提方法的有效性和优越性。结果表明,对于退化时间和状态同时依赖的非线性退化模型,与不考虑退化设备个体差异性和退化状态测量不确定性的模型相比,本章所提方法能够自适应地预测退化设备的 RUL,并提高 RUL 的预测准确性,减小不确定性。

参 考 文 献

[1] Si X S, Wang W B, Hu C H, et al. Remaining useful life estimation: A review on the statistical data driven approaches [J]. European Journal of Operational Research, 2011, 213 (1): 1-14.

[2] Si X S, Li T M, Zhang Q, et al. Prognostics for linear stochastic degrading systems with survival measurements [J]. IEEE Transactions on Industrial Electronics, 2019, 67 (4): 3202-3215.

[3] Wen Y X, Wu J G, Das D, et al. Degradation modeling and RUL prediction using Wiener process subject to multiple change points and unit heterogeneity [J]. Reliability Engineering & System Safety, 2018, 176: 113-124.

[4] Zhai Q Q, Chen P, Hong L Q, et al. A random-effects Wiener degradation model based on accelerated failure time [J]. Reliability Engineering & System Safety, 2018, 180: 94-103.

[5] Cholette M E, Yu H, Borghesani P, et al. Degradation modeling and conditionbased maintenance of

boiler heat exchangers using gamma processes [J]. Reliability Engineering & System Safety, 2019, 183: 184-196.

[6] Jiang P H, Wang B X, Wu F T. Inference for constant-stress accelerated degradation test based on gamma process [J]. Applied Mathematical Modelling, 2019, 67 (3): 123-134.

[7] Peng W W, Li Y F, Yang Y J, et al. Bayesian degradation analysis with inverse Gaussian process models under time-varying degradation rates [J]. IEEE Transactions on Reliability, 2017, 66 (1): 84-96.

[8] Peng W W, Zhu S P, Shen L J. The transformed inverse Gaussian process as an age-and state-dependent degradation model [J]. Applied Mathematical Modelling, 2019, 75 (11): 837-852.

[9] Li N P, Gebraeel N, Lei Y G, et al. Remaining useful life prediction of machinery under time-varying operating conditions based on a two-factor state-space model [J]. Reliability Engineering & System Safety, 2019, 186: 88-100.

[10] Ye Z S, Chen N, Shen Y. A new class of Wiener process models for degradation analysis [J]. Reliability Engineering & System Safety, 2015, 139: 58-67.

[11] Zhang J X, Hu C H, He X, et al. Lifetime prognostics for furnace wall degradation with time-varying random jumps [J]. Reliability Engineering & System Safety, 2017, 167: 338-350.

[12] Zhang Z X, Si X S, Hu C H, et al. Degradation data analysis and remaining useful life estimation: A review on Wiener-process-based methods [J]. European Journal of Operational Research, 2018, 271 (3): 775-796.

[13] Whitmore G A, Schenkelberg F. Modelling accelerated degradation data using Wiener diffusion with a time scale transformation [J]. Lifetime Data Analysis, 1997, 3 (1): 27-45.

[14] Ye Z S, Wang Y, Tsui K L, et al. Degradation data analysis using Wiener processes with measurement errors [J]. IEEE Transactions on Reliability, 2013, 62 (4): 772-780.

[15] Wen Y X, Wu J G, Das D, et al. Degradation modeling and RUL prediction using Wiener process subject to multiple change points and unit heterogeneity [J]. Reliability Engineering & System Safety, 2018, 176: 113-124.

[16] Elwany A A, Gebraeel N. Real-time estimation of mean remaining life using sensor-based degradation models [J]. Journal of Manufacturing Science and Engineering, 2009, 131 (5): 051005.

[17] Wang X. Wiener processes with random effects for degradation data [J]. Journal of Multivariate Analysis, 2010, 101 (2): 340-351.

[18] Si X S, Wang W B, Hu C H, et al. Remaining useful life estimation based on a nonlinear diffusion degradation process [J]. IEEE Transactions on Reliability, 2012, 61 (1): 50-67.

[19] Zhang H W, Chen M Y, Xi X P, et al. Remaining useful life prediction for degradation processes with long-range dependence [J]. IEEE Transactions on Reliability, 2017, 66 (4): 1368-1379.

[20] Wang Z Q, Hu C H, Fan H D. Real-time remaining useful life prediction for a nonlinear degrading system in service: Application to bearing data [J]. IEEE/ASME Transactions on Mechatronics, 2017, 23 (1): 211-222.

[21] Paris P, Erdogan F. A critical analysis of crack propagation laws [J]. Journal of Basic Engineering, 1963, 85 (4): 528-533.

[22] Giorgio M, Guida M, Pulcini G. An age-and state-dependent Markov model for degradation processes [J]. IIE Transactions, 2011, 43 (9): 621-632.

[23] Giorgio M, Guida M, Pulcini G. A parametric Markov chain to model age-and state-dependent wear processes [M]//Complex Data Modeling and Computationally Intensive Statistical Methods. Milano: Springer, 2010: 85-97.

[24] Zhang Z X, Si X S, Hu C H. An age-and state-dependent nonlinear prognostic model for degrading systems [J]. IEEE Transactions on Reliability, 2015, 64 (4): 1214-1228.

[25] An D, Choi J H, Kim N H. Prognostics 101: A tutorial for particle filter-based prognostics algorithm using MATLAB [J]. Reliability Engineering & System Safety, 2013, 115: 161-169.

[26] Orchard M E, Hevia-Koch P, Zhang B, et al. Risk measures for particle-filteringbased state-of-charge prognosis in lithium-ion batteries [J]. IEEE Transactions on Industrial Electronics, 2012, 60 (11): 5260-5269.

[27] Li N P, Lei Y G, Guo L, et al. Remaining useful life prediction based on a general expression of stochastic process models [J]. IEEE Transactions on Industrial Electronics, 2017, 64 (7): 5709-5718.

[28] Zhang H W, Zhou D H, Chen M Y, et al. Predicting remaining useful life based on a generalized degradation with fractional Brownian motion [J]. Mechanical Systems and Signal Processing, 2019, 115: 736-752.

[29] Zhang J X, Hu C H, He X, et al. A novel lifetime estimation method for two-phase degrading systems [J]. IEEE Transactions on Reliability, 2018, 68 (2): 689-709.

[30] Li N P, Lei Y G, Yan T, et al. A Wiener-process-model-based method for remaining useful life prediction considering unit-to-unit variability [J]. IEEE Transactions on Industrial Electronics, 2018, 66 (3): 2092-2101.

[31] Li J X, Wang Z H, Zhang Y B, et al. Degradation data analysis based on a generalized Wiener process subject to measurement error [J]. Mechanical Systems and Signal Processing, 2017, 94: 57-72.

[32] Zheng J F, Si X S, Hu C H, et al. A nonlinear prognostic model for degrading systems with three-source variability [J]. IEEE Transactions on Reliability, 2016, 65 (2): 736-750.

[33] Feng L, Wang H L, Si X S, et al. A state-space-based prognostic model for hidden and age-dependent nonlinear degradation process [J]. IEEE Transactions on Automation Science and Engineering, 2013, 10 (4): 1072-1086.

[34] Aït-Sahalia Y. Maximum likelihood estimation of discretely sampled diffusions: A closed-form approximation approach [J]. Econometrica, 2002, 70 (1): 223-262.

[35] Egorov A V, Li H, Xu Y. Maximum likelihood estimation of time-inhomogeneous diffusions [J]. Journal of Econometrics, 2003, 114 (1): 107-139.

[36] Aït-Sahalia Y. Closed-form likelihood expansions for multivariate diffusions [J]. Annals of Statistics, 2008, 36 (2): 906-937.

[37] Mao X R. Stochastic differential equations and applications [M]. Amsterdam: Elsevier, 2007.

[38] Park C, Padgett W J. Accelerated degradation models for failure based on geometric Brownian motion and gamma processes [J]. Lifetime Data Analysis, 2005, 11 (4): 511-527.

[39] Si X S, Li T M, Zhang Q. A general stochastic degradation modeling approach for prognostics of degrading systems with surviving and uncertain measurements [J]. IEEE Transactions on Reliability, 2019, 68 (3): 1080-1100.

[40] Ricciardi L M. On the transformation of diffusion processes into the Wiener process [J]. Journal of Mathematical Analysis and Applications, 1976, 54 (1): 185-199.

[41] Si X S, Wang W B, Hu C H, et al. A Wiener-process-based degradation model with a recursive filter algorithm for remaining useful life estimation [J]. Mechanical Systems and Signal Processing, 2013, 35 (1): 219-237.

[42] Zhang Z X, Si X S, Hu C H, et al. An adaptive prognostic approach incorporating inspection influence for deteriorating systems [J]. IEEE Transactions on Reliability, 2018, 68 (1): 302-316.

[43] Lagarias J C, Reeds J A, Wright M H, et al. Convergence properties of the Nelder-Mead simplex method in low dimensions [J]. SIAM Journal on Optimization, 1998, 9 (1): 112-147.

[44] Hu C H, Pei H, Wang Z Q, et al. A new remaining useful life estimation method for equipment subjected to intervention of imperfect maintenance activities [J]. Chinese Journal of Aeronautics, 2018, 31 (3): 514-528.

[45] Ling M H, Ng H, Tsui K L. Bayesian and likelihood inferences on remaining useful life in two-phase degradation models under gamma process [J]. Reliability Engineering & System Safety, 2019, 184: 77-85.

[46] Santini T, Morand S, Fouladirad M, et al. Non-homogenous gamma process: Application to SiC MOSFET threshold voltage instability [J]. Microelectronics Reliability, 2017, 75: 14-19.

[47] 郑建飞, 胡昌华, 司小胜, 等. 考虑不确定测量和个体差异的非线性随机退化系统剩余寿命估计 [J]. 自动化学报, 2017, 43 (2): 259-270.

[48] Nectoux P, Gouriveau R, Medjaher K, et al. PRONOSTIA: An experimental platform for bearings accelerated degradation tests [C]//2012 IEEE Prognostics and System Health Management. Beijing: IEEE, 2012: 1-8.

[49] Sutrisno E, Oh H, Vasan A S S, et al. Estimation of remaining useful life of ball bearings using data driven methodologies [C]//2012 IEEE Prognostics and System Health Management. Beijing: IEEE, 2012: 1-7.

[50] Kloeden P E, Platen E. Numerical solution of stochastic differential equations [M]. Berlin Heidelberg: Springer, 1992: 407-424.

[51] Akaike H. A new look at the statistical model identification [J]. IEEE Transactions on Automatic Control, 1974, 19 (6): 716-723.

[52] Le Son K, Fouladirad M, Barros A, et al. Remaining useful life estimation based on stochastic deterioration models: A comparative study [J]. Reliability Engineering & System Safety, 2013, 112: 165-175.

[53] Si X S, Wang W B, Hu C H, et al. A Wiener-process-based degradation model with a recursive filter algorithm for remaining useful life estimation [J]. Mechanical Systems and Signal Processing, 2013, 35 (1): 219-237.

第 5 章　考虑不完美维修的非线性退化设备 RUL 自适应预测方法

5.1 引　言

目前大多数关于 RUL 预测的研究均假设退化设备在全寿命周期内不进行任何形式的维修活动。但是，随着传感器水平和监测技术的发展，通过对设备进行定期或连续的状态监测，在设备发生故障或失效前实施预防性维修活动，可有效降低设备运行风险，在保证设备安全可靠运行的情况下降低运行成本[1-2]。因此，有必要考虑存在预防性维修活动的退化设备 RUL 预测问题。

根据维修效果的不同，可将预防性维修活动分完美维修、小修和不完美维修三类[3]。具体地，完美维修可将设备修复至全新状态；小修只能在一定程度上轻微地对设备状态进行修复；而不完美维修是将设备修复至全新和小修之间的一种状态，虽然可以改善设备的退化状态，延长使用寿命，但难以使其恢复至全新状态。工程实践中的大多数预防性维修活动均属于不完美维修的类别，例如对炼钢厂的风机进行"动平衡"调整[4]、在钻头上涂抹润滑液[5]、调整校正陀螺仪的漂移系数[6]等。Huynh 将现有关于不完美维修设备退化建模的研究分为基于维修次数[7]、基于虚拟年龄[8]和基于退化状态[9]三类建模方法，并制定了相应的维护策略[10-11]。但上述研究均以制定不完美维修设备的最优维护策略为目的，并未考虑其 RUL 预测问题。

在现有考虑不完美维修的退化设备 RUL 预测研究中，You 等[12]提出了一种扩展比例风险模型对维修活动进行仿真分析，能够得到 RUL 的均值和方差，但无法得到具体的分布。Wang 等[4]利用存在负跳变的 Wiener 过程模型来预测不完美维修设备的 RUL，但仅考虑了维修活动对设备退化状态的影响，忽略了对设备退化速率的影响。相反地，Zhang 等[6]采用扩散过程模型对不完美维修设备的 RUL 进行预测，仅考虑了维修活动对设备退化速率的影响，并未考虑对设备退化状态的影响。在工程实践中，人们逐渐认识到，不完美维修活动对设备的退化状态和退化速率均会产生一定的影响[5,7]。例如，工业上对金属构件进行焊接作业，可以缩短裂纹长度，延长使用时间，但也会破坏内部材料的微观结构，导致金属构件退化速率的加快。因此，设备的退化速率同样会受到维修活动的影响，并且这种影响并非是固定的，可能会因维修次数或维修方式的不同而发生改变[13]。

为了准确地描述不完美维修设备的退化过程并预测其 RUL，有必要同时考虑维修活动对退化状态和退化速率的影响。Hu 和 Pei 等在此基础上开展了一系列针对不完美维修设备退化建模与 RUL 预测方法的研究，并推导得到了 FHT 意义下 RUL 的分布[13-15]。文献［14］仅能对最后一次维修活动后的设备 RUL 进行预测，无法得到任意观测时刻的 RUL 分布。为便于推导，文献［13-14］均假设残余退化系数服从正态分布，但这与实际情况并不一致。同时，上述研究并未考虑退化设备的个体差异性，在随机退化建模中，个体差异性作为描述设备个体间退化路径差异的一个重要因素，近年来受到广泛的关注[16-18]。此外，文献［15］需要根据同批次设备的历史数据估计模型参数，无法随 CM 数据进行更新；而在文献［13-14］中，仅有个别模型参数可利用 Bayesian 方法进行更新，均无法满足设备 RUL 预测实时性的需求。

基于上述讨论可知，鲜有文献针对考虑不完美维修的退化设备进行 RUL 自适应预测的研究。因此，本章针对寿命周期内存在不完美维修活动的退化设备，提出了一种基于多阶段扩散过程的 RUL 自适应预测方法，同时考虑了不完美维修活动对设备退化状态和退化速率的影响，并利用随机游走模型描述退化速率随 CM 数据的更新过程以表征设备的个体差异性。首先，根据维修活动对设备的退化过程进行分段，并基于扩散过程建立每个阶段的退化模型；其次，根据 FHT 的概念，利用卷积算子和 MC 算法推导出退化设备在任意时刻 RUL 分布的 PDF；随后，利用 MLE 算法，根据历史退化数据估计模型参数的初始值，并利用 KF 算法和 EM 算法，根据 CM 数据实时更新模型参数，实现退化设备 RUL 的自适应预测；最后，通过仿真算例和某型陀螺仪退化数据的实例研究验证所提方法的有效性和优越性。

本章的具体结构如下：5.2 节对本章所提问题和模型假设进行描述；5.3 节建立基于多阶段扩散过程的退化模型；5.4 节对 RUL 分布的解析表达式进行推导，并提出 RUL 自适应预测方法；5.5 节介绍基于 MLE 算法的模型参数估计算法和基于 EM 算法的模型参数自适应更新方法；5.6 节和 5.7 节分别通过数值仿真和某型陀螺仪退化数据的实际案例验证本章所提方法的有效性；5.8 节对本章工作进行总结。

5.2　问题描述及模型假设

5.2.1　问题描述

为便于描述，本章后续所提及的预防性维修活动，均特指不完美维修活动。在工程实践中，预防性维修活动会预先设定两类阈值：其一是预防性维修阈值 ω^*，可通过维修决策模型优化确定；其二是失效阈值 ω，可根据设备的设计手册、工业标准以及专家经验确定。为达到预防性维修的目的，ω^* 比 ω 更严格，即 $\omega^* < \omega$。判断设备当前退化状态与两类阈值间的关系，可作为是否开展预防性维修活动或者备件替换的依据。具体来说，当设备的退化状态低于预防性维修阈值 ω^* 时，设备将正常运行，无需进行预防性维修；当设备的退化状态介于预防性维修阈值 ω^* 与失效阈值 ω 之间时，设备继续运行的失效风险会显著上升，需进行预防性维修；当设备的退化状态超过失效阈值 ω 时，设备将发生性能失效且无法通过维修活动恢复其正常工作状态，需进行备件替换。

此外，预防性维修活动的成本会受到维修次数的影响。一般而言，设备单次维修活动的费用将随维修次数的增加而显著提高，考虑到维修活动的成本，维修活动的次数不可能是无限的[5]。在工程实践中，出于对设备可靠性和成本的考虑，通常依据设备技术手册及专家经验事先确定维修活动的总次数。这意味着当不完美维修次数达到预定值后，设备将不再进行预防性维修活动，直至其退化状态首次达到失效阈值或提前进行备件替换。图 5.1 展示了一类典型的退化设备在寿命周期内受到不完美维修活动影响的退化轨迹。

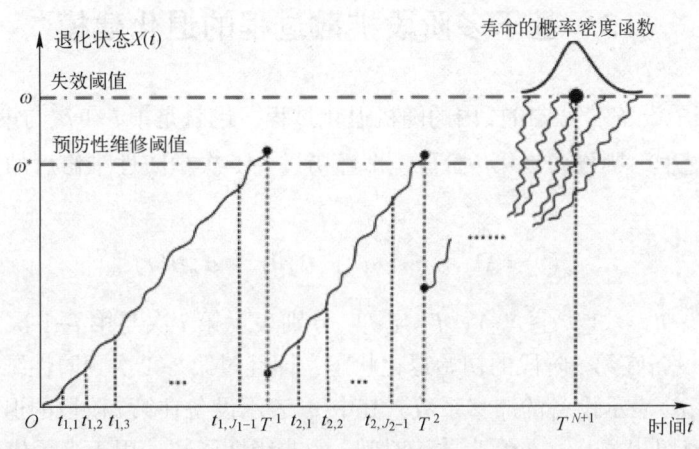

图 5.1　退化设备寿命周期内的退化轨迹

如图 5.1 所示，ω^* 和 ω 分别表示设备的预防性维修阈值和失效阈值。$T^i(i \in \mathbb{N}^+)$ 表示设备进行第 i 次预防性维修的时刻。$N(N \in \mathbb{N}^+)$ 表示设备预防性维修活动次数的上限。那么，T^{N+1} 表示设备经历 N 次预防性维修后，退化状态达到失效阈值 ω 的时刻，即失效时刻。根据预防性维修发生的时刻，可将设备在寿命周期内的退化轨迹划分为 $N+1$ 个阶段。t_{ij} 表示设备在第 $i(1 \leq i \leq N+1)$ 阶段内第 $j(0 \leq j \leq J_i)$ 次维修活动的时刻，其中，J_i 表示第 i 阶段内设备进行维修活动的总次数。不难发现，t_{i,J_i}、$t_{i+1,0}$ 与 T^i 为同一时刻。

需要注意的是，由于设备在工作过程中存在随机性，每个阶段的工作时长是相互独立的随机变量，进而导致设备 RUL 的不确定性。为准确预测不完美维修退化设备的 RUL，并且科学描述其不确定性，需要构建一种符合其退化特征的退化模型。如何综合考虑不完美维修活动对设备退化状态和退化速率的影响，并基于所构建的退化模型，推导设备 RUL 分布的解析表达式与估计退化模型的未知参数均是亟待解决的问题，也是本章研究工作的重点。

5.2.2　模型假设

为便于退化模型的建立与 RUL 分布的推导，需要对实际情况作如下假设：
（1）对设备退化状态进行监测的过程是无损的，不影响设备的退化状态。
（2）设备的预防性维修活动属于不完美维修活动，即修复后设备的退化状态将介于初始退化状态与预防性维修阈值间的某一状态，且设备的退化速率受预防性维修活动的影响。

（3）对设备进行预防性维修的次数是有限的，出于对设备可靠性和成本的考虑，通常依据设备技术手册及专家经验事先确定。

（4）本章所讨论的设备寿命及 RUL 针对的是设备的工作时间，不考虑设备进行预防性维修时的停机时间。

（5）设备在预防性维修活动前后的退化过程是相互独立的。

5.3　基于多阶段扩散过程的退化建模

令 $X_i(t)$ 表示设备在第 i 阶段内的随机退化过程，也就是第 $i-1$ 次与第 i 次预防性维修之间的退化过程，则设备在第 i 阶段，即经历过 $i-1$ 次预防性维修后的性能退化状态可描述为

$$X_i(t) = \Omega_i + \eta_i \int_0^t \mu(\tau,\boldsymbol{\theta}) d\tau + \sigma_B B(t) \tag{5.1}$$

式中：$0 \leqslant t \leqslant T^i - T^{i-1}$，$1 \leqslant i \leqslant N+1$；$T^i$ 与 T^{i-1} 分别表示第 i 次与第 $i-1$ 次预防性维修的时刻；Ω_i 表示设备在第 i 阶段的初始退化状态，即经过第 $i-1$ 次预防性维修后的残余退化状态；$\eta_i\mu(t,\boldsymbol{\theta})$ 表示设备的漂移系数，其中 η_i 表示设备在第 i 阶段的退化速率，与维修活动的次数密切相关，$\mu(t,\boldsymbol{\theta})$ 为关于时间 t 的非线性函数，用于表示模型的非线性特性，$\boldsymbol{\theta}$ 为参数向量；σ_B 与 $B(t)$ 分别表示扩散系数与标准 BM。需要注意的是，式（5.1）中的预防性维修时刻 T^i 与 T^{i-1} 为自然时刻，而时间 t 则是以第 $i-1$ 次预防性维修时刻为零时刻所经历的相对时长，因此，时间 t 的取值范围为 $[0, T^i - T^{i-1}]$。

由前文所述可知，预防性维修活动对设备退化过程的影响主要体现在退化状态与退化速率两个方面，其中，对退化状态的影响由残余退化状态 Ω_i 所体现，对退化速率的影响由各阶段的退化速率 η_i 体现出来。具体来说，设备经过第 $i-1$ 次预防性维修后的残余退化状态，也就是在第 i 阶段的初始退化状态 Ω_i 可以表示为

$$\Omega_i = \gamma_i \omega^* \tag{5.2}$$

式中：γ_i 表示设备经过第 $i-1$ 次预防性维修后的残余退化系数，且 $\gamma_i \in (0,1)$。

注释 5.1：①$\gamma_i < 0$，说明设备经维修活动后的退化状态为负，违背了设备退化过程的客观规律；②$\gamma_i = 0$，说明该维修活动属于完美维修，即设备经维修活动后恢复至全新的退化状态，与本文讨论范围不符；③$\gamma_i \geqslant 1$，说明设备经维修活动后的退化状态甚至超过了预防性维修阈值 ω^*，维修活动失去了保障设备安全可靠运行及延长设备寿命的意义，与客观实际不符。

由于不同设备间存在着个体差异性，即便是同一设备在每次预防性维修后所恢复退化状态的程度也并非完全一致，因此，残余退化系数 γ_i 具有异质性，可将其视为一个随机变量，用来描述不同维修活动对设备退化状态影响的差异性。文献［13-14］假设残余退化系数服从正态分布，虽然便于后续 RUL 分布的推导和模型参数的估计，但无法避免残余退化系数为负的情形。考虑到上述问题，文献［6, 15］假设残余退化系数服从 Beta 分布，能够将 γ_i 的取值范围约束在 $(0,1)$ 的区间内，与实际情况保持一致。

本章同样假设残余退化系数 γ_i 服从 Beta 分布，即 $\gamma_i \sim Be(\alpha^{i-1},\beta)$，则 γ_i 的 PDF 可表示为

$$p(\gamma_i)=\begin{cases}\dfrac{\Gamma(\alpha^{i-1}+\beta)}{\Gamma(\alpha^{i-1})\Gamma(\beta)}\gamma_i^{\alpha^{i-1}-1}(1-\gamma_i)^{\beta-1}, & 1<i\leqslant N+1\\ 0, & i=1\end{cases} \quad (5.3)$$

式中：α 和 β 为残余退化系数分布中的超参数。特别地，当 $i=1$ 时，即设备未经历过预防性维修的初始退化阶段，不存在残余退化状态，故 $\gamma_1=0$。

根据 Beta 分布的性质，残余退化系数的期望可表示为

$$\mathbb{E}(\gamma_i)=\frac{\alpha^{i-1}}{\alpha^{i-1}+\beta}=1-\frac{\beta}{\alpha^{i-1}+\beta} \quad (5.4)$$

注释 5.2：由式 (5.4) 可知，随着维修次数的增加，残余退化系数将逐渐增大，进而导致预防性维修对设备退化状态的恢复效果逐渐减弱，这与模型假设是一致的。

此外，设备在第 i 个退化阶段的退化速率为 η_i，为描述维修活动对设备退化速率的影响，假设 $\eta_i=\xi_i\eta_1$，其中，ξ_i 为变化因子，且 $\xi_i\sim N(\mu_\xi,\sigma_\xi^2)$，与维修活动的次数相关，则参数 ξ_i 的 PDF 可表示 $p(\xi_i)$；η_1 为设备在第 1 阶段的退化速率，即未进行任何维修活动时退化速率，此时，$\xi_1=1$。那么，当 $2\leqslant i\leqslant N+1$ 时，$\eta_i\sim N(\mu_{\eta_i},\sigma_{\eta_i}^2)$，且 $\mu_{\eta_i}=\mu_\xi\eta_1$，$\sigma_{\eta_i}^2=\sigma_\xi^2\eta_1^2$。

注释 5.3：引入退化速率变化因子 ξ_i，在保证退化模型与客观实际相符的情况下，便于后续 RUL 分布的推导。相似地，该假设同样应用于文献 [13-14] 中。需要注意的是，η_i 的具体形式可根据实际工程应用背景灵活选择。对于缺乏先验信息的情况，可根据设备的历史退化数据对退化速率的具体变化形式进行辨识；也可利用 AIC，从若干常见的退化速率变化形式中筛选出拟合效果最好的模型。

5.4 RUL 分布推导与自适应预测

在 5.3 节中，针对存在不完美维修活动的退化设备，建立了基于多阶段扩散过程的退化模型，并充分考虑了维修活动对退化状态和退化速率的影响。在此基础上，本节主要研究如何推导设备的 RUL 分布，以及如何实现设备的自适应 RUL 预测。

5.4.1 RUL 分布推导

令 $X_{i,0:J_i}=\{x_{i,0},x_{i,1},\cdots x_{i,J_i}\}$ 表示设备在第 i 阶段内由 CM 数据所得到的退化状态，其中，$x_{i,j}=X(t_{i,j})$，$0\leqslant j\leqslant J_i$，$J_i$ 表示第 i 阶段 CM 数据的总个数。定义 FHT 意义下设备的退化过程 $\{X(t),t\geqslant 0\}$ 在第 i 阶段的运行时间 R_i 为设备在该阶段的退化状态首次达到预定阈值 ω^* 或 ω 的时间，具体可表示为

$$R_i=\inf\{r_i:X_i(r_i+t_{i,0})\geqslant\omega_i|X_i(t_{i,0})<\omega_i\} \quad (5.5)$$

式中：ω_i 表示第 i 阶段设备退化的预定阈值，即当 $1\leqslant i\leqslant N$ 时，$\omega_i=\omega^*$；当 $i=N+1$ 时，$\omega_i=\omega$。相应地，设备在第 i 阶段运行时间 R_i 的 PDF 可表示为 $f_{R_i|X_{i,0:J_i}}(r_i|X_{i,0:J_i})$。那么，设备的寿命 T 可表示为

$$T = \sum_{i=1}^{N+1} R_i \qquad (5.6)$$

基于此，设备在第 i 阶段第 j 个 CM 时刻 $t_{i,j}$ 的阶段 RUL $R_{i,j}$ 可定义为

$$R_{i,j} = \inf\{r_{i,j} : X_i(r_{i,j}+t_{i,j}) \geq \omega_i \mid X_i(t_{i,j}) < \omega_i\} \qquad (5.7)$$

那么，设备在 $t_{i,j}$ 时刻阶段 RUL $R_{i,j}$ 的 PDF 可以表示为 $f_{R_{i,j}|X_{i,0:j}}(r_{i,j}|X_{i,0:j})$。特别地，当 $i=N+1$ 时，$R_{N+1,j}$ 即为 $t_{N+1,j}$ 时刻设备的 RUL。为了与第 $i(1 \leq i \leq N)$ 阶段设备的 RUL 加以区分，令 $L_{N+1,j} = R_{N+1,j}$。由此可得，设备在任意 $t_{i,j}$ 时刻的 RUL $L_{i,j}$ 可以表示为

$$L_{i,j} = R_{i,j} + \mathrm{II}(i) \sum_{m=1}^{N-i+1} R_{i+m} \qquad (5.8)$$

式中：$\mathrm{II}(\cdot)$ 为示性函数，满足

$$\mathrm{II}(i) = \begin{cases} 1, & 1 \leq i \leq N \\ 0, & i = N+1 \end{cases} \qquad (5.9)$$

相应地，设备在 $t_{i,j}$ 时刻 RUL $L_{i,j}$ 的 PDF 可以表示为 $f_{L_{i,j}|X_{1:i,0:j}}(l_{i,j}|X_{1:i,0:j})$。

退化设备 RUL $L_{i,j}$ 与各阶段 RUL $R_{i,j}$，以及各阶段运行时间 R_i 之间的关系如图 5.2 所示。

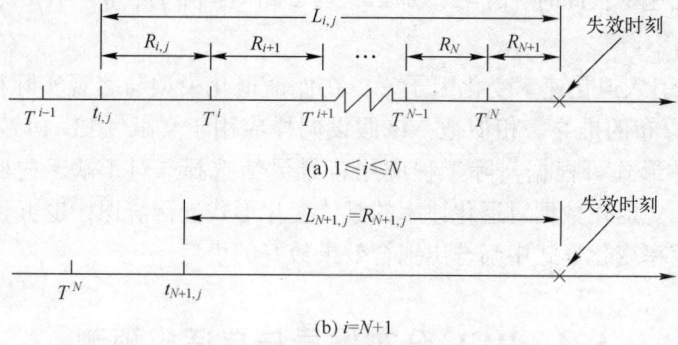

(a) $1 \leq i \leq N$

(b) $i = N+1$

图 5.2 RUL 与所定义变量的关系

由图 5.2 和式 (5.8) 可知，考虑不完美维修的退化设备 RUL 预测可分为两种情况，即 $i = N+1$ 和 $1 \leq i \leq N$。具体来看，根据概率论的基本知识，可将设备在 $t_{i,j}$ 时刻 RUL $L_{i,j}$ 的 PDF $f_{L_{i,j}|X_{1:i,0:j}}(l_{i,j}|X_{1:i,0:j})$ 进一步表示为

$$f_{L_{i,j}|X_{1:i,0:j}}(l_{i,j}|X_{1:i,0:j}) = \begin{cases} f_{L_{N+1,j}|X_{N+1,0:j}}(l_{N+1,j}|X_{N+1,0:j}), & i = N+1 \\ f_{R_{i,j}|X_{i,0:j}}(r_{i,j}|X_{i,0:j}) \otimes f_{R_{i+1}|X_{i+1,0:J_{i+1}}}(r_{i+1}|X_{i+1,0:J_{i+1}}) \otimes \cdots \\ \otimes f_{R_{N+1}|X_{N+1,0:J_{N+1}}}(r_{N+1}|X_{N+1,0:J_{N+1}}), & 1 \leq i \leq N \end{cases}$$

(5.10)

式中：$\otimes$ 为卷积运算符号。

在不考虑残余退化系数 γ_i 的随机性和退化设备个体差异性的情况下，根据扩散过程在 FHT 意义下的 RUL 的分布[16]，当 $i = N+1$ 时，可以得到

$$f_{L_{N+1,j}|\gamma_{N+1},\eta_{N+1,j},X_{N+1,0;j}}(l_{N+1,j}|\gamma_{N+1},\eta_{N+1,j},X_{N+1,0;j})$$

$$= \frac{1}{\sqrt{2\pi\sigma_B^2 l_{N+1,j}^3}} \cdot \{\omega_{N+1,j} - \eta_{N+1,j}[h(l_{N+1,j}) - l_{N+1,j}\mu(l_{N+1,j}+t_{N+1,j}-T^N,\boldsymbol{\theta})]\} \quad (5.11)$$

$$\cdot \exp\left\{-\frac{[\omega_{N+1,j} - \eta_{N+1,j}h(l_{N+1,j})]^2}{2\sigma_B^2 l_{N+1,j}}\right\}$$

式中：γ_{N+1} 表示设备在第 $N+1$ 阶段的残余退化系数；$\eta_{N+1,j}$ 表示设备在第 $N+1$ 阶段的退化速率；$\omega_{N+1,j} = \omega - x_{N+1,j}$；$h(l_{N+1,j}) = \int_{t_{N+1,j}-T^N}^{t_{N+1,j}-T^N+l_{N+1,j}} \mu(\tau,\boldsymbol{\theta})\mathrm{d}\tau$。

同理，当 $1 \leq i \leq N$ 时，可以得到 $t_{i,j}$ 时刻设备阶段 RUL $R_{i,j}$ 的 PDF $f_{R_{i,j}|\eta_{i,j},X_{i,0;j}}(r_{i,j}|\eta_{i,j} \cdot X_{i,0;j})$，第 $i+k$（$1 \leq k \leq N-i$）阶段运行时间 R_{i+k} 的 PDF $f_{R_{i+k}|\gamma_{i+k},\eta_{i+k,j},X_{i+k,0;J_{i+k}}}(r_{i+k}|\gamma_{i+k},\eta_{i+k,j},X_{i+k,0;J_{i+k}})$，以及第 $N+1$ 阶段运行时间 R_{N+1} 的 PDF $f_{R_{N+1}|\gamma_{N+1},\eta_{N+1,j},X_{N+1,0;J_{i+k}}}(r_{N+1}|\gamma_{N+1},\eta_{N+1,j},X_{N+1,0;J_{i+k}})$，即

$$f_{R_{i,j}|\eta_{i,j},X_{i,0;j}}(r_{i,j}|\eta_{i,j} \cdot X_{i,0;j})$$

$$= \frac{1}{\sqrt{2\pi\sigma_B^2 r_{i,j}^3}} \cdot \{\omega_{i,j} - \lambda_{i,j}[h(r_{i,j}) - r_{i,j}\mu(r_{i,j}+t_{i,j}-T^{i-1},\boldsymbol{\theta})]\} \cdot \exp\left\{-\frac{[\omega_{i,j} - \lambda_{i,j}h(r_{i,j})]^2}{2\sigma_B^2 r_{i,j}}\right\} \quad (5.12)$$

式中：$h(r_{i,j}) = \int_{t_{i,j}-T^{i-1}}^{t_{i,j}-T^{i-1}+r_{i,j}} \mu(\tau,\boldsymbol{\theta})\mathrm{d}\tau$，$\omega_{i,j} = \omega^* - x_{i,j}$。

$$f_{R_{i+k}|\gamma_{i+k},\eta_{i+k,j},X_{i+k,0;J_{i+k}}}(r_{i+k}|\gamma_{i+k},\eta_{i+k,j},X_{i+k,0;J_{i+k}})$$

$$= \frac{1}{\sqrt{2\pi\sigma_B^2 r_{i+k}^3}} \cdot \{\omega_{i+k} - \lambda_{i+k,j}[h(r_{i+k}) - r_{i+k}\mu(r_{i+k},\boldsymbol{\theta})]\} \cdot \exp\left\{-\frac{[\omega_{i+k} - \lambda_{i+k,j}h(r_{i+k})]^2}{2\sigma_B^2 r_{i+k}}\right\} \quad (5.13)$$

式中：$h(r_{i+k}) = \int_0^{r_{i+k}} \mu(\tau,\boldsymbol{\theta})\mathrm{d}\tau$，$\omega_{i+k} = \omega^* - \Omega_{i+k} = \omega^* - \gamma_{i+k}\omega^*$。

$$f_{R_{N+1}|\gamma_{N+1},\eta_{N+1,j},X_{N+1,0;J_{i+k}}}(r_{N+1}|\gamma_{N+1},\eta_{N+1,j},X_{N+1,0;J_{i+k}})$$

$$= \frac{1}{\sqrt{2\pi\sigma_B^2 r_{N+1}^3}} \cdot \{\omega_{N+1} - \lambda_{N+1,j}[h(r_{N+1}) - r_{N+1}\mu(r_{N+1},\boldsymbol{\theta})]\} \cdot \exp\left\{-\frac{[\omega_{N+1} - \lambda_{N+1,j}h(r_{N+1})]^2}{2\sigma_B^2 r_{N+1}}\right\} \quad (5.14)$$

式中：$h(r_{N+1}) = \int_0^{r_{N+1}} \mu(\tau,\boldsymbol{\theta})\mathrm{d}\tau$，$\omega_{N+1} = \omega - \Omega_{N+1} = \omega - \gamma_{N+1}\omega^*$。

5.4.2 自适应 RUL 预测

考虑设备在退化过程中的个体差异性，将设备在各阶段退化过程中的退化速率 η 视为随时间变化的随机变量，并与上一时刻的退化速率值密切相关。本小节利用随机游走模型[17]描述退化速率 η 随 CM 数据的更新过程。具体地，可利用状态空间模型，将设备在第 i 阶段的退化过程重构如下：

$$\begin{cases} x_{i,j} = x_{i,j-1} + \eta_{i,j-1} h(t_{i,j-1}) \Delta t_{i,j-1} + v_j \\ \eta_{i,j} = \eta_{i,j-1} + \lambda \end{cases} \quad (5.15)$$

式中：$v_j = \sigma_B [B(t_{i,j}) - B(t_{i,j-1})]$，$\Delta t_{i,j-1} = t_{i,j} - t_{i,j-1}$，那么，$v_j \sim N(0, \sigma_B^2 \Delta t_{i,j-1})$；$\eta_{i,j}$ 为设备在 $t_{i,j}$ 时刻的退化速率；随机变量 $\lambda \sim N(0, \sigma_\lambda^2)$ 为漂移系数的更新过程。

假设第 i 阶段，设备的初始退化速率 $\eta_{i,0}$ 服从均值为 a_0^i，方差为 P_0^i 的正态分布。基于第 i 阶段截止到 $t_{i,j}$ 时刻的 CM 数据 $\mathbf{X}_{i,0:j} = \{x_{i,0}, x_{i,1}, \cdots x_{i,j}\}$，可以得到退化速率 $\eta_{i,j}$ 的后验分布 $p(\eta_{i,j} | \mathbf{X}_{i,0:j})$。定义 $\eta_{i,j}$ 后验估计的期望为 $\hat{\eta}_j^i = \mathbb{E}[\eta_{i,j} | \mathbf{X}_{i,0:j}]$，相应的方差为 $P_{j|j}^i = \mathrm{var}(\eta_{i,j} | \mathbf{X}_{i,0:j})$。

根据随机滤波理论和状态空间模型式（5.15）易知，$p(\eta_{i,j} | \mathbf{X}_{i,0:j})$ 服从高斯分布，其期望 $\hat{\eta}_j^i$ 和方差 $P_{j|j}^i$ 可利用 KF 算法[19]计算得到。KF 算法的具体步骤如下所示。

算法 5.1 KF 算法

步骤 1：初始化，即

$$\hat{\eta}_0^i = a_0^i, \quad P_{0|0}^i = P_0^i$$

步骤 2：状态估计，即

$$P_{k|k-1}^i = P_{k-1|k-1}^i + \sigma_\alpha^2$$

$$K_k^i = P_{k|k-1}^i \Delta t_{i,k-1} (\Delta t_{i,k-1}^2 P_{k|k-1}^i + \sigma_B^2 \Delta t_{i,k-1})^{-1}$$

$$\hat{\eta}_k^i = \hat{\eta}_{k-1}^i + K_k^i [x_{i,k} - x_{i,k-1} - \hat{\eta}_{k-1}^i h(t_{i,j-1}) \Delta t_{i,j-1}]$$

步骤 3：协方差更新，即

$$P_{k|k}^i = P_{k|k-1}^i - \Delta t_{i,k-1} K_k^i P_{k|k-1}^i$$

步骤 2 和步骤 3 中，k 的取值从 1 以整数依次递增至 j，可以得到 $t_{i,j}$ 时刻退化速率 $\eta_{i,j}$ 的期望 $\hat{\eta}_j^i$ 和方差 $P_{j|j}^i$。

根据算法 5.1 可得，在已知 $\mathbf{X}_{i,0:j}$ 的情况下，$\eta_{i,j}$ 的条件分布 $p(\eta_{i,j} | \mathbf{X}_{i,0:j})$ 为

$$p(\eta_{i,j} | \mathbf{X}_{i,0:j}) = \frac{1}{\sqrt{2\pi P_{j|j}^i}} \exp\left\{-\frac{(\lambda_{i,j} - \hat{\lambda}_{i,j})^2}{2 P_{j|j}^i}\right\} \quad (5.16)$$

在同时考虑残余退化系数 γ_i 的随机性和退化设备个体差异性的情况下，当 $i = N+1$ 时，可根据全概率公式计算 $f_{L_{N+1,j}}(l_{N+1,j} | \mathbf{X}_{N+1,0:j})$ 如下：

$$\begin{aligned} f_{L_{N+1,j}}(l_{N+1,j} | \mathbf{X}_{N+1,0:j}) = \int_0^1 \int_{-\infty}^{+\infty} & f_{L_{N+1,j} | \gamma_{N+1}, \eta_{N+1,j}}(l_{N+1,j} | \gamma_{N+1}, \eta_{N+1,j}) \\ & \cdot p(\eta_{N+1,j} | \mathbf{X}_{N+1,0:j}) p(\gamma_{N+1}) \mathrm{d}\eta_{N+1,j} \mathrm{d}\gamma_{N+1} \end{aligned} \quad (5.17)$$

根据引理 4.1，可对式（5.17）进一步化简，推导出退化设备在 $t_{N+1,j}$ 时刻 RUL 的 PDF $f_{L_{N+1,j}}(l_{N+1,j} | \mathbf{X}_{N+1,0:j})$，由定理 5.1 给出。

定理 5.1：对于式（5.1）所描述的过程 $\{X_i(t), 0 \leq t \leq T^i - T^{i-1}\}$，同时考虑残余退

化系数 γ_i 的随机性和退化设备个体差异性，根据式（5.7）的定义，退化设备在 $t_{N+1,j}$ 时刻 RUL $L_{N+1,j}$ 的 PDF $f_{L_{N+1,j}}(l_{N+1,j}|\boldsymbol{X}_{N+1,0:j})$ 可表示为

$$f_{L_{N+1,j}}(l_{N+1,j}|\boldsymbol{X}_{N+1,0:j})$$
$$=\sqrt{\frac{1}{2\pi\mathcal{C}_1}}\mathbb{E}_{\gamma_{N+1}}\left[\left(\omega_{N+1,j}-\frac{\mathcal{A}_1\mathcal{B}_1}{\mathcal{C}_1}\right)\exp\left\{-\frac{[\omega_{N+1,j}-\hat{\eta}_j^{N+1}h(l_{N+1,j})]^2}{2\mathcal{C}_1^2}\right\}\right] \quad (5.18)$$

式中：

$$\mathcal{A}_1 = h(l_{N+1,j}) - l_{N+1,j}\mu(l_{N+1,j}+t_{N+1,j}-T^N,\boldsymbol{\theta})$$
$$\mathcal{B}_1 = h(l_{N+1,j})P_{j|j}^{N+1}\omega_{N+1,j} + \hat{\eta}_j^{N+1}\sigma_B^2 l_{N+1,j}$$
$$\mathcal{C}_1 = P_{j|j}^{N+1}h^2(l_{N+1,j}) + \sigma_B^2 l_{N+1,j}$$

定理 5.1 的证明过程详见附录 D.1。

同理，在同时考虑残余退化系数 γ_i 的随机性和退化设备个体差异性的情况下，当 $1\leq i\leq N$ 时，根据式（5.5）和式（5.7）的定义，由式（5.12）~式（5.14）以及引理 4.1，可以推导得到 $t_{i,j}$ 时刻设备的阶段 RUL $R_{i,j}$ 的 PDF $f_{R_{i,j}|\boldsymbol{X}_{i,0:j}}(r_{i,j}|\boldsymbol{X}_{i,0:j})$，第 $i+k$（$1\leq k\leq N-i$）阶段运行时间 R_{i+k} 的 PDF $f_{R_{i+k}|\boldsymbol{X}_{i+k,0:J_{i+k}}}(r_{i+k}|\boldsymbol{X}_{i+k,0:J_{i+k}})$，以及第 $N+1$ 阶段运行时间 R_{N+1} 的 PDF $f_{R_{N+1}|\boldsymbol{X}_{N+1,0:J_{N+1}}}(r_{N+1}|\boldsymbol{X}_{N+1,0:J_{N+1}})$，具体的表达式由推论 5.1 给出。

推论 5.1：对于式（5.1）所描述的过程 $\{X_i(t),0\leq t\leq T^i-T^{i-1}\}$，同时考虑残余退化系数 γ_i 的随机性和退化设备个体差异性，根据式（5.7）的定义，退化设备在 $t_{i,j}$ 时刻的阶段 RUL $R_{i,j}$ 的 PDF $f_{R_{i,j}|\boldsymbol{X}_{i,0:j}}(r_{i,j}|\boldsymbol{X}_{i,0:j})$ 可表示为

$$f_{R_{i,j}|\boldsymbol{X}_{i,0:j}}(r_{i,j}|\boldsymbol{X}_{i,1:j}) = \sqrt{\frac{1}{2\pi\mathcal{C}_2}}\left(\omega_{i,j}-\frac{\mathcal{A}_2\mathcal{B}_2}{\mathcal{C}_2}\right)\exp\left\{-\frac{[\omega_{i,j}-\hat{\eta}_j^i h(r_{i,j})]^2}{2\mathcal{C}_2^2}\right\} \quad (5.19)$$

式中：

$$\mathcal{A}_2 = h(r_{i,j}) - r_{i,j}\mu(r_{i,j}+t_{i,j}-T^{i-1},\boldsymbol{\theta})$$
$$\mathcal{B}_2 = h(r_{i,j})P_{j|j}^i\omega_{i,j} + \hat{\eta}_j^i\sigma_B^2 r_{i,j}$$
$$\mathcal{C}_2 = P_{j|j}^i h^2(r_{i,j}) + \sigma_B^2 r_{i,j}$$

根据式（5.5）的定义，退化设备在第 $i+k$（$1\leq k\leq N-i$）阶段运行时间 R_{i+k} 的 PDF $f_{R_{i+k}|\boldsymbol{X}_{i+k,0:J_{i+k}}}(r_{i+k}|\boldsymbol{X}_{i+k,0:J_{i+k}})$ 可表示为

$$f_{R_{i+k}|\boldsymbol{X}_{i+k,0:J_{i+k}}}(r_{i+k}|\boldsymbol{X}_{i+k,0:J_{i+k}})$$
$$=\mathbb{E}_{\gamma_{i+k}}[\mathbb{E}_{\eta_{i+k,j}}[f_{R_{i+k}|\gamma_{i+k},\eta_{i+k,j}}(r_{i+k}|\gamma_{i+k},\eta_{i+k,j})]] \quad (5.20)$$
$$=\sqrt{\frac{1}{2\pi\mathcal{C}_3}}\mathbb{E}_{\gamma_{i+k}}\left[\left(\omega_{i+k}-\frac{\mathcal{A}_3\mathcal{B}_3}{\mathcal{C}_3}\right)\exp\left\{-\frac{[\omega_{i+k}-\hat{\eta}_j^{i+k}h(r_{i+k})]^2}{2\mathcal{C}_3^2}\right\}\right]$$

式中：

$$\mathcal{A}_3 = h(r_{i+k}) - r_{i+k}\mu(r_{i+k},\boldsymbol{\theta})$$
$$\mathcal{B}_3 = h(r_{i+k})P_{j|j}^{i+k}\omega_{i+k} + \hat{\eta}_j^{i+k}\sigma_B^2 r_{i+k}$$
$$\mathcal{C}_3 = P_{j|j}^{i+k}h^2(r_{i+k}) + \sigma_B^2 r_{i+k}$$

根据式（5.5）的定义，退化设备在第 $N+1$ 阶段运行时间 R_{N+1} 的 PDF $f_{R_{N+1}|X_{N+1,0:J_{N+1}}}(r_{N+1}|\boldsymbol{X}_{N+1,0:J_{N+1}})$ 可表示为

$$\begin{aligned}
& f_{R_{N+1}|X_{N+1,0:J_{N+1}}}(r_{N+1}|\boldsymbol{X}_{N+1,0:J_{N+1}}) \\
& = \mathbb{E}_{\gamma_{i+k}}[\mathbb{E}_{\eta_{N+1,j}}[f_{R_{N+1}|\gamma_{N+1},\eta_{N+1,j}}(r_{N+1}|\gamma_{N+1},\eta_{N+1,j})]] \\
& = \sqrt{\frac{1}{2\pi\mathcal{C}_4}}\mathbb{E}_{\gamma_{N+1}}\left[\left(\omega_{N+1} - \frac{\mathcal{A}_4\mathcal{B}_4}{\mathcal{C}_4}\right)\exp\left\{-\frac{[\omega_{N+1} - \hat{\eta}_j^{N+1}h(r_{N+1})]^2}{2\mathcal{C}_4^2}\right\}\right]
\end{aligned} \quad (5.21)$$

式中：

$$\mathcal{A}_4 = h(r_{N+1}) - r_{N+1}\mu(r_{N+1},\boldsymbol{\theta})$$
$$\mathcal{B}_4 = h(r_{N+1})P_{j|j}^{N+1}\omega_{N+1} + \hat{\eta}_j^{N+1}\sigma_B^2 r_{N+1}$$
$$\mathcal{C}_4 = P_{j|j}^{N+1}h^2(r_{N+1}) + \sigma_B^2 r_{N+1}$$

推论 5.1 具体的证明过程与定理 5.1 类似，此处不再赘述。

将式（5.18）~式（5.21）代入式（5.10），即可得到同时考虑残余退化系数 γ_i 的随机性和退化设备个体差异性的情况下，退化设备在任意 $t_{i,j}$ 时刻 RUL $L_{i,j}$ 的 PDF $f_{L_{i,j}|X_{1:i,0:j}}(l_{i,j}|\boldsymbol{X}_{1:i,0:j})$。当 $i=N+1$ 时，式（5.10）即为式（5.18），当 $1\leqslant i\leqslant N$ 时，式（5.10）中存在卷积运算，不便于求解，为解决该问题，给出如下引理。

引理 5.1：若存在相互独立的随机变量 $Z_1, Z_2, \cdots, Z_n$，其相对应的 PDF 分别为 $f_{Z_1}(z_1), f_{Z_2}(z_2), \cdots, f_{Z_n}(z_n)$，定义随机变量之和为 $Y = \sum_{i=1}^{n} Z_i$，那么，随机变量 Y 的 PDF $f_Y(y)$ 可以表示为

$$\begin{aligned}
f_Y(y) &= f_{Z_1}(z_1) \otimes f_{Z_2}(z_2) \otimes \cdots \otimes f_{Z_n}(z_n) \\
&= \iint\cdots\int f_{Z_1}(z_1)\cdots f_{Z_{i-1}}(z_{i-1})f_{Z_{i+1}}(z_{i+1})\cdots f_{Z_n}(z_n) \\
&\quad \times f_{Z_i}(y - z_1 - \cdots z_{i-1} - z_{i+1} - \cdots z_n)\mathrm{d}z_1\cdots\mathrm{d}z_{i-1}\mathrm{d}z_{i+1}\cdots\mathrm{d}z_n
\end{aligned} \quad (5.22)$$

式中：$f_{Z_i}(z_i)$ 可以是 $f_{Z_1}(z_1), f_{Z_2}(z_2), \cdots, f_{Z_n}(z_n)$ 中的任意一个。详细的证明过程可参考文献 [20]。

根据引理 5.1 和式（5.10）可知，当 $1\leqslant i\leqslant N$ 时，退化设备在任意 $t_{i,j}$ 时刻 RUL $L_{i,j}$ 的 PDF $f_{L_{i,j}|X_{1:i,0:j}}(l_{i,j}|\boldsymbol{X}_{1:i,0:j})$ 可改写为

$$\begin{aligned}
f_{L_{i,j}|X_{1:i,0:j}}(l_{i,j}|\boldsymbol{X}_{1:i,0:j}) &= \iint\cdots\int f_{R_{i,j}|X_{i,0:j}}(r_{i,j}|\boldsymbol{X}_{i,0:j})f_{R_{i+1}|X_{i+1,0:J_{i+1}}}(r_{i+1}|\boldsymbol{X}_{i+1,0:J_{i+1}}) \times \cdots \\
&\quad \times f_{R_{N+1}|X_{N+1,0:J_{N+1}}}(l_{i,j} - r_{i,j} - \cdots - r_{N+1}|\boldsymbol{X}_{N+1,0:J_{N+1}})\mathrm{d}r_{i,j}\mathrm{d}r_{i+1}\cdots\mathrm{d}r_n
\end{aligned}$$

$$(5.23)$$

由于式（5.23）存在多重积分，难以得到 RUL 分布的解析表达式。因此，本章采

用 MC 算法对式（5.23）进行计算。MC 算法的具体步骤如下所示。

算法 5.2 MC 算法

步骤 1：对于 $1 \leqslant i \leqslant N$，基于式（5.12）~式（5.14），可以得到 $f_{R_{i,j}|\eta_{i,j},X_{i,0:j}}(r_{i,j}|\eta_{i,j},X_{i,0:j})$，$f_{R_{i+k}|\gamma_{i+k},\eta_{i+k,j},X_{i+k,0:J_{i+k}}}(r_{i+k}|\gamma_{i+k},\eta_{i+k,j},X_{i+k,0:J_{i+k}})$ 和 $f_{R_{N+1}|\gamma_{N+1},\eta_{N+1,j},X_{N+1,0:J_{N+1}}}(r_{N+1}|\gamma_{N+1},\eta_{N+1,j},X_{N+1,0:J_{N+1}})$。

步骤 2：选择一个足够大的正整数，记为 W_1。基于式（5.3），可以得到残余退化系数 γ_i 的分布 $f(\gamma_{i+k})$ 和 $f(\gamma_{N+1})$，$1 \leqslant k \leqslant N-i$，分别对其进采样。将第 m 次的采样结果表示为 γ_{i+k}^m 和 γ_{N+1}^m，$1 \leqslant m \leqslant W_1$。

步骤 3：将步骤 2 中的采样结果 γ_{i+k}^m 和 γ_{N+1}^m 分别代入式（5.20）和式（5.21），计算可得 $f_{R_{i+k}|X_{i+k,0:J_{i+k}}}(r_{i+k}|X_{i+k,0:J_{i+k}})$ 和 $f_{R_{N+1}|X_{N+1,0:J_{N+1}}}(r_{N+1}|X_{N+1,0:J_{N+1}})$，即

$$f_{R_{i+k}|X_{i+k,0:J_{i+k}}}(r_{i+k}|X_{i+k,0:J_{i+k}}) \cong \frac{1}{W_1}\sum_{m=1}^{W_1} \mathbb{E}_{\gamma_{i+k}}[f_{R_{i+k}|\gamma_{i+k}^m}(r_{i+k}|\gamma_{i+k}^m)] \quad (5.24)$$

$$f_{R_{N+1}|X_{N+1,0:J_{N+1}}}(r_{N+1}|X_{N+1,0:J_{N+1}}) \cong \frac{1}{W_1}\sum_{m=1}^{W_1} \mathbb{E}_{\gamma_{N+1}}[f_{R_{N+1}|\gamma_{N+1}^m}(r_{N+1}|\gamma_{N+1}^m)] \quad (5.25)$$

步骤 4：选择一个足够大的正整数，记为 W_2。基于式（5.19）和式（5.24），分别对 $r_{i,j}$ 和 r_{i+k} 进行采样，$1 \leqslant k \leqslant N-i$。将第 m 次的采样结果表示为 $r_{i,j}^m$ 和 r_{i+k}^m，$1 \leqslant m \leqslant W_2$。

步骤 5：基于式（5.25），利用步骤 4 中的采样结果 $r_{i,j}^m$ 和 r_{i+k}^m，可以得到退化设备在 $t_{i,j}$ 时刻 RUL $L_{i,j}$ 的 PDF $f_{L_{i,j}|X_{1:i,0:j}}(l_{i,j}|X_{1:i,0:j})$，即

$$f_{L_{i,j}|X_{1:i,0:j}}(l_{i,j}|X_{1:i,0:j}) \cong \frac{1}{W_2}\sum_{m=1}^{W_2} f_{R_{N+1}|X_{N+1,0:J_{N+1}}}\left(l_{i,j} - r_{i,j}^m - \sum_{k=1}^{N-i} r_{i+k}^m\right) \quad (5.26)$$

综合式（5.18）和式（5.26），即可得到退化设备在任意 $t_{i,j}$ 时刻 RUL $L_{i,j}$ 的 PDF $f_{L_{i,j}|X_{1:i,0:j}}(l_{i,j}|X_{1:i,0:j})$。此时，RUL $L_{i,j}$ 可表示为

$$L_{i,j} = \mathbb{E}[l_{i,j}|X_{1:i,0:j}] = \int_0^{+\infty} l_{i,j} f_{L_{i,j}|X_{1:i,0:j}}(l_{i,j}|X_{1:i,0:j}) \mathrm{d}l_{i,j} \quad (5.27)$$

5.5 模型参数估计

根据所构建的基于多阶段扩散过程的退化模型式（5.1），将需要估计的模型参数表示为 $\boldsymbol{\Theta} = \{\alpha, \beta, \theta, \sigma_B^2, \eta_1, \mu_\xi, \sigma_\xi^2\}$，其中，$\boldsymbol{\Theta}_1 = \{\alpha, \beta\}$ 为残余退化系数 γ 的超参数，$\boldsymbol{\Theta}_2 = \{\theta, \sigma_B^2, \eta_1, \mu_\xi, \sigma_\xi^2\}$ 为退化模型的未知参数。本节将对如何估计并实时更新模型参数进行研究。

5.5.1 残余退化参数估计

为估计残余退化系数 γ 中的超参数 $\boldsymbol{\Theta}_1=\{\alpha,\beta\}$，需要事先收集退化设备在每次不完美维修活动后的历史残余退化数据。假设同批次不完美维修退化设备的个数为 S，每个设备均经历 N 次预防性维修活动，即每个设备均有 N 个残余退化数据，分别是第 2 至第 $N+1$ 阶段的初始退化数据。那么，可将第 s 个设备的历史残余退化数据表示为 $X^s_{2:N+1,0}=\{x^s_{2,0},x^s_{3,0},\cdots,x^s_{N+1,0}\}$，其中，$1\leqslant s\leqslant S$，且 $s\in\mathbb{N}^+$。

根据式（5.2）的定义，第 s 个设备第 i 阶段的残余退化系数可表示为

$$\gamma^s_i=x^s_{i,0}/\omega^* \tag{5.28}$$

式中：$2\leqslant i\leqslant N+1$。

那么，第 s 个设备的历史残余退化系数可表示为 $\gamma^s_{2:N+1}=\{\gamma^s_2,\gamma^s_3,\cdots,\gamma^s_{N+1}\}$。由式（5.3）可知，残余退化系数 $\gamma_1=0$，$\gamma_i\sim Be(\alpha^{i-1},\beta)$，$2\leqslant i\leqslant N+1$。可利用 MLE 算法对残余退化系数 γ 中的超参数 $\boldsymbol{\Theta}_1=\{\alpha,\beta\}$ 进行估计。根据全部历史设备的残余退化系数，可以得到似然函数如下：

$$\begin{aligned}L(\boldsymbol{\Theta}_1)&=\prod_{s=1}^{S}\prod_{i=2}^{N+1}p(\gamma^s_i)\\&=\prod_{s=1}^{S}\prod_{i=2}^{N+1}\frac{\Gamma(\alpha^{i-1}+\beta)}{\Gamma(\alpha^{i-1})\Gamma(\beta)}(\gamma^s_i)^{\alpha^{i-1}}(1-\gamma^s_i)^{\beta-1}\end{aligned} \tag{5.29}$$

将式（5.29）两边同时取对数，可得

$$\begin{aligned}\ell(\boldsymbol{\Theta}_1)=\sum_{s=1}^{S}\sum_{i=2}^{N+1}\big[&\ln\Gamma(\alpha^{i-1}+\beta)-\ln\Gamma(\alpha^{i-1})\\&-\ln\Gamma(\beta)+\alpha^{i-1}\ln\gamma^s_i+(\beta-1)\ln(1-\gamma^s_i)\big]\end{aligned} \tag{5.30}$$

式中：$\ell(\boldsymbol{\Theta}_1)=\ln L(\boldsymbol{\Theta}_1)$。

通过极大化 $\ell(\boldsymbol{\Theta}_1)$，可以得到参数 α 和 β 的估计值。由于 $\Gamma(\cdot)$ 函数的存在，因此难以通过待估计参数偏导数的方式求解，可通过多维搜索方法或智能优化算法来确定对数似然函数最大时的参数估计值。本章采用多维搜索的方法进行估计，通过 MATLAB 中的 fminsearch 函数实现该搜索过程[21]。

注释 5.4：若退化设备中存在非全寿命周期的退化数据，则该方法依然适用，可利用已进行预防性维修活动后的残余退化数据求解残余退化系数，并构建似然函数，随后基于该似然函数估计残余退化系数中的超参数。

5.5.2 退化模型参数估计

利用 S 个同批次不完美维修退化设备的全部历史退化数据来估计退化模型的未知参数 $\boldsymbol{\Theta}_2=\{\theta,\sigma_B^2,\eta_1,\mu_\xi,\sigma_\xi^2\}$。将第 s 个不完美维修退化设备的全部历史退化数据表示为 $X^s_{1,0:N+1,J_i}=\{x^s_{1,0},x^s_{1,1},\cdots,x^s_{N+1,J_i-1},x^s_{N+1,J_i}\}$。由于退化速率变化因子 $\xi_1=1$，且 $\xi_i\sim N(\mu_\xi,\sigma_\xi^2)$（$2\leqslant i\leqslant N+1$）。为充分利用设备的历史退化数据，需要对 $i=1$ 和 $2\leqslant i\leqslant N+1$ 两种情况分别进行分析。

第5章 考虑不完美维修的非线性退化设备 RUL 自适应预测方法

当 $i=1$ 时，根据退化模型式（5.1）和扩散过程的性质可知

$$\{x_{1,j}^s | x_{1,j-1}^s, \eta_1, \sigma_B^2, \boldsymbol{\theta}\} \sim N\left(x_{1,j-1}^s + \eta_1 \int_{t_{1,j-1}}^{t_{1,j}} \mu(\tau, \boldsymbol{\theta}) d\tau, \sigma_B^2(t_{1,j}^s - t_{1,j-1}^s)\right) \quad (5.31)$$

那么，相应的条件 PDF 可以表示为

$$p(x_{1,j}^s | x_{1,j-1}^s, \eta_1, \sigma_B^2, \boldsymbol{\theta}) = \frac{1}{\sqrt{2\pi\sigma_B^2(t_{1,j}^s - t_{1,j-1}^s)}}$$

$$\times \exp\left\{-\frac{\left[x_{1,j}^s - x_{1,j-1}^s - \eta_1 \int_{t_{1,j-1}}^{t_{1,j}} \mu(\tau, \boldsymbol{\theta}) d\tau\right]^2}{2\sigma_B^2(t_{1,j}^s - t_{1,j-1}^s)}\right\} \quad (5.32)$$

根据 Bayesian 链式法则和扩散过程具备的典型 Markov 特性，可以基于退化设备第1阶段的全部 CM 数据，推导得到似然函数为

$$\begin{aligned}
L(\eta_1, \sigma_B^2, \boldsymbol{\theta}) &= p(\boldsymbol{X}_{1,0:J_1}^s | \eta_1, \sigma_B^2, \boldsymbol{\theta}) \\
&= p(x_{1,0}^s | \eta_1, \sigma_B^2, \boldsymbol{\theta}) p(x_{1,1}^s | x_{1,0}^s, \eta_1, \sigma_B^2, \boldsymbol{\theta}) \cdots p(x_{1,J_1}^s | x_{1,J_1-1}^s, \eta_1, \sigma_B^2, \boldsymbol{\theta}) \\
&= \prod_{s=1}^{S} \prod_{j=0}^{J_1} \frac{1}{\sqrt{2\pi\sigma_B^2(t_{1,j}^s - t_{1,j-1}^s)}} \exp\left\{-\frac{\left[x_{1,j}^s - x_{1,j-1}^s - \eta_1 \int_{t_{1,j-1}}^{t_{1,j}} \mu(\tau, \boldsymbol{\theta}) d\tau\right]^2}{2\sigma_B^2(t_{1,j}^s - t_{1,j-1}^s)}\right\}
\end{aligned} \quad (5.33)$$

如式（7.36）当 $2 \leq i \leq N+1$ 时，$\eta_i = \xi_i \eta_1$，同理可得 $\{x_{i,j}^s | x_{i,j-1}^s, \xi_i, \eta_1, \sigma_B^2, \boldsymbol{\theta}\}$ 的条件 PDF 为

$$p(x_{i,j}^s | x_{i,j-1}^s, \xi_i, \eta_1, \sigma_B^2, \boldsymbol{\theta}) = \frac{1}{\sqrt{2\pi\sigma_B^2(t_{i,j}^s - t_{i,j-1}^s)}}$$

$$\times \exp\left\{-\frac{\left[x_{i,j}^s - x_{i,j-1}^s - \xi_i \eta_1 \int_{t_{i,j-1}}^{t_{i,j}} \mu(\tau, \boldsymbol{\theta}) d\tau\right]^2}{2\sigma_B^2(t_{i,j}^s - t_{i,j-1}^s)}\right\} \quad (5.34)$$

由于 $\xi_i \sim N(i\mu_\xi, \sigma_\xi^2)$，根据引理 4.1 可得，$\{x_{i,j}^s | x_{i,j-1}^s, \mu_\xi, \sigma_\xi^2, \eta_1, \sigma_B^2, \boldsymbol{\theta}\}$ 的条件 PDF 为

$$p(x_{i,j}^s | x_{i,j-1}^s, \mu_\xi, \sigma_\xi^2, \eta_1, \sigma_B^2, \boldsymbol{\theta}) = \mathbb{E}_{\xi_i}[p(x_{i,j}^s | x_{i,j-1}^s, \xi_i, \eta_1, \sigma_B^2, \boldsymbol{\theta})]$$

$$= \frac{1}{\sqrt{2\pi G}} \exp\left\{-\frac{\left[x_{i,j}^s - x_{i,j-1}^s - i\xi_i \eta_1 \int_{t_{i,j-1}}^{t_{i,j}} \mu(\tau, \boldsymbol{\theta}) d\tau\right]^2}{2G}\right\} \quad (5.35)$$

式中：$G = \sigma_\xi^2 \eta_1 \int_{t_{i,j-1}}^{t_{i,j}} \mu(\tau, \boldsymbol{\theta}) d\tau + \sigma_B^2(t_{i,j}^s - t_{i,j-1}^s)$。

那么，设备在第 i 阶段的似然函数 $L_i(\mu_\xi, \sigma_\xi^2, \eta_1, \sigma_B^2, \boldsymbol{\theta})$ 可表示为

$$L_i(\mu_\xi, \sigma_\xi^2, \eta_1, \sigma_B^2, \boldsymbol{\theta}) = \prod_{s=1}^{S} \prod_{j=1}^{J_i} \frac{1}{\sqrt{2\pi G}} \exp\left\{-\frac{\left[x_{i,j}^s - x_{i,j-1}^s - i\xi_i \eta_1 \int_{t_{i,j-1}}^{t_{i,j}} \mu(\tau, \boldsymbol{\theta}) d\tau\right]^2}{2G}\right\} \quad (5.36)$$

根据模型假设，设备在各阶段的退化过程是相互独立的，则基于 S 个同批次不完美

维修退化设备全部历史退化数据的似然函数 $L(\mu_\xi, \sigma_\xi^2, \eta_1, \sigma_B^2, \boldsymbol{\theta})$ 可表示为

$$L(\mu_\xi, \sigma_\xi^2, \eta_1, \sigma_B^2, \boldsymbol{\theta}) = L(\lambda_1, \sigma_B^2, \boldsymbol{\theta}) \cdot \prod_{i=2}^{N+1} L_i(\mu_\xi, \sigma_\xi^2, \eta_1, \sigma_B^2, \boldsymbol{\theta}) \tag{5.37}$$

利用 MLE 算法，参数 μ_ξ、σ_ξ^2、η_1、σ_B^2 和 $\boldsymbol{\theta}$ 的估计值可通过最大化式（5.37）得到。此外，上述参数估计值可作为其先验估计值，随着设备 CM 数据的累积进行自适应的更新，以获得实时的 RUL 预测值。

5.5.3 模型参数自适应更新

本小节中，利用单个不完美维修设备从初始时刻至当前时刻观测得到的退化数据对模型参数进行实时估计，从而实现模型参数的自适应更新。需要注意的是，由状态空间模型式（5.15）可知，设备各阶段的初始退化速率 η_i 为隐含变量，考虑采用 EM 算法对模型参数进行估计。同时，根据式（5.15）的定义，可将随退化数据实时估计的参数定义为 $\boldsymbol{\Theta}_3 = \{a_0^i, P_0^i, \sigma_\lambda^2, \sigma_B^2, \boldsymbol{\theta}\}$，其中，$a_0^i$ 和 P_0^i 分别为第 i 阶段退化速率初值 η_i 的均值和方差，σ_λ^2 为退化速率 η_i 更新过程中的方差。因此，EM 算法沿着似然函数增大的方向逐渐逼近退化模型参数的估计值 $\hat{\boldsymbol{\Theta}}_3$。EM 算法的具体步骤如下所示。

算法 5.3　EM 算法

步骤 1：E-步骤，计算完全似然函数 $p(\boldsymbol{\eta}_{i,0:j}, \boldsymbol{X}_{i,0:j} | \boldsymbol{\Theta}_3^i)$ 关于隐含状态 $\boldsymbol{\eta}_{i,0:j}$ 的条件期望，即

$$\mathcal{Q}(\boldsymbol{\Theta}_3^i | \hat{\boldsymbol{\Theta}}_3^{i(l)}) = \mathbb{E}_{\boldsymbol{\eta}_{i,0:j} | \boldsymbol{X}_{i,0:j}, \hat{\boldsymbol{\Theta}}_3^{i(l)}} [\ell(\boldsymbol{\Theta}_3^i | \boldsymbol{\eta}_{i,0:j}, \boldsymbol{X}_{i,0:j})]$$

式中：$\hat{\boldsymbol{\Theta}}_3^{i(l)}$ 表示 EM 算法经第 l 步迭代后的估计值；$\mathbb{E}_{\boldsymbol{\eta}_{i,0:k} | \boldsymbol{X}_{i,0:k}, \hat{\boldsymbol{\Theta}}_3^{i(l)}}[\cdot]$ 表示关于隐含变量 $\boldsymbol{\eta}_{i,0:j}$ 的条件期望算子；$\ell(\boldsymbol{\Theta}_3^i | \boldsymbol{\eta}_{i,0:j}, \boldsymbol{X}_{i,0:j}) = \ln p(\boldsymbol{\eta}_{i,0:j}, \boldsymbol{X}_{i,0:j} | \boldsymbol{\Theta}_3^i)$，$\boldsymbol{\eta}_{i,0:j} = \{\eta_{i,0}, \eta_{i,1}, \cdots, \eta_{i,j}\}$。

步骤 2：M-步骤，最大化 $\mathcal{Q}(\boldsymbol{\Theta}_3^i | \hat{\boldsymbol{\Theta}}_3^{i(l)})$，以得到第 ($l+1$) 步的参数估计值 $\hat{\boldsymbol{\Theta}}_3^{i(l+1)}$，即

$$\hat{\boldsymbol{\Theta}}_3^{i(l+1)} = \arg\max_{\boldsymbol{\Theta}_3^i} \mathcal{Q}(\boldsymbol{\Theta}_3^i | \hat{\boldsymbol{\Theta}}_3^{i(l)})$$

反复迭代 E-步骤和 M-步骤，直至满足某一收敛判据，此时的参数估计值即为最终估计结果。

根据状态空间模型式（5.15），可以得到对数似然函数 $\ell(\boldsymbol{\Theta}_3^i | \boldsymbol{\eta}_{i,0:j}, \boldsymbol{X}_{i,0:j})$ 为

$$\ell(\boldsymbol{\Theta}_3^i | \boldsymbol{\eta}_{i,0:j}, \boldsymbol{X}_{i,0:j}) = -\frac{1}{2} P_0^i - \frac{1}{2} \frac{(\eta_{i,0} - a_0^i)^2}{P_0^i} - \frac{1}{2} \sum_{k=1}^{j} \left[\ln \sigma_\lambda^2 + \frac{(\eta_{i,k} - \eta_{i,k-1})^2}{\sigma_\lambda^2} \right]$$

$$- \frac{1}{2} \sum_{k=1}^{j} \left\{ \ln \sigma_B^2 + \frac{\left[x_{i,k} - x_{i,k-1} - \eta_{i,k-1} \int_{t_{i,k-1}}^{t_{i,k}} \mu(\tau, \boldsymbol{\theta}) d\tau \right]^2}{\sigma_B^2 (t_{i,k} - t_{i,k-1})} \right\}$$

$$\tag{5.38}$$

那么，对数似然函数 $\ell(\boldsymbol{\Theta}_3^i | \boldsymbol{\eta}_{i,0:j}, \boldsymbol{X}_{i,0:j})$ 的条件期望 $\mathcal{Q}(\boldsymbol{\Theta}_3^i | \hat{\boldsymbol{\Theta}}_3^{i(l)})$ 为

$$\mathcal{Q}(\boldsymbol{\Theta}_3^i | \hat{\boldsymbol{\Theta}}_3^{i(l)}) = \mathbb{E}_{\boldsymbol{\eta}_{i,1:j} | \boldsymbol{X}_{i,0:j}, \hat{\boldsymbol{\Theta}}_3^{i(l)}} [\ell(\boldsymbol{\Theta}_3^i | \boldsymbol{\eta}_{i,0:j}, \boldsymbol{X}_{i,0:j})]$$

$$= -\frac{1}{2}\ln P_0^i - \frac{1}{2}\mathbb{E}_{\boldsymbol{\eta}_{i,0:j} | \boldsymbol{X}_{i,0:j}, \hat{\boldsymbol{\Theta}}_3^{i(l)}}\left[\frac{1}{P_0^i}(\eta_{i,0} - a_0^i)^2\right] - \frac{1}{2}\sum_{k=1}^{j}\ln\sigma_\lambda^2$$

$$- \frac{1}{2}\mathbb{E}_{\boldsymbol{\eta}_{i,0:j} | \boldsymbol{X}_{i,0:j}, \hat{\boldsymbol{\Theta}}_3^{i(l)}}\left[\frac{1}{\sigma_\lambda^2}\sum_{k=1}^{j}(\eta_{i,k} - \eta_{i,k-1})^2\right] - \frac{1}{2}\sum_{k=1}^{j}\ln\sigma_B^2$$

$$- \frac{1}{2}\mathbb{E}_{\boldsymbol{\lambda}_{i,0:j} | \boldsymbol{X}_{i,0:j}, \hat{\boldsymbol{\Theta}}_3^{i(l)}}\left[\sum_{k=1}^{j}\frac{\left[x_{i,k} - x_{i,k-1} - \eta_{i,k-1}\int_{t_{i,k-1}}^{t_{i,k}}\mu(\tau,\boldsymbol{\theta})\mathrm{d}\tau\right]^2}{\sigma_B^2(t_{i,k} - t_{i,k-1})}\right]$$

(5.39)

为计算式 (5.39), 需要计算条件期望 $\mathbb{E}_{\boldsymbol{\eta}_{i,0:j} | \boldsymbol{X}_{i,0:j}, \hat{\boldsymbol{\Theta}}_3^{i(l)}}[\eta_{i,k}]$、$\mathbb{E}_{\boldsymbol{\eta}_{i,0:j} | \boldsymbol{X}_{i,0:j}, \hat{\boldsymbol{\Theta}}_3^{i(l)}}[\eta_{i,k}^2]$ 和 $\mathbb{E}_{\boldsymbol{\eta}_{i,0:j} | \boldsymbol{X}_{i,0:j}, \hat{\boldsymbol{\Theta}}_3^{i(l)}}[\eta_{i,k}\eta_{i,k-1}]$, 其中, $k \leq j$, 且上述条件期望均由 CM 数据 $\boldsymbol{X}_{i,0:j}$ 估计的隐含变量 $\boldsymbol{\eta}_{i,0:j}$ 得到的, 可通过 RTS 平滑算法[22]进行计算。RTS 算法的具体步骤如下所示。

算法 5.4 RTS 算法

步骤 1: 根据算法 5.1 进行前向迭代, 得到 $t_{i,j}$ 时刻退化速率 $\eta_{i,j}$ 的期望 $\hat{\eta}_j^i$ 和方差 $P_{j|j}^i$。

步骤 2: 后向迭代, 计算最优平滑估计, 即

$$H_k^i = P_{k|k}^i(P_{k+1|k}^i)^{-1}$$

$$\hat{\eta}_{k|j}^i = \hat{\eta}_k^i + H_k^i(\hat{\eta}_{k+1|j}^i - \hat{\eta}_{k+1|k}^i)$$

$$P_{k|j}^i = P_{k|k}^i + (H_k^i)^2(P_{k+1|j}^i - P_{k+1|k}^i)$$

步骤 3: 初始化协方差, 即

$$M_{j|j}^i = [1 - K_k^i(t_{i,k} - t_{i,k-1})]P_{j-1|j-1}^i$$

步骤 4: 更新协方差, 即

$$M_{k|j}^i = P_{k|k}^i H_{k-1}^i + H_k^i(M_{k+1|j}^i - P_{k|k}^i)H_{k-1}^i$$

式中: $M_{k|j}^i = \mathrm{cov}(\lambda_k^i, \lambda_{k-1}^i | \boldsymbol{X}_{i,0:j})$。

步骤 2 至步骤 4 中, k 的取值从 j 以整数依次递减至 1。

由 RTS 平滑算法计算可得

$$\mathbb{E}_{\boldsymbol{\eta}_{i,0:j} | \boldsymbol{X}_{i,0:j}, \hat{\boldsymbol{\Theta}}_3^{i(l)}}[\eta_{i,k}] = \hat{\eta}_{k|j}^i$$

$$\mathbb{E}_{\boldsymbol{\eta}_{i,0:j} | \boldsymbol{X}_{i,0:j}, \hat{\boldsymbol{\Theta}}_3^{i(l)}}[\eta_{i,k}^2] = (\hat{\eta}_{k|j}^i)^2 + P_{k|j}^i$$

$$\mathbb{E}_{\boldsymbol{\eta}_{i,0:j} | \boldsymbol{X}_{i,0:j}, \hat{\boldsymbol{\Theta}}_3^{i(l)}}[\eta_{i,k}\eta_{i,k-1}] = \hat{\eta}_{k|j}^i \hat{\eta}_{k-1|j}^i + M_{k|j}^i$$

那么, 式 (5.39) 可化简为

$$\mathcal{Q}(\boldsymbol{\Theta}_3^i | \hat{\boldsymbol{\Theta}}_3^{i(l)}) = -\frac{1}{2}\ln P_0^i - \frac{1}{2P_0^i}[\mathcal{F}_0^i - 2a_0^i + (a_0^i)^2] - \frac{1}{2\sigma_\lambda^2}\sum_{k=1}^{j}(\mathcal{F}_k^i + \mathcal{F}_{k-1}^i - 2\mathcal{G}_k^i)$$

$$- \frac{j}{2}\ln\sigma_\lambda^2 - \frac{j}{2}\ln\sigma_B^2 - \frac{1}{2}\sum_{k=1}^{j}\frac{1}{\sigma_B^2(t_{i,k} - t_{i,k-1})}\left[\mathcal{F}_k^i\left(\int_{t_{i,k-1}}^{t_{i,k}}\mu(\tau,\boldsymbol{\theta})\mathrm{d}\tau\right)^2\right.$$

$$\left. + (x_{i,k} - x_{i,k-1})^2 - 2\hat{\eta}_{k-1|j}^i(x_{i,k} - x_{i,k-1})\int_{t_{i,k-1}}^{t_{i,k}}\mu(\tau,\boldsymbol{\theta})\mathrm{d}\tau\right] \quad (5.40)$$

式中:

$$\mathcal{F}_k^i = \mathbb{E}_{\eta_{i,0:j}|x_{i,0:j},\hat{\Theta}_3^{i(l)}}[\eta_{i,k}^2] = (\hat{\eta}_{k|j}^i)^2$$

$$\mathcal{G}_k^i = \mathbb{E}_{\eta_{i,0:j}|x_{i,0:j},\hat{\Theta}_3^{i(l)}}[\eta_{i,k}\eta_{i,k-1}] = \hat{\eta}_{k|j}^i \hat{\eta}_{k-1|j}^i$$

根据 EM 算法中的 M-步骤，通过计算 $\mathcal{Q}(\Theta_3^i|\hat{\Theta}_3^{i(l)})$ 关于 Θ_3^i 的偏导数得到相应参数的估计值，具体结果为

$$\begin{cases} \hat{a}_0^{i(l+1)} = \hat{\lambda}_{0|j}^i \\ \hat{P}_0^{i(l+1)} = P_0^i \\ \hat{\sigma}_\lambda^{2(l+1)} = \dfrac{1}{j}\sum_{k=1}^{j}(\mathcal{F}_k^i + \mathcal{F}_{k-1}^i - 2\mathcal{G}_k^i) \\ \hat{\sigma}_B^{2(l+1)} = \dfrac{1}{j}\sum_{k=1}^{j}\dfrac{1}{t_{i,k}-t_{i,k-1}}\Big[\mathcal{F}_k^i\Big(\int_{t_{i,k-1}}^{t_{i,k}}\mu(\tau,\theta)\mathrm{d}\tau\Big)^2 \\ \qquad\qquad + (x_{i,k}-x_{i,k-1})^2 - 2\hat{\eta}_{k-1|j}^i(x_{i,k}-x_{i,k-1})\int_{t_{i,k-1}}^{t_{i,k}}\mu(\tau,\theta)\mathrm{d}\tau\Big] \end{cases} \quad (5.41)$$

注意到，$\sigma_B^{2(l+1)}$ 是关于参数 θ 的函数，无法直接得到其估计值。需要将式（5.41）代入式（5.40）中，得到关于参数 θ 的条件期望 $\mathcal{Q}(\theta|\hat{\Theta}_3^{i(l+1)})$。利用多维搜索算法可以得到参数 θ 的估计值，即 $\hat{\theta}^{(l+1)}$。随后，将 $\hat{\theta}^{(l+1)}$ 代入式（5.41），即可得到 $\hat{\sigma}_B^{2(l+1)}$。

根据上述的推导过程，本书所提方法的流程图如图 5.3 所示。首先，利用多阶段扩散过程描述不完美维修设备的退化过程，在考虑残余退化系数随机性和设备个体差异性的情况下，将退化模型改写为状态空间模型；其次，利用 KF 算法估计设备实时退化速率，利用 MC 算法得到设备任意时刻的 RUL 分布。在离线建模阶段，可根据同批次设备的历史退化数据，通过 MLE 得到退化模型的初始值；在在线更新阶段，可根据设备个体的实时退化数据，利用 RTS 算法和 EM 算法更新模型参数，从而实现自适应 RUL 预测。

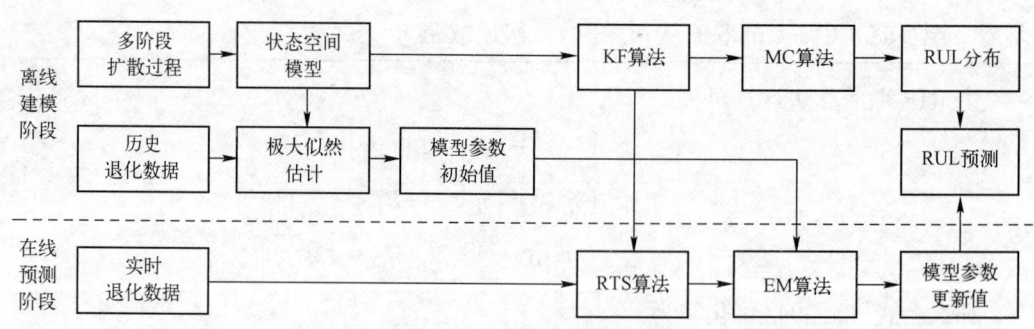

图 5.3 本章所提方法流程图

5.6 仿真验证

本节将利用数值仿真数据来验证本章所提出的考虑不完美维修的退化设备自适应

RUL 预测方法的有效性。为进一步对比验证,将本章所提出的模型记为 M_1,将文献 [13-14] 中所提出的模型记为 M_2。需要注意的是,模型 M_2 虽然考虑到了预防性维修活动对设备退化状态和退化速率的影响,但并未考虑退化设备的个体差异性,并且该模型假设残余退化系数服从正态分布,与实际情况有所偏差。

针对退化模型式(5.1),为得到仿真的退化轨迹,假设 $\mu(t,\boldsymbol{\theta})=\theta t^{\theta-1}$,该非线性函数常用于描述机械设备磨损的退化过程[16]。退化模型中的参数设定值如表 5.1 所示。

表 5.1 数值仿真中模型参数预设值

参数	ω^*	ω	N	α	β	θ
预设值	3	3.5	3	2	5	1.2
参数	σ_B	η_1	μ_ξ	σ_ξ	Δt	
预设值	0.35	2	1.2	0.03	0.01	

利用 Euler 离散化方法[23]对退化模型式(5.1)进行仿真,得到 5 条退化轨迹,如图 5.4 所示,其中 4 条虚线表示训练样本,用于估计模型的初始参数;实线表示测试样本。用于验证本章所提方法的有效性。

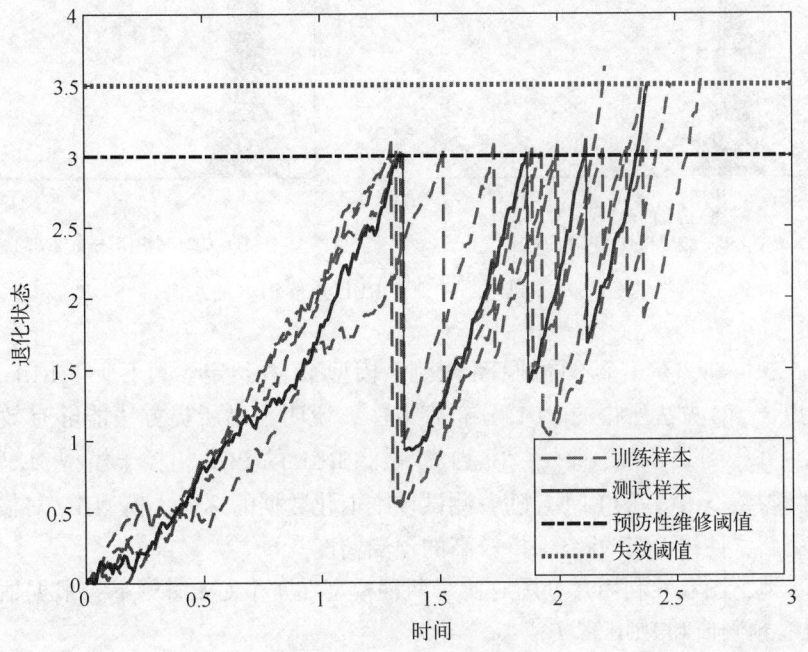

图 5.4 仿真的退化轨迹

基于仿真得到的退化数据,分别在 4 个退化阶段内选择 1 个 CM 时刻,利用两种模型来预测测试样本的 RUL。为了更直观地比较两种模型预测 RUL 的 PDF 和 FHT 下实际参数所得 RUL 的 PDF,利用 MC 方法,分别在这 4 个 CM 时刻仿真 2000 条退化轨迹以确定 RUL 的分布,对比 MC 方法得到的 RUL 分布直方图,模型 M_1 在给定参数下 RUL 分布的 PDF 以及两个模型分别在估计参数下 RUL 分布的 PDF,如图 5.5 所示。

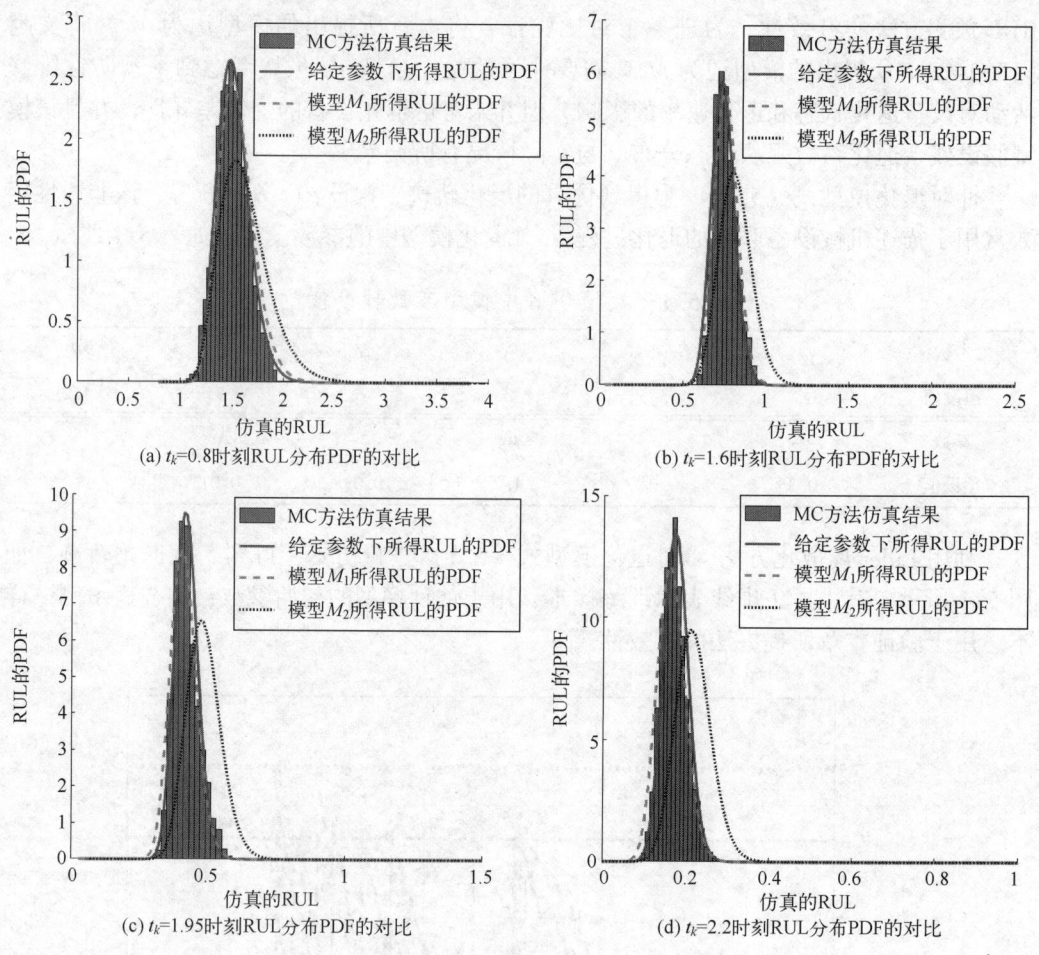

图 5.5 不同监测时刻下 RUL 分布 PDF 的对比

由图 5.5 可知,在 4 个不同的 CM 时刻,模型 M_1 在给定参数下所得 RUL 的 PDF 能够较好地拟合 MC 方法所得的 RUL 分布直方图,说明本书所提方法能够有效地预测设备的 RUL,并得到其分布。此外,模型 M_1 预测 RUL 的 PDF 相较于模型 M_2 所得结果,更接近实际参数下 RUL 的 PDF。随着测试样本退化数据的累积,模型 M_1 对模型参数进行自适应更新,使得 RUL 始终保持较高的预测精度。

进一步地,图 5.6 利用盒型图对比了两种模型在 4 个 CM 时刻下,根据估计参数值所得的 RUL 预测值和 RUL 真实值。

从图 5.6 不难发现,在 4 个监测时刻下,模型 M_1 预测得到的 RUL 相较于模型 M_2 所得结果更接近真实 RUL。此外,模型 M_1 所得的盒型体积明显小于模型 M_2 所得结果,说明模型 M_1 所得 RUL 预测的结果具有更小的不确定性。

通过上述比较可知,本书所提方法可以实现较为精确的模型参数估计,并可根据 CM 数据对模型参数进行更新,具有良好的在线能力;此外,该方法能够获得精度更高、不确定性更小的 RUL 预测结果,说明了本章所提方法的优势。5.7 节将在实际案例中应用本章所提方法。

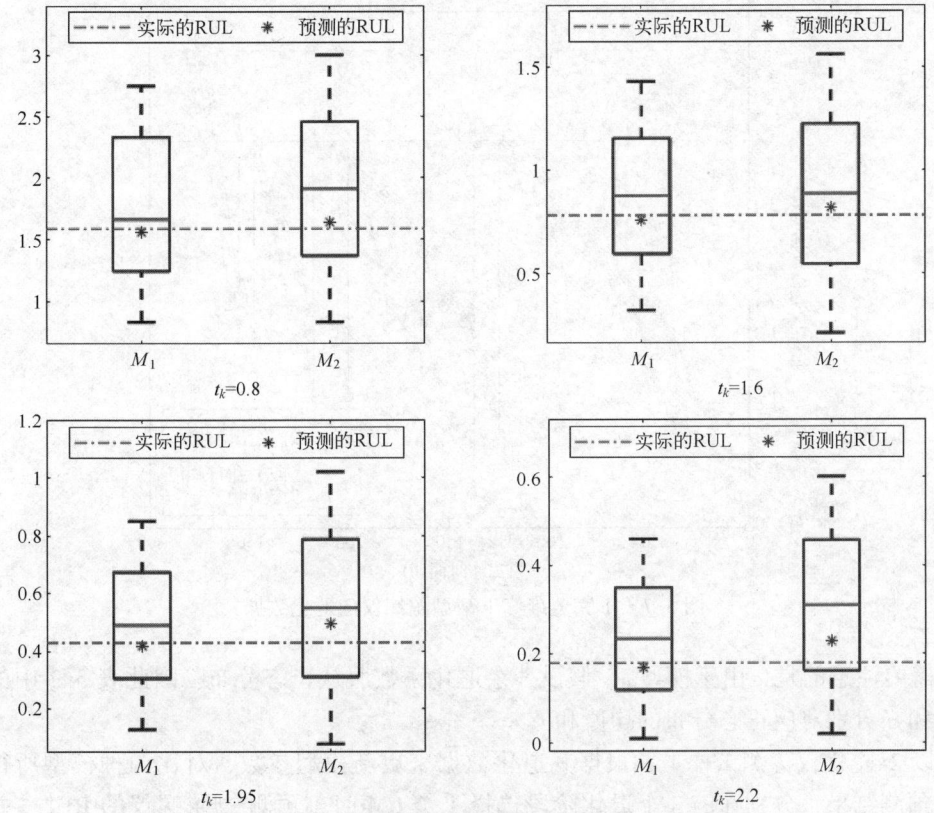

图 5.6　4 个监测时刻下两种模型 RUL 预测盒型图

5.7　实例研究

本节将以某型陀螺仪的漂移系数作为退化数据来验证本章所提方法的有效性,如图 5.7 所示,该数据也应用于文献 [13, 15] 中。

该型号陀螺仪每次通电时长为 2.5h,记录其漂移系数作为退化数据。两个陀螺仪均经历了 3 次不完美维修,其预防性维修阈值为 $\omega^* = 3.6°/h$,失效阈值为 $\omega = 4.44°/h$。根据图 5.7 可知,1#陀螺仪的寿命为 277.5h,2#陀螺仪的寿命为 282.5h。陀螺仪的退化数据随着工作时间的增加而逐渐增大,当达到预防性维修阈值时,需对陀螺仪进行预防性维修活动,通过调整校正等环节,改善其退化状态,但仍存在残余退化量,并且造成下一阶段退化速率的增加。当预防性维修活动的次数达到预设值时,不再进行不完美维修活动,直至达到失效阈值。利用 1#陀螺仪的退化数据对模型 M_1 和 M_2 中的参数分别进行估计,具体结果如表 5.2 所示。

表 5.2　模型参数估计值

参　数	α	β	θ	η_1	σ_B
模型 M_1	2.3674	12.5813	0.927	2.51×10^{-3}	1.56×10^{-4}
模型 M_2	0.1916	0.0012	0.946	2.35×10^{-3}	1.61×10^{-4}

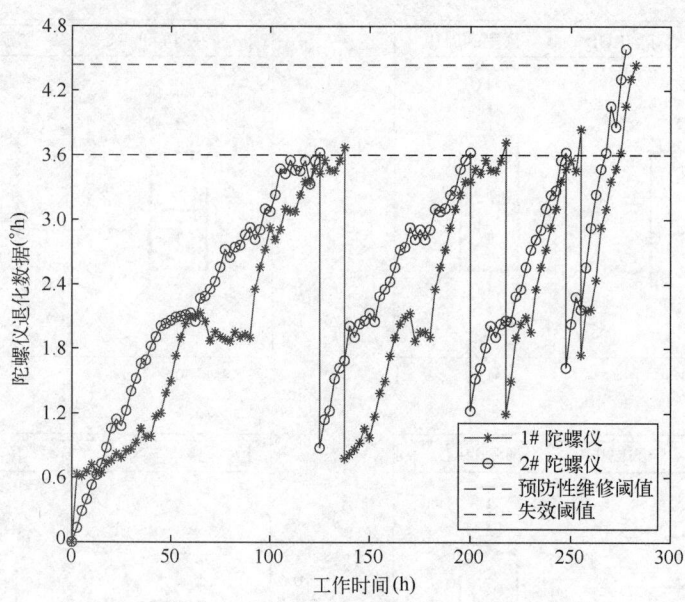

图 5.7　不完美维修下某型陀螺仪的退化数据

需要注意的是，由于模型 M_2 假设残余退化系数服从正态分布，因此表 5.2 中的参数 α 和 β 分别对应正态分布的均值和方差。

以 2#陀螺仪为测试样本，根据其退化数据来更新模型参数，对比两种模型所得的 RUL 预测结果。分别在前 3 个退化阶段选择 1 个 CM 时刻预测 2#陀螺仪的 RUL，并得到其分布的 PDF，结果如图 5.8 所示。

从图 5.8 可以看出，在 3 个不同 CM 时刻，模型 M_1 预测 RUL 的期望更接近真实 RUL，且具有更小的不确定性。此外，随着退化数据的累积，模型 M_1 对模型参数进行实时更新，使得预测 RUL 的期望与真实 RUL 的偏差逐渐减小，预测精度不断提高。

经过 3 次预防性维修后，在第 4 个退化阶段内选择 [260,280] 的时刻集，分别用两种模型对 2#陀螺仪的 RUL 进行预测。具体的 RUL 预测结果及相对误差（Relative Errors，RE）如表 5.3 所示。

表 5.3　预测 RUL 的期望及相对误差

CM 时刻 /h	模型 M_1		模型 M_2		真实 RUL /h
	RUL /h	RE/%	RUL /h	RE/%	
260	22.900	−1.78	23.071	−2.53	22.5
262.5	20.305	−1.53	20.411	−2.05	20
265	17.377	0.70	17.696	−1.12	17.5
267.5	15.149	−0.99	15.204	−1.36	15
270	12.616	−0.92	12.681	−1.44	12.5
272.5	9.904	0.96	10.262	−2.62	10
275	7.458	0.55	7.592	−1.22	7.5
277.5	5.079	−1.58	5.107	−2.14	5
280	2.485	0.59	2.537	−1.48	2.5

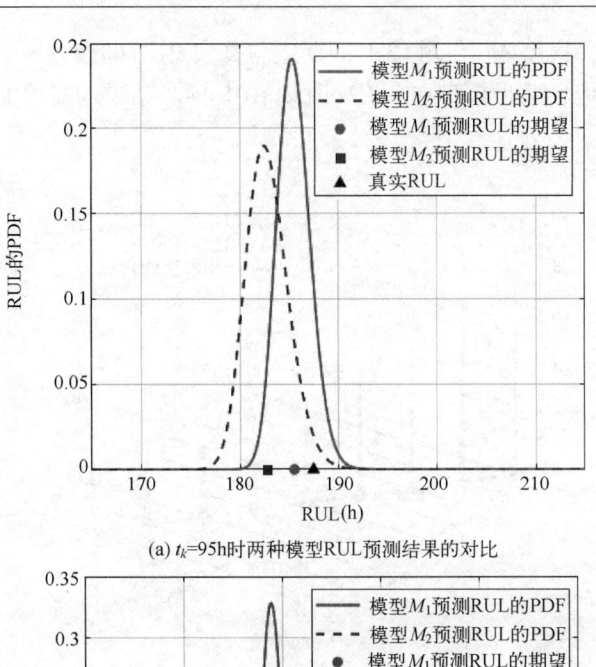

(a) t_k=95h时两种模型RUL预测结果的对比

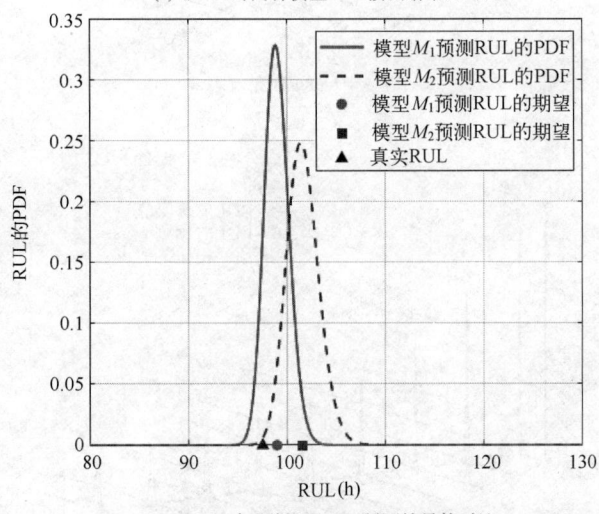

(b) t_k=185h时两种模型RUL预测结果的对比

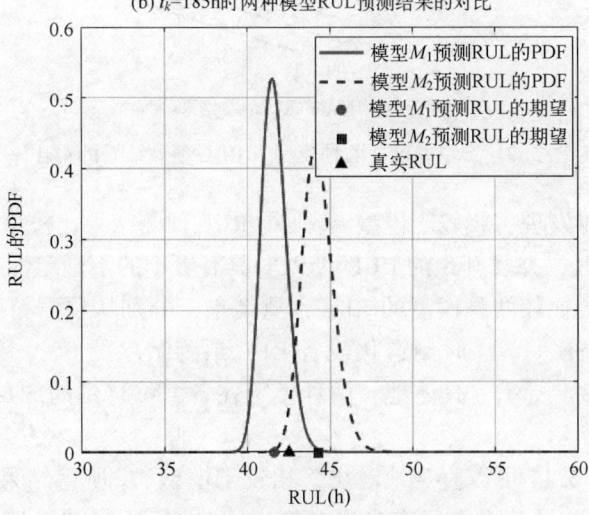

(c) t_k=240h时两种模型RUL预测结果的对比

图 5.8　不同观测时刻两种模型预测 RUL 分布 PDF 的对比

由表 5.3 可知，模型 M_1 预测 RUL 的期望与真实 RUL 的偏差明显小于模型 M_2 所得结果的偏差。具体地，两种模型在各 CM 时刻 RUL 预测结果的对比如图 5.9 所示。

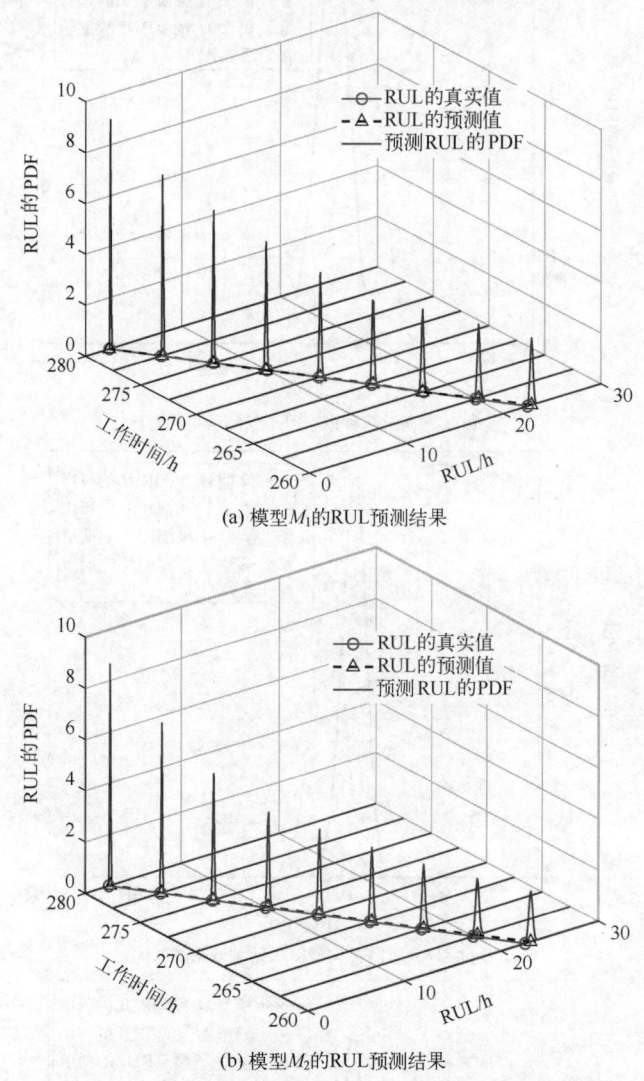

图 5.9　2#陀螺仪在两种模型下 RUL 预测结果的对比

通过图 5.9 不难发现，相较于模型 M_2 所得 RUL 预测结果，模型 M_1 预测 RUL 的期望更接近实际的 RUL，并且其预测 RUL 的 PDF 具有更小的不确定性。

为进一步定量的比较两种模型的 RUL 预测结果，分别从预测精度和不确定性的角度引入 SOA[24] 和 MSE[25]。t_k 时刻退化设备 RUL 预测结果的 SOA 和 MSE 的定义如式（4.46）和式（4.48）所示。具体地，两种模型在各 CM 时刻的 SOA_k 和 MSE_k 分别如图 5.10 和图 5.11 所示。

由图 5.10 和图 5.11 可以直观地看出，相较于模型 M_2 所得结果，模型 M_1 明显具有更大的 SOA 值，并且几乎在所有观测时刻，模型 M_1 所得结果具有更小的 MSE 值。说明模型 M_1 所得 RUL 预测结果具有更高的预测精度和更小的不确定性。

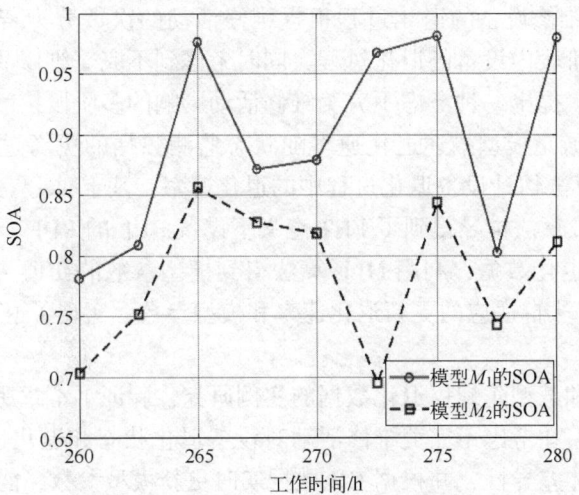

图 5.10　两种模型下 RUL 预测的 SOA 对比

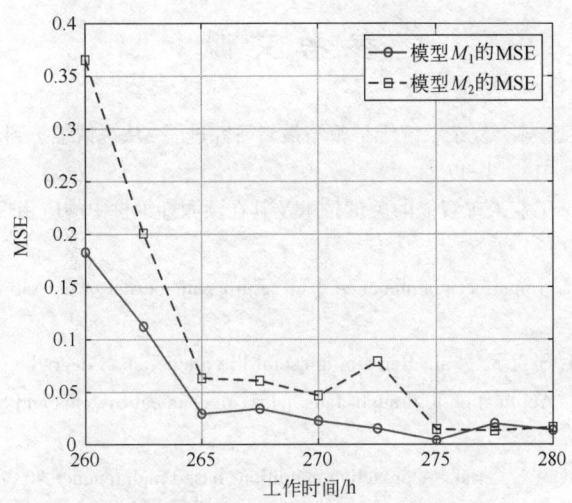

图 5.11　两种模型下 RUL 预测的 MSE 对比

由以上对比结果可知，针对不完美维修的退化设备，在对其进行 RUL 预测时，不仅需要考虑维修活动对设备退化状态和退化速率的影响，还需要考虑退化设备的个体差异性，并选择更符合实际情况的模型参数分布类型，进一步说明了本书所提方法的可行性与有效性。

5.8　本章小结

本章针对寿命周期内存在不完美维修活动的退化设备，提出了一种同时考虑不完美维修活动对设备退化状态和退化速率影响的自适应 RUL 预测方法，将现有的以制订退化设备最优维护策略为目的的研究拓展到退化设备的 RUL 预测领域。具体地，本章的主要工作包括：

（1）将不完美维修设备的退化过程根据维修活动的次数分为若干阶段，利用扩散过程模型描述每个阶段内设备的退化过程，同时考虑到不完美维修活动对设备退化状态和退化速率的影响，提出一种考虑不完美维修活动影响的多阶段扩散过程退化模型。

（2）利用随机游走模型描述退化速率随状态监测数据的更新过程以表征设备个体差异性，利用 KF 算法估计设备退化过程中的退化速率，基于时-空变换和全概率公式，利用卷积算子和 MC 算法推导得到了 FHT 意义下设备 RUL 的 PDF。

（3）基于历史退化数据，利用 MLE 算法得到模型参数的初值，基于 CM 数据，利用 KF 算法和 EM 算法自适应的更新退化速率和模型参数，实现了退化设备 RUL 的自适应预测。

通过数值仿真和某型陀螺仪退化数据的实例研究，验证了本章所提方法的有效性和优越性。结果表明，在考虑不完美维修活动对设备退化状态和退化速率影响的情况下，同时考虑设备的个体差异性，并根据 CM 数据实时更新模型参数，能够进一步提高 RUL 预测的准确性，减小预测结果的不确定性，有助于维护决策的制定。

参 考 文 献

[1] 陆宁云, 陈闯, 姜斌, 等. 复杂系统维护策略最新研究进展：从视情维护到预测性维护 [J]. 自动化学报, 2021, 47（01）: 1-17.

[2] 袁烨, 张永, 丁汉. 工业人工智能的关键技术及其在预测性维护中的应用现状 [J]. 自动化学报, 2020, 46（10）: 13-30.

[3] Pham H, Wang H Z. Imperfect maintenance [J]. European Journal of Operational Research, 1996, 94 (3): 425-438.

[4] Wang Z Q, Hu C H, Si X S, et al. Remaining useful life prediction of degrading systems subjected to imperfect maintenance: Application to draught fans [J]. Mechanical Systems and Signal Processing, 2018, 100: 802-813.

[5] Do P, Voisin A, Levrat E, et al. A proactive condition-based maintenance strategy with both perfect and imperfect maintenance actions [J]. Reliability Engineering & System Safety, 2015, 133: 22-32.

[6] Zhang M M, Gaudoin O, Xie M. Degradation-based maintenance decision using stochastic filtering for systems under imperfect maintenance [J]. European Journal of Operational Research, 2015, 245 (2): 531-541.

[7] Guo C M, Wang W B, Guo B, et al. A maintenance optimization model for mission-oriented systems based on Wiener degradation [J]. Reliability Engineering & System Safety, 2013, 111: 183-194.

[8] Ahmadi R. Scheduling preventive maintenance for a nonperiodically inspected deteriorating system [J]. International Journal of Reliability, Quality and Safety Engineering, 2015, 22 (06): 1550029.

[9] Castro I T, Mercier S. Performance measures for a deteriorating system subject to imperfect maintenance and delayed repairs [J]. Proceedings of the Institution of Mechanical Engineers, Part O: Journal of Risk and Reliability, 2016, 230 (4): 364-377.

[10] Huynh K T. A hybrid condition-based maintenance model for deteriorating systems subject to nonmemoryless imperfect repairs and perfect replacements [J]. IEEE Transactions on Reliability, 2019, 69 (2): 781-815.

[11] Huynh K T. Modeling past-dependent partial repairs for condition-based maintenance of continuously

deteriorating systems [J]. European Journal of Operational Research, 2020, 280 (1): 152-163.

[12] You M Y, Meng G. Residual life prediction of repairable systems subject to imperfect preventive maintenance using extended proportional hazards model [J]. Proceedings of the Institution of Mechanical Engineers, Part E: Journal of Process Mechanical Engineering, 2012, 226 (1): 50-63.

[13] Hu C H, Pei H, Wang Z Q, et al. A new remaining useful life estimation method for equipment subjected to intervention of imperfect maintenance activities [J]. Chinese Journal of Aeronautics, 2018, 31 (3): 514-528.

[14] 胡昌华, 裴洪, 王兆强, 等. 不完美维护活动干预下的设备剩余寿命估计 [J]. 中国惯性技术学报, 2016, 24 (5): 688-695.

[15] Pei H, Si X S, Hu C H, et al. A multi-stage Wiener process-based prognostic model for equipment considering the influence of imperfect maintenance activities [J]. Journal of Intelligent & Fuzzy Systems, 2018, 34 (6): 3695-3705.

[16] Si X S, Wang W B, Hu C H, et al. Remaining useful life estimation based on a nonlinear diffusion degradation process [J]. IEEE Transactions on Reliability, 2012, 61 (1): 50-67.

[17] Si X S, Wang W B, Hu C H, et al. A Wiener-process-based degradation model with a recursive filter algorithm for remaining useful life estimation [J]. Mechanical Systems and Signal Processing, 2013, 35 (1): 219-237.

[18] 郑建飞, 胡昌华, 司小胜, 等. 考虑不确定测量和个体差异的非线性随机退化系统剩余寿命估计 [J]. 自动化学报, 2017, 43 (2): 259-270.

[19] Harvey A C. Forecasting, structural time series models and the Kalman filter [M]. Cambridge: Cambridge University Press, 1990.

[20] Xu C, Gui-song C. Exact distribution of the convolution of negative binomial random variables [J]. Communications in Statistics-Theory and Methods, 2017, 46 (6): 2851-2856.

[21] Lagarias J C, Reeds J A, Wright M H, et al. Convergence properties of the Nelder-Mead simplex method in low dimensions [J]. SIAM Journal on Optimization, 1998, 9 (1): 112-147.

[22] Wen Y X, Wu J G, Das D, et al. Degradation modeling and RUL prediction using Wiener process subject to multiple change points and unit heterogeneity [J]. Reliability Engineering & System Safety, 2018, 176: 113-124.

[23] Kloeden P E, Platen E. Numerical solution of stochastic differential equations [M]. Berlin Heidelberg: Springer, 1992: 407-424.

[24] Bae S J, Yuan T, Ning S L, et al. A Bayesian approach to modeling two-phase degradation using change-point regression [J]. Reliability Engineering & System Safety, 2015, 134: 66-74.

[25] Yuan T, Bae S J, Zhu X Y. A Bayesian approach to degradation-based burn-in optimization for display products exhibiting two-phase degradation patterns [J]. Reliability Engineering & System Safety, 2016, 155: 55-63.

第6章　融合加速退化数据与CM数据的非线性退化建模与RUL预测方法

6.1　引　言

之前章节的RUL预测方法主要针对在工作应力下能够获得大量CM数据的退化设备，通常称这些在工作应力下得到的CM数据为常规应力退化数据。但是，对于长寿命、高可靠退化设备而言，往往由于试验耗时长、成本高等问题，难以获得大量的CM数据来进行RUL预测[1]。为有效评估这类设备的可靠性，预测其RUL，工程师们常常通过ADT来加速设备的性能退化，以期在较短时间内收集足够多的加速退化数据[2]。目前，ADT已经成为快速获取设备退化数据的有效方法，并在加速退化建模和分析方面取得了一定的进展[3-4]。加速退化数据包含了设备退化的丰富信息，利用加速退化数据建立退化模型，能够有效估计同批次设备的平均寿命，却难以推广至退化设备个体。但是，对于退化设备个体的RUL预测是PHM领域所关注的核心问题。在利用正常工作应力下的CM数据预测退化设备的RUL时，预测准确性往往受到CM数据数量和质量的影响，这一点在预测的初始阶段显得尤为明显。因此，如何充分利用长寿命、高可靠设备的加速退化数据信息，将其与工作应力下的CM数据有效融合，以提高对退化设备个体的RUL预测准确性，具有重要的理论研究意义和工程应用价值。

Bayesian推理是一种融合可用数据的有效方法，在RUL预测领域得到了广泛的应用。Wang等[5]利用Bayesian方法将设备在实验室中的加速退化数据与实际工作中的失效数据进行融合，并引入校准因子来校准两种环境下的差异，以提高设备可靠性评估的准确性。Zhou等[6]提出了一种融合离线建模阶段和在线预测阶段的两阶段RUL预测方法，并利用Bayesian方法根据退化数据更新设备的失效分布。Wang[7]利用线性Wiener过程建立设备的退化模型，并利用Bayesian线性回归方法确定随机效应参数的分布类型。Jin和Matthews[8]提出一种由离线退化建模和在线预测评估组成的Bayesian框架来预测蓄电池的RUL。Wang等[9]利用线性Wiener过程对设备的退化过程进行建模，并基于Bayesian推理提出了一种以加速退化数据作为先验信息的RUL预测方法。上述研究[7-9]均假设退化模型的参数服从共轭先验分布。具体来说，即扩散系数服从逆Gamma分布，漂移系数服从扩散系数已知情况下的正态分布。虽然共轭先验分布便于后续RUL分布的推导和计算，但假设的分布类型并不一定与设备的真实退化数据相符合。Wang等[10]虽然考虑了非共轭先验分布在融合加速退化数据和CM数据中的应用，但所建立的基于线性Wiener过程的退化模型无法描述非线性退化设备的退化过程。

第 6 章　融合加速退化数据与 CM 数据的非线性退化建模与 RUL 预测方法

此外，在基于线性 Wiener 过程模型或非线性扩散过程模型融合加速退化数据和 CM 数据的过程中，需要确定模型漂移系数和扩散系数与加速应力水平之间的关系。Zhao 等[11]、Hao 等[12]和 Lim 等[13]均认为仅有漂移系数与加速应力水平相关。然而，Whitmore 和 Schenkelberg[14]，以及 Liao 和 Elsayed[15]则认为漂移系数和扩散系数均与加速应力水平相关。Wang 和 Xi[16]，以及 Wang 等[9]则根据加速因子一致性原则，证明了漂移系数和扩散系数均与加速应力水平相关。

基于上述讨论可知，尽管目前已有部分利用 Bayesian 推理融合加速退化数据与 CM 数据的研究，但尚未有在模型参数服从非共轭先验分布的情况下，针对非线性退化设备 RUL 预测的研究。鉴于此，本章针对具有非线性退化过程的长寿命、高可靠设备，提出了一种利用 Bayesian 推理融合加速退化数据与 CM 数据的 RUL 预测方法。首先，基于非线性扩散过程建立设备的退化模型，利用 Arrhenius 加速模型建立模型参数与加速应力水平的对应关系，并根据加速因子一致性原则确定各应力水平间模型参数的折算关系；其次，基于加速退化数据，利用 MLE 算法估计各加速应力水平下的模型参数，并将其折算至工作应力水平下，以确定先验分布类型；随后，基于退化设备在工作应力下的 CM 数据，利用 Bayesian 推理更新模型参数的后验分布，得到实时的 RUL 预测值；最后，通过某型加速度计退化数据的实例研究验证了所提方法的有效性和优越性。本章的主要贡献有三个方面：其一，考虑了非线性退化模型中模型参数与加速应力水平的相关性，推导出各应力水平间模型参数的折算关系；其二，通过 AD 拟合优度检验的方法确定模型参数的先验分布类型，并不预先假定模型参数的先验分布服从共轭分布；其三，利用基于 Gibbs 采样的 MCMC 方法实现了模型参数的 Bayesian 更新，并在 RUL 预测时考虑了模型参数的随机性。

本章的具体结构如下：6.2 节建立基于扩散过程的退化模型；6.3 节对各加速应力水平下的模型参数进行估计，并将其折算至工作应力水平下；6.4 节介绍模型参数先验分布及其超参数的确定方法和 Bayesian 更新方法；6.5 节分别提出共轭先验分布和非共轭先验分布下的 RUL 预测方法；6.6 节通过某型加速度计退化数据的实际案例验证本章所提方法的有效性；6.7 节对本章工作进行总结。

6.2　基于扩散过程的退化建模

令 $X(t)$ 表示退化设备在 t 时刻的性能退化状态，$\{X(t), t \geqslant 0\}$ 表示设备的非线性退化过程[17]，利用扩散过程模型进行描述，具体如下：

$$X(t) = X(0) + a \cdot \int_0^t \mu(\tau;\boldsymbol{\theta})\mathrm{d}\tau + \sigma_B B(t) \tag{6.1}$$

其中，退化过程 $\{X(t), t \geqslant 0\}$ 由标准 BM $B(t)$ 所驱动。$a \cdot \mu(t;\boldsymbol{\theta})$ 和 σ_B 分别表示漂移参数和扩散系数，系数 a 为描述设备退化速率的随机变量，以表示同批次设备间的个体差异性；$\mu(t;\boldsymbol{\theta})$ 为包含未知参数矢量 $\boldsymbol{\theta}$ 且随时间 t 变化的非线性函数，以表示设备退化过程的非线性和时变性，参数矢量 $\boldsymbol{\theta}$ 为固定参数，以表示同类设备退化过程中的共性特征。

本章利用幂函数 $\mu(t;\boldsymbol{\theta}) = bt^{b-1}$ 描述设备退化过程中的非线性特征，其广泛应用于描述金属疲劳和机械设备磨损的退化数据[12,17-19]。此时，未知参数矢量 $\boldsymbol{\theta}$ 仅包含参数 b。不失一般性，假设在 $t=0$ 时刻，设备的退化状态 $X(0)=0$。

根据 FHT 的概念，设备的退化过程首次达到失效阈值的时间被定义为系统的寿命 T[20]，即

$$T=\inf\{t:X(t)\geqslant\omega\,|\,X(0)<\omega\} \tag{6.2}$$

式中：ω 表示设备的失效阈值，通常是由专家经验知识或具体系统的行业标准所确定的常数；寿命 T 的 PDF 表示为 $f_T(t)$。

对于由式（6.1）所描述的退化过程，当不考虑随机参数 a 的影响的情况下，设备寿命 T 的 PDF $f_{T|a}(t|a)$ 可近似表示为[17]

$$f_{T|a}(t|a)\cong\frac{1}{\sqrt{2\pi t}}\left[\frac{V(t)}{t}+\frac{a\cdot\mu(t;\boldsymbol{\theta})}{\sigma_B}\right]\exp\left[-\frac{V^2(t)}{2t}\right] \tag{6.3}$$

式中：

$$V(t)=\frac{1}{\sigma_B}\left[\omega-a\cdot\int_0^t\mu(\tau;\boldsymbol{\theta})\mathrm{d}\tau\right]$$

6.3 退化模型参数估计

本节将利用退化设备在各加速应力下的加速退化数据估计模型参数，并根据加速因子一致性原则推导模型参数与加速应力水平的对应关系，将加速应力水平下的模型参数估计值折算至工作应力水平下。

6.3.1 基于加速退化数据的模型参数估计

本小节将具体介绍如何基于加速退化数据估计退化模型参数。假设退化设备经历了 CSADT 获得加速退化数据，其中，S_0 表示工作应力水平，S_k 表示第 k 个加速应力水平；l_j、n_k 和 m 分别表示每个加速应力水平下的总 CM 次数、每个加速应力水平下的设备总数和加速应力水平的总个数。

进一步地，$x_{ijk}=X(t_{ijk})$ 表示在第 k 个加速应力水平下第 j 个设备第 i 次 CM 时的退化状态，t_{ijk} 为相应的 CM 时刻，其中，$i=1,2,\cdots,l_j$，$j=1,2,\cdots,n_k$，$k=1,2,\cdots,m$。将设备退化状态的增量表示为 $\Delta x_{ijk}=x_{ijk}-x_{(i-1)jk}$，那么，相应的时间间隔可表示为 $\Delta t_{ijk}=t_{ijk}-t_{(i-1)jk}$。由扩散过程的性质可知，退化状态增量 Δx_{ijk} 服从正态分布，即 $\Delta x_{ijk}\sim N\left(a_{jk}\int_{t_{(i-1)jk}}^{t_{ijk}}\mu(\tau;\theta)\mathrm{d}\tau,\sigma_{Bjk}^2\Delta t_{ijk}\right)$，其中，$a_{jk}$ 和 σ_{Bjk}^2 分别表示第 j 个设备在第 k 个加速应力水平下的漂移系数和扩散系数。

若基于全部加速退化数据，直接利用 MLE 算法同时估计参数 a_{jk}、σ_{Bjk}^2 和 $\boldsymbol{\theta}$，计算过程会相对烦琐。因此，本小节采用基于 MLE 算法的两步参数估计算法，具体步骤概括为算法 6.1。

算法 6.1 两步参数估计算法

步骤 1：根据退化状态增量 Δx_{ijk} 服从正态分布的特性，得到关于参数 a_{jk}, σ_{Bjk}^2 和 $\boldsymbol{\theta}$ 的对数似然函数。

步骤 2：假设参数 $\boldsymbol{\theta}$ 是已知的，利用 MLE 算法，可以推导得到不同设备在不同加速应力下漂移系数 a_{jk} 和扩散系数 σ_{Bjk}^2 关于参数 $\boldsymbol{\theta}$ 的解析表达式。

步骤 3：将所有漂移系数 a_{jk} 和扩散系数 σ_{Bjk}^2 的解析表达式代入由全部加速退化数据得到的对数似然函数中，并将其最大化以获得参数 $\boldsymbol{\theta}$ 的 MLE 值 $\hat{\boldsymbol{\theta}}$。

步骤 4：将 $\hat{\boldsymbol{\theta}}$ 代入步骤 2 中的漂移系数 a_{jk} 和扩散系数 σ_{Bjk}^2 的解析表达式中，得到相应的 MLE 值 $\hat{a}_{jk}$ 和 $\hat{\sigma}_{Bjk}^2$。

以第 k 个加速应力水平下的第 j 个设备为例，共有 l_j 个加速退化数据，那么，关于参数 a_{jk}, σ_{Bjk}^2 和 $\boldsymbol{\theta}$ 的对数似然函数可以表示为

$$\ln L_{jk}(a_{jk}, \sigma_{Bjk}^2, \boldsymbol{\theta}) = \sum_{i=1}^{l_j} \ln \frac{1}{\sqrt{2\pi \sigma_{Bjk}^2 \Delta t_{ijk}}} - \sum_{i=1}^{l_j} \frac{[\Delta x_{ijk} - a_{jk} \Omega_{ijk}(\boldsymbol{\theta})]^2}{2\sigma_{Bjk}^2 \Delta t_{ijk}} \quad (6.4)$$

式中：$\Omega_{ijk}(\boldsymbol{\theta}) = r(t_{ijk}; \boldsymbol{\theta}) - r(t_{(i-1)jk}; \boldsymbol{\theta})$，$r(t_{ijk}; \boldsymbol{\theta}) = \int_0^{t_{ijk}} \mu(\tau; \boldsymbol{\theta}) d\tau$。

分别求解式（6.4）关于参数 a_{jk} 和 σ_{Bjk}^2 的一阶偏导数，可得

$$\frac{\partial \ln L_{jk}}{\partial a_{jk}} = \sum_{i=1}^{l_j} \frac{[\Delta x_{ijk} - a_{jk} \Omega_{ijk}(\boldsymbol{\theta})]\Omega_{ijk}(\boldsymbol{\theta})}{\sigma_{Bjk}^2 \Delta t_{ijk}} \quad (6.5)$$

$$\frac{\partial \ln L_{jk}}{\partial \sigma_{Bjk}^2} = -\frac{l_j}{2\sigma_{Bjk}^2} + \sum_{i=1}^{l_j} \frac{[\Delta x_{ijk} - a_{jk} \Omega_{ijk}(\boldsymbol{\theta})]^2}{2\sigma_{Bjk}^4 \Delta t_{ijk}} \quad (6.6)$$

分别令式（6.5）和式（6.6）为零，可得参数 a_{jk} 和 σ_{Bjk}^2 关于参数 $\boldsymbol{\theta}$ 的解析表达式为

$$a_{jk} = \sum_{i=1}^{l_j} \frac{\Delta x_{ijk} \Omega_{ijk}(\boldsymbol{\theta})}{\Delta t_{ijk}} \bigg/ \sum_{i=1}^{l_j} \frac{\Omega_{ijk}^2(\boldsymbol{\theta})}{\Delta t_{ijk}} \quad (6.7)$$

$$\sigma_{Bjk}^2 = \frac{1}{l_j} \sum_{i=1}^{l_j} \frac{1}{\Delta t_{ijk}} [\Delta x_{ijk} - a_{jk} \Omega_{ijk}(\boldsymbol{\theta})]^2 \quad (6.8)$$

相应地，可以得到 $N(N = \sum_{k=1}^{m} n_k)$ 组关于参数 a_{jk} 和 σ_{Bjk}^2 的解析表达式。此外，根据式（6.4）并基于全部加速退化数据可得对数似然函数为

$$\begin{aligned}\ln L &= \sum_{k=1}^{m} \sum_{j=1}^{n_k} \ln L_{jk}(a_{jk}, \sigma_{Bjk}^2, \boldsymbol{\theta}) \\ &= \sum_{k=1}^{m} \sum_{j=1}^{n_k} \left\{ \sum_{i=1}^{l_j} \ln \frac{1}{\sqrt{2\pi \sigma_{Bjk}^2 \Delta t_{ijk}}} - \sum_{i=1}^{l_j} \frac{[\Delta x_{ijk} - a_{jk} \Omega_{ijk}(\boldsymbol{\theta})]^2}{2\sigma_{Bjk}^2 \Delta t_{ijk}} \right\}\end{aligned} \quad (6.9)$$

将 N 组关于参数 a_{jk} 和 σ_{Bjk}^2 的解析表达式代入式（6.9）中，即可得到仅关于参数 $\boldsymbol{\theta}$ 的剖面似然函数，将其最大化，可得参数 $\boldsymbol{\theta}$ 的 MLE 值 $\hat{\boldsymbol{\theta}}$。将参数 $\hat{\boldsymbol{\theta}}$ 分别代入式（6.7）

和式 (6.8) 中，即可得到不同退化设备在各加速应力水平下漂移系数和扩散系数的 MLE 值 $\hat{a}_{jk}$ 和 $\hat{\sigma}^2_{Bjk}$。

6.3.2 模型参数值折算

根据 Nelson 假设[21]可知，设备的 RUL 仅由已累积的退化量和当前的应力水平所决定，与累积方式无关；即认为不同应力水平下，若设备的累积失效概率相同，则累积退化也相同。那么，可以通过推导失效分布函数与应力水平的对应关系，得到模型参数与各应力水平之间的关系。假设 $F_p(t_p)$ 和 $F_q(t_q)$ 分别为应力水平 p 和 q 下退化设备的累积失效概率函数，那么，对于任意 t_p，$t_q > 0$，若 $F_p(t_p) = F_q(t_q)$ 存在，则应力水平 p 相对于 q 加速因子[9]可定义为 $A_{pq} = t_q/t_p$。

根据加速因子 A_{pq} 的定义，可以推导得到退化模型式 (6.1) 中漂移系数 a 和扩散系数 σ^2_B 均与加速应力水平相关，且在不同应力水平下，模型参数与加速因子 A_{pq} 的关系可表示为

$$A_{pq} = \frac{a_p^{\frac{1}{b}}}{a_q^{\frac{1}{b}}} = \frac{\sigma^2_{Bp}}{\sigma^2_{Bq}} \tag{6.10}$$

式中：b 为幂函数 $\mu(t;\boldsymbol{\theta})$ 中的未知参数。式 (6.10) 的推导过程详见附录 F.1。

加速模型常常用于描述退化模型参数与加速应力水平之间的关系，常见的加速模型主要有 Arrhenius 模型、逆幂律模型和 Eyring 模型等。在温度应力作为影响设备退化过程主要因素的情况下，Arrhenius 模型常用于描述退化模型参数与温度应力之间的关系，具体可表示为

$$\zeta = M\exp[E_a/KS] \tag{6.11}$$

式中：ζ 表示与加速应力水平相关的模型参数，S 表示以开尔文为单位的温度应力；常数 M 与加速试验类型、设备失效模式以及其他因素相关；E_a 为激活能，表示与设备材料相关的常数；K 为玻耳兹曼常数，且 $K = 8.6171 \times 10^{-5} \mathrm{eV/K}$。

对式 (6.11) 两端同时取对数，可以得到线性化的 Arrhenius 模型，即

$$\ln\zeta = d - h\varphi(S) \tag{6.12}$$

式中：$d = \ln M$，$h = -E_a/K$，$\varphi(S) = 1/S$。

根据式 (6.10) 可知，扩散系数 σ^2_B 被视为与加速应力水平相关的参数。因此，在加速应力 p 下，存在

$$\ln\sigma^2_{Bp} = d - h_{\sigma^2_B}\varphi(S_p) \tag{6.13}$$

此时，式 (6.10) 中的加速因子 A_{pq} 可表示为

$$A_{pq} = \frac{\sigma^2_{Bp}}{\sigma^2_{Bq}} = \exp\{h_{\sigma^2_B}[\varphi(S_q) - \varphi(S_p)]\} \tag{6.14}$$

由式 (6.14) 可知，为计算加速因子 A_{pq}，需要先估计参数 $h_{\sigma^2_B}$。在 6.3.1 小节中，估计得到了 N 组漂移系数 $\hat{a}_{jk}$ 和扩散系数 $\hat{\sigma}^2_{Bjk}$ 的 MLE 值。将 N 个 $\hat{\sigma}^2_{Bjk}$ 和相应的加速应力水平 S_k 代入式 (6.13)，可以得到 N 个关于参数 $h_{\sigma^2_B}$ 的线性方程。利用最小二乘法，即可得到参数 $h_{\sigma^2_B}$ 的估计值 $\hat{h}_{\sigma^2_B}$。将 $\hat{h}_{\sigma^2_B}$ 代入式 (6.14)，即可得到应力水平 p 相对于应力水平

q 的加速因子 A_{pq}。

此时,可将 N 组加速应力水平下漂移系数和扩散系数的估计值 $\hat{a}_{jk}$ 和 $\hat{\sigma}_{Bjk}^2$ 折算至正常工作应力水平下,分别记为 $\hat{a}_{jk0}$ 和 $\hat{\sigma}_{Bjk0}^2$。由此,可利用正常工作应力水平下的参数估计值 $\hat{a}_{jk0}$ 和 $\hat{\sigma}_{Bjk0}^2$ 进一步确定随机参数的先验分布类型。

6.4 模型参数的 Bayesian 更新

目前绝大多数文献均假设退化模型的参数服从共轭先验分布,虽然这一假设便于统计分析,以及后续对退化设备 RUL 分布的推导和计算,但预先假设的参数分布类型并不一定与设备的真实退化数据相符合,这样就降低了寿命和 RUL 预测的准确性。为解决这一问题,本章假设退化模型的参数服从非共轭先验分布,即不预先假设模型参数分布类型,根据模型参数估计值确定其具体的分布类型,并利用 Bayesian 更新方法对其进行更新,以保证随机参数的灵活性。

6.4.1 先验分布及其超参数的确定

当退化模型的漂移系数 a 和扩散系数 $D(D=1/\sigma_B^2)$ 服从非共轭先验分布时,应首先确定它们的具体分布类型。假设参数 a 和 D 是相互独立的,已知 6.3.2 节中可将 N 组加速应力水平下的模型参数估计值 $\hat{a}_{jk}$ 和 $\hat{\sigma}_{Bjk}^2$ 折算至正常工作应力水平下的模型参数估计值 $\hat{a}_{jk0}$ 和 $\hat{\sigma}_{Bjk0}^2$,其中,$j=1,2,\cdots,n_k$,$k=1,2,\cdots,m$,那么,可利用拟合优度检验的方法确定模型参数 a 和 D 的最优分布类型。

由于 Anderson-Darling(AD)拟合优度检验方法在确定随机参数的分布类型时具有良好的统计特性[22],因此利用该方法确定退化模型漂移系数 a 和扩散系数 D 的分布类型。数据服从特定分布类型的程度可由 AD 统计量来表征,具体的表达式为

$$\text{AD} = n\int_{-\infty}^{+\infty} \frac{G(x)-F(x)}{F(x)[1-F(x)]}\text{d}F(x) \tag{6.15}$$

式中: $G(x)$ 表示经验分布函数; $F(x)$ 表示累积分布函数; n 表示数据的总量。AD 统计量的值越小,说明数据与指定分布类型的拟合程度越好。本章利用 MATLAB 软件中的 adtest 函数进行 AD 拟合优度检验。

此时,退化模型参数 a 和 D 的先验分布可以被假设为任意良好的分布,将其先验分布的 PDF 分别表示为 $p(a)$ 和 $p(D)$。将折算后的 N 组正常工作应力水平下的模型参数 $\hat{a}_{jk0}$ 和 $\hat{\sigma}_{Bjk0}^2$ 分别表示为 a_{0n} 和 D_{0n},其中,$n=1,2,\cdots,N$。根据 a_{0n} 和 D_{0n},可以利用 MLE 算法估计 $p(a)$ 和 $p(D)$ 中各种可能先验分布类型中的超参数。然后,利用 AD 拟合优度检验选择与数据拟合效果最好的分布类型,从而确定模型参数 a 和 D 的先验分布类型及其超参数。

6.4.2 Bayesian 更新

在本小节中,将说明如何基于 CM 数据利用 Bayesian 推理来更新退化模型参数。假设在正常工作应力水平下,截止到当前 t_κ 时刻,退化设备存在 κ 个 CM 数据,表示为

$\boldsymbol{X}_{1:\kappa}=[x_1,x_2,\cdots,x_\kappa]$,其中,$x_g=X(t_g)$表示退化设备在$t_g$时刻的退化状态,$g=1,2,\cdots,\kappa$。那么,可利用 Bayesian 推理推导联合后验分布的 PDF $p(a,D|\boldsymbol{X}_{1:\kappa})$ 为

$$p(a,D|\boldsymbol{X}_{1:\kappa})=\frac{L(\boldsymbol{X}_{1:\kappa}|a,D)p(a,D)}{\int_0^{+\infty}\int_{-\infty}^{+\infty}L(\boldsymbol{X}_{1:\kappa}|a,D)p(a,D)\mathrm{d}a\mathrm{d}D} \quad (6.16)$$

式中:$L(\boldsymbol{X}_{1:\kappa}|a,D)$ 为似然函数,$p(a,D)$ 为参数 a 和 D 联合先验分布的 PDF。

但是,在模型参数服从非共轭先验分布的情况下,难以直接由式(6.16)推导得到联合后验分布的 PDF $p(a,D|\boldsymbol{X}_{1:\kappa})$。因此,本小节采用 MCMC 方法[23]解决该问题。在 MCMC 方法中,可以采用多种采样方法来获得服从联合后验分布的模型参数,最为常见的是 Metropolis-Hastings 采样和 Gibbs 采样。

由于 Metropolis-Hastings 采样能够较好地解决 MCMC 方法所要求的具有任意概率分布的样本集问题,因此在高维采样问题中得到了广泛的应用;但是,该采样方法需要计算采样接受率,执行大量的高维运算,因此计算效率偏低,并且算法的收敛时间也会由于考虑接受率的原因而变长。此外,在多维分布的情况下,Metropolis-Hastings 采样的初值往往难以选取,它必须在每个维度上都是合适的。Gibbs 采样作为 Metropolis-Hastings 采样的一个特例,可以很好地解决这一问题。Gibbs 采样是对条件分布进行采样,将高维样本转换为多个一维样本,并且在采样过程中不考虑接受率。与 Metropolis-Hastings 采样相比,Gibbs 采样先对联合分布进行积分,再计算边缘分布,使得从条件分布中的采样更为容易。通过上述分析,本章选择 Gibbs 采样[24]的方法来获得服从联合后验分布的模型参数。

假设 $a^{(\tau)}$ 和 $D^{(\tau)}$ 分别表示参数 a 和 D 在第 τ 次迭代后的采样结果,Gibbs 采样的具体步骤概括为算法 6.2。

算法 6.2 Gibbs 采样

步骤 1:设置退化模型参数 a 和 D 的初始值分别为 $a^{(0)}$ 和 $D^{(0)}$。

步骤 2:由以下两个子步骤得到第 τ 次迭代后的采样值 $a^{(\tau)}$ 和 $D^{(\tau)}$。

(1) 从满条件分布 $p(a^{(\tau)}|D^{(\tau-1)},\boldsymbol{X}_{1:\kappa})$ 中抽取 $a^{(\tau)}$,即

$$p(a^{(\tau)}|D^{(\tau-1)},\boldsymbol{X}_{1:\kappa}) \propto p(a^{(\tau-1)},D^{(\tau-1)})$$
$$\times \exp\left\{-\sum_{g=1}^{\kappa}\frac{D^{(\tau-1)}[\Delta x_g-a^{(\tau-1)}\Omega_g(\boldsymbol{\theta})]^2}{2\Delta t_g}\right\} \quad (6.17)$$

(2) 从满条件分布 $p(D^{(\tau)}|a^{(\tau)},\boldsymbol{X}_{1:\kappa})$ 中抽取 $D^{(\tau)}$,即

$$p(D^{(\tau)}|a^{(\tau)},\boldsymbol{X}_{1:\kappa}) \propto p(a^{(\tau)},D^{(\tau-1)}) \cdot D^{(\tau-1)\frac{\kappa}{2}}$$
$$\times \exp\left\{-\sum_{g=1}^{\kappa}\frac{D^{(\tau-1)}[\Delta x_g-a^{(\tau)}\Omega_g(\boldsymbol{\theta})]^2}{2\Delta t_g}\right\} \quad (6.18)$$

其中,$\Delta x_g=x_g-x_{g-1}$,$x_0=X(t_0)=0$,$\Delta t_g=t_g-t_{g-1}$,$t_0=0$。

重复上述采样步骤足够多次,直至采样结果收敛。

为确保采样结果充分收敛，需要确定收敛所需的迭代次数，并将收敛过程中的样本舍弃。在本章中，Gibbs 采样的收敛性是通过判断遍历平均值是否收敛来决定的。在由 Gibbs 采样得到的样本中，按一定的采样间隔计算参数的遍历平均值，当均值稳定时，认为 Gibbs 采样是收敛的。

将 Gibbs 采样收敛后的 K 个样本作为采样结果，则模型参数联合后验分布的 PDF $p(a,D|\bm{X}_{1:\kappa})$ 可由大量的样本 $(a,D)^{(1)},(a,D)^{(2)},\cdots,(a,D)^{(K)}$ 表示。众所周知，只要采样个数 K 足够大，采样结果就能够精确地近似联合后验分布的 PDF $p(a,D|\bm{X}_{1:\kappa})$。因此，退化模型参数的更新可以通过基于 Gibbs 采样的 Bayesian 推理来实现。

6.5 RUL 预测

本节将对正常工作应力水平下退化设备的 RUL 预测方法进行介绍。对于退化模型式（6.1）所描述的退化过程，根据 FHT 的概念，退化设备在 t_κ 时刻的 RUL L_κ 可以定义为[20]

$$L_\kappa = \inf\{l_\kappa>0 : X(l_\kappa+t_\kappa) \geqslant \omega | x_\kappa < \omega\} \tag{6.19}$$

那么，在给定参数 a 和 D 的情况下，基于 CM 数据 $\bm{X}_{1:\kappa}$ 可以得到退化设备在 t_κ 时刻 RUL L_κ 分布的 PDF $f_{L_\kappa|a,D,\bm{X}_{1:\kappa}}(l_\kappa|a,D,\bm{X}_{1:\kappa})$ 为

$$\begin{aligned} f_{L_\kappa|a,D,\bm{X}_{1:\kappa}}(l_\kappa|a,D,\bm{X}_{1:\kappa}) = & \sqrt{\frac{D}{2\pi l_\kappa^3}}\{\omega-x_\kappa-a[\eta(l_\kappa)-l_\kappa\mu(l_\kappa+t_\kappa;\bm{\theta})]\} \\ & \times \exp\left\{-\frac{D[\omega-x_\kappa-a\eta(l_\kappa)]^2}{2l_\kappa}\right\} \end{aligned} \tag{6.20}$$

其中，$\eta(l_\kappa) = \int_{t_\kappa}^{l_\kappa+t_\kappa}\mu(\tau;\bm{\theta})\mathrm{d}\tau$。

考虑到退化模型参数 a 和 D 的随机性，且由 Bayesian 推理更新可得联合后验分布的 PDF $p(a,D|\bm{X}_{1:\kappa})$，根据全概率公式即可得到退化设备在 t_κ 时刻 RUL L_κ 分布的 PDF $f_{L_\kappa|\bm{X}_{1:\kappa}}(l_\kappa|\bm{X}_{1:\kappa})$ 为

$$f_{L_\kappa|\bm{X}_{1:\kappa}}(l_\kappa|\bm{X}_{1:\kappa}) = \int f_{L_\kappa|a,D,\bm{X}_{1:\kappa}}(l_\kappa|a,D,\bm{X}_{1:\kappa})p(a,D|\bm{X}_{1:\kappa})\mathrm{d}a\mathrm{d}D \tag{6.21}$$

本节将分别针对共轭先验分布和非共轭先验分布两种情况下的 RUL 预测方法进行讨论。

6.5.1 共轭先验分布下的 RUL 预测

当退化模型的参数服从共轭先验分布时，根据现有文献[7-9]，通常假设扩散系数 σ_B^2 服从逆 Gamma 分布，而漂移系数 a 服从扩散系数已知情况下的正态分布，即

$$D = 1/\sigma_B^2 \sim Ga(\lambda,\beta), \quad a|D \sim N(\mu_a,\sigma_a^2/D) \tag{6.22}$$

式中：超参数 λ 和 β 分别表示 Gamma 分布的形状参数和尺度参数；超参数 μ_a 和 σ_a^2/D 分别表示正态分布的均值和方差。

根据已知的结论，即先验分布与其后验分布具有相同分布函数，可将模型参数的后

验分布表示为

$$D|\boldsymbol{X}_{1:\kappa} \sim Ga(\lambda_\kappa, \beta_\kappa), \quad a|D, \boldsymbol{X}_{1:\kappa} \sim N(\mu_{a,\kappa}, \sigma_{a,\kappa}^2/D) \tag{6.23}$$

因此，可将式（6.23）代入式（6.21）中来计算得到退化设备在 t_κ 时刻 RUL L_κ 分布的 PDF $f_{L_\kappa|\boldsymbol{X}_{1:\kappa}}(l_\kappa|\boldsymbol{X}_{1:\kappa})$。

6.5.2 非共轭先验分布下的 RUL 预测

当退化模型的参数服从非共轭先验分布时，根据 6.4 节可知，模型参数 a 和 D 的联合后验分布的 PDF $p(a,D|\boldsymbol{X}_{1:\kappa})$ 可由大量的样本 $(a,D)^{(1)},(a,D)^{(2)},\cdots,(a,D)^{(K)}$ 表示。那么，退化设备在 t_κ 时刻 RUL L_κ 分布的 PDF $f_{L_\kappa|\boldsymbol{X}_{1:\kappa}}(l_\kappa|\boldsymbol{X}_{1:\kappa})$ 可由下式近似得到：

$$f_{L_\kappa|\boldsymbol{X}_{1:\kappa}}(l_\kappa|\boldsymbol{X}_{1:\kappa}) \cong \frac{1}{K}\sum_{i=1}^{K}\sqrt{\frac{D^{(i)}}{2\pi l_\kappa^3}}\{\omega - x_\kappa - a^{(i)}[\eta(l_\kappa) - l_\kappa\mu(l_\kappa + t_\kappa;\boldsymbol{\theta})]\}$$

$$\times \exp\left\{-\frac{D^{(i)}[\omega - x_\kappa - a^{(i)}\eta(l_\kappa)]^2}{2l_\kappa}\right\} \tag{6.24}$$

需要注意的是，当 K 足够大时，式（6.24）能够精确地近似 $f_{L_\kappa|\boldsymbol{X}_{1:\kappa}}(l_\kappa|\boldsymbol{X}_{1:\kappa})$。

事实上，同样的方法也可以用于计算退化模型的参数服从共轭先验分布的情况。从式（6.23）的后验分布中对参数 a 和 D 进行采样，将采样结果代入式（6.24）中，即可得到退化设备在 t_κ 时刻 RUL L_κ 分布的 PDF $f_{L_\kappa|\boldsymbol{X}_{1:\kappa}}(l_\kappa|\boldsymbol{X}_{1:\kappa})$。

此时，退化设备在 t_κ 时刻 RUL L_κ 的预测值为

$$L_\kappa = \mathbb{E}[l_\kappa|\boldsymbol{X}_{1:\kappa}] = \int_0^{+\infty} l_\kappa f_{L_\kappa|\boldsymbol{X}_{1:\kappa}}(l_\kappa|\boldsymbol{X}_{1:\kappa})\mathrm{d}l_\kappa \tag{6.25}$$

基于 6.2 节至 6.5 节的描述，将本章所提出的融合加速退化数据与 CM 数据的非线性退化设备 RUL 预测方法概况为算法 6.3，流程图如图 6.1 所示。

算法 6.3 融合加速退化数据与 CM 数据的非线性退化设备 RUL 预测算法

步骤 1：基于扩散过程，建立描述设备退化过程的非线性退化模型。

步骤 2：基于加速退化数据，根据算法 6.1 估计每个加速水平下的模型参数 a_{jk}、σ_{Bjk}^2 和 $\boldsymbol{\theta}$。

步骤 3：利用退化模型与加速模型，确定加速因子 A_{pq} 和模型参数与加速应力水平的关系。

步骤 4：将各加速应力水平下的模型参数估计值折算至正常工作应力水平下。

步骤 5：基于折算后模型参数在正常工作应力水平下的估计值，利用 AD 拟合优度检验确定模型参数的先验分布类型，并利用 MLE 算法估计先验分布的超参数。

步骤 6：基于正常工作应力水平下的 CM 数据，利用基于 Gibbs 采样的 MCMC 算法，实现退化模型参数联合后验分布的 Bayesian 更新，并得到采样值 $(a,D)^{(1)},(a,D)^{(2)},\cdots,(a,D)^{(K)}$。

步骤7：将退化模型参数联合后验分布的采样值 $(a,D)^{(1)},(a,D)^{(2)},\cdots,(a,D)^{(K)}$ 代入基于扩散过程的退化模型的 RUL 分布中，得到退化设备在 t_κ 时刻 RUL L_κ 分布的 PDF $f_{L_\kappa|X_{1:\kappa}}(l_\kappa|X_{1:\kappa})$。

步骤8：计算 $f_{L_\kappa|X_{1:\kappa}}(l_\kappa|X_{1:\kappa})$ 关于 l_κ 的期望，即可得到退化设备在 t_κ 时刻 RUL L_κ 的预测值。

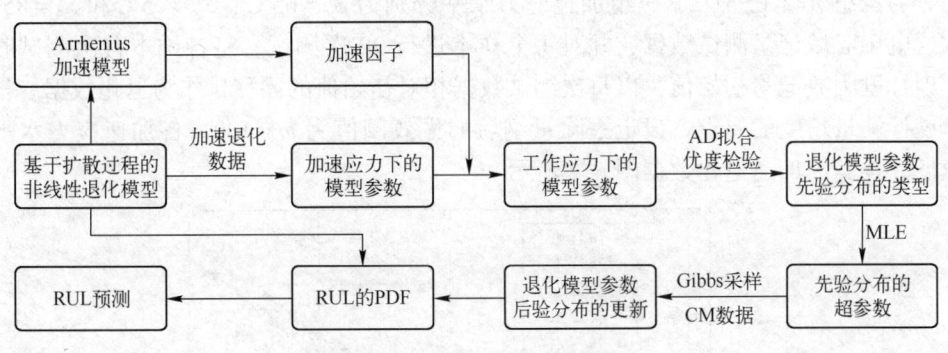

图 6.1 本章所提方法流程图

6.6 实例研究

本节将以某型加速度计的退化数据为例来验证本章所提方法的有效性，并与现有模型下的 RUL 预测方法进行性能对比。为便于后续表述，将本章所提出的非共轭先验分布下的非线性扩散过程退化模型记为 M_1，将共轭先验分布下经过时间尺度变换的线性 Wiener 过程退化模型记为 M_2，将非共轭先验分布下的线性 Wiener 过程退化模型记为 M_3，将非共轭先验分布下的指数退化模型记为 M_4。有关模型 M_2 和 M_3 的介绍分别详见文献 [9] 和 [10]；对于模型 M_4，可表示为

$$Y(t)=\varphi+\exp\left(a't+\sigma_B B(t)-\frac{\sigma_B^2}{2}t\right) \tag{6.26}$$

式中：φ 为一个已知常数；a' 为表示退化设备个体差异性的随机变量；σ_B 为确定性部分的常数；$B(\cdot)$ 为标准 BM。

指数退化模型可由对数变换得到线性 Wiener 过程退化模型，此时，退化设备在 t 时刻的退化状态 $X(t)$ 可以定义为

$$\begin{aligned} X(t) &= \ln[Y(t)-\varphi] \\ &= \left(a'-\frac{\sigma_B^2}{2}\right)t+\sigma_B B(t)=at+\sigma_B B(t) \end{aligned} \tag{6.27}$$

式中：$a=a'-\sigma_B^2/2$。为了便于后续分析和推导，通常假设 $\varphi=0^{[25-26]}$。

本章主要针对对数变换后的退化模型式 (6.27) 在参数服从非共轭先验分布的情况下预测退化设备的 RUL。

6.6.1 ADT 描述

加速度计是测量载体线性加速度的仪器，作为飞行器惯性导航系统的核心设备，其性能状态的健康与否，取决于其一次项标度因数的稳定性。因此，本章选择加速度计的一次项标度因数作为退化数据，用来衡量其健康状态。加速度计在实际工作中，因长期通电，导致其内部组件的性能因发热而随时间逐渐退化，从而影响加速度计的测量精度。

加速度计的正常工作应力为 $S_0 = 20℃$。从同批次的加速度计中任意选择 18 个样本，平均分为三组进行 CSADT，三组加速应力水平分别为 $S_1 = 65℃$，$S_2 = 75℃$ 和 $S_3 = 85℃$。每次通电 10h 后记录测试数据，并对每个样本进行 20 次测试。将各样本首次测试时的一次项标度因数记为初始值，以每次测试数据相对初始值的漂移量作为退化数据。根据加速度计测量精度的要求，设定去除量纲后的失效阈值为 $\omega = 100$。各加速应力水平下加速度计样本的加速退化数据图 6.2 所示。

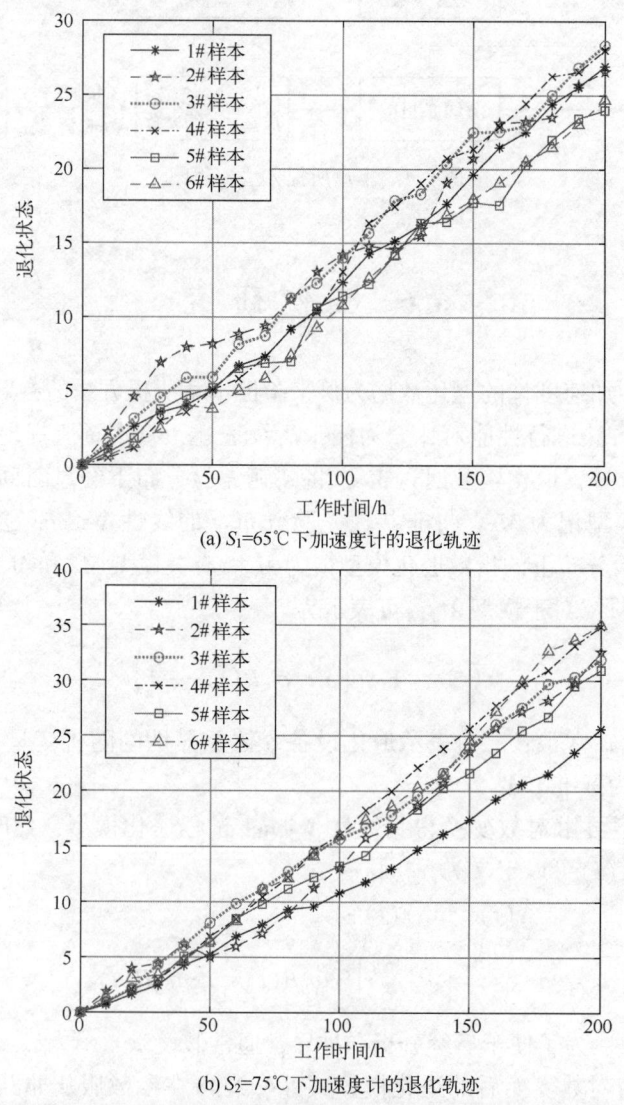

(a) $S_1=65℃$ 下加速度计的退化轨迹

(b) $S_2=75℃$ 下加速度计的退化轨迹

图 6.2 加速度计在各加速应力水平下的退化轨迹

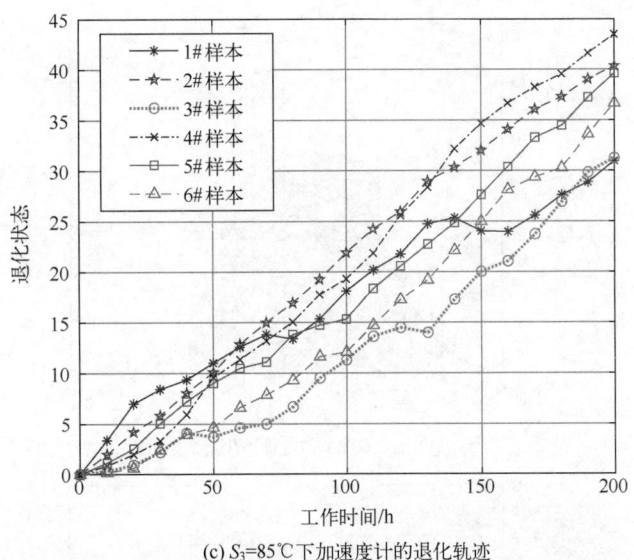

(c) S_3=85℃下加速度计的退化轨迹

图 6.2 加速度计在各加速应力水平下的退化轨迹（续）

根据由式（6.1）所建立的基于非线性扩散过程的退化模型可知，退化状态的增量 Δx_{ijk} 服从正态分布，即 $\Delta x_{ijk} \sim N(a_{jk}\Omega_{ijk}(\boldsymbol{\theta}), \sigma_{Bjk}^2 \Delta t_{ijk})$。为了更好地说明退化状态增量 Δx_{ijk} 的正态特性，将各加速应力水平下加速度计样本的退化增量绘制直方图，并用正态分布曲线进行拟合，如图 6.3 所示。综合图 6.2 和图 6.3 可知，加速度计的退化过程是非单调的，且各加速应力水平下的退化增量大致呈现正态分布。

6.6.2 模型参数先验分布的确定

为确定模型 M_1 中漂移系数 a 和扩散系数 σ_B^2 的先验分布类型，将各加速应力水平下加速度计的退化增量数据 $(\Delta x_{ijk}, \Delta t_{ijk})$ 代入式（6.9）中，利用算法 6.1 的两步参数估计算法得到参数 a_{jk}、σ_{Bjk}^2 和 b 的估计值，其中，参数 b 的估计值为 $\hat{b}$ = 1.1503，在三种加速应力水平下，各加速度计样本的参数估计值 $(\hat{a}_{jk}, \hat{\sigma}_{Bjk}^2)$ 如表 6.1 所示。

表 6.1 加速应力水平下各样本对于模型 M_1 的参数估计值 $(\hat{a}_{jk}, \hat{\sigma}_{Bjk}^2)$

样本编号	S_1		S_2		S_3	
	$\hat{a}_{j1}$	$\hat{\sigma}_{Bj1}^2$	$\hat{a}_{j2}$	$\hat{\sigma}_{Bj2}^2$	$\hat{a}_{j3}$	$\hat{\sigma}_{Bj3}^2$
1#	0.0537	0.0856	0.0581	0.0163	0.0658	0.1642
2#	0.0561	0.0188	0.0699	0.0241	0.0726	0.1097
3#	0.0577	0.1025	0.0712	0.0222	0.0850	0.0695
4#	0.0606	0.0176	0.0735	0.0771	0.0888	0.0332
5#	0.0630	0.0580	0.0788	0.0124	0.0895	0.0503
6#	0.0635	0.0488	0.0790	0.0467	0.0981	0.0616

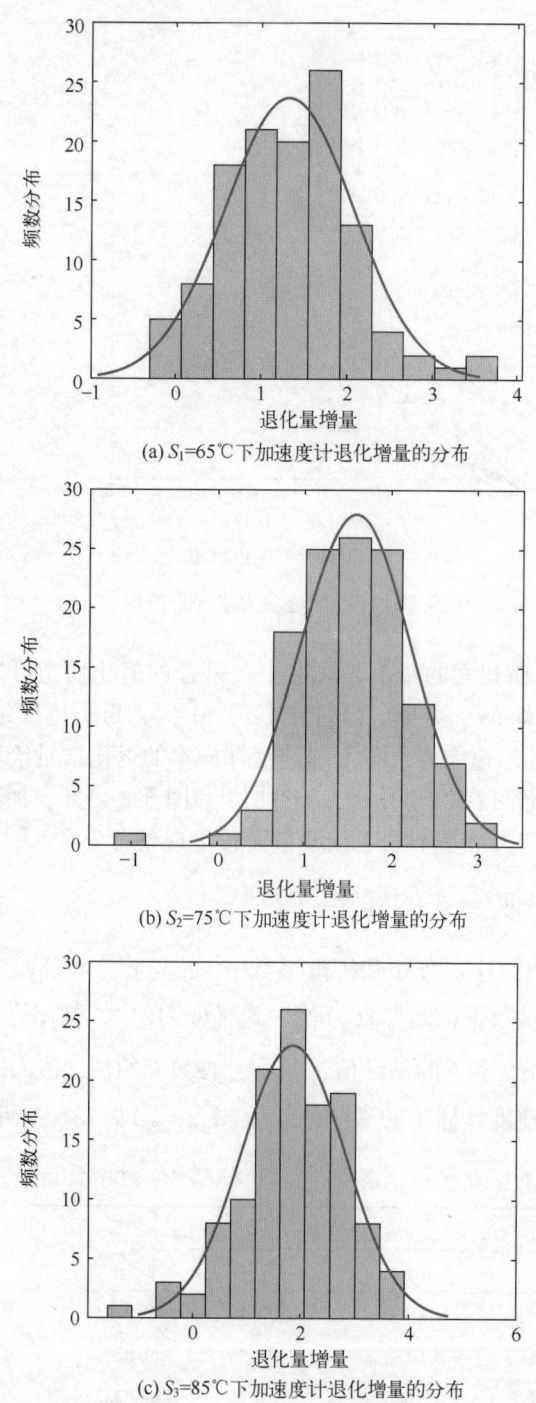

(a) S_1=65℃下加速度计退化增量的分布

(b) S_2=75℃下加速度计退化增量的分布

(c) S_3=85℃下加速度计退化增量的分布

图 6.3　三个加速应力水平下加速度计退化增量的分布

如图 6.2 和表 6.1 所示,用来描述设备退化速率的漂移系数 a 随温度应力水平的增加呈现出上升的趋势,这与 6.1 节中的描述相符合。加速应力的水平越高,漂移系数值越大,相应地,设备的退化速率越快,达到失效阈值的时间就越短。扩散系数 σ_B^2 用于描述设备在退化过程中的波动，虽然满足一定的分布，但随着温度应力水平的增加，并未表现出明显的规律性趋势，造成这种情况的主要原因可能有以下两点：①ADT 中的样本数量较少；②三种加速应力水平间的差异较小。虽然并非所有高应力水平下样本的退化速率均大于低应力水平下样本的退化速率，但是并不影响加速因子的估计和模型参数的折算。

对于模型 M_2、M_3 和 M_4 来说，采用相同的参数估计方法，可以得到三种加速应力水平下各样本的参数估计值 $(\hat{a}_{jk}, \hat{\sigma}_{Bjk}^2)$，具体结果如表 6.2 所示。模型 M_2 中参数 b 的估计值为 $\hat{b}=1.1936$。在模型 M_3 和 M_4 中，不存在参数 b，无须进行估计。

表 6.2 加速应力水平下各样本对于三种模型的参数估计值 $(\hat{a}_{jk}, \hat{\sigma}_{Bjk}^2)$

模型	样本编号	S_1		S_2		S_3	
		$\hat{a}_{j1}$	$\hat{\sigma}_{Bj1}^2$	$\hat{a}_{j2}$	$\hat{\sigma}_{Bj2}^2$	$\hat{a}_{j3}$	$\hat{\sigma}_{Bj3}^2$
M_2	1#	0.0519	0.0861	0.0570	0.0209	0.0705	0.1413
	2#	0.0534	0.0235	0.0687	0.0292	0.0712	0.1288
	3#	0.0576	0.0921	0.0708	0.0214	0.0836	0.0942
	4#	0.0584	0.0194	0.0724	0.0819	0.0903	0.0589
	5#	0.0607	0.0533	0.0775	0.0186	0.0919	0.0211
	6#	0.0614	0.0550	0.0778	0.0522	0.0990	0.0701
M_3	1#	0.0653	0.0852	0.0795	0.0172	0.0789	0.1567
	2#	0.0678	0.0197	0.0957	0.0248	0.0847	0.1149
	3#	0.0708	0.0988	0.0979	0.0209	0.0993	0.0760
	4#	0.0736	0.0176	0.1007	0.0779	0.1054	0.0516
	5#	0.0767	0.0564	0.1080	0.0131	0.1054	0.0278
	6#	0.0769	0.0493	0.1082	0.0474	0.1155	0.0621
M_4	1#	0.0161	0.0044	0.0180	0.0047	0.0148	0.0042
	2#	0.0185	0.0045	0.0200	0.0044	0.0189	0.0044
	3#	0.0194	0.0043	0.0216	0.0060	0.0218	0.0059
	4#	0.0209	0.0066	0.0217	0.0053	0.0239	0.0065
	5#	0.0228	0.0063	0.0222	0.0051	0.0280	0.0109
	6#	0.0249	0.0086	0.0223	0.0059	0.0331	0.0176

根据表 6.1 和表 6.2 中的模型参数估计值 $(\hat{a}_{jk}, \hat{\sigma}_{Bjk}^2)$，利用最小二乘法可以得到式（6.14）中参数 $h_{\sigma_B^2}$ 的估计值 $\hat{h}_{\sigma_B^2}$，从而可以求得三种模型下各加速应力水平相对工作应力水平的加速因子，具体结果如表 6.3 所示。

表 6.3 各加速应力水平相对工作应力水平的加速因子

模 型	$\hat{h}_{\sigma_B^2}(\times 10^3)$	A_{10}	A_{20}	A_{30}
M_1	1.6137	2.0803	2.3859	2.7156

(续)

模型	$\hat{h}_{\sigma_B^2}(\times 10^3)$	A_{10}	A_{20}	A_{30}
M_2	1.7446	2.5479	3.0352	3.5805
M_3	1.7186	2.1818	2.5247	2.8979
M_4	1.8608	2.3273	2.7258	3.1645

根据式（6.10），可将各加速应力水平下的模型参数估计值（$\hat{a}_{jk}, \hat{\sigma}_{Bjk}^2$）折算为工作应力下的模型参数估计值（$\hat{a}_{jk0}, \hat{\sigma}_{Bjk0}^2$），具体结果如表 6.4 所示。

表 6.4 折算至工作应力水平下的模型参数估计值（$\hat{a}_{jk0}, \hat{\sigma}_{Bjk0}^2$）

模型	样本编号	$S_1 \to S_0$		$S_2 \to S_0$		$S_3 \to S_0$	
		$\hat{a}_{j10}$	$\hat{\sigma}_{Bj10}^2$	$\hat{a}_{j20}$	$\hat{\sigma}_{Bj20}^2$	$\hat{a}_{j30}$	$\hat{\sigma}_{Bj30}^2$
M_1	1#	0.0231	0.0411	0.0214	0.0068	0.0209	0.0604
	2#	0.0241	0.0090	0.0257	0.0101	0.0230	0.0404
	3#	0.0249	0.0493	0.0262	0.0093	0.0269	0.0256
	4#	0.0261	0.0085	0.0270	0.0323	0.0282	0.0122
	5#	0.0271	0.0279	0.0290	0.0052	0.0284	0.0185
	6#	0.0273	0.0234	0.0291	0.0196	0.0311	0.0227
M_2	1#	0.0204	0.0338	0.0188	0.0069	0.0197	0.0395
	2#	0.0210	0.0092	0.0226	0.0096	0.0199	0.0360
	3#	0.0226	0.0361	0.0233	0.0070	0.0233	0.0263
	4#	0.0229	0.0076	0.0238	0.0270	0.0252	0.0165
	5#	0.0238	0.0209	0.0255	0.0061	0.0257	0.0059
	6#	0.0241	0.0216	0.0256	0.0172	0.0277	0.0196
M_3	1#	0.0299	0.0391	0.0274	0.0068	0.0272	0.0541
	2#	0.0311	0.0090	0.0330	0.0098	0.0292	0.0397
	3#	0.0324	0.0453	0.0338	0.0083	0.0343	0.0262
	4#	0.0337	0.0080	0.0347	0.0309	0.0363	0.0178
	5#	0.0351	0.0258	0.0372	0.0052	0.0364	0.0096
	6#	0.0352	0.0226	0.0373	0.0188	0.0399	0.0214
M_4	1#	0.0069	0.0019	0.0066	0.0017	0.0047	0.0013
	2#	0.0080	0.0020	0.0073	0.0016	0.0060	0.0014
	3#	0.0083	0.0018	0.0079	0.0022	0.0069	0.0019
	4#	0.0090	0.0028	0.0080	0.0020	0.0076	0.0020
	5#	0.0100	0.0027	0.0081	0.0019	0.0088	0.0034
	6#	0.0107	0.0037	0.0082	0.0021	0.0105	0.0056

为了进一步检验退化模型漂移系数 a 和扩散系数 σ_B^2 是否违反了非共轭先验分布情况下的独立性假设，根据表 6.4 中的数据，图 6.4 绘制了模型 M_1、M_3 和 M_4 在正常工

作应力水平下参数估计值$(\hat{a}_{jk0}, \hat{\sigma}^2_{Bjk0})$的散点图，以验证其独立性。

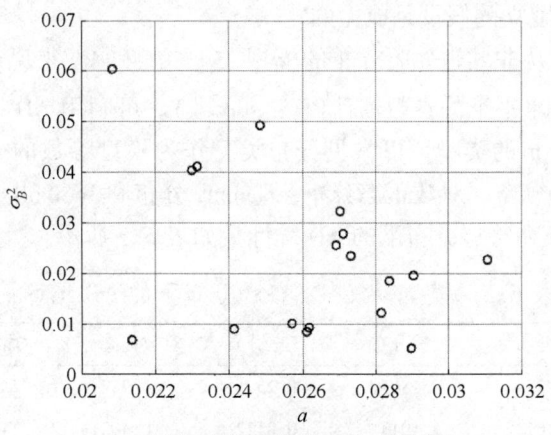

(a) 模型M_1下参数$(\hat{a}_{jk0}, \sigma^2_{Bjk0})$的散点图

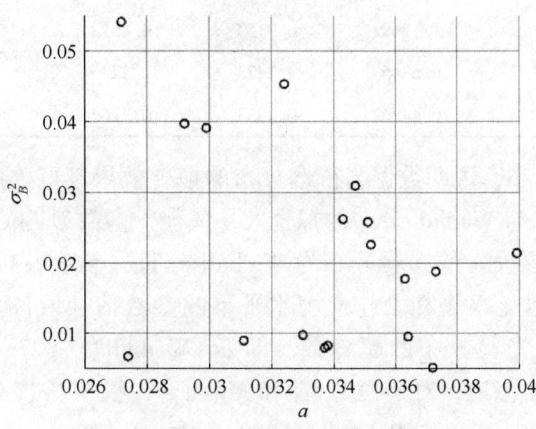

(b) 模型M_3下参数$(\hat{a}_{jk0}, \sigma^2_{Bjk0})$的散点图

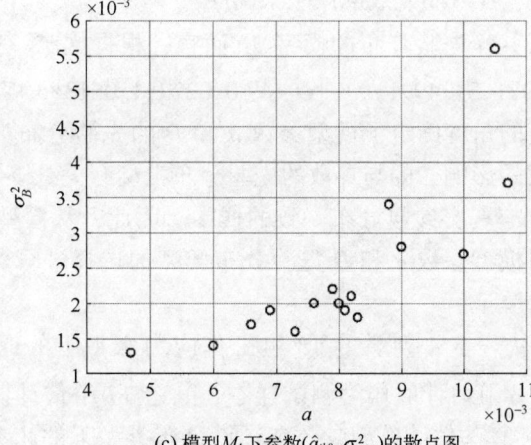

(c) 模型M_4下参数$(\hat{a}_{jk0}, \sigma^2_{Bjk0})$的散点图

图6.4　三种模型下参数$(\hat{a}_{jk0}, \hat{\sigma}^2_{Bjk0})$的散点图

由图 6.4 可知，三种模型下的参数 $\hat{a}_{jk0}$ 和 $\hat{\sigma}^2_{Bjk0}$ 并未表现出任何相关性，证明了参数 a 和 $D(D=1/\sigma^2_B)$ 互相独立的假设是成立的。

对于模型参数服从非共轭先验分布的模型 M_1、M_3 和 M_4 来说，由表 6.4 可知退化模型在正常工作应力水平下的参数估计值 $(\hat{a}_{jk0},\hat{\sigma}^2_{Bjk0})$。可利用 AD 拟合优度检验的方法确定模型参数先验分布的类型。以常见分布类型作为模型参数的待选分布，即指数分布、极值分布、正态分布、对数正态分布、Gamma 分布和 Weibull 分布。具体地，模型 M_1、M_3 和 M_4 的参数在待选分布下的 AD 统计量如表 6.5 所示。

表 6.5 模型参数在各待选分布下的 AD 统计量

模型	参数	指数分布	极值分布	正态分布	对数正态分布	Gamma 分布	Weibull 分布
M_1	a	6.6827	0.1867	0.2571	0.3524	2.2538	**0.1679**
	D	0.9767	1.1943	0.8572	0.4081	**0.3380**	0.4561
M_3	a	6.7026	0.1830	0.2783	0.3799	10.2987	**0.1719**
	D	1.0707	1.1269	0.9153	**0.4512**	0.5900	0.5893
M_4	a	5.5907	0.5345	**0.2423**	0.3243	0.6187	0.3281
	D	4.0991	0.4476	0.3953	0.7164	**0.3411**	0.5556

AD 统计量的值越小，说明数据与待选分布的拟合效果越好。由表 6.5 可知，对于模型 M_1 而言，参数 a 与 Weibull 分布的拟合效果最佳，参数 D 与 Gamma 分布的拟合效果最佳，即可认为，参数 a 的先验分布为 Weibull 分布，参数 D 的先验分布为 Gamma 分布。根据表 6.4 中退化模型在工作应力水平下的参数估计值 $(\hat{a}_{jk0},\hat{\sigma}^2_{Bjk0})$，利用 MLE 算法可确定模型参数先验分布的超参数，即 $a\sim\text{Weibull}(0.0273,11.2744)$ 和 $D\sim\text{Ga}(2.1903,31.4259)$。类似地，对于模型 M_3 和 M_4 而言，模型参数 a 和 D 的先验分布及其超参数分别为 $a\sim\text{Weibull}(0.0351,11.5299)$，$D\sim\text{Log}N(4.0408,0.4943)$ 和 $a\sim N(0.0080,2.2500\times10^{-6})$，$D\sim\text{Ga}(9.3590,51.7050)$。

对于模型参数服从共轭先验分布的模型 M_2 而言，根据文献 [9] 中的超参数估计方法可得，$D\sim\text{Ga}(2.4931,31.4991)$，$a|D\sim N(0.0227,1.0613\times10^{-7}/D)$。

表 6.5 从拟合优度的角度确定了模型参数 a 和 D 的先验分布类型，但模型的 RUL 预测性能受到具体参数的影响，即与参数的先验分布类型有关，以期由拟合优度检验确定的先验分布能够生产与真实参数分布一致的样本。因此，从模型 RUL 预测性能的角度出发，采用留一法对模型参数 a 和 D 先验分布类型的选择进行交叉验证，同时对拟合优度检验的结果进行验证。

以模型 M_1 为例，从表 6.4 列举的 18 组工作应力水平下的退化模型参数估计值 $(\hat{a}_{jk0},\hat{\sigma}^2_{Bjk0})$ 中随机抽取一组估计值作为测试样本，其余 17 组估计值作为训练样本；对于训练样本，利用 MLE 算法估计模型参数在预设分布类型下的超参数，从中随机抽取 500 组数据代入式（6.24）中并根据式（6.25）求取期望，得到训练样本下加速度计在 $t=0$ 时刻的 RUL，即寿命；对于测试样本，直接将其代入式（6.20）中并根据式（6.25）求取期望，得到测试样本下加速度计寿命；重复上述步骤 18 次，得到两组寿命预测值，计算这两组寿命预测值的 MSE，并记录在表 6.6 中。

表 6.6　模型参数在各待选分布下交叉验证结果的 MSE

D \ a	指数分布	极值分布	正态分布	对数正态分布	Gamma 分布	Weibull 分布
指数分布	5.8165×10^5	2.0795×10^4	2.1745×10^4	2.1695×10^4	6.8309×10^4	2.0746×10^4
极值分布	6.1775×10^5	2.1574×10^4	2.2425×10^4	2.3175×10^4	7.6434×10^4	2.1786×10^4
正态分布	5.5868×10^5	1.9763×10^4	2.2030×10^4	2.0912×10^4	6.8191×10^4	1.9662×10^4
对数正态分布	4.7050×10^5	1.7738×10^4	1.8265×10^4	2.0374×10^4	6.3440×10^4	1.6343×10^4
Gamma 分布	4.3640×10^5	1.4014×10^4	1.7632×10^4	1.8525×10^4	6.2550×10^4	**1.1543×10^4**
Weibull 分布	4.4411×10^5	1.5093×10^4	2.0640×10^4	1.9073×10^4	6.5904×10^4	1.3174×10^4

如表 6.6 所示，当模型参数 a 的先验分布为 Weibull 分布，参数 D 的先验分布为 Gamma 分布时，交叉验证预测结果的 MSE 值最小，说明该结果即为最优分布。这与由 AD 拟合优度检验得到的结果是一致的。结合表 6.5 和表 6.6 中的结果可知，在绝大多数情况下，表 6.5 中的 AD 统计量越小，表 6.6 中的 MSE 值也越小，这说明拟合优度检验的结果越好，模型的预测性能也越强。这进一步验证了利用 AD 拟合优度检验来确定模型参数先验分布类型的合理性。

6.6.3 小节将根据正常工作应力水平下的 CM 数据更新模型参数，并预测加速度计的 RUL。

6.6.3　RUL 预测与分析

选择一个同批次的加速度计在正常工作应力水平下进行通电测试。每次连续通电 10h，相邻两次通电间隔 8h，连续通电 20 次后记录一次测试数据。与 CSADT 相似，将首次测数据为初始值，以每次测试数据相对初始值的漂移量作为 CM 数据，共得到 10 个 CM 数据，如图 6.5 所示。记录 7 次 CM 数据后，加速度计的退化轨迹达到失效阈值，则该加速度计的真实寿命为 $T=1.49\times10^3$ h。

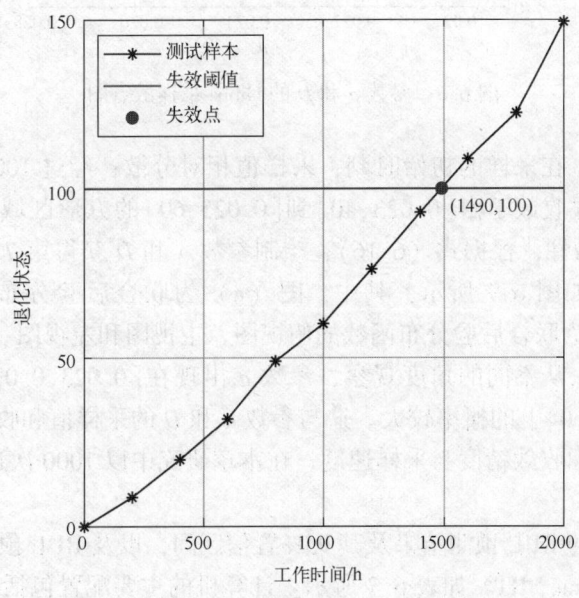

图 6.5　加速度计在工作应力水平下的退化轨迹

每次得到新的 CM 数据后,利用 Bayesian 推理更新退化模型的参数,并对该加速度计进行 RUL 预测。对于模型 M_2 来说,在模型参数服从共轭先验分布的情况下,利用文献 [9] 的方法对更新模型参数的后验分布,再根据式 (6.21) 预测该加速度计的 RUL。对于模型 M_1、M_3 和 M_4 来说,在模型参数服从共轭先验分布的情况下,利用 Gibbs 采样方法获得模型参数联合后验分布的采样值,代入式 (6.24) 中,预测该加速度计的 RUL。

在 Gibbs 采样中,将前 1000 次迭代次数作为收敛时间,并将采样值舍弃;选取收敛后的 100 个采样值作为模型参数联合后验分布的采样结果。关于收敛时间所需迭代次数的确定,以获得第 7 个 CM 数据后,退化模型参数 a 和 D 的 Bayesian 更新过程为例进行 Gibbs 采样,共进行 1010 次采样,具体采样过程的散点图如图 6.6 所示,其中点表示采样值,圆圈表示前 20 次采样值,三角形表示最后 10 次采样值。

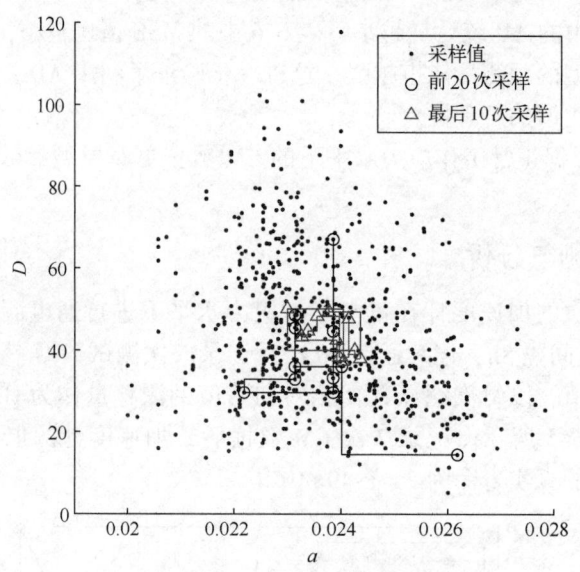

图 6.6 参数 a 和 D 的 Gibbs 采样散点图

由图 6.6 可知,在采样的初始时刻,采样值相对分散;经过 1000 次迭代后,参数 a 和 D 的采样值明显收敛于由 [0.023,40] 到 [0.025,60] 的方形区域内。为了进一步验证 Gibbs 采样的收敛性,根据式 (6.16),绘制参数 a 和 D 获得第 7 个 CM 数据后的联合后验分布函数,如图 6.7 所示,其中,图 (a) 为联合后验分布函数的三维视图,图 (b)~(d) 分别为联合后验分布函数的俯视图、主视图和左视图。

由图 6.7 可知,从不同的角度观察,参数 a 出现在 [0.023,0.025] 上的概率较大,参数 D 出现在 [40,60] 上的概率较大。这与参数 a 和 D 的采样值收敛后的范围保持一致。因此,综合考虑收敛精度与采样速度,在本章研究中以 1000 次迭代次数作为 Gibbs 采样的收敛时间。

四个模型所得的 RUL 预测结果及其 95% 置信区间,以及 RUL 预测所需的计算机运行时间 (Running Time, RT) 如表 6.7 所示。计算机的主要配置包括 16GB RAM 和 Intel (R) Core i7-7700 CPU。

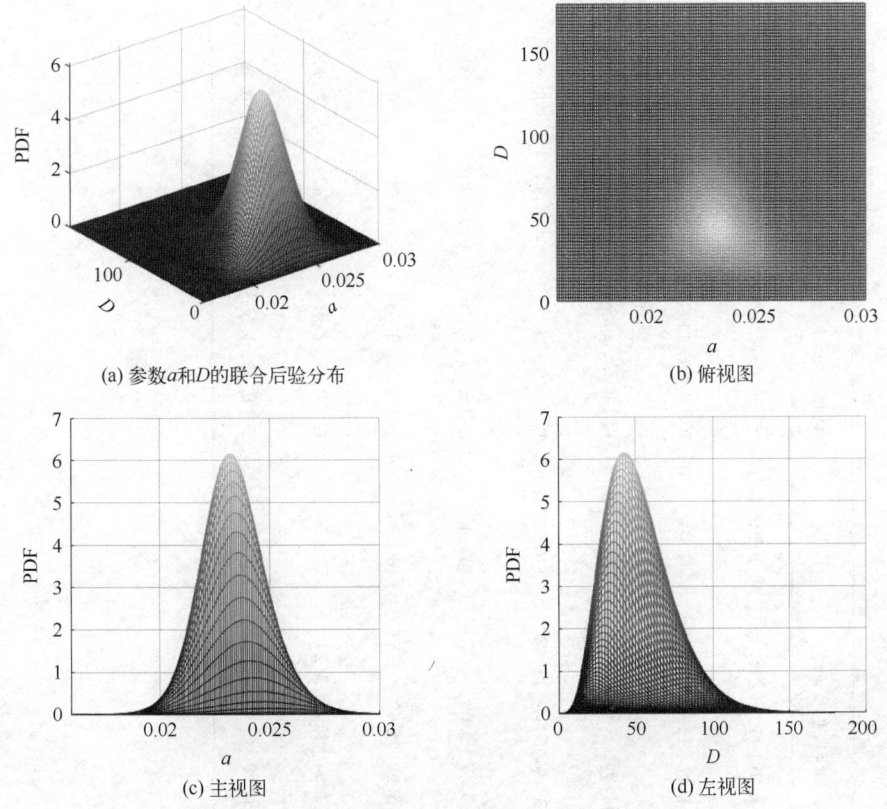

(a) 参数 a 和 D 的联合后验分布　　(b) 俯视图

(c) 主视图　　(d) 左视图

图 6.7　参数 a 和 D 联合后验分布函数

如表 6.7 所示，与模型 M_2、M_3 和 M_4 相比，模型 M_1 具有更高的 RUL 预测精度和范围更小的置信区间。说明模型 M_1 在保证 RUL 预测准确性的同时，具有更小的不确定性。模型 M_1、M_3 和 M_4 所需的 RT 差别不大，但明显长于模型 M_2 所需的 RT。这是由于模型 M_1、M_3 和 M_4 中的参数服从非共轭的先验分布，需要通过 Gibbs 采样来更新联合后验分布，并对模型参数进行采样，这占用了 RT 中耗时最长的部分；而模型 M_2 的参数服从共轭的先验分布，可直接根据 CM 数据更新后验分布，这节约了大量的 RT。但是，四种模型进行 RUL 预测所需的 RT 远小于加速度计测试的时间间隔，因此，RT 并不影响对测试样本的 RUL 预测。

注释 6.1：表 6.7 中第一行所列写的四个模型所得的 RUL 预测结果是仅由同批次加速度计的加速退化数据作为先验信息而得到的，并未根据 CM 数据对模型参数的后验分布进行更新，因此，与真实 RUL 的偏差相对较大。这也从另一个角度说明了，当仅有同批次设备的加速退化数据，而没有测试设备的 CM 数据时，无法针对具体的设备个体更新退化模型参数，难以得到精确的 RUL 预测值。只有当获得测试设备的实时 CM 数据时，才能够更新退化模型参数，得到当前时刻相对精确的 RUL 预测值。

为了更加直观地比较，加速度计在四种模型中 RUL 预测的结果如图 6.8 所示。

由图 6.8 可知，随着 CM 数据的不断积累，退化模型参数的后验分布也随之更新，四种模型所得 RUL 分布的 PDF 逐渐变得尖锐且紧密，说明预测 RUL 的不确定性逐渐减小。此外，模型 M_1 的 RUL 预测结果在预测准确性和不确定性方面明显优于另外三种模

表 6.7　四种模型所得的 RUL 预测结果

时间/h	模型 M_1		模型 M_2		模型 M_3		模型 M_4		真实 RUL /(10^2/h)
	RUL/(10^2/h)	RT/s	RUL/(10^2/h)	RT/s	RUL/(10^2/h)	RT/s	RUL/(10^2/h)	RT/s	
0	13.16 [11.03, 16.32]	10.47	11.79 [10.01, 14.08]	5.47	14.46 [11.34, 18.17]	7.29	12.75 [10.68, 15.83]	8.27	14.90
200	13.24 [11.13, 16.04]	43.63	13.43 [10.20, 19.35]	16.55	14.49 [11.87, 17.58]	41.44	11.70 [9.79, 14.26]	42.99	12.90
400	11.52 [9.20, 13.71]	77.53	11.87 [9.55, 14.16]	27.76	11.95 [9.93, 14.28]	76.06	11.40 [9.21, 13.65]	78.11	10.90
600	9.76 [8.95, 11.00]	111.45	9.96 [7.98, 11.71]	38.98	8.19 [6.87, 12.68]	110.72	9.70 [8.07, 11.77]	113.48	8.90
800	6.70 [6.24, 8.02]	145.44	7.06 [5.45, 8.15]	50.19	7.47 [6.08, 9.63]	145.46	7.51 [6.11, 9.19]	148.70	6.90
1000	5.41 [4.81, 6.31]	179.58	5.52 [4.26, 6.78]	61.47	5.52 [4.41, 6.75]	180.36	4.09 [3.29, 5.05]	183.98	4.90
1200	3.12 [2.69, 3.79]	213.74	3.21 [2.40, 3.97]	72.79	2.54 [1.96, 3.24]	215.31	2.32 [1.82, 2.91]	219.42	2.90
1400	0.89 [0.67, 1.22]	247.95	0.92 [0.56, 1.33]	84.47	0.99 [0.45, 1.56]	250.30	1.07 [0.63, 1.69]	254.81	0.90

型的 RUL 预测结果。这是因为模型 M_2 并未根据实际的退化数据确定模型参数的分布类型，而是预先假设模型参数服从共轭先验分布，以便利用其优良的统计特性。但是，当

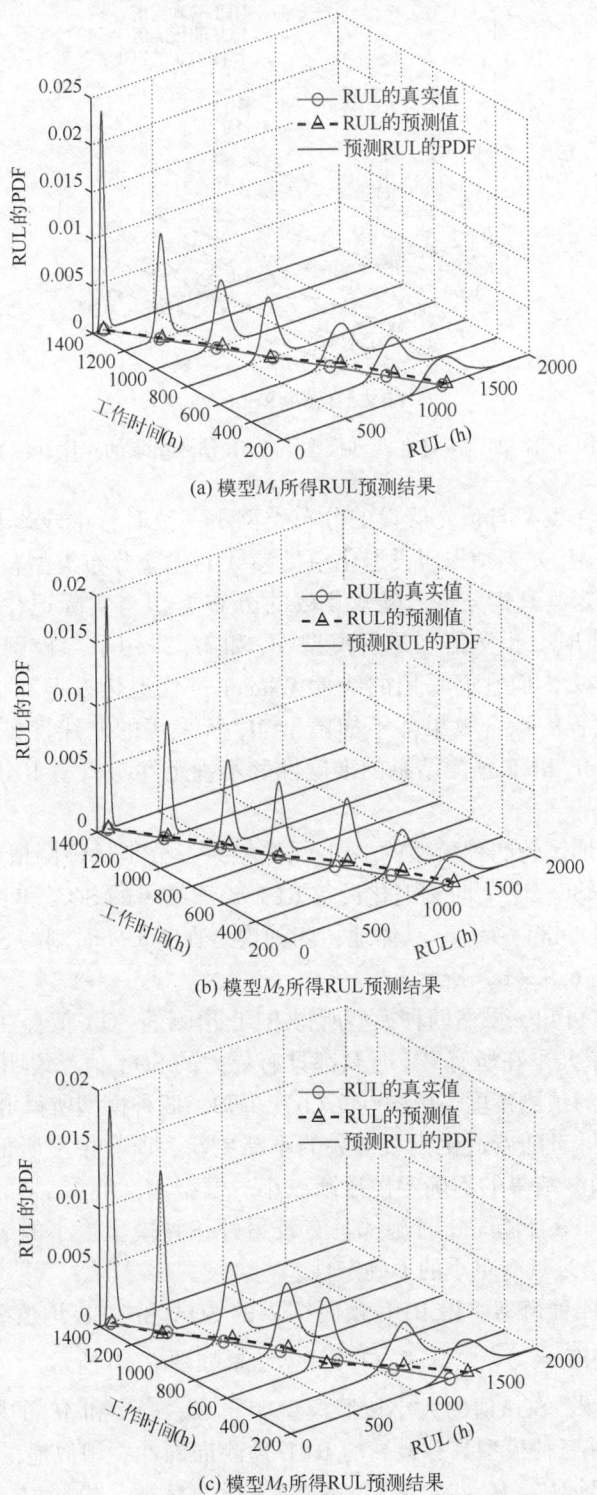

(a) 模型 M_1 所得 RUL 预测结果

(b) 模型 M_2 所得 RUL 预测结果

(c) 模型 M_3 所得 RUL 预测结果

图 6.8　加速度计在四种模型下 RUL 预测结果的对比

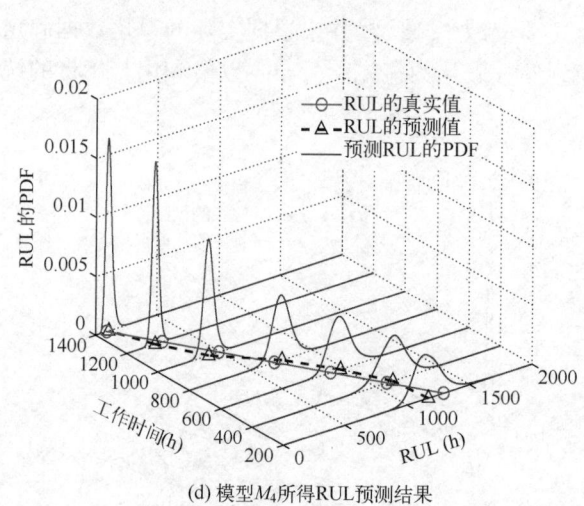

(d) 模型M_4所得RUL预测结果

图6.8　加速度计在四种模型下 RUL 预测结果的对比（续）

模型参数的真实分布类型与预先假设的分布类型不一致时，将导致 RUL 预测结果的偏差。相反地，模型 M_1 并未预先假设退化模型参数的先验分布类型，而是利用 AD 拟合优度检验的方法确定其真实分布，模型参数的分布类型与实际退化过程尽可能吻合，以得到高准确性的 RUL 预测值。尽管模型 M_3 和 M_4 采用了与模型 M_1 相同的模型参数先验分布确定方法，但它们采用的线性 Wiener 过程退化模型和指数退化模型与退化设备实际退化过程的拟合效果并不如模型 M_1 所采用的非线性扩散过程退化模型，因此，模型 M_3 和 M_4 RUL 预测结果的准确性和不确定性与模型 M_1 所得结果存在一定的差距。

为进一步定量地比较四种模型的 RUL 预测结果，分别从预测精度和不确定性的角度引入 SOA[27]和 MSE[28]。t_κ 时刻退化设备 RUL 预测结果的 SOA 和 MSE 的定义分别如式（4.46）和式（4.48）所示。具体地，四种模型在各 CM 时刻的 SOA_κ 和 MSE_κ 分别如图 6.9（a）和图 6.9（b）所示。

由图 6.9（a）可知，虽然四种模型所得 RUL 预测的 SOA 值存在一定程度的波动，但模型 M_1 所得结果几乎在所有 CM 时刻都具有更大的 SOA 值，说明模型 M_1 所得 RUL 预测结果具有更高的预测精度。由图 6.9（b）可知，四种模型所得 RUL 预测的 MSE 值具有相似的趋势，并且随着退化模型参数的不断更新，所有模型所得的 MSE 值均逐渐减小，说明 RUL 预测结果的不确定性逐渐减小。模型 M_1 所得结果的 MSE 值始终保持较低的水平，且几乎在所有 CM 时刻都具有较另外三种模型更小的 MSE 值，说明模型 M_1 所得 RUL 预测结果具有更小的不确定性。

进一步地，将四种模型所得 RUL 预测结果的 SOA 和 MSE 均值分别表示为 $\overline{SOA} = \sum_{\kappa=1}^{7} SOA_\kappa/7$ 和 $\overline{MSE} = \sum_{\kappa=1}^{7} MSE_\kappa/7$，具体结果如图 6.10 所示。

根据所示的结果，$\overline{SOA}$ 值的大小按照模型 M_1、M_2、M_3 和 M_4 的顺序依次减小，因此，模型 M_1 较另外三种模型具有最高的 RUL 预测准确性。相似地，模型 M_1 有最小的 $\overline{MSE}$ 值，并按照模型 M_2、M_4 和 M_3 的顺序依次增大，因此，模型 M_1 较另外三种模型具有最小的 RUL 预测不确定性。

第 6 章 融合加速退化数据与 CM 数据的非线性退化建模与 RUL 预测方法

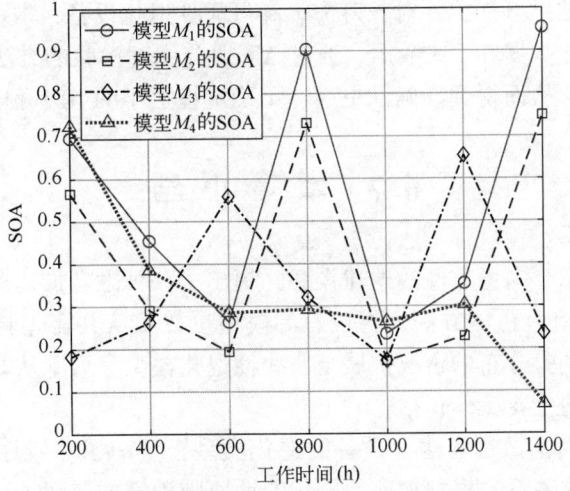

(a) 四种模型下 RUL 预测的 SOA 对比

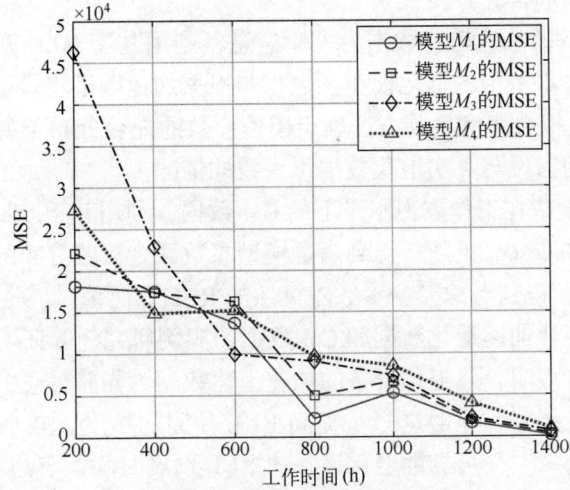

(b) 四种模型下 RUL 预测的 MSE 对比

图 6.9 加速度计在四种模型下 RUL 预测的 SOA 和 MSE 对比

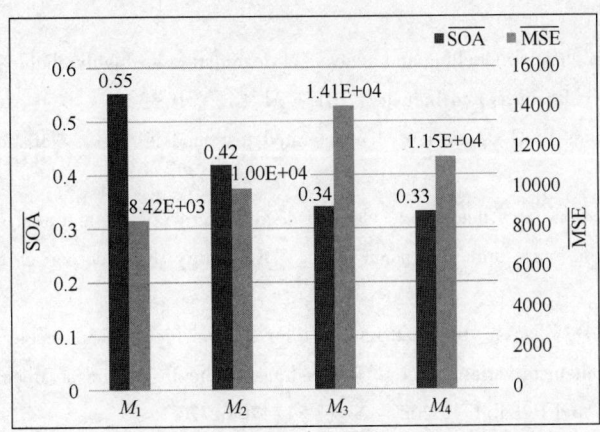

图 6.10 四种模型下 RUL 预测的 SOA 和 MSE 均值对比

通过上述对比结果可知,针对长寿命、高可靠性退化设备,本章所提方法能够有效融合设备的加速退化数据和 CM 数据,通过 AD 拟合优度检验的方法确定更准确的模型参数先验分布类型,从而得到准确性更高、不确定性更小的 RUL 预测结果。

6.7 本章小结

本章针对长寿命、高可靠性的退化设备,提出了一种融合加速退化数据与 CM 数据非线性退化建模与 RUL 预测方法,将现有的模型参数服从共轭先验分布和线性退化模型参数服从非共轭先验分布的情况扩展至非线性退化模型参数服从非共轭先验分布的情况。具体地,本章的主要工作包括:

(1) 基于非线性扩散过程建立设备的退化模型,考虑了非线性退化模型中模型参数与加速应力水平的关系,根据加速因子一致性原则确定加速因子,并推导出两种应力水平下模型参数之间的折算转换关系。

(2) 以退化设备的加速退化数据为先验信息,利用基于 MLE 算法的两步参数估计算法估计各加速应力水平下的退化模型参数,并根据加速因子将模型参数折算至工作应力水平下,利用 AD 拟合优度检验方法确定模型参数的先验分布类型,避免了模型参数服从共轭先验分布的假设与真实退化数据不一致的情况。

(3) 根据退化设备在工作应力水平下的 CM 数据,利用基于 Gibbs 采样的 MCMC 方法实现模型参数的 Bayesian 更新,得到满足模型参数联合后验分布的采样值,将其代入 RUL 分布的 PDF 中,得到考虑模型参数随机性的 RUL 预测值。

通过某型加速度计加速退化数据和 CM 数据的实例研究,验证了本章所提方法的有效性和优越性。结果表明,以退化设备的加速退化数据为先验信息,利用 CM 数据对模型参数进行实时后验更新,能够进一步提高 RUL 预测的精度,减小预测结果的不确定性,有效缩短了长寿命、高可靠性退化设备的 RUL 预测时间,节约了试验成本。

参 考 文 献

[1] Ye Z S, Xie M. Stochastic modelling and analysis of degradation for highly reliable products [J]. Applied Stochastic Models in Business and Industry, 2015, 31 (1): 16-32.

[2] Escobar L A, Meeker W Q. A review of accelerated test models [J]. Statistical Science, 2006, 21 (4): 552-577.

[3] Wu J P, Kang R, Li X Y. Uncertain accelerated degradation modeling and analysis onsidering epistemic uncertainties in time and unit dimension [J]. Reliability Engineering & System Safety, 2020, 201: 106967.

[4] Wang H Y, Ma X B, Zhao Y. Bayesian inference for a novel hierarchical accelerated degradation model considering the mechanism variation [J]. Proceedings of the Institution of Mechanical Engineers, Part O: Journal of Risk and Reliability, 2020, 234 (5): 708-720.

[5] Wang L Z, Pan R, Li X Y, et al. A Bayesian reliability evaluation method with integrated accelerated degradation testing and field information [J]. Reliability Engineering & System Safety, 2013, 112:

38-47.

[6] Zhou Q, Son J B, Zhou S Y, et al. Remaining useful life prediction of individual units subject to hard failure [J]. IIE Transactions, 2014, 46 (10): 1017-1030.

[7] Wang X. Wiener processes with random effects for degradation data [J]. Journal of Multivariate Analysis, 2010, 101 (2): 340-351.

[8] Jin G, Matthews D E, Zhou Z B. A Bayesian framework for on-line degradation assessment and residual life prediction of secondary batteries inspacecraft [J]. Reliability Engineering & System Safety, 2013, 113 (1): 7-20.

[9] Wang H W, Xu T X, Wang W Y. Remaining life prediction based on Wiener processes with ADT prior information [J]. Quality and Reliability Engineering International, 2016, 32 (3): 753-765.

[10] 王浩伟, 徐廷学, 赵建忠. 融合加速退化和现场实测退化数据的剩余寿命预测方法 [J]. 航空学报, 2014, 35 (12): 3350-3357.

[11] Zhao X J, Xu J Y, Liu B. Accelerated degradation tests planning with competing failure modes [J]. IEEE Transactions on Reliability, 2017, 67 (1): 142-155.

[12] Hao S H, Yang J, Berenguer C. Nonlinear step-stress accelerated degradation modelling considering three sources of variability [J]. Reliability Engineering & System Safety, 2018, 172: 207-215.

[13] Lim H, Kim Y S, Bae S J, et al. Partial accelerated degradation test plans for Wiener degradation processes [J]. Quality Technology & Quantitative Management, 2019, 16 (1): 67-81.

[14] Whitmore G A, Schenkelberg F. Modelling accelerated degradation data using Wiener diffusion with a time scale transformation [J]. Lifetime Data Analysis, 1997, 3 (1): 27-45.

[15] Liao H T, Elsayed E A. Reliability inference for field conditions from accelerated degradation testing [J]. Naval Research Logistics, 2006, 53 (6): 576-587.

[16] Wang H W, Xi W J. Acceleration factor constant principle and the application under ADT [J]. Quality and Reliability Engineering International, 2016, 32 (7): 2591-2600.

[17] Si X S, Wang W B, Hu C H, et al. Remaining useful life estimation based on a nonlinear diffusion degradation process [J]. IEEE Transactions on Reliability, 2012, 61 (1): 50-67.

[18] Ye Z S, Chen N, Shen Y. A new class of Wiener process models for degradation analysis [J]. Reliability Engineering & System Safety, 2015, 139: 58-67.

[19] Tang S J, Guo X S, Yu C Q, et al. Accelerated degradation tests modeling based n the nonlinear Wiener process with random effects [J]. Mathematical Problems in Engineering, 2014, 2014 (2): 1-11.

[20] Si X S, Wang W B, Hu C H, et al. Remaining useful life estimation: A review n the statistical data driven approaches [J]. European Journal of Operational Research, 2011, 213 (1): 1-14.

[21] Nelson W. Accelerated testing: statistical models, test plans, and data analysis [M]. New York: John Wiley & Sons, 2009.

[22] Grace A W, Wood I A. Approximating the tail of the Anderson-Darling distribution [J]. Computational Statistics & Data Analysis, 2012, 56 (12): 4301-4311.

[23] Gasparini M. Markov chain Monte Carlo in practice [J]. Technometrics, 1999, 39 (3): 338.

[24] Geman S, Geman D. Stochastic relaxation, Gibbs distributions, and the Bayesian restoration of images [J]. IEEE Transactions on Pattern Analysis and Machine Intelligence, 1984, 1984 (6): 721-741.

[25] Gebraeel N, Lawley M, Li R, et al. Residual-life distributions from component degradation signals: A Bayesian approach [J]. IIE Transactions, 2005, 37 (6): 543-557.

[26] Si X S, Wang W B, Chen M Y, et al. A degradation path-dependent approach for remaining useful life

estimation with an exact and closed-form solution [J]. European Journal of Operational Research, 2013, 226 (1): 53-66.

[27] Le Son K, Fouladirad M, Barros A, et al. Remaining useful life estimation based on stochastic deterioration models: A comparative study [J]. Reliability Engineering & System Safety, 2013, 112: 165-175.

[28] Si X S, Wang W B, Hu C H, et al. A Wiener-process-based degradation model with a recursive filter algorithm for remaining useful life estimation [J]. Mechanical Systems and Signal Processing, 2013, 35 (1): 219-237.

第 7 章 考虑多重不确定性的非线性步进应力加速退化建模与 RUL 预测方法

7.1 引　言

现代设计水平和制造工艺的不断提高，以及人们对高质量设备的需求不断增加，促使越来越多长寿命、高可靠性的设备问世，特别是在航空航天和军事领域。由于这类设备在正常工作应力水平下的退化相对缓慢，为获得足够的 CM 数据评估其可靠性、预测其 RUL，往往需要大量的时间和高昂的成本。为了缩短试验时间、降低试验成本，ADT 已经成为快速获取设备退化数据的有效方法。根据绪论中的描述可知，SSADT 能够在较短时间内得到足够的退化数据以便进行可靠性评估和 RUL 预测，且所需样本量较少[1]；SSADT 较 CSADT 的效率更高，较 PSADT 的实现难度更小，后续计算更为简便。因此，SSADT 已被广泛应用于设备的可靠性评估和 RUL 预测中[2-4]。

与工作应力水平下的退化建模类似，对于加速应力水平下的退化建模而言，退化过程的非线性和不确定性仍然是影响模型准确度和 RUL 预测精度的两个重要因素。Si 等[5]基于改进的 Wiener 过程，即扩散过程，提出了一种在工作应力水平下更具有普适性的非线性退化建模与 RUL 预测方法。受到文献 [5] 的启发，Tang 等[6]在加速应力水平下，基于非线性扩散过程提出了一种考虑模型参数随机效应的非线性加速退化过程建模方法。Sun 等[7]利用广义 Wiener 过程和 Copula 函数，建立了具有多性能参数的非线性加速退化模型。值得注意的是，目前有关基于步进加速退化数据的非线性退化建模与 RUL 预测的研究非常有限。

除上述非线性特征外，在加速退化建模中还应考虑多重不确定性的影响。正常应力水平下的退化过程包含多重不确定性的影响，即时变不确定性、个体差异性和测量不确定性，近年来也有大量的相关研究[8-11]。例如，Ye 等[8]提出了一个带有测量误差的混合效应模型，对带有正漂移和高斯噪声的传统 Wiener 过程进行研究；Ye 和 Xie[9]总结了存在随机白噪声影响的随机过程模型；Si 等[10]基于线性 Wiener 过程，提出了考虑上述三重不确定性的 RUL 预测方法；Zheng 等[11]将文献 [10] 中基于线性 Wiener 过程的退化模型推广至非线性条件下，提出了考虑三重不确定性的扩散过程退化建模和 RUL 预测方法。

相似地，步进应力水平下的退化过程也存在上述三种不确定性，此外，还包括以加速应力为协变量的测量不确定性。具体来说，时变不确定性是由设备的退化过程是随时间变化而造成的，利用基于随机过程的退化建模方法，能够有效地描述这种不确定性，因而在工作应力水平下[12-14]和加速应力水平下[15-17]得到了广泛的应用。退化设备的个体差异性和 CM 过程中对设备真实退化状态的测量不确定性在第 4 章的研究中有所涉及，但仅仅针对工作应力下能够获得足够退化数据的设备。在第 6 章的研究中，将退化模型的漂移系数作为随机参数以表征退化设备的个体差异性，并针对 CSADT 建立了加速退化模型参数与加速应力水平间的对应关系。因此，有必要在基于 SSADT 的退化建模中考虑退化设备的个体差异性和对设备真实退化状态的测量不确定性。此外，由于试验流程的约束和和测量仪器性能的限制，测量不确定性可能不仅存在于设备真实退化状态的监测中，还可能出现在对于协变量的测量中，即加速应力水平的测量中。Cook 和 Stefanski[18]在考虑协变量测量误差的情况下，提出了一种基于仿真和外推（Simulation and Extrapolation，SIMEX）的参数估计方法。Raymond 等[19]进一步证明了 SIMEX 方法在非线性模型中的良好性能。He 等[20]提出了一种考虑协变量测量误差的加速失效时间模型，利用 SIMEX 方法估计其模型参数，并讨论了忽略协变量测量误差的影响。当前针对非线性步进应力加速退化建模与 RUL 预测方法的研究，仅仅考虑了一重或两重不确定性，如文献 [21-22]。即便是在非常有限的考虑三重不确定性的退化建模研究中[23]，也仅讨论了退化设备的可靠性和寿命的分布，而没有推导出针对退化设备个体 FHT 意义下的 RUL 分布，并且无法根据实时 CM 数据更新 RUL 分布。

　　基于上述讨论可知，非线性和多重不确定性是设备在退化过程中普遍存在且影响 RUL 预测准确性的重要因素，在退化建模时有必要将其考虑在内。目前针对 SSADT 退化建模的研究大多只考虑了上述不确定性的一部分，尤其是考虑协变量测量不确定性的研究非常有限。鉴于此，本章针对具有非线性退化过程的长寿命、高可靠退化设备，提出了一种考虑多重不确定性的非线性步进应力加速退化建模与 RUL 预测方法。首先，基于非线性扩散过程建立设备的退化模型，用于描述设备在随机退化过程中的时变不确定性，将退化模型的漂移系数视为与加速应力相关的随机变量，用于描述设备的个体差异性；其次，同时考虑设备退化状态和加速应力协变量的测量不确定性，推导得到了 FHT 意义下退化设备在任意时刻 RUL 分布的 PDF；随后，提出了一种改进的 MLE-SIMEX 模型参数估计方法，并利用 Bayesian 推理基于退化设备的 CM 数据更新退化模型参数，实现了退化设备 RUL 的实时预测；最后，通过仿真算例和某型陀螺仪退化数据的实例研究验证了所提方法的有效性和优越性。本章的主要贡献有三个方面：其一，考虑了非线性步进应力加速退化模型中存在的多重不确定性，尤其是协变量的测量不确定性；其二，推导得到了 FHT 意义下退化设备 RUL 分布的解析表达式；其三，有效解决了存在多重不确定性的退化模型参数估计问题，并可利用 Bayesian 推理实时更新模型参数。

　　本章的具体结构如下：7.2 节建立考虑多重不确定性的加速退化模型；7.3 节推导 FHT 意义下退化设备在任意时刻 RUL 分布的 PDF；7.4 节介绍基于改进 MLE-SIMEX 的模型参数估计方法和基于 Bayesian 推理的模型参数更新方法；7.5 节和 7.6 节分别通过数值仿真和某型陀螺仪退化数据的实际案例验证本章所提方法的有效性；7.7 节对本章工作进行总结。

7.2 考虑多重不确定性的加速退化建模

本节将基于 SSADT 建立考虑多重不确定性的加速退化模型，同时对退化模型中的多重不确定性进行描述。

7.2.1 基于 SSADT 的退化建模

令 $\{X(t), t \geq 0\}$ 表示设备的非线性退化过程[5]，其中，$X(t)$ 为退化设备在 t 时刻的性能退化状态，利用扩散过程模型进行描述，即

$$X(t) = X(0) + a \cdot \int_0^t \mu(\tau;\boldsymbol{\theta}) d\tau + \sigma_B B(t) \tag{7.1}$$

其中，退化过程 $\{X(t), t \geq 0\}$ 由带有非线性漂移 $a \cdot \mu(t;\boldsymbol{\theta})$ 的标准 BM $B(t)$ 所驱动。$a \cdot \mu(t;\boldsymbol{\theta})$ 和 σ_B 分别表示漂移参数和扩散系数；参数 a 为描述设备退化速率的随机变量，表示同批次设备间的个体差异性；$\mu(t;\boldsymbol{\theta})$ 为包含未知参数矢量 $\boldsymbol{\theta}$ 且随时间 t 变化的非线性函数，表示设备退化过程的非线性和时变性；参数矢量 $\boldsymbol{\theta}$ 为固定参数，表示同类设备退化过程中的共性特征。不失一般性，假设在 $t=0$ 时刻，设备的退化状态 $X(0) = 0$。

根据 FHT 的概念，设备的退化过程首次达到失效阈值 ω 的时间被定义为系统的寿命 T[13]，即

$$T = \inf\{t: X(t) \geq \omega \mid X(0) < \omega\} \tag{7.2}$$

式中：ω 表示设备的失效阈值，通常是由专家经验知识或具体系统的行业标准所确定的常数；寿命 T 的 PDF 表示为 $f_T(t)$。

与式（6.3）的结论相同，对于由式（7.1）所描述的退化过程，当不考虑参数 a 的随机效应时，FHT 意义下退化设备寿命 T 的 PDF $f_{T|a}(t|a)$ 可以表示为[5]

$$f_{T|a}(t|a) \cong \frac{1}{\sqrt{2\pi t}} \left[\frac{V(t)}{t} + \frac{a \cdot \mu(t;\boldsymbol{\theta})}{\sigma_B} \right] \exp\left[-\frac{V^2(t)}{2t}\right] \tag{7.3}$$

式中：

$$V(t) = \frac{1}{\sigma_B}\left[\omega - a \cdot \int_0^t \mu(\tau;\boldsymbol{\theta}) d\tau\right]$$

由第 6 章的分析可知，在温度应力作为影响设备退化过程主要因素的情况下，Arrhenius 模型常用于描述退化模型参数与温度应力之间的关系，具体可表示为

$$\zeta = M\exp[E_a/KS] \tag{7.4}$$

式中：ζ 表示与加速应力水平相关的模型参数；S 表示以开尔文为单位的温度应力；常数 M 与加速试验类型、设备失效模式以及其他因素相关；E_a 为激活能，表示与设备材料相关的常数；K 为玻耳兹曼常数，且 $K = 8.6171 \times 10^{-5}$ eV/K。

在 SSADT 中试验样本在阶段性时间内受到恒定的加速应力，然后应力逐渐上升到较高的水平或下降到较低的水平，直到测试达到截止时间或失效样本数量达到预定值为止。本章选择应力水平逐渐上升的 SSADT，具体的应力变化如图 7.1 所示

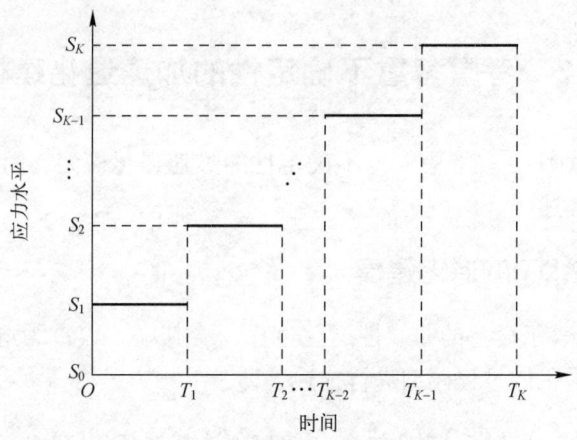

图 7.1 SSADT 应力变化示意图

由图 7.1 可知,SSADT 共经历 K 个加速应力水平,按照 $S_1, S_2, \cdots, S_K$ 的顺序逐渐提高。具体应力水平 S_k 与时间 t 的关系可表示为

$$S_k = \begin{cases} S_1, & 0<t<T_1 \\ S_2, & T_1<t<T_2 \\ \vdots & \vdots \\ S_K, & T_{K-1}<t<T_K \end{cases} \tag{7.5}$$

本章考虑到 SSADT 中加速应力水平变化的复杂性,为便于后续 RUL 分布的推导,采用与文献 [23-25] 一致的假设,即退化模型的漂移系数 a 与加速应力水平相关。因此,可将加速应力水平 S_k 下的漂移系数 a_k 表示为

$$a_k = c_a \exp[d_a / S_k] \tag{7.6}$$

式中: $c_a = M$, $d_a = E_a / K$。

7.2.2 考虑多重不确定性的模型描述

本小节将针对具体的步进应力加速退化模型,描述其中存在的多重不确定性,即时变不确定性、个体差异性以及设备退化状态和协变量的测量不确定性。

对于由标准 BM $B(t)$ 所驱动的非线性退化模型式(7.1)来说,基于随机过程的退化模型描述了设备退化过程随时间变化的固有不确定性,即时变不确定性。

由于退化设备在设计、生产和工作过程中存在性能差异,因此同批次设备退化轨迹不同,表现出不同的退化速率,称为退化设备的个体差异性。通常,将退化模型中表示设备退化速率的漂移系数作为描述设备个体差异性的随机参数,并且,漂移系数 a_k 与加速应力水平 S_k 相关。考虑到漂移系数 a_k 的随机效应,假设参数 c_a 为一个服从正态分布的随机变量,即 $c_a \sim N(\mu_c, \sigma_c^2)$,那么,$a_k \sim N(\mu_{ak}, \sigma_{ak}^2)$,根据式(7.6)可知,参数 μ_{ak} 和 σ_{ak}^2 分别为

$$\begin{cases} \mu_{ak} = \mu_c \exp[d_a / S_k] \\ \sigma_{ak}^2 = \sigma_c^2 \exp[2d_a / S_k] \end{cases} \tag{7.7}$$

第7章 考虑多重不确定性的非线性步进应力加速退化建模与 RUL 预测方法

此外，由于设备复杂性的提高，在工程实际中往往难以直接获取设备的真实退化状态，或直接进行测量的成本过高。因此，所获得 CM 数据不可避免地受到外界噪声干扰和监测设备性能等因素引起的测量不确定性。为此，可利用测量过程 $\{Y(t), t \geq 0\}$ 描述 CM 数据与真实退化状态之间的关系，即

$$Y(t) = X(t) + \varepsilon(t) \tag{7.8}$$

式中：$\varepsilon(t)$ 表示设备退化状态的测量误差，假设在任意时刻 t，$\varepsilon(t)$ 独立同分布，且 $\varepsilon(t) \sim N(0, \sigma_\varepsilon^2)$，该假设广泛应用于随机退化建模中[11,26-27]。

同样地，在 ADT 中通常假设试验样本在已知应力水平下进行试验，应力水平的大小被控制在预设的规定值。但测量误差的存在使得试验样本所处的真实应力水平与规定的应力水平之间存在一定的偏差，这类协变量的测量不确定性出现在大多数的 ADT 中。因此，可将退化设备在第 k 阶段的真实加速应力水平 $S_{\varphi k}$ 表示为

$$S_{\varphi k} = S_k + \varphi \tag{7.9}$$

式中：φ 表示协变量测量误差，且 $\varphi \sim N(0, \sigma_\varphi^2)$。

综合上述非线性步进应力加速退化模型中的多重不确定性，将退化模型改写为

$$\begin{aligned} Y(t) &= X(t, S_{\varphi k}) + \varepsilon(t) \\ &= c_a \exp[d_a / S_{\varphi k}] \cdot \int_0^t \mu(\tau; \boldsymbol{\theta}) \mathrm{d}\tau + \sigma_B B(t) + \varepsilon(t) \end{aligned} \tag{7.10}$$

那么，本章所提出的非线性步进加速退化模型的基本原理如图 7.2 所示。

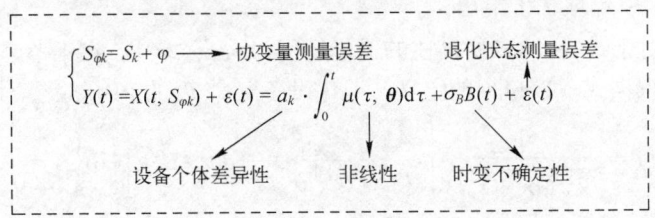

图 7.2 本章所提模型的基本原理示意图

根据 SSADT 的特征，设备在下一个应力水平下退化状态的初值是上一个应力水平下退化状态的终值。因此，可将步进加速应力水平下设备的退化过程表示为

$$Y(t) = \begin{cases} a_1 h(t, \boldsymbol{\theta}) + \sigma_B B(t) + \varepsilon(t), & 0 \leq t \leq T_1 \\ a_1 h(T_1, \boldsymbol{\theta}) + a_2[h(t, \boldsymbol{\theta}) - h(T_1, \boldsymbol{\theta})] + \sigma_B B(t) + \varepsilon(t), & T_1 < t \leq T_2 \\ \vdots & \vdots \\ \sum_{k=1}^{K-1} a_k h(T_k, \boldsymbol{\theta}) + a_K[h(t, \boldsymbol{\theta}) - h(T_{K-1}, \boldsymbol{\theta})] + \sigma_B B(t) + \varepsilon(t), & T_{K-1} < t \leq T_K \end{cases} \tag{7.11}$$

式中：$h(t, \boldsymbol{\theta}) = \int_0^t \mu(\tau; \boldsymbol{\theta}) \mathrm{d}\tau$。

可将式 (7.11) 进一步改写为

$$Y(t) = c_a \Lambda(t, \boldsymbol{\theta}) + \sigma_B B(t) + \varepsilon(t) \tag{7.12}$$

式中：

$$\Lambda(t,\boldsymbol{\theta}) = \begin{cases} \exp(d_a/S_{\varphi 1})h(t,\boldsymbol{\theta}), & 0 \leq t \leq T_1 \\ \exp(d_a/S_{\varphi 1})h(T_1,\boldsymbol{\theta}) + \exp(d_a/S_{\varphi 2})[h(t,\boldsymbol{\theta}) - h(T_1,\boldsymbol{\theta})], & T_1 < t \leq T_2 \\ \vdots & \vdots \\ \sum_{k=1}^{K-1}\exp(d_a/S_{\varphi k})h(T_k,\boldsymbol{\theta}) + \exp(d_a/S_{\varphi K})[h(t,\boldsymbol{\theta}) - h(T_{K-1},\boldsymbol{\theta})], & T_{K-1} < t \leq T_K \end{cases}$$
(7.13)

7.3　RUL 分布推导

已知在不考虑退化设备多重不确定性情况下，退化设备在 FHT 意义下寿命 T 的定义如式（7.2）所示，但由于设备的真实退化状态 $X(t)$ 难以直接测量，在实际工程中只能利用监测状态 $Y(t)$ 预测其 RUL，因此，基于 FHT 的概念，考虑多重不确定性时设备的寿命 T_e 可以定义为

$$T_e = \inf\{t : Y(t) \geq \omega \mid Y(0) < \omega\} \tag{7.14}$$

式中：寿命 T_e 的 PDF 表示为 $f_{T_e}(t)$。

那么，在不考虑退化设备个体差异性的情况下，即不考虑退化模型漂移系数 a 随机效应的情况下，根据全概率公式和引理 4.1，可以推导得到退化设备在 t 时刻寿命 T_e 的 PDF $f_{T_e|a}(t|a)$，由定理 7.1 给出。

定理 7.1：对于式（7.8）所描述的退化过程 $\{Y(t),t\geq 0\}$，在不考虑退化设备个体差异性的情况下，根据式（7.14）的定义，退化设备寿命 T_e 的 PDF $f_{T_e|a}(t|a)$ 可表示为

$$f_{T_e|a}(t|a) \cong \frac{1}{\sqrt{2\pi(\sigma_\varepsilon^2+\sigma_B^2 t)}}\left[\frac{\mathcal{A}}{t} - \frac{\sigma_\varepsilon^2 \mathcal{A}}{t(\sigma_\varepsilon^2+\sigma_B^2 t)} + a\mu(t;\boldsymbol{\theta})\right]\exp\left\{-\frac{\mathcal{A}^2}{2(\sigma_\varepsilon^2+\sigma_B^2 t)}\right\} \tag{7.15}$$

式中：$\mathcal{A} = \omega - ah(t,\boldsymbol{\theta})$。

定理 7.1 的证明过程详见附录 F.1。

对于实际工程应用中的退化设备而言，使用者更关注设备在任意时刻的 RUL。鉴于此，假设截止到 t_κ 时刻，设备存在 κ 个 CM 数据，记为 $Y_{1:\kappa} = [y_1, y_2, \cdots, y_\kappa]$，其中，$y_\kappa = Y(t_\kappa)$。对于退化模型式（7.8）所描述的退化过程，根据 FHT 的概念，退化设备在 t_κ 时刻的 RUL L_κ 可以定义为

$$L_\kappa = \inf\{l_\kappa > 0 : Y(l_\kappa + t_\kappa) \geq \omega \mid y_\kappa < \omega\} \tag{7.16}$$

那么，在不考虑漂移系数随机效应的情况下，根据全概率公式和引理 4.1，可以推导得到退化设备在 t_κ 时刻 RUL L_κ 的 PDF $f_{L_\kappa|a,Y_{1:\kappa}}(l_\kappa|a,Y_{1:\kappa})$，可由定理 7.2 给出。

定理 7.2：对于式（7.8）所描述的退化过程 $\{Y(t),t\geq 0\}$，在不考虑退化设备个体差异性的情况下，基于 CM 数据 $Y_{1:\kappa}$，根据式（7.16）的定义，退化设备在 t_κ 时刻 RUL L_κ 的 PDF $f_{L_\kappa|a,Y_{1:\kappa}}(l_\kappa|a,Y_{1:\kappa})$ 可表示为

$$f_{L_\kappa|a,Y_{1:\kappa}}(l_\kappa|a,Y_{1:\kappa}) \cong \frac{1}{\sqrt{2\pi(\sigma_\varepsilon^2+\sigma_B^2 l_\kappa)l_\kappa^2}}$$
$$\times\left\{\mathcal{B} - \frac{\sigma_\varepsilon^2 \mathcal{B}}{\sigma_\varepsilon^2+\sigma_B^2 l_\kappa} + al_\kappa[\mu(l_\kappa+t_\kappa;\boldsymbol{\theta}) - \mu(t_\kappa;\boldsymbol{\theta})]\right\}\exp\left\{-\frac{\mathcal{B}^2}{2(\sigma_\varepsilon^2+\sigma_B^2 l_\kappa)}\right\} \tag{7.17}$$

式中：$\mathcal{B}=\omega-y_\kappa-aH(l_\kappa)$，$H(l_\kappa)=h(l_\kappa+t_\kappa,\boldsymbol{\theta})-h(t_\kappa,\boldsymbol{\theta})$。

定理 7.2 的证明过程详见附录 F.2。

当考虑退化设备的个体差异性，即漂移系数 a 的随机效应时，可利用全概率公式和引理 4.1 对式（7.17）进一步的化简，推导得到退化设备在 t_κ 时刻 RUL L_κ 的 PDF $f_{L_\kappa|Y_{1:\kappa}}(l_k|Y_{1:\kappa})$，由定理 7.3 给出。

定理 7.3：对于式（7.8）所描述的退化过程 $\{Y(t),t\geq 0\}$，考虑设备退化过程中的多重不确定性，且 $a\sim N(\mu_a,\sigma_a^2)$，基于 CM 数据 $Y_{1:\kappa}$，根据式（7.16）的定义，退化设备在 t_κ 时刻 RUL L_κ 的 PDF $f_{L_\kappa|Y_{1:\kappa}}(l_\kappa|Y_{1:\kappa})$ 可表示为

$$f_{XL_\kappa|Y_{1:\kappa}}(l_\kappa|Y_{1:\kappa}) \cong \frac{1}{\sqrt{2\pi[H^2(l_\kappa)\sigma_a^2+\sigma_\varepsilon^2+\sigma_B^2 l_\kappa]l_\kappa^2}} \times \left[\mathcal{D}-\mathcal{F}\frac{\mathcal{C}H(l_\kappa)\sigma_a^2+\mu_a(\sigma_\varepsilon^2+\sigma_B^2 l_\kappa)}{H^2(l_\kappa)\sigma_a^2+\sigma_\varepsilon^2+\sigma_B^2 l_\kappa}\right]\exp\left\{-\frac{[\mathcal{C}-\mu_a H(l_\kappa)]^2}{2[H^2(l_\kappa)\sigma_a^2+\sigma_\varepsilon^2+\sigma_B^2 l_\kappa]}\right\} \quad (7.18)$$

式中：

$$\mathcal{C}=\omega-y_\kappa$$

$$\mathcal{D}=\mathcal{C}-\frac{\sigma_\varepsilon^2 \mathcal{C}}{\sigma_\varepsilon^2+\sigma_B^2 l_\kappa}$$

$$\mathcal{F}=H(l_\kappa)-l_\kappa[\mu(l_\kappa+t_\kappa;\boldsymbol{\theta})-\mu(t_\kappa;\boldsymbol{\theta})]-\frac{\sigma_\varepsilon^2 H(l_\kappa)}{\sigma_\varepsilon^2+\sigma_B^2 l_\kappa}$$

定理 7.3 的证明过程详见附录 F.3。

此时，退化设备在 t_κ 时刻 RUL L_κ 可表示为

$$L_\kappa = \mathbb{E}[l_\kappa|Y_{1:\kappa}] = \int_0^{+\infty} l_\kappa f_{L_\kappa|Y_{1:\kappa}}(l_\kappa|Y_{1:\kappa})\mathrm{d}l_\kappa \quad (7.19)$$

至此，本节推导出了工作应力水平下考虑多重不确定性的非线性退化设备 t_κ 时刻 RUL L_κ 的 PDF $f_{L_\kappa|Y_{1:\kappa}}(l_\kappa|Y_{1:\kappa})$。7.4 节将根据退化设备在步进应力水平下的加速退化数据估计式（7.8）所描述退化模型的未知参数。

7.4 模型参数估计与更新

本节将对考虑多重不确定性的非线性步进应力加速退化模型的参数估计与更新方法进行介绍。具体地，利用步进应力加速退化数据估计退化模型的未知参数，再利用退化设备的 CM 数据更新模型参数，从而得到退化设备实时的 RUL 预测值。

7.4.1 模型参数估计

考虑到 ADT 中的加速应力，如温度、湿度和电压等，通常由常见的仪器设备进行测量，比较容易从独立的样本中获得协变量测量误差的方差 σ_φ^2，并且参数 σ_φ^2 与退化模型中的其他参数是相互独立的，因此，本章假设协变量测量误差的方差 σ_φ^2 是已知的，只需要估计模型参数 $\boldsymbol{\Theta}=(\mu_c,\sigma_c,\sigma_B,\sigma_\varepsilon,\boldsymbol{\theta},d_a)$。

此外，由于协变量测量误差的存在，导致施加在试验样本的真实应力水平 S_φ 是未

知的, 仅知道协变量测量误差的方差 σ_φ^2, 难以得到解析的似然函数表达式, 无法直接利用 MLE 算法估计退化模型参数, 因此, 本章提出了一种改进的 MLE-SIMEX 方法来应对考虑多重不确定性的非线性步进应力加速退化模型的参数估计问题, 主要包括仿真步骤、MLE 步骤和外推步骤三部分。

步骤 1: 仿真步骤。

给定一个正整数 G 和一个序列 $V=\{v_1,v_2,\cdots,v_M\}$, 其中, $v_1=0$, v_M 是一个给定的正数, 并且 $v_2,v_3,\cdots,v_{M-1}$ 是由均匀分布 $U(0,v_M)$ 产生的随机数。在 SSADT 中共有 K 个加速应力水平, 对于 $k=1,2,\cdots,K$ 和 $g=1,2,\cdots,G$, 由标准正态分布 $N(0,1)$ 生成 $K\times G$ 个样本, 记为 u_{kg}。

那么, 可以针对每个加速应力水平 S_k 仿真生成 $M\times G$ 个带有协变量测量误差的加速应力, 即

$$S_{\varphi k}(g,m) = S_k + \sqrt{v_m}\,\sigma_\varphi u_{kg} \tag{7.20}$$

式中: $m=1,2,\cdots,M$。

步骤 2: MLE 步骤。

在步骤 2 中, 依次根据步骤 1 中仿真生成的加速应力水平 $S_{\varphi k}(g,m)$, 利用 MLE 算法估计当前应力水平下的模型未知参数 $\boldsymbol{\Theta}(g,m)=(\mu_c,\sigma_c,\sigma_B,\sigma_\varepsilon,\boldsymbol{\theta},d_a)$。

假设 SSADT 中有 J 个设备, 加速退化数据 $y_{ijk}=Y(t_{ijk})$ 表示第 j 个退化设备在第 k 个加速应力水平下第 i 次 CM 时的退化状态, t_{ijk} 为相应的 CM 时间, 其中, $i=1,2,\cdots,n_{jk}$, $j=1,2,\cdots,J$, $k=1,2,\cdots,K$, n_{jk} 表示第 j 个设备在第 k 个加速应力水平下的总 CM 次数。

根据式 (7.12) 可知, 第 j 个退化设备在 t_{ijk} 时刻的退化状态 $Y(t_{ijk})$ 可以表示为

$$y_{ijk} = c_a \Lambda(t_{ijk},\boldsymbol{\theta}) + \sigma_B B(t_{ijk}) + \varepsilon \tag{7.21}$$

式中: $c_a \sim N(\mu_c,\sigma_c^2)$; $\Lambda(t_{ijk},\boldsymbol{\theta})$ 如式 (7.13) 所示, 后续简化表示为 $\Lambda(t_{ijk})$; $t_{n_{jk}jk}=T_k$, ε 为退化状态的测量误差, 且 $\varepsilon \sim N(0,\sigma_\varepsilon^2)$。

为便于后续表述, 令 $\boldsymbol{Y}_j^{\mathrm{T}}=[y_{1j1},y_{2j1},\cdots,y_{n_{jk}jk},y_{1j(k+1)},\cdots,y_{n_{jK}jK}]$ 表示第 j 个退化设备的全部加速退化数据, 令 $\boldsymbol{Y}=\{\boldsymbol{Y}_1^{\mathrm{T}},\boldsymbol{Y}_2^{\mathrm{T}},\cdots,\boldsymbol{Y}_J^{\mathrm{T}}\}$ 表示所有设备加速退化数据的集合; 令 $\boldsymbol{T}_j=[\Lambda(t_{1j1}),\Lambda(t_{2j1}),\cdots,\Lambda(t_{n_{jk}jk}),\Lambda(t_{1j(k+1)}),\cdots,\Lambda(t_{n_{jK}jK})]^{\mathrm{T}}$。

由式 (7.21) 可知, $\boldsymbol{Y}_j$ 服从多维正态分布, 其均值 $\boldsymbol{\mu}_j$ 和协方差 $\boldsymbol{\Sigma}_j$ 可分别表示为

$$\boldsymbol{\mu}_j = \mu_c \boldsymbol{T}_j, \quad \boldsymbol{\Sigma}_j = \boldsymbol{\Omega}_j + \sigma_c^2 \boldsymbol{T}_j \boldsymbol{T}_j^{\mathrm{T}} \tag{7.22}$$

式中: $\boldsymbol{\Omega}_j = \sigma_B^2 \boldsymbol{Q}_j + \sigma_\varepsilon^2 \boldsymbol{I}_{l_j}$, $\boldsymbol{I}_{l_j}$ 表示维度为 l_j 的单位矩阵, 且

$$l_j = \sum_{k=1}^{K} n_{jk}$$

$$\boldsymbol{Q}_j = \begin{bmatrix} t_{1j1} & & & \cdots & & & t_{1j1} \\ & t_{2j1} & & \cdots & & & t_{2j1} \\ & & \ddots & \cdots & & & \\ \vdots & \vdots & & t_{n_{jk}jk} & \cdots & & t_{n_{jk}jk} \\ & & & \vdots & \vdots & \ddots & \\ t_{1j1} & t_{2j1} & \cdots & t_{n_{jk}jk} & \cdots & & t_{n_{jK}jK} \end{bmatrix}_{l_j \times l_j}$$

由于不同退化设备的退化过程是相互独立的, 那么, 根据所有退化设备的加速退化

数据，参数 $\boldsymbol{\Theta}(g,m)=(\mu_c,\sigma_c,\sigma_B,\sigma_\varepsilon,\boldsymbol{\theta},d_a)$ 的对数似然函数可以表示为

$$\ell(\boldsymbol{\Theta}(g,m)|Y) = -\frac{\ln(2\pi)}{2}\sum_{j=1}^{J}n_{n_{jkjk}} - \frac{1}{2}\sum_{j=1}^{J}\ln|\boldsymbol{\Sigma}_j|$$

$$-\frac{1}{2}\sum_{j=1}^{J}(Y_j-\mu_c T_j)^{\mathrm{T}}\boldsymbol{\Sigma}_j^{-1}(Y_j-\mu_c T_j) \qquad (7.23)$$

式中：

$$|\boldsymbol{\Sigma}_j| = |\boldsymbol{\Omega}_j|(1+\sigma_c^2 T_j^{\mathrm{T}}\boldsymbol{\Omega}_j^{-1}T_j)$$

$$\boldsymbol{\Sigma}_j^{-1} = \boldsymbol{\Omega}_j^{-1} - \frac{\sigma_c^2}{1+\sigma_c^2 T_j^{\mathrm{T}}\boldsymbol{\Omega}_j^{-1}T_j}\boldsymbol{\Omega}_j^{-1}T_j T_j^{\mathrm{T}}\boldsymbol{\Omega}_j^{-1}$$

分别求取式（7.23）关于参数 μ_c 和 σ_c 的一阶偏导数，即

$$\frac{\partial\ell(\boldsymbol{\Theta}(g,m)|Y)}{\partial\mu_c} = \sum_{j=1}^{J}T_j^{\mathrm{T}}\boldsymbol{\Sigma}_j^{-1}Y_j - \mu_c\sum_{j=1}^{J}T_j^{\mathrm{T}}\boldsymbol{\Sigma}_j^{-1}T_j \qquad (7.24)$$

$$\frac{\partial\ell(\boldsymbol{\Theta}(g,m)|Y)}{\partial\sigma_c} = -\sum_{j=1}^{J}\frac{\sigma_c T_j^{\mathrm{T}}\boldsymbol{\Omega}_j^{-1}T_j}{1+\sigma_c^2 T_j^{\mathrm{T}}\boldsymbol{\Omega}_j^{-1}T_j}$$

$$+\frac{\sigma_c\sum_{j=1}^{J}(Y_j-\mu_c T_j)^{\mathrm{T}}\boldsymbol{\Omega}_j^{-1}T_j T_j^{\mathrm{T}}\boldsymbol{\Omega}_j^{-1}(Y_j-\mu_c T_j)}{(1+\sigma_c^2 T_j^{\mathrm{T}}\boldsymbol{\Omega}_j^{-1}T_j)^2} \qquad (7.25)$$

此时存在两种具体情况：一是所有退化设备在 SSADT 中均在同一时间进行测量，有相同的测量数目；二是各退化设备在 SSADT 中的测量时刻和测量数目并不相同。

对于情况一，即所有退化设备在 SSADT 中的测量时刻和测量数目均相同，那么，对于所有退化设备来说，n_{jk} 为常数，并且对于任意 $p,q=1,2,\cdots,J$，存在 $t_{ipk}=t_{iqk}$。此时，可将式（7.22）～式（7.25）中 T_j、$\boldsymbol{\Omega}_j$ 和 $\boldsymbol{\Sigma}_j$ 的角标 j 省略。式（7.24）和式（7.25）可以简化为

$$\frac{\partial\ell(\boldsymbol{\Theta}(g,m)|Y)}{\partial\mu_c} = \frac{\sum_{j=1}^{J}T^{\mathrm{T}}\boldsymbol{\Omega}^{-1}Y_j - \mu_c J T^{\mathrm{T}}\boldsymbol{\Omega}^{-1}T}{1+\sigma_c^2 T^{\mathrm{T}}\boldsymbol{\Omega}^{-1}T} \qquad (7.26)$$

$$\frac{\partial\ell(\boldsymbol{\Theta}(g,m)|Y)}{\partial\sigma_c} = -\frac{N\sigma_c T^{\mathrm{T}}\boldsymbol{\Omega}_j^{-1}T}{1+\sigma_c^2 T^{\mathrm{T}}\boldsymbol{\Omega}^{-1}T} + \frac{\sigma_c\sum_{j=1}^{J}(Y_j-\mu_c T)^{\mathrm{T}}\boldsymbol{\Omega}^{-1}T T^{\mathrm{T}}\boldsymbol{\Omega}^{-1}(Y_j-\mu_c T)}{(1+\sigma_c^2 T^{\mathrm{T}}\boldsymbol{\Omega}^{-1}T)^2}$$

$$(7.27)$$

假设参数 σ_B、σ_ε、$\boldsymbol{\theta}$ 和 d_a 已给定，令式（7.26）和式（7.27）的右侧分别为 0，可以得到参数 μ_c 和 σ_c 的估计值 $\hat{\mu}_c$ 和 $\hat{\sigma}_c$ 分别为

$$\hat{\mu}_c = \frac{\sum_{j=1}^{J}T^{\mathrm{T}}\boldsymbol{\Omega}^{-1}Y_j}{J T^{\mathrm{T}}\boldsymbol{\Omega}^{-1}T} \qquad (7.28)$$

$$\hat{\sigma}_c = \left[\frac{\sum_{j=1}^{J}(Y_j-\hat{\mu}_c T)^{\mathrm{T}}\boldsymbol{\Omega}^{-1}T T^{\mathrm{T}}\boldsymbol{\Omega}^{-1}(Y_j-\hat{\mu}_c T)}{J(T^{\mathrm{T}}\boldsymbol{\Omega}^{-1}T)^2} - \frac{1}{T^{\mathrm{T}}\boldsymbol{\Omega}^{-1}T}\right]^{\frac{1}{2}} \qquad (7.29)$$

由此可以得到参数 σ_B、σ_ε、θ 和 d_a 关于参数估计值 $\hat{\mu}_c$ 和 $\hat{\sigma}_c$ 的剖面似然函数为

$$\ell(\sigma^2,\sigma_\varepsilon^2,\theta,d_a|Y,\hat{\mu}_c,\hat{\sigma}_c^2) = -\frac{Jn_{jk}\ln(2\pi)}{2} - \frac{J}{2} - \frac{J}{2}\ln|\boldsymbol{\Omega}|$$

$$-\frac{1}{2}\left\{\sum_{j=1}^{J}\boldsymbol{Y}_j^{\mathrm{T}}\boldsymbol{\Omega}^{-1}\boldsymbol{Y}_j - \frac{\sum_{j=1}^{J}(\boldsymbol{T}^{\mathrm{T}}\boldsymbol{\Omega}^{-1}\boldsymbol{Y}_j)^2}{\boldsymbol{T}^{\mathrm{T}}\boldsymbol{\Omega}^{-1}\boldsymbol{T}}\right\} - \frac{J}{2}\ln\left\{\frac{\sum_{j=1}^{J}(\boldsymbol{T}^{\mathrm{T}}\boldsymbol{\Omega}^{-1}\boldsymbol{Y}_j)^2}{J\boldsymbol{T}^{\mathrm{T}}\boldsymbol{\Omega}^{-1}\boldsymbol{T}} - \frac{\left(\sum_{j=1}^{J}\boldsymbol{T}^{\mathrm{T}}\boldsymbol{\Omega}^{-1}\boldsymbol{Y}_j\right)^2}{J^2\boldsymbol{T}^{\mathrm{T}}\boldsymbol{\Omega}^{-1}\boldsymbol{T}}\right\}$$

(7.30)

那么,可利用多维搜索的方法,通过极大化式(7.30)得到参数 σ_B、σ_ε、θ 和 d_a 的 MLE 值。随后,将参数估计值 $\hat{\sigma}_B$、$\hat{\sigma}_\varepsilon$、$\hat{\theta}$ 和 $\hat{d}_a$ 代入式(7.28)和式(7.29)中,从而得到参数 μ_c 和 σ_c 的 MLE 值。

对于情况二,即各个退化设备在 SSADT 中的测量时刻和测量数目并不相同。此时,难以通过令式(7.25)右侧为 0 的方法得到参数估计值 $\hat{\sigma}_c$ 的解析表达式。故在给定参数 σ_c、σ_B、σ_ε、θ 和 d_a 的情况下,令式(7.24)右侧为 0,得到参数估计值 $\hat{\mu}_c$ 为

$$\hat{\mu}_c = \frac{\sum_{j=1}^{J}\boldsymbol{T}_j^{\mathrm{T}}\boldsymbol{\Sigma}_j^{-1}\boldsymbol{Y}_j}{\sum_{j=1}^{J}\boldsymbol{T}_j^{\mathrm{T}}\boldsymbol{\Sigma}_j^{-1}\boldsymbol{T}_j}$$

(7.31)

由此可以得到参数 σ_c、σ_B、σ_ε、θ 和 d_a 关于参数估计值 $\hat{\mu}_c$ 的剖面似然函数为

$$\ell(\sigma_c^2,\sigma^2,\sigma_\varepsilon^2,\theta,d_a|Y,\hat{\mu}_c,) = -\frac{1}{2}\ln(2\pi)\sum_{j=1}^{J}n_{n_{jk}jK} - \frac{1}{2}\sum_{j=1}^{J}\ln|\boldsymbol{\Sigma}_j|$$

$$-\frac{1}{2}\left\{\sum_{j=1}^{J}\boldsymbol{Y}_j^{\mathrm{T}}\boldsymbol{\Sigma}_j^{-1}\boldsymbol{Y}_j - 2\frac{\sum_{j=1}^{J}\boldsymbol{T}_j^{\mathrm{T}}\boldsymbol{\Sigma}_j^{-1}\boldsymbol{Y}_j}{\sum_{j=1}^{J}\boldsymbol{T}_j^{\mathrm{T}}\boldsymbol{\Sigma}_j^{-1}\boldsymbol{T}_j}\sum_{j=1}^{J}\boldsymbol{T}_j^{\mathrm{T}}\boldsymbol{\Sigma}_j^{-1}\boldsymbol{Y}_j + \left(\frac{\sum_{j=1}^{J}\boldsymbol{T}_j^{\mathrm{T}}\boldsymbol{\Sigma}_j^{-1}\boldsymbol{Y}_j}{\sum_{j=1}^{J}\boldsymbol{T}_j^{\mathrm{T}}\boldsymbol{\Sigma}_j^{-1}\boldsymbol{T}_j}\right)^2\sum_{j=1}^{J}\boldsymbol{T}_j^{\mathrm{T}}\boldsymbol{\Sigma}_j^{-1}\boldsymbol{T}_j\right\}$$

(7.32)

同样,可利用多维搜索的方法,通过极大化式(7.32)得到参数 σ_c、σ_B、σ_ε、θ 和 d_a 的 MLE 值。随后,将参数估计值 $\hat{\sigma}_c$、$\hat{\sigma}_B$、$\hat{\sigma}_\varepsilon$、$\hat{\theta}$ 和 $\hat{d}_a$ 代入式(7.31)中,从而得到参数 μ_c 的 MLE 值。

本节所采用的多维搜索方法是通过 MATLAB 软件中的 fminsearch 函数实现的[28]。综合各参数的 MLE 值,即可得到仿真加速应力水平 $S_{\varphi k}(g,m)$ 下的模型参数估计值 $\hat{\boldsymbol{\Theta}}(g,m) = (\hat{\mu}_c,\hat{\sigma}_c,\hat{\sigma}_B,\hat{\sigma}_\varepsilon,\hat{\theta},\hat{d}_a)$。

步骤 3:外推步骤。

定义模型参数估计值 $\hat{\boldsymbol{\Theta}}(m)$ 为

$$\hat{\boldsymbol{\Theta}}(m) = \frac{1}{G}\sum_{g=1}^{G}\hat{\boldsymbol{\Theta}}(g,m)$$

(7.33)

此时,可以得到 $\hat{\boldsymbol{\Theta}}(m)$ 与 v_m 对应的序列,即 $\{(v_m,\hat{\boldsymbol{\Theta}}(m)):v_m\in V\}$。分别对该序列中的各个分量进行回归分析,通过外推回归模型至 $v=-1$,即可得到模型参数的最终估计值 $\hat{\boldsymbol{\Theta}}$。

7.4.2 模型参数更新

利用同批次设备的加速退化数据，可以得到退化模型参数的估计值作为先验信息；再根据具体的退化设备个体在正常工作应力下的 CM 数据，利用 Bayesian 推理的方法更新退化模型参数，从而得到实时的 RUL 预测值。

根据 7.4.1 节中的模型参数先验估计值，假设参数 a 在正常工作应力下服从正态分布，即 $a \sim N(\mu_{a0}, \sigma_{a0}^2)$。那么，利用 Bayesian 推理可将参数 a 的条件后验分布 $p(a|\boldsymbol{Y}_{1:\kappa})$ 表示为

$$p(a|\boldsymbol{Y}_{1:\kappa}) \propto p(\boldsymbol{Y}_{1:\kappa}|a)p(a) \tag{7.34}$$

式中：$p(\boldsymbol{Y}_{1:\kappa}|a)$ 为给定参数 a 条件下退化数据 $\boldsymbol{Y}_{1:\kappa}$ 的联合分布；$p(a)$ 为参数 a 的先验分布。

由参数估计的先验信息可知，$a \sim N(\mu_{a0}, \sigma_{a0}^2)$，那么，$p(a)$ 可以表示为

$$p(a) = \frac{1}{\sqrt{2\pi\sigma_{a0}^2}} \exp\left\{-\frac{(a-\mu_{a0})^2}{2\sigma_{a0}^2}\right\} \tag{7.35}$$

由标准 BM 的独立增量性和 Markov 特性可知，$(y_\kappa|y_{\kappa-1}, a)$ 服从正态分布，即 $(y_\kappa|y_{\kappa-1}, a) \sim N(y_{\kappa-1} + a\int_{t_{\kappa-1}}^{t_k} \mu(\tau, \boldsymbol{\theta})\mathrm{d}\tau, \sigma_B^2(t_\kappa - t_{\kappa-1}))$。那么，可知 $\boldsymbol{Y}_{1:\kappa}|a$ 服从多维正态分布，则 $p(\boldsymbol{Y}_{1:\kappa}|a)$ 可以表示为

$$\begin{aligned} p(\boldsymbol{Y}_{1:\kappa}|a) &= p(y_1|a)(y_2|y_1,a)\cdots(y_\kappa|y_1,y_2,\cdots y_{\kappa-1},a) \\ &= \frac{1}{\prod_{e=1}^{k}\sqrt{2\pi\sigma_B^2\Delta t_e}} \exp\left\{-\sum_{e=1}^{\kappa}\frac{[\Delta y_e - aH(t_e)]^2}{2\sigma_B^2\Delta t_e}\right\} \end{aligned} \tag{7.36}$$

式中：$H(t_e) = h(t_e, \boldsymbol{\theta}) - h(t_{e-1}, \boldsymbol{\theta}) = \int_0^{t_e}\mu(\tau;\boldsymbol{\theta})\mathrm{d}\tau - \int_0^{t_{e-1}}\mu(\tau;\boldsymbol{\theta})\mathrm{d}\tau$；$\Delta y_e = y_e - y_{e-1}$；$\Delta t_e = t_e - t_{e-1}$。

将式 (7.35) 和式 (7.36) 代入式 (7.34)，可得

$$\begin{aligned} p(a|\boldsymbol{Y}_{1:\kappa}) &\propto p(\boldsymbol{Y}_{1:\kappa}|a)p(a) \\ &\propto \exp\left\{-\sum_{e=1}^{\kappa}\frac{[\Delta y_e - aH(t_e)]^2}{2\sigma_B^2\Delta t_e}\right\} \cdot \exp\left\{-\frac{(a-\mu_{a0})^2}{2\sigma_{a0}^2}\right\} \\ &\propto \exp\left\{-\left[\sum_{e=1}^{\kappa}\frac{H^2(t_e)}{2\sigma_B^2\Delta t_e} + \frac{1}{2\sigma_{a0}^2}\right]a^2 + \left[\sum_{e=1}^{\kappa}\frac{\Delta y_e H(t_e)}{\sigma_B^2\Delta t_e} + \frac{\mu_{a0}}{\sigma_{a0}^2}\right]a - \left[\sum_{e=1}^{\kappa}\frac{\Delta y_e^2}{2\sigma_B^2\Delta t_e} + \frac{\mu_{a0}^2}{2\sigma_{a0}^2}\right]\right\} \end{aligned} \tag{7.37}$$

由 Bayesian 推理可知，参数 a 的条件后验分布也应服从正态分布，假设其后验分布的均值和方差分别为 $\mu_{a\kappa}$ 和 $\sigma_{a\kappa}^2$，那么，$p(a|\boldsymbol{Y}_{1:\kappa})$ 又可以表示为

$$p(a|\boldsymbol{Y}_{1:\kappa}) = \frac{1}{\sqrt{2\pi\sigma_{a\kappa}^2}}\exp\left\{-\frac{(a-\mu_{a\kappa})^2}{2\sigma_{a\kappa}^2}\right\} \propto \exp\left\{-\frac{1}{2\sigma_{a\kappa}^2}a^2 + \frac{\mu_{a\kappa}}{\sigma_{a\kappa}^2}a - \frac{\mu_{a\kappa}^2}{2\sigma_{a\kappa}^2}\right\} \tag{7.38}$$

对比式 (7.37) 和式 (7.38)，可得到参数 a 后验分布的均值 $\mu_{a\kappa}$ 和方差 $\sigma_{a\kappa}^2$ 分别为

$$\mu_{a\kappa} = \frac{\sum_{e=1}^{\kappa} \frac{\Delta y_e H(t_e)}{\sigma_B^2 \Delta t_e} + \frac{\mu_{a0}}{\sigma_{a0}^2}}{\sum_{e=1}^{\kappa} \frac{H^2(t_e)}{\sigma_B^2 \Delta t_e} + \frac{1}{\sigma_{a0}^2}} \qquad (7.39)$$

$$\sigma_{a\kappa}^2 = \frac{1}{\sum_{e=1}^{\kappa} \frac{H^2(t_e)}{\sigma_B^2 \Delta t_e} + \frac{1}{\sigma_{a0}^2}} \qquad (7.40)$$

将随 CM 数据更新后的参数 $\mu_{a\kappa}$ 和方差 $\sigma_{a\kappa}^2$ 代入式（7.18）中替换参数 μ_a 和 σ_a^2，即可得到随 CM 数据更新的退化设备 RUL L_κ 的 PDF $f_{L_\kappa|Y_{1:\kappa}}(l_\kappa|Y_{1:\kappa})$，并根据式（7.19），得到退化设备在 t_κ 时刻的实时 RUL 预测值 L_κ。

7.5 仿真验证

本节将利用数值仿真数据来验证本章所提出的考虑多重不确定性的非线性步进加速退化建模与 RUL 预测方法的有效性。为进一步对比验证，在考虑退化模型多重不确定性的框架下，将本章所提出的基于非线性扩散过程的退化模型记为 M_1，将基于线性 Wiener 过程的退化模型记为 M_2，将基于可对数变换的指数退化模型记为 M_3。上述三种模型均考虑了退化模型的多重不确定性，包括时间不确定性、个体差异性以及退化状态和协变量中的测量不确定性；同时，三种模型均按照 7.4.1 节所提出的改进 MLE-SIMEX 方法进行参数估计。

针对退化模型式（7.8），假设 $\mu(t,\theta) = \theta t^{\theta-1}$，该非线性函数常用与描述金属疲劳和机械设备磨损的退化过程[5-6,23,29]。假设退化设备的性能退化主要受温度应力的影响，其性能退化速率与温度应力的关系可由 Arrhenius 模型描述。退化设备的正常工作应力水平为 $S_0 = 25℃$，步进加速应力分别为 $S_1 = 25℃$，$S_2 = 50℃$ 和 $S_3 = 75℃$ 三个阶段，每 40h 进行一次测试并记录测试数据，每 5 次测试后提升加速应力水平至下一阶段。退化模型中参数的具体设定值如表 7.1 所示。

表 7.1 数值仿真中模型参数预设值

参数	μ_c	σ_c	σ_B	σ_ε	θ	d_c	σ_φ	ω
预设值	12.55	2.58	1.04	3.09	1.15	2600	1	10

利用 Euler 离散化方法[30]对式（7.8）进行仿真，得到 8 个退化设备在步进加速应力下的退化，如图 7.3 所示。

根据 7.4.1 节中提出的改进 MLE-SIMEX 方法分别估计三种模型的参数。首先，在仿真步骤中设置加速应力水平的参数为 $M=16$，$v_M=2$，$K=3$ 和 $G=50$，得到考虑协变量测量不确定性的仿真加速应力 $S_{\varphi k}(g,m)$；其次，利用 MLE 算法得到仿真应力下的模型参数估计值 $\hat{\Theta}(g,m)$；最后，根据外推步骤对参数估计值序列 $\{(v_m, \hat{\Theta}(m)): v_m \in V\}$ 进行回归分析，即可得到工作应力水平下的估计值 $\hat{\Theta}$。

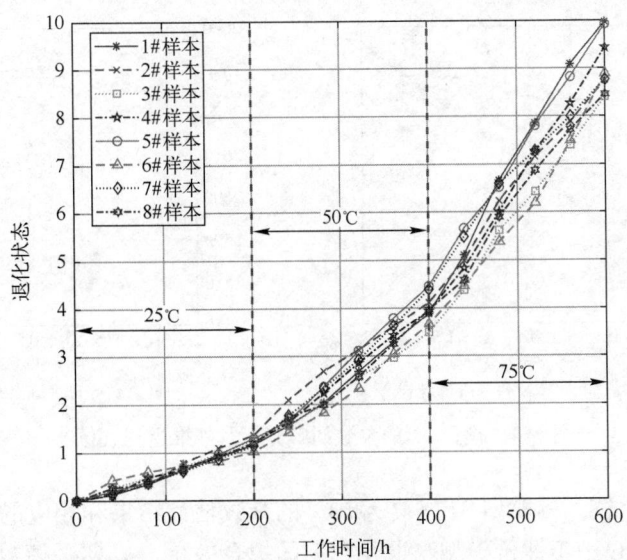

图 7.3 加速应力水平下仿真的退化轨迹

以模型 M_1 为例,图 7.4 展示了基于参数估计值序列 $\{(v_m,\hat{\boldsymbol{\Theta}}(m)):v_m\in V\}$ 进行回归分析并外推的过程,模型 M_2 和 M_3 的模型参数估计结果也由相同的步骤得到,此处不再赘述。

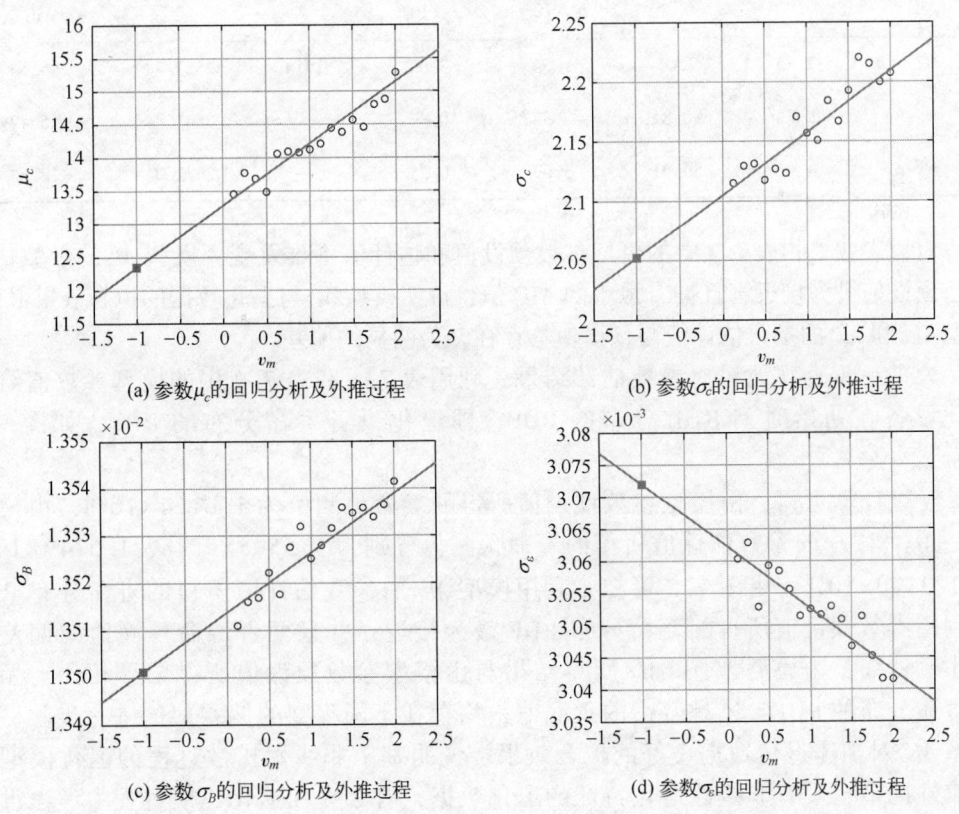

(a) 参数 μ_c 的回归分析及外推过程

(b) 参数 σ_c 的回归分析及外推过程

(c) 参数 σ_B 的回归分析及外推过程

(d) 参数 σ_ε 的回归分析及外推过程

图 7.4 模型 M_1 的参数回归分析及外推过程

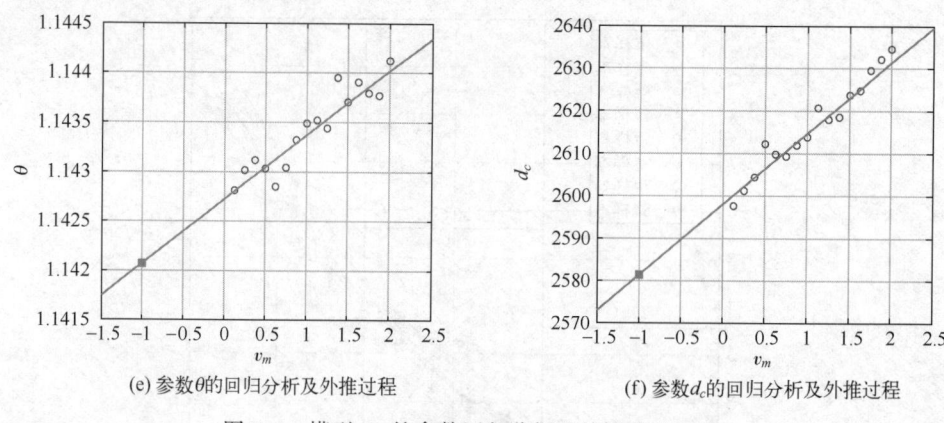

(e) 参数 θ 的回归分析及外推过程　　(f) 参数 d_c 的回归分析及外推过程

图 7.4　模型 M_1 的参数回归分析及外推过程（续）

为便于比较，将模型 M_1、M_2 和 M_3 的参数估计结果和相应的 AIC 值汇总在表 7.2 中。其中，AIC 用于评价模型与退化数据的拟合效果，以期平衡数据拟合精度与模型复杂度，克服模型过参数化的问题[31]，具体的表达式为

$$\mathrm{AIC}=-2\cdot\max\ell+2p$$

式中：$\max\ell$ 为最大对数似然函数值；p 为模型参数的个数。

表 7.2　三种模型的参数估计值

模型	μ_c	σ_c	$\sigma_B/10^{-2}$	$\sigma_\varepsilon/10^{-2}$	θ	d_c	AIC
M_1	12.35	2.05	1.35	3.07	1.14	2581.78	−95.54
M_2	2.82	90.81	2.38	0.31	—	2841.84	−55.12
M_3	1.36	56.01	5.69	0.35		2672.04	−18.68

对比表 7.1 和表 7.2 中的模型参数预设值和估计值不难发现，模型 M_1 的参数估计值与预设值最为接近，且拥有最小的 AIC 值，说明模型 M_1 与退化数据的拟合效果最佳；模型 M_2 和 M_3 的参数估计值与预设值均存在较为明显的偏差。

为进一步直观地对比参数估计结果，利用表 7.1 和表 7.2 中的模型参数值绘制退化设备在初始时刻 RUL 分布的 PDF，即退化设备寿命分布的 PDF，如图 7.5 所示。

经过计算可得，由模型参数预设值所得的寿命预测值为 1.6124×10^3h，由模型 M_1、M_2 和 M_3 的参数估计值所得的寿命预测值分别为 1.5593×10^3h、1.5149×10^3h 和 1.3190×10^3h。由图 7.5 可知，利用模型 M_1 的参数估计值所得的寿命分布 PDF 与利用参数预设值所得的寿命分布 PDF 最为接近，并且两者寿命预测值的偏差也较小；然而，由模型 M_2 和 M_3 所得结果与由模型参数预设值所得结果相比，无论是寿命分布的 PDF，还是寿命的预测值，均存在不同程度的偏差。这进一步验证了模型 M_1 对加速退化数据良好的拟合效果，说明基于非线性扩散过程的退化模型能够较好地拟合具有非线性退化特征的退化数据，有必要在退化建模过程中考虑设备的非线性退化特征。

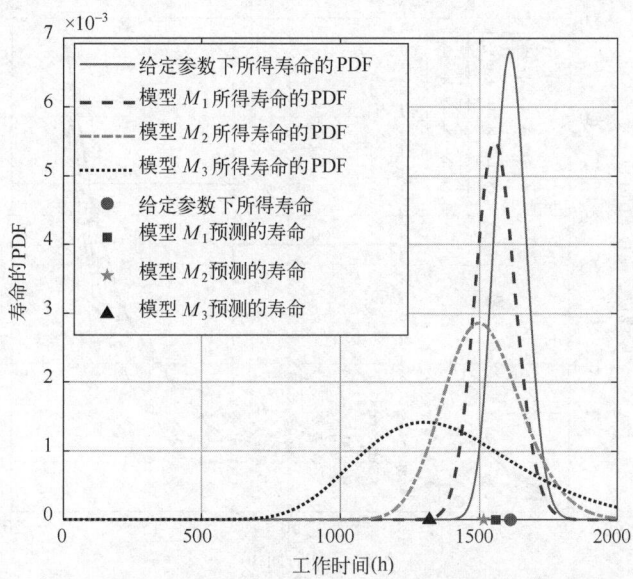

图 7.5 三种模型下设备寿命分布的 PDF 对比

7.6 实例研究

本节将以某型陀螺仪在 SSADT 中的漂移系数作为加速退化数据,在工作应力水平下的漂移系数作为 CM 数据来验证本章所提方法的有效性,并与现有模型下的 RUL 预测方法进行性能对比。

在 7.5 节中,已通过仿真算例证明了基于非线性扩散过程的退化模型对于描述非线性退化过程的优越性。因此,在本节中将从多重不确定性和退化模型参数更新的角度,进一步验证本章所提方法的有效性。相似地,将本章所提出的考虑多重不确定性的非线性扩散过程退化模型记为 M_1;将仅考虑时间不确定性和个体差异性的非线性扩散过程退化模型记为 M_4,该模型忽略了退化状态和协变量中的测量不确定性。上述两种模型均按照 7.4 节中所提出的改进 MLE-SIMEX 方法和 Bayesian 推理方法分别进行模型参数的估计与更新。

根据该型陀螺仪的性能指标,设定其失效阈值为 $\omega = 6.0°/h$。选择幂函数 $\mu(t,\boldsymbol{\theta}) = \theta t^{\theta-1}$ 作为描述陀螺仪退化过程的非线性函数[5]。陀螺仪的正常工作应力水平为 $S_0 = 25℃$,在 SSADT 中,步进加速应力水平分别为 $S_1 = 50℃$,$S_2 = 60℃$ 和 $S_3 = 70℃$ 三个阶段,每小时记录一次测试数据,每 5 次测试后提升加速应力水平至下一阶段,6 个陀螺仪试验样本的加速退化数据如图 7.6 所示。

利用 7.5.1 节中提出的改进 MLE-SIMEX 方法分别估计模型 M_1 和 M_4 的参数,将参数估计结果和相应的 AIC 值汇总在表 7.3 中。

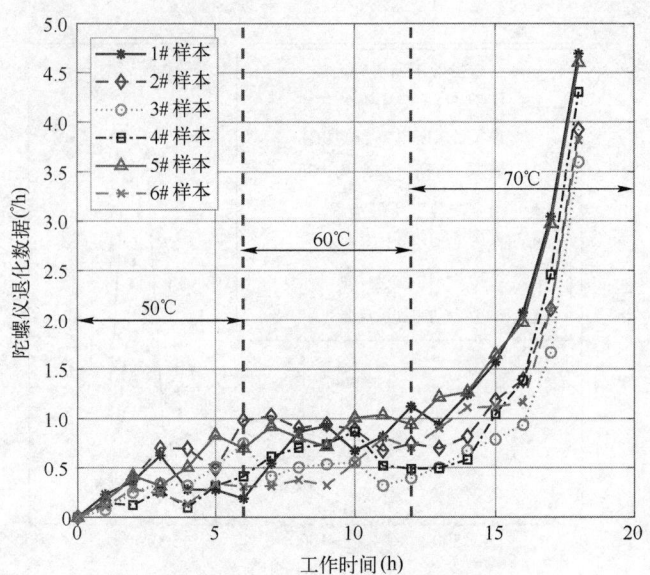

图 7.6　陀螺仪在 SSADT 中的退化轨迹

表 7.3　两种模型的参数估计值

模型	μ_c	σ_c	$\sigma_B/10^{-2}$	$\sigma_\varepsilon/10^{-2}$	θ	d_c	AIC
M_1	5.64×10^{-15}	2.27×10^{-22}	1.76	1.37	13.01	2049.79	555.9956
M_4	1.75×10^{-14}	2.02×10^{-14}	1.81	—	13.20	2593.72	578.7876

如表 7.3 所示，由参数 θ 的估计值可知陀螺仪退化过程中的非线性特征。由于模型 M_4 并未考虑退化状态和协变量的测量不确定性，导致两种模型的参数估计值存在一定偏差。此外，由 AIC 值可知，模型 M_1 对数据的拟合效果要优于模型 M_4。

为进一步直观地对比参数估计结果，利用表 7.3 中的模型参数估计值绘制同批次陀螺仪在初始时刻 RUL 分布的 PDF，即退化设备寿命分布的 PDF，如图 7.7 所示。

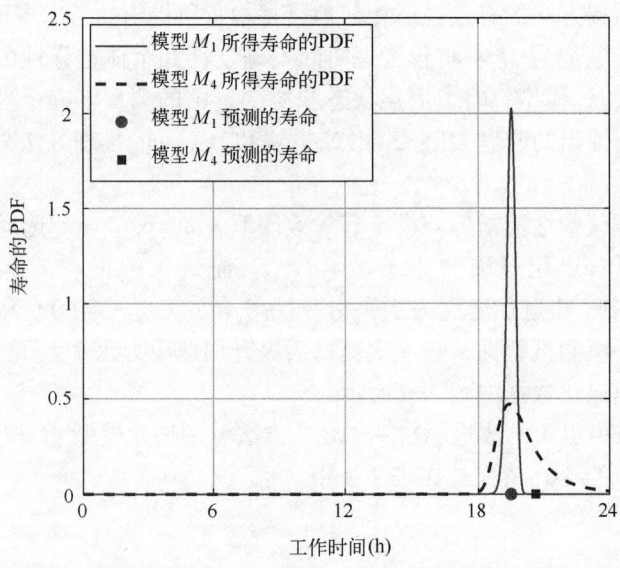

图 7.7　两种模型下设备寿命分布的 PDF 对比

计算可得,由模型 M_1 和 M_4 参数估计值所得的寿命预测值分别为 19.5036h 和 20.6238h。同时,由图 7.7 可知,模型 M_1 所得寿命分布 PDF 的不确定性明显小于模型 M_4 所得结果,进一步验证了模型 M_1 对陀螺仪加速退化数据良好的拟合效果。

以该型号同批次的一个陀螺仪作为测试样本,根据其正常工作应力水平下的 CM 数据来更新模型参数,对比两种模型所得的 RUL 预测结果。在工作应力水平下,每 1.5h 记录一次测试数据,直至首次超过失效阈值;在该陀螺仪失效前共得到 13 个 CM 数据,如图 7.8 所示,可认为该陀螺仪的真实寿命为 20.10h。

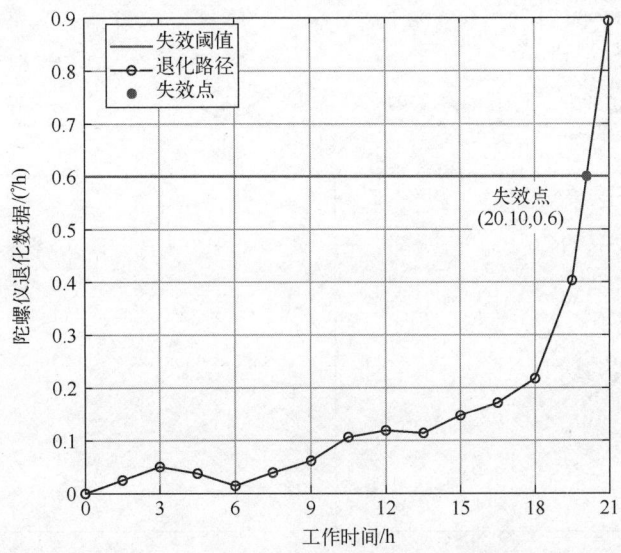

图 7.8 陀螺仪在工作应力水平下的退化轨迹

当得到新的 CM 数据时,利用 7.4.2 节提出的 Bayesian 推理方法分别对模型 M_1 和 M_4 的参数 μ_a 和 σ_a 进行更新,并预测其 RUL,参数更新过程如图 7.9 所示。

由图 7.9 可知,模型 M_1 和 M_4 中的参数 μ_a 和 σ_a 均能随着陀螺仪的 CM 数据不断更新,将其代入相应的 RUL 分布 PDF 中,即可得到该陀螺仪在当前时刻的 RUL 预测值。具体地,两个模型所得的 RUL 预测结果及其 RE 如表 7.4 所示。

表 7.4 两种种模型所得的 RUL 预测结果

时间/h	模型 M_1		模型 M_4		真实 RUL/h
	RUL/h	RE/%	RUL/h	RE/%	
0	19.5036	2.97	20.6238	-2.61	20.10
1.5	18.1880	2.22	19.1634	-3.03	18.60
3.0	16.8346	1.55	17.5970	-2.91	17.10
4.5	15.3906	1.34	16.0583	-2.94	15.60
6.0	13.9525	1.05	14.5309	-3.06	14.10
7.5	12.4518	1.18	12.8783	-2.21	12.60
9.0	11.0554	0.40	11.2930	-1.74	11.10

（续）

时间/h	模型 M_1		模型 M_4		真实 RUL/h
	RUL/h	RE/%	RUL/h	RE/%	
10.5	9.4963	1.08	10.1500	-5.73	9.60
12.0	7.9261	2.15	8.4197	-3.95	8.10
13.5	6.4968	1.56	6.8725	-4.13	6.60
15.0	5.0081	1.80	5.7242	-12.24	5.10
16.5	3.5495	1.40	4.0497	-12.49	3.60
18.0	2.0757	1.16	2.2985	-9.45	2.10
19.5	0.5934	1.09	0.6532	-8.87	0.60

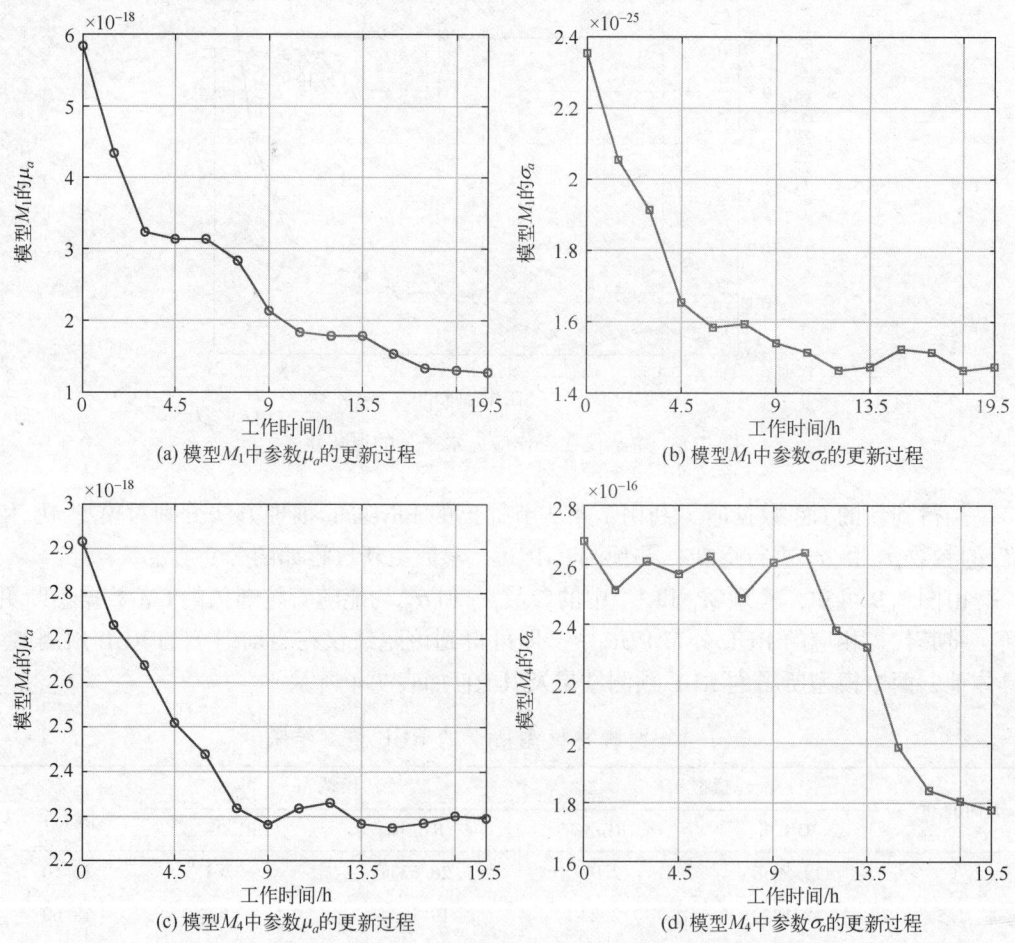

图 7.9 陀螺仪在两种模型下的模型参数更新过程

由表 7.4 可知，两种模型在预测初始阶段所得到的 RUL 预测值均与真实 RUL 存在一定的偏差，但模型参数 μ_a 和 σ_a 随着陀螺仪的 CM 数据不断更新，模型 M_1 所得的 RUL 预测结果逐渐接近真实 RUL，且 RE 呈现逐渐减小的趋势，最终稳定在 2% 以内；由于模型 M_4 并未考虑退化状态和协变量的测量不确定性，其 RUL 预测值与真实 RUL

之间的 RE 随着误差的累积逐渐增大。总体来说，模型 M_1 所得 RUL 预测结果的准确性明显优于模型 M_4 所得结果。

为进一步直观地对比两种模型所得到的 RUL 预测结果，图 7.10 绘制了两种模型在各 CM 时刻所得预测 RUL 分布的 PDF 和 RUL 预测值。

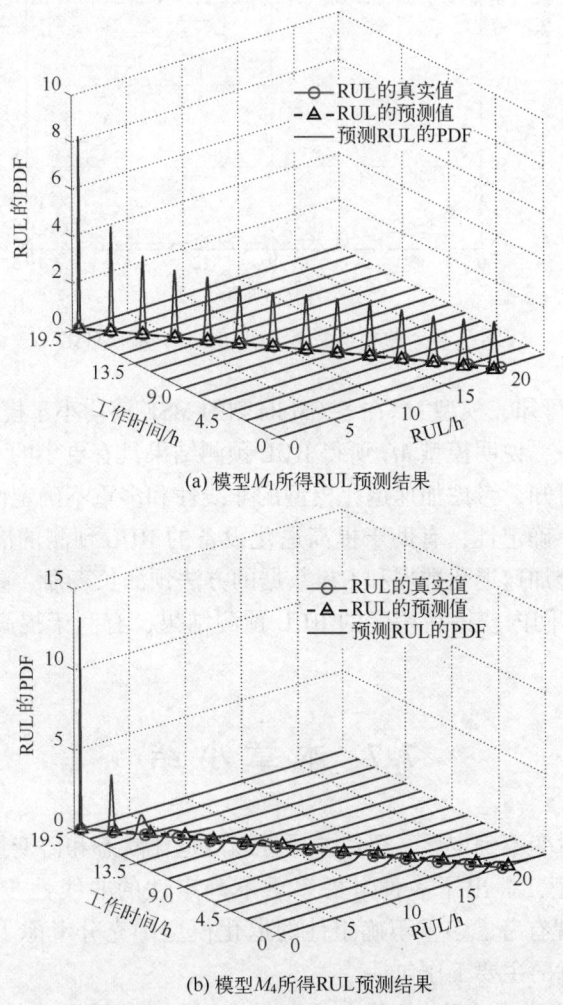

图 7.10 陀螺仪在两种模型下 RUL 预测结果的对比

由图 7.10 可知，退化模型的参数随着 CM 数据的获取而不断更新，两种模型所得 RUL 分布的 PDF 逐渐变得尖锐且紧密，说明 RUL 预测值的不确定性随模型参数的更新逐渐减小。模型 M_1 的 RUL 预测结果在预测精度和不确定性方面明显优于模型 M_4 所得的 RUL 预测结果。这进一步说明了考虑退化模型多重不确定性的必要性，有助于提高 RUL 预测的精度，减小不确定性。

为进一步定量地比较两种模型所得 RUL 预测结果的不确定性，引入 MSE[32] 作为评价指标。具体地，t_k 时刻退化设备 RUL 预测结果 MSE_k 的定义如式（4.48）所示。两种模型在各 CM 时刻的 MSE_k 如图 7.11 所示。

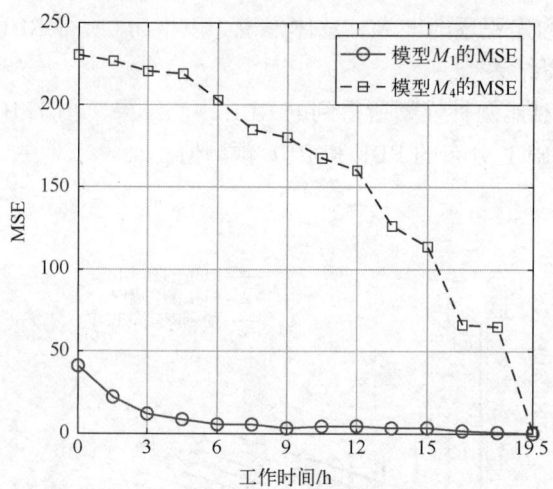

图 7.11 两种模型下 RUL 预测的 MSE 对比

由图 7.11 明显可知，模型 M_1 在各 CM 时刻的 MSE 值均小于模型 M_4 所得结果，且始终保持在较低水平，说明模型 M_1 所得 RUL 预测结果具有更小的不确定性。

通过以上对比可知，考虑加速退化模型的非线性和多重不确定性，尤其是退化状态和协变量中的测量不确定性，有助于提高退化设备的 RUL 预测的准确性，减小不确定性。此外，利用融合加速退化数据和 CM 数据的方法预测长寿命、高可靠性退化设备的RUL，能够在较短时间内获得高精度的 RUL 预测结果，有利于提高预测效率、降低试验成本。

7.7 本章小结

本章针对存在时变不确定性、个体差异性以及退化状态和协变量测量不确定性的步进应力加速退化模型，提出了一种考虑多重不确定性的非线性步进加速退化建模与RUL 预测方法，在现有考虑多重不确定性的退化模型中充分考虑了协变量的测量不确定性。具体地，本章的主要工作包括：

（1）基于非线性扩散过程建立设备的退化模型，以描述退化过程的时变不确定性，考虑了退化模型中漂移系数的随机性，并利用 Arrhenius 加速模型建立其与加速应力水平的关系，以描述退化设备的个体差异性，考虑设备退化状态和加速应力水平的测量不确定性，以描述退化状态和协变量的测量不确定性。

（2）基于 FHT 的概念，利用全概率公式推导得到了考虑非线性和多重不确定性情况下，退化设备 RUL 分布的近似解析解。

（3）提出一种改进的 MLE-SIMEX 模型参数估计方法，利用步进应力加速退化数据，依次通过仿真、MLE 和外推步骤，得到工作应力水平下的模型参数估计值。

（4）根据退化设备在工作应力水平下的 CM 数据，利用 Bayesian 推理的方法更新退化模型漂移系数的均值和方差，将其代入 RUL 分布的 PDF 中，得到实时的 RUL 预测值。

第7章 考虑多重不确定性的非线性步进应力加速退化建模与RUL预测方法

通过数值仿真以及某型陀螺仪步进应力加速退化数据和CM数据的实例研究,验证了本章所提方法的有效性和优越性。结果表明,考虑步进应力加速退化过程中的非线性和多重不确定性,可以有效提高RUL预测的准确性,减小预测结果的不确定性;同时,融合步进应力加速退化数据和CM数据,能够进一步缩短长寿命、高可靠退化设备的RUL预测时间,节约试验成本。

参 考 文 献

[1] Han D. Time and cost constrained optimal designs of constant-stress and stepstress accelerated life tests [J]. Reliability Engineering & System Safety, 2015, 140: 1-14.

[2] Cai M, Yang D G, Zheng J N, et al. Thermal degradation kinetics of LED lamps in step-up-stress and step-down-stress accelerated degradation testing [J]. Applied Thermal Engineering, 2016, 107: 918-926.

[3] Li X Y, Hu Y Q, Zhou J D, et al. Bayesian step stress accelerated degradation testing design: A multi-objective Pareto-optimal approach [J]. Reliability Engineering & System Safety, 2018, 171: 9-17.

[4] Huang J L, Golubović D S, Koh S, et al. Lumen degradation modeling of whitelight LEDs in step stress accelerated degradation test [J]. Reliability Engineering & System Safety, 2016, 154: 152-159.

[5] Si X S, Wang W B, Hu C H, et al. Remaining useful life estimation based on a nonlinear diffusion degradation process [J]. IEEE Transactions on Reliability, 2012, 61 (1): 50-67.

[6] Tang S J, Guo X S, Yu C Q, et al. Accelerated degradation tests modeling based on the nonlinear Wiener process with random effects [J]. Mathematical Problems in Engineering, 2014, 2014 (2): 1-11.

[7] Sun F Q, Liu L, Li X Y, et al. Stochastic modeling and analysis of multiple nonlinear accelerated degradation processes through information fusion [J]. Sensors, 2016, 16 (8): 1242-1259.

[8] Ye Z S, Wang Y, Tsui K L, et al. Degradation data analysis using Wiener processes with measurement errors [J]. IEEE Transactions on Reliability, 2013, 62 (4): 772-780.

[9] Ye Z S, Xie M. Stochastic modelling and analysis of degradation for highly reliable products [J]. Applied Stochastic Models in Business and Industry, 2015, 31 (1): 16-32.

[10] Si X S, Wang W B, Hu C H, et al. Estimating remaining useful life with three-source variability in degradation modeling [J]. IEEE Transactions on Reliability, 2014, 63 (1): 167-190.

[11] Zheng J F, Si X S, Hu C H, et al. A nonlinear prognostic model for degrading systems with three-source variability [J]. IEEE Transactions on Reliability, 2016, 65 (2): 736-750.

[12] Zhang Z X, Si X S, Hu C H, et al. Degradation data analysis and remaining useful life estimation: A review on Wiener-process-based methods [J]. European Journal of Operational Research, 2018, 271 (3): 775-796.

[13] Si X S, Wang W B, Hu C H, et al. Remaining useful life estimation: A review on the statistical data driven approaches [J]. European Journal of Operational Research, 2011, 213 (1): 1-14.

[14] Hu L R, Li L J, Hu Q P. Degradation modeling, analysis, and applications on lifetime prediction [M]//Statistical Modeling for Degradation Data. [S. l.]: Springer, 2017: 43-66.

[15] Hu C H, Lee M Y, Tang J. Optimum step-stress accelerated degradation test for Wiener degradation process under constraints [J]. European Journal of Operational Research, 2015, 241 (2): 412-421.

[16] Zhang C H, Lu X, Tan Y Y, et al. Reliability demonstration methodology for products with gamma process by optimal accelerated degradation testing [J]. Reliability Engineering & System Safety, 2015, 142: 369-377.

[17] Wang H, Wang G J, Duan F J. Planning of step-stress accelerated degradation test based on the inverse Gaussian process [J]. Reliability Engineering & System Safety, 2016, 154: 97-105.

[18] Cook J R, Stefanski L A. Simulation-extrapolation estimation in parametric measurement error models [J]. Journal of the American Statistical Association, 1994, 89 (428): 1314-1328.

[19] Carroll R J, Küchenhoff H, Lombard F, et al. Asymptotics for the SIMEX estimator in nonlinear measurement error models [J]. Journal of the American Statistical Association, 1996, 91 (433): 242-250.

[20] He W Q, Yi G Y, Xiong J. Accelerated failure time models with covariates subject to measurement error [J]. Statistics in Medicine, 2007, 26 (26): 4817-4832.

[21] Li J X, Wang Z H, Liu X, et al. A Wiener process model for accelerated degradation analysis considering measurement errors [J]. Microelectronics Reliability, 2016, 65: 8-15.

[22] Cai Z Y, Chen Y X, Zhang Q, et al. Residual lifetime prediction model of nonlinear accelerated degradation data with measurement error [J]. Journal of Systems Engineering and Electronics, 2017, 28 (5): 1028-1038.

[23] Hao S H, Yang J, Berenguer C. Nonlinear step-stress accelerated degradation modelling considering three sources of variability [J]. Reliability Engineering & System Safety, 2018, 172: 207-215.

[24] Zhao X J, Xu J Y, Liu B. Accelerated degradation tests planning with competing failure modes [J]. IEEE Transactions on Reliability, 2017, 67 (1): 142-155.

[25] Lim H, Kim Y S, Bae S J, et al. Partial accelerated degradation test plans for Wiener degradation processes [J]. Quality Technology & Quantitative Management, 2019, 16 (1): 67-81.

[26] Si X S, Li T M, Zhang Q. A general stochastic degradation modeling approach for prognostics of degrading systems with surviving and uncertain measurements [J]. IEEE Transactions on Reliability, 2019, 68 (3): 1080-1100.

[27] Si X S, Li T M, Zhang Q, et al. Prognostics for linear stochastic degrading systems with survival measurements [J]. IEEE Transactions on Industrial Electronics, 2019, 67 (4): 3202-3215.

[28] Lagarias J C, Reeds J A, Wright M H, et al. Convergence properties of the Nelder-Mead simplex method in low dimensions [J]. SIAM Journal on Optimization, 1998, 9 (1): 112-147.

[29] Ye Z S, Chen N, Shen Y. A new class of Wiener process models for degradation analysis [J]. Reliability Engineering & System Safety, 2015, 139: 58-67.

[30] Kloeden P E, Platen E. Numerical solution of stochastic differential equations [M]. Berlin Heidelberg: Springer, 1992: 407-424.

[31] Akaike H. A new look at the statistical model identification [J]. IEEE Transactions on Automatic Control, 1974, 19 (6): 716-723.

[32] Si X S, Wang W B, Hu C H, et al. A Wiener-process-based degradation model with a recursive filter algorithm for remaining useful life estimation [J]. Mechanical Systems and Signal Processing, 2013, 35 (1): 219-237.

第8章 基于最后逃逸时间的随机退化设备寿命预测方法

8.1 引　　言

受震动冲击、工况切换、机械磨损、化学侵蚀、负载变化以及能量消耗等因素影响，设备的健康性能水平将不可避免地劣化，最终导致其失效，甚至引起系统故障与事故，造成人员和财产的损失[1-3]。作为 PHM 的关键技术之一，寿命与 RUL 预测技术能够为维修管理提供有效的信息支持与理论支撑[4-5]。准确的预测设备的寿命及 RUL 具有重要的理论研究研究和工程应用价值。

随着传感技术与监测方法的进步，系统的健康水平可通过 CM 数据，也就是退化数据来体现。另外，由于运行环境、测量误差、样本差异性以及固有随机性等影响，退化过程往往具有随机性与不确定[6-7]。因此，基于随机退化过程建模的设备寿命与 RUL 预测方法在近些年得到了广泛的关注，并成为国内外研究的热点问题，如 Gamma 退化过程模型、Wiener 退化过程模型、IG 退化过程模型等[8-9]。相比于 Gamma 过程与 IG 过程等单调退化过程模型，Wiener 过程不仅能够描述非单调的退化数据，还具有良好的数学计算特性[8-11]。鉴于此，本章主要关注基于 Wiener 过程的退化建模与寿命预测问题。

目前，对于非单调退化过程模型，其寿命及 RUL 往往定义为随机过程首次到达失效阈值的时间，即 FHT[8-9,12]。也就是说，退化过程一旦达到失效阈值，便认为该设备发生失效。这种寿命定义方式虽然适用于一些安全性要求较高的关键设备，但是相对比较保守。例如，当退化过程中存在较大随机性与波动性时，基于 FHT 的定义方式容易导致退化过程很早达到阈值而引起设备寿命提前终止，造成较大的浪费。迄今为止，鲜有文献考虑这一实际问题。

实际上，退化数据是设备健康状态水平的内在变化的外在表现。具体来说，设备的性能水平与健康状态会随使用次数以及时间的累计而不可避免地发生退化，表现为退化数据呈现出递增或者递减的变化趋势，例如电池的电容量减少[13]、陀螺仪漂移系数的增长[14]、轴承振动幅度的变大[15]等。这些退化数据会随着时间或使用次数的累积，最终超过并远离所给定的阈值。众所周知，FHT 表示首次达到阈值的时间，而 LET 则表示了退化过程最后一次离开阈值的时刻[16-17]，反映了设备最后一次恢复到正常状态的时刻，也就是说从此以后设备彻底远离了失效阈值。FHT 对数据的动态随机性十分敏感，相比之下，LET 具有更强的鲁棒性，能够避免由于退化过程动态随机性与数据波动性所导致的设备寿命过早终止。

鉴于此，本章提出了一种基于 LET 的随机退化设备寿命与 RUL 定义方式。在新框架下，以线性 Wiener 过程模型为研究对象，首先建立了 FHT 与 LET 之间的关系，然后推导得到了 LET 意义下寿命与 RUL 分布的表达形式。此外，通过数值仿真验证了所得的结论的理论正确性，并进一步完成了模型参数敏感度分析。最后，通过实例研究说明了 LET 描述随机退化设备寿命具有一定可行性和有效性。

本章的具体结构如下：8.2 节描述本章所提问题；8.3 节对线性 Wiener 过程的寿命与 RUL 分布的解析表达式进行推导，并考虑随机效应影响下的寿命分布情况；8.4 节通过仿真验证所提方法的有效性，并分析模型参数对寿命分布的影响；8.5 节利用本章方法分别对滚珠轴承与激光器的两组实际退化数据进行实例研究；8.6 节总结本章工作。

8.2 问题描述

8.2.1 FHT 与 LET

FHT 与 LET 的定义均来自随机过程理论，分别反映了非单调随机过程首次通过和最后一次离开某一给定边界的时刻[16-19]。受随机过程的不确定性与动态随机性影响，随机过程的轨迹可能多次往返与某一个特定边界，如图 8.1 所示。

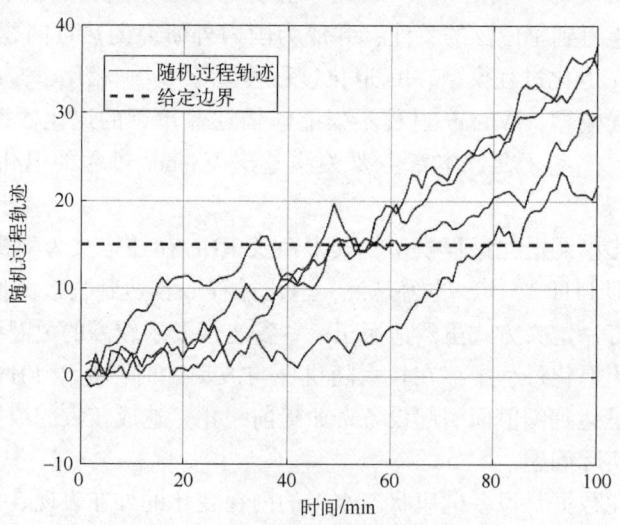

图 8.1 随机过程中 FHT 与 LET

图 8.1 为仿真生成的一组非单调随机退化轨迹。从图中可以发现，受模型随机性与不确定性的影响，相同数学模型下的随机过程其退化轨迹也会存在明显的差异，这将导致 FHT 与 LET 也会存在不同。因此，需要注意以下几点：

（1）对于连续时间随机退化过程，FHT 与 LET 均是随机变量，反应了其取值范围的各种可能性。

（2）对于随机过程产生的某一退化轨迹而言，如果 FHT 或者 LET 已出现，那么其

FHT 和 LET 则是一个具体的特定时刻。

（3）如果随机过程具有 Markov 性，那么其 FHT 与 LET 与过去状态无关，仅与当前状态相关。

8.2.2 问题来源

图 8.2 表示某一轴承振动退化数据的均方根（Root Mean Square，RMS）。从图中可以看出，受退化过程随机性与波动性的影响，退化过程在超过某一给定阈值后，仍可能会回到阈值之下，并经过较长时间后才会最终离开阈值。因此，若直接用 FHT 来定义该轴承的寿命与 RUL，预测结果对退化过程的随机性和波动性十分敏感，得到的结果过于保守，将导致设备提前终止运行或过早维护，造成较大的浪费。

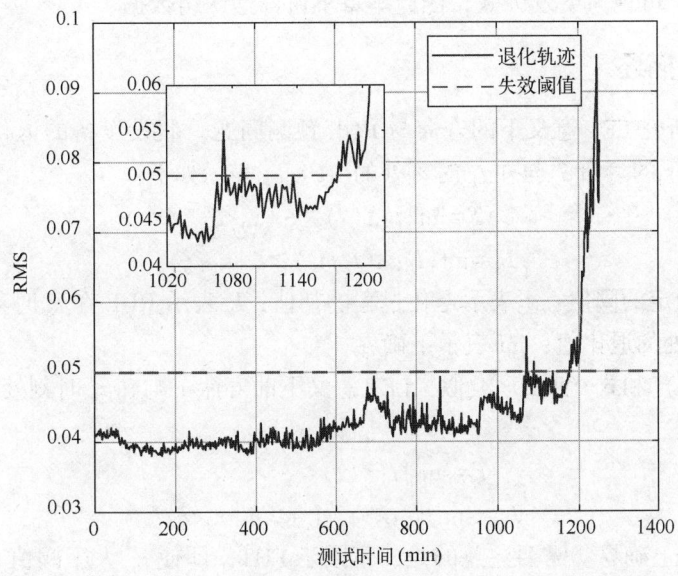

图 8.2 轴承退化轨迹

以西安交通大学雷亚国教授课题组所完成的全寿命周期轴承退化实验为例[15,20]，若按照文献 [15] 中的所给出的轴承寿命定义方式（即令轴承最大振动幅值小于 $20g$），FHT 下得到的寿命会明显小于真实寿命，如表 8.1 所示。相比之下，LET 下得到的寿命则更加接近轴承的真实寿命。

表 8.1　轴承真实寿命对比

轴承数据	真实寿命/min	FHT 下寿命/min	LET 下寿命/min
1_1#	123	91	110
1_2#	161	74	110
1_3#	159	149	149
1_5#	52	47	49
2_1#	491	488	488
2_2#	161	144	161
2_3#	533	478	533

(续)

轴 承 数 据	真实寿命/min	FHT 下寿命/min	LET 下寿命/min
2_4#	42	38	38
2_5#	399	199	284
3_1#	2538	2524	2529
3_3#	371	352	362
3_4#	1515	1456	1461
3_5#	114	74	98

注释 8.1：从轴承数据分析，1_4#与3_2#轴承的退化过程不明显，其退化数据突然超过给定阈值，可视为突发失效，因此本章不讨论这两组数据。

8.2.3 模型描述

本章主要研究 LET 意义下的寿命与 RUL 预测问题。假设设备的退化过程为 $X(t)$，那么 FHT 意义下的寿命 $\tilde{T}$ 与在 t_k 时刻处的 RUL $\tilde{L}_k$ 表示如下：

$$\tilde{T} = \inf\{t : X(t) \geq \xi \mid x_0 < \xi\} \tag{8.1}$$

$$\tilde{L}_k = \inf\{l_k : X(t_k + l_k) \geq \xi \mid x_k < \xi\} \tag{8.2}$$

式中：ξ 表示给定的阈值；x_0 表示退化过程的初值；l_k 表示 RUL 在 t_k 时刻处的取值；x_k 表示在 t_k 时刻处的退化值；inf 表示下确界。

与式（8.1）和式（8.2）类似，LET 意义下的寿命 T 与在 t_k 时刻处的 RUL L_k 可表示为

$$T = \sup\{t : X(t) \geq \xi \mid x_0 < \xi\} \tag{8.3}$$

$$L_k = \sup\{l_k : X(t_k + l_k) \geq \xi \mid x_k < \xi\} \tag{8.4}$$

式中：sup 表示上确界。需要注意的是，不同于 FHT，即使 x_k 大于阈值 ξ，LET 仍可能存在。

此外，对于非单调退化过程（如 Gamma 过程、IG 过程等）模型，$X(t+\Delta t) > X(t)$ 恒成立。因此，单调退化过程 FHT 意义下的寿命与 RUL 和 LET 下一致，即有

$$\tilde{T} = T = \{t : X(t) \geq \xi \mid x_0 < \xi\} \tag{8.5}$$

$$\tilde{L}_k = L_k = \{l_k : X(t_k + l_k) \geq \xi \mid x_k < \xi\} \tag{8.6}$$

目前，已有很多文献给出了单调退化过程的寿命与 RUL 预测方法[21-22]。因此，本章以 Wiener 过程为例，研究 LET 意义下非单调退化过程的寿命与 RUL 预测问题。

8.3 寿命与 RUL 分布推导

8.3.1 基于 LET 的寿命分布推导

一般来说，传统线性 Wiener 过程模型的可表示为

$$X(t) = x_0 + \mu t + \sigma_B B(t) \tag{8.7}$$

式中：$X(t)$ 表示在 t 时刻的退化状态；x_0 表示退化过程的初值；$\mu>0$ 和 $\sigma_B>0$ 分别表示漂移系数与扩散系数；$B(t)$ 表示标准布朗运动，令退化过程的阈值为 $\xi>0$。

不同于传统 FHT 意义下的寿命分布推导方法，LET 意义下的寿命与 RUL 分布难以通过直接求解式（8.3）与式（8.4）得到。因此，为了便于求解式（8.3）与式（8.4），本章给出如下定义：

$$T_0 = \sup\{t:X(t) \geqslant \xi \mid x_0 = \xi\} \tag{8.8}$$

式中：T_0 是一个随机变量，用于描述 FHT 意义下寿命与 LET 意义下寿命之间的差值，即

$$T_0 = \widetilde{T} - T \tag{8.9}$$

这样，便可通过 T_0 建立 LET 意义下寿命分布与传统基于 FHT 意义下寿命分布之间的联系。需要注意的是，T_0 为一个非负随机变量。那么，根据式（8.9）可知，FHT 意义下寿命分布的期望和方差均会小于 LET 意义下的结果。为求解 T 的表达形式，首先给出 T_0 的求解方式，见定理 8.1。

定理 8.1：若退化过程如式（8.7）所示，且退化初值等于给定阈值，即 $x_0 = \xi$，那么 T_0 的 PDF 有如下形式，即

$$f_{T_0}(t;s) = \frac{1}{2\sqrt{2\pi t}} \exp\left(-\frac{\mu^2 t}{\sigma_B^2}\right) \times \left\{\frac{\exp\left[-\frac{2\mu^2(s-t)}{\sigma_B^2}\right](s-t)}{\sqrt{2\pi}(s-t)^{\frac{3}{2}}} + \frac{\frac{\mu\sqrt{2\pi}(s-t)^{1.5}}{\sigma_B}\mathrm{Erf}\left[\sqrt{\frac{\mu^2(s-t)}{2\sigma_B^2}}\right]}{\sqrt{2\pi}(s-t)^{\frac{3}{2}}}\right\} \tag{8.10}$$

式中：s 表示 T_0 的最大取值范围，即 $T_0 \leqslant s$；Erf 表示误差函数。

证明：首先，定义一个新的随机变量 κ_h^s，即

$$\kappa_h^s = \sup\{t \leqslant s:B(t) = h(t)\} \tag{8.11}$$

式中：$B(0) = h(0) = 0$；κ_h^s 表示在时间 s 前标准布朗运动 $B(t)$ 通过一个时变边界 $h(t)$ 的 LET。

类似于式（8.11），定义一个新的随机变量 γ_h^s 如下：

$$\gamma_h^s = \inf\{t \leqslant s:B(t) = h(t)\} \tag{8.12}$$

式中：γ_h^s 表示在时间 s 前标准布朗运动 $B(t)$ 通过一个时变边界 $h(t)$ 的 FHT。

根据文献 [19] 可知，κ_h^s 与 γ_h^s 的 PDF 有如下关系：

$$f_{\kappa_h^s}(t) = p(t;0,h(t)) \int_{-\infty}^{+\infty} 2\nu_\chi(s-t,\hat{h}) \mathrm{d}\chi \tag{8.13}$$

式中：

$$\nu_\chi(t,\hat{h}) = f_{\gamma_{\hat{h}}^s}(t \mid B(0) = \chi) \tag{8.14}$$

$$p(t;x,y) = \frac{1}{2\sqrt{2\pi t}} \exp\left[-\frac{(x-y)^2}{2t}\right] \tag{8.15}$$

在式（8.13）中，$\hat{h}(t) = h(s-t) = -\mu/\sigma_B(s-t)$ 表示 $h(t)$ 的时间反函数。

那么，令 $h(t) = -\mu/\sigma_B t$，则式（8.12）等价于式（8.8），即有 $\kappa_h^s = T_0$。因此，可以通过式（8.12）来求解 T_0。

根据 $h(t)$ 的函数形式和式（8.15），$p(t;0,h(t))$ 的表达式容易得到，即

$$p(t;0,h(t)) = \frac{1}{2\sqrt{2\pi t}}\exp\left(-\frac{\mu^2 t}{2\sigma_B^2}\right) \tag{8.16}$$

实际上，式（8.14）即 $f_{\gamma_{\hat{h}}^s}(t|B(0)=\chi)$ 描述了随机过程 $B(t)+\chi$ 通过时变边界 $\hat{h}(t) = -\mu/\sigma_B(s-t)$ FHT 的 PDF。根据模型变换可以发现，这等价于随机过程 $\sigma_B B(t)-\mu t$ 通过给定阈值 $-\mu s - \sigma_B \chi$ 的 FHT。因此，根据 Wiener 过程的性质可得到如下结果：

$$\nu_\chi(t,\hat{h}) = f_{\gamma_{\hat{h}}^s}(t|B(0)=\chi) = \frac{|\mu s + \sigma_B \chi|}{\sqrt{2\pi\sigma_B^2 t^3}}\exp\left[-\frac{(-\mu s - \sigma_B \chi + \mu t)^2}{2\sigma_B^2 t}\right] \tag{8.17}$$

进一步，将 $s-t$ 代入式（8.17）可以得到式（8.13）中函数 $\nu_\chi(s-t,\hat{h})$ 的具体表示形式为

$$\begin{aligned}\nu_\chi(s-t,\hat{h}) &= \frac{|\mu s + \sigma_B \chi|}{\sqrt{2\pi\sigma_B^2(s-t)^3}}\times\exp\left[-\frac{(-\mu s - \sigma_B \chi + \mu(s-t))^2}{2\sigma_B^2(s-t)}\right]\\ &= \frac{|\mu s + \sigma_B \chi|}{\sqrt{2\pi\sigma_B^2(s-t)^3}}\exp\left[-\frac{(-\sigma_B \chi - \mu t)^2}{2\sigma_B^2(s-t)}\right]\end{aligned} \tag{8.18}$$

那么，根据式（8.16）和式（8.18），κ_h^s 的 PDF 即式（8.13）为

$$\begin{aligned}f_{\kappa_h^s}(t) &= p(t;0,h(t))\int_{-\infty}^{+\infty} 2\nu_\chi(s-t,\hat{h})\mathrm{d}\chi\\ &= \frac{1}{2\sqrt{2\pi t}}\exp\left(-\frac{\mu^2 t}{2\sigma_B^2}\right)\int_{-\infty}^{+\infty} 2\nu_\chi(s-t,\hat{h})\mathrm{d}\chi\\ &= \frac{1}{\sqrt{2\pi t}}\exp\left(-\frac{\mu^2 t}{2\sigma_B^2}\right)\times\left\{\frac{2\exp\left[-\frac{2\mu^2(s-t)}{\sigma_B^2}\right]}{\sqrt{2\pi}(s-t)^{0.5}} + \frac{\mu\sqrt{2\pi}}{\sigma_B}\mathrm{Erf}\left[\sqrt{\frac{\mu^2(s-t)}{2\sigma_B^2}}\right]\right\}\end{aligned} \tag{8.19}$$

式中：

$$\mathrm{Erf}\left[\sqrt{\frac{\mu^2(s-t)}{2\sigma_B^2}}\right] = \frac{\int_0^{\sqrt{\frac{\mu^2(s-t)}{2\sigma_B^2}}} 2\exp(-\eta^2)\mathrm{d}\eta}{\sqrt{\pi}} \tag{8.20}$$

定理 8.1 证毕。 □

进一步，根据定理 8.1 的结论以及式（8.9），便可得到 LET 意义下的寿命分布 PDF 表达式，如推论 8.1 所示。

推论 8.1： 若退化过程如式（8.7）所示，其阈值为 ξ，退化初值为 $x_0=0$，同时给定寿命的取值范围为 $(0, T_{\max})$，那么 LET 意义下的寿命分布 PDF 为

$$f_T(t;T_{\max}) = \int_0^t f_{T_0}(t-\tau;T_{\max}-\tau)f_{\hat{T}}(\tau)\mathrm{d}\tau \tag{8.21}$$

式中：$f_{T_0}(t-\tau;T_{\max}-\tau)$ 的表达形式可由式（8.10）直接得到，$f_{\hat{T}}(t)$ 为 Wiener 过程的 FHT 意义下寿命分布 PDF，即

$$f_{\hat{T}}(t) = \frac{\xi}{\sqrt{2\pi\sigma_B^2 t^3}}\exp\left[-\frac{(\xi-\mu t)^2}{2\sigma_B^2 t}\right] \tag{8.22}$$

这样,便得到了 LET 意义下的寿命分布表示形式。需要注意的是,推论 8.1 中 T_{max} 需要事先给定,当且仅当 T_{max} 趋于无穷大时,式(8.21)等价于式(8.3)。

8.3.2 基于 LET 的 RUL 分布推导

假设退化过程如式(8.7)所示,且当前退化时刻为 t_k,退化量为 x_k。不同于 FHT 意义下寿命分布的求解,LET 意义下的 RUL 需要分三种情况进行讨论。

情况 1:当前退化量 x_k 小于阈值 ξ,当前时刻下 RUL 可等价于求解初值为 x_k 的寿命,那么可根据推论 8.1 中寿命预测的结果直接得到,结果为

$$f_L(l_k; T_{max}) = \int_0^{l_k} f_{T_0}(l_k - \tau; T_{max} - \tau) f_{\tilde{L}}(\tau) d\tau \tag{8.23}$$

式中:L 表示给定 T_{max} 条件下 RUL 分布的 PDF。

$$f_{\tilde{T}}(t) = \frac{\xi - x_k}{\sqrt{2\pi\sigma_B^2 t^3}} \exp\left[-\frac{(\xi - \mu t - x_k)^2}{2\sigma_B^2 t}\right] \tag{8.24}$$

情况 2:当前退化量 x_k 等于阈值 ξ,RUL 直接等于 T_0,其分布可由定理 8.1 直接计算得到,结果如式(8.10)所示。

情况 3:当前退化量 x_k 大于阈值 ξ,需要分别讨论两种可能性,并分别计算概率分布,具体讨论如下。

(1)退化过程不再回到阈值,前一次达到阈值的时刻即是 LET,这意味着寿命早已终止。假设最后一次达到阈值的时刻为 ω_k,那么有 RUL 为 L_k 为 $\omega_k - t_k$,其概率等于退化过程不再回到阈值的概率,即

$$\begin{aligned} \Pr\{L_k = \omega_k - t_k\} &= 1 - \int_0^{+\infty} \frac{|\xi - x_k|}{\sqrt{2\pi\sigma_B^2 l_k^3}} \exp\left[-\frac{(\xi - \mu l_k - x_k)^2}{2\sigma_B^2 l_k}\right] dl_k \\ &= 1 - \exp\left(-\frac{2|\xi - x_k|\mu}{\sigma_B^2}\right) \\ &= 1 - \exp\left[-\frac{2(x_k - \xi)\mu}{\sigma_B^2}\right] \end{aligned} \tag{8.25}$$

(2)退化过程会回到阈值,LET 意义下的 RUL L_k 大于 0。此时可根据情况 1 的方式进行求解,结果如下:

$$f_L(l_k; T_{max}) = \int_0^{l_k} f_{T_0}(l_k - \tau; T_{max} - \tau) f_{\tilde{L}}(\tau) d\tau \tag{8.26}$$

式中:

$$f_{\tilde{T}}(t) = \frac{x_k - \xi}{\sqrt{2\pi\sigma_B^2 t^3}} \exp\left[-\frac{(\xi - \mu t - x_k)^2}{2\sigma_B^2 t}\right] \tag{8.27}$$

从式(8.26)可以看出,当退化量超过阈值后,存在两种可能的情况,即退化过程回到阈值之下与退化过程彻底远离阈值。需要注意的是,这两种情况均有可能发生,可通过式(8.25)计算得到退化过程回不到阈值的概率为 $\Pr\{L_k = w_k - t_k\}$,能回到阈值的概率为 $1 - \Pr\{L_k = w_k - t_k\}$。

综上,LET 意义下的 RUL 预测结果已推导得到。由于退化过程的随机性,退化过

程即使超过阈值后仍有可能返回阈值之下。因此，不同于 FHT 意义下 RUL 预测问题，LET 意义下的 RUL 预测需要考虑退化量是否大于阈值，进而需分上述三种情况分别进行讨论。

8.3.3 考虑随机效应影响下的寿命分布推导

在实际工程中，受样本间差异性的影响，退化过程的初值往往存在差异性，即 x_0 取值不同。为描述样本差异性所带来的影响，通常在退化过程中引入随机效应，也就是假设 x_0 服从某种随机分布。鉴于高斯混合模型能够近似逼近任意分布，本章假设 x_0 服从一个高斯混合模型，其中每个高斯分布间相互独立，期望为 u_i，标准差为 σ_i，以及权重为 ϖ_i。这种情况下的寿命分布如定理 8.2 所示。

定理 8.2：若退化过程如式（8.7）所示，其阈值为 ξ，若给定寿命的取值范围为 $(0, T_{\max})$，且退化初值为 x_0 存在随机效应，服从期望为 u_i，标准差为 σ_i，以及权重为 ϖ_i 的高斯混合模型 $i=(1,2,\cdots,N)$，那么 LET 意义下的寿命分布 PDF 为

$$f_T(t;T_{\max}) = \int_0^t f_{T_0}(t-\tau;T_{\max}-\tau) f_{\tilde{T}}(\tau) \mathrm{d}\tau \tag{8.28}$$

式中：$f_{T_0}(t-\tau;T_{\max}-\tau)$ 的表达形式可由式（8.10）直接得到；$f_{\tilde{T}}(t)$ 为 Wiener 过程 FHT 意义下的寿命分布 PDF，即

$$f_{\tilde{T}}(t) = \sum_{i=1}^{N} \varpi_i \frac{\mu \sigma_i^2 + \sigma_B^2(\xi - u_i)}{\sqrt{2\pi(\sigma_B^2 t + \sigma_i^2)^3}} \times \exp\left[-\frac{(\xi - u_i - \mu t)^2}{2(\sigma_B^2 t + \sigma_i^2)}\right] \tag{8.29}$$

证明：与 8.3.1 小节中的推导过程类似，可以得到 $T_0 = \tilde{T} - T$。因此首先计算 T_0 的表达形式。根据 T_0 的定义可知，式（8.8）等价于

$$T_0 = \sup\{t : \mu t + \sigma_B(t) \geq 0\} \tag{8.30}$$

由式（8.30）可以发现，T_0 的取值与退化初值以及阈值无关，其分布形式仅取决于退化过程的漂移系数与扩散系数。因此，T_0 的 PDF 仍为式（8.10）。

另外，受随机初值的影响，式（8.1）可以等价为初值为 0 的退化过程通过一个随机阈值的 FHT 问题，即

$$\tilde{T} = \inf\{t : X(t) \geq \xi \mid x_0 < \xi\} = \inf\{t : \mu t + \sigma_B(t) \geq \xi - x_0\} \tag{8.31}$$

因此，根据全概率公式，$\tilde{T}$ 的概率密度函数 $f_{\tilde{T}}(t)$ 可表示为

$$f_{\tilde{T}}(t) = \int_{-\infty}^{+\infty} \frac{\xi - x_0}{\sqrt{2\pi \sigma_B^2 t^3}} \exp\left[-\frac{(\xi - x_0 - \mu t)^2}{2\sigma_B^2 t}\right] \times \left\{\sum_{i=1}^{N} \frac{\varpi_i}{\sqrt{2\pi \sigma_i^2}} \exp\left[-\frac{(x_0 - \mu_i)^2}{2\sigma_i^2}\right]\right\} \mathrm{d}x_0 \tag{8.32}$$

为便于求解式（8.32），根据文献 [23] 给出如下引理 8.1。

引理 8.1[23]：若 $Z \sim N(\alpha, \beta^2)$，且 $C \in \mathbb{R}^+$，$\omega_1, \omega_2, A, B \in \mathbb{R}$，则有

$$\mathbb{E}_Z\left[(\omega_1 - AZ)\exp\left(-\frac{(\omega_2 - BZ)^2}{2C}\right)\right] = \sqrt{\frac{C}{B^2\beta^2 + C}}\left(\omega_1 - A\frac{B\omega_2\beta^2 + \alpha C}{B^2\beta^2 + C}\right) \times \exp\left(-\frac{(\omega_2 - B\alpha)^2}{2B^2\beta^2 + 2C}\right) \tag{8.33}$$

式中：$\mathbb{E}_Z[\cdot]$ 表示关于 Z 的期望。

根据引理 8.1，便可得到如下结果：

$$\int_{-\infty}^{+\infty} \frac{\xi - x_0}{\sqrt{2\pi\sigma_B^2 t^3}} \exp\left[-\frac{(\xi - x_0 - \mu t)^2}{2\sigma_B^2 t}\right] \times \left\{\frac{\varpi_i}{\sqrt{2\pi\sigma_i^2}} \exp\left[-\frac{(x_0 - \mu_i)^2}{2\sigma_i^2}\right]\right\} dx_0$$

$$= \frac{\mu\sigma_i^2 + \sigma_B^2(\xi - u_i)}{\sqrt{2\pi(\sigma_B^2 t + \sigma_i^2)^3}} \times \exp\left[-\frac{(\xi - u_i - \mu t)^2}{2(\sigma_B^2 t + \sigma_i^2)}\right]$$

(8.34)

进一步，根据高斯混合模型的性质，$\widetilde{T}$ 的 PDF $f_{\widetilde{T}}(t)$ 如式（8.29）所示。

定理 8.2 证毕。 □

注释 8.2：基于 Wiener 过程的退化模型参数估计问题在很多文献中已经得到了广泛研究，如文献 [9-11]，受篇幅所限，本章不再讨论。

8.4 数值仿真

8.4.1 寿命分布

首先根据定理 8.1 和定理 8.2 中所得结论验证寿命分布的正确性。为验证定理 8.1，假设退化过程的漂移系数 μ 与扩散系数 σ_B 分别为 1 和 2，阈值 ξ 为 5，退化初值 x_0 为 0，最大取值范围 $T_{\max} = 500$。那么便可得到寿命分布的 PDF 如图 8.3 所示。

从图 8.3 中可以发现，本章所得理论结果与 MC 方法得到的仿真结果一致，说明了本章所提方法在理论上的正确性。此外，与 FHT 意义下的结果进行对比可以发现，LET 意义下寿命的期望和方差都要明显大于 FHT 意义下的结果，这也和 8.3.1 小节中分析所得结果一致。

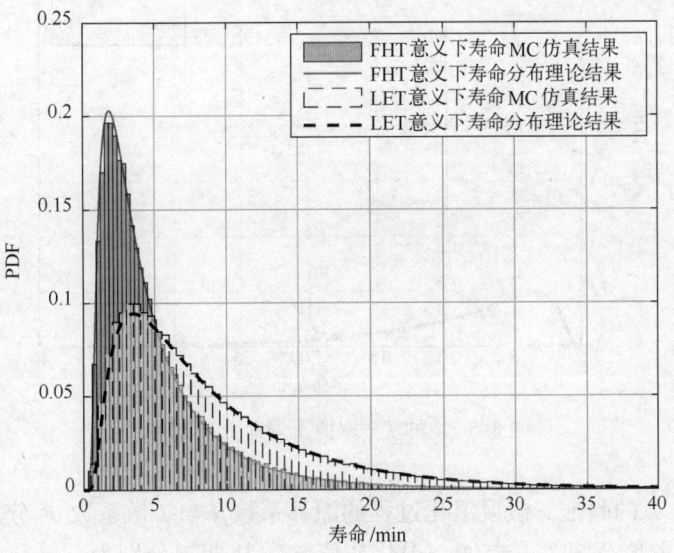

图 8.3 寿命分布 PDF

若分别令 $T_{\max}$ 为 20 和 50，则得到的结果如图 8.4 所示。由图 8.4 可知，若 $T_{\max}$ 的取值过小，则得到寿命分布在接近 $T_{\max}$ 的取值部分存在明显的误差。为了更好地对比

T_{max} 的取值对寿命分布的影响,图 8.5 展示了 4 种 T_{max} 下寿命分布 PDF。从图 8.5 中可以发现,当 T_{max} 取值较小时,估计得到寿命分布与式(8.3)所定义寿命分布之间的误差随着寿命取值的增大而增大,而 T_{max} 的取值越大,越接近式(8.3)中所定义的寿命分布。

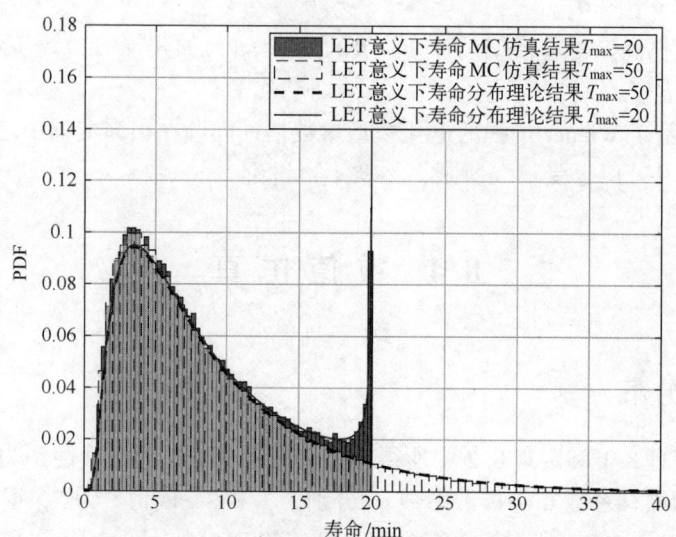

图 8.4 不同 T_{max} 取值下寿命分布 PDF

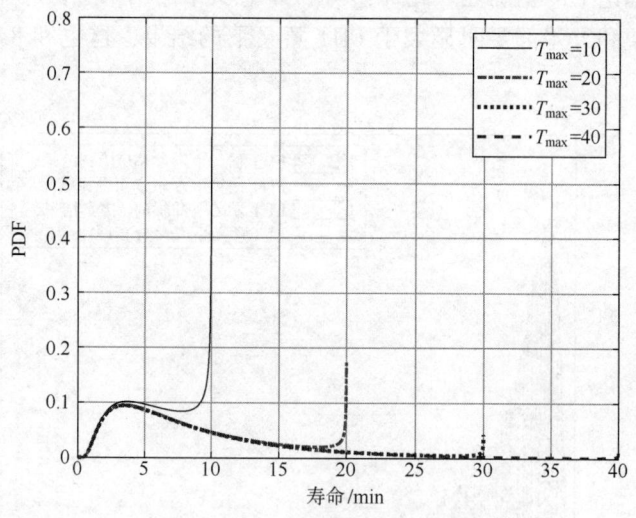

图 8.5 4 种 T_{max} 取值下寿命分布 PDF

对于定理 8.2 的验证,假设退化过程的漂移系数 μ 与扩散系数 σ_B 分别为 1 和 2,阈值 ξ 为 5,最大取值范围 $T_{max}=500$,退化初值 x_0 服从期望分别为 $u_1=1$、$u_2=2$、$u_3=3$,标准差分别为 $\sigma_1=1$、$\sigma_2=0.5$、$\sigma_3=1/3$,权重分别为 $\varpi_1=0.2$、$\varpi_2=0.6$、$\varpi_3=0.2$ 的高斯混合模型。那么便可得到寿命分布的 PDF 如图 8.6 所示。从图 8.6 中可见,本方法能够很好地拟合 MC 得到的结果,证明了本章所提方法的理论正确性。

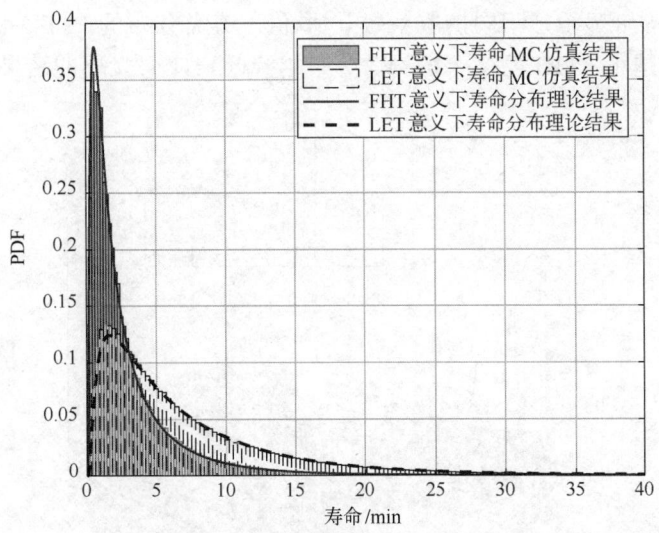

图 8.6 随机效应影响下寿命分布 PDF

8.4.2 敏感度分析

实际上，退化过程的参数不同也会导致得到的寿命分布存在较大差异性。为更好地体现模型参数对寿命分布的影响，进一步分析模型参数的敏感度。假设退化过程模型如式（8.7）所示，模型参数漂移系数 μ 与扩散系数 σ_B 分别为 1 和 2，阈值 ξ 为 5，退化初值 x_0 为 0，最大取值范围 $T_{\max}=500$。

首先，改变漂移系数 μ 的取值，得到了不同取值下寿命分布的 PDF，如图 8.7 所示。在图 8.7 中，阴影部分的柱状图表示通过 MC 数值仿真得到的寿命分布，实线和虚线分别表示 LET 意义下和 FHT 意义下的寿命分布 PDF。从图 8.7 中可以发现，μ 取值的取值越大，LET 意义下寿命分布的期望和方差越小，并且越接近 FHT 意义下的寿命分布。

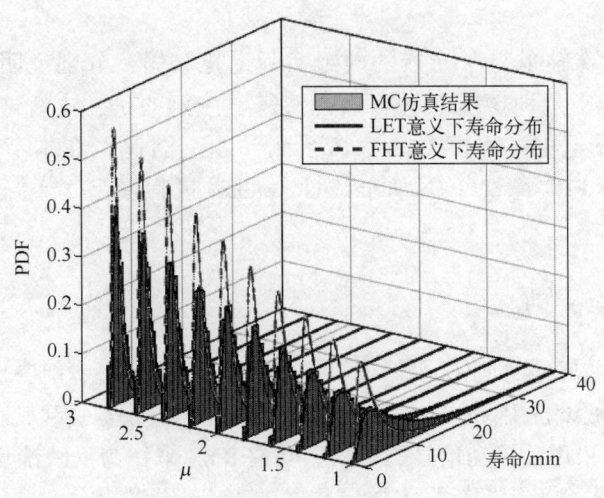

图 8.7 不同 μ 取值下寿命分布的 PDF

类似地，图 8.8 显示了不同扩散系数 σ_B 取值下寿命分布的 PDF。从图 8.8 中可以发现，σ_B 的取值越小，LET 意义下的寿命分布越接近 FHT 意义下的结果。

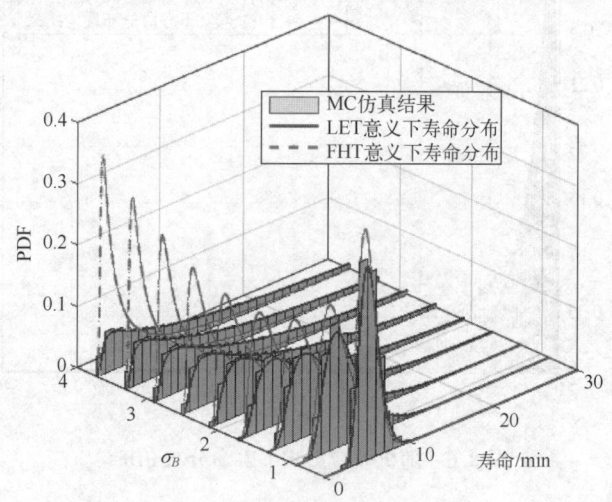

图 8.8 不同 σ_B 取值下寿命 PDF

由此可见，漂移系数 μ 与扩散系数 σ_B 的比值越大，LET 意义下的寿命 PDF 越接近 FHT 意义下的结果；反之，则偏差越大。需要注意的是，漂移系数 μ 与扩散系数 σ_B 的比值反映了退化过程的动态特性与波动性。也就是说，退化过程的动态特征和波动性越强，LET 意义下寿命分布与 FHT 意义下的结果差异越大。实际上，退化过程的动态特征和波动性越强，退化过程越容易在早期超过给定阈值，在这种情况下，若仍采用 FHT 来定义寿命或 RUL，可能会导致设备运行寿命过早终止。

8.5 实例研究

本节将通过滚珠轴承与激光器的两组实际退化数据，分别说明本章所提方法在数据波动较大与较小两种情况下的有效性。需要注意的是，由 8.3 节可知，本文仅考虑了线性 Wiener 退化过程模型的寿命预测问题。因此，在本节中主要将本章所提方法得到结果与 FHT 意义下下基于线性 Wiener 过程模型[9,25-26]的寿命预测结果进行对比。

8.5.1 滚珠轴承实例

滚珠轴承是一种典型的退化元件，其广泛应用于武器装备、航空航天、生产制造等关键系统的旋转机械设备中。研究表明滚珠轴承的退化失效是引起旋转机械发生故障的重要原因[25]，通常采用其振动信号的最大振幅或 RMS 来作为反映滚珠轴承健康状态的评价指标。因此，本章采用轴承最大振幅数据描述其退化状态。

本章以西安交通大学雷亚国教授课题组的轴承全寿命周期数据[15,20]对所提方法进行验证。由8.3节可知，受算法复杂性和计算复杂度所限，本章仅考虑了线性退化模型的寿命与RUL分布求解问题。因此，本章仅考虑具有线性特征的退化数据进行分析，3_5#轴承的最大振幅退化轨迹如图8.9所示。从图8.9中可以发现，退化过程具有较为明显线性趋势，且该数据具有较强的动态随机特性。为更好地进行对比实验说明，本章采用经验模态分解算法（Empirical Mode Decomposition，EMD）对该轴承数据进行滤波处理，图8.9中实线即为滤波后的轴承数据，可以发现滤波后的数据更加平稳，也更具有线性特征。

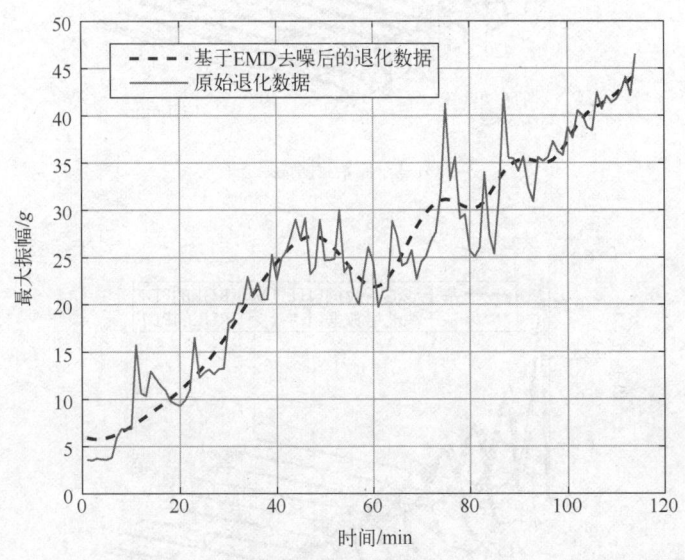

图8.9 轴承退化轨迹

根据线性Wiener过程模型的特性，采用MLE算法即可得到退化模型的参数估计值。接下来，根据文献[20]中轴承失效的定义方法，给定失效阈值为$\xi=20g$，进一步可采用8.3.1节中所得结论计算出FHT意义下和LET意义下RUL分布的PDF。基于原始退化数据和滤波后数据的预测结果分别如图8.10（a）和（b）所示。

从图8.10（a）中可以发现，FHT意义下与LET意义下的RUL分布的PDF存在明显差异。当退化时间接近35min时，退化过程能够达到给定阈值，说明FHT意义下的RUL已经接近0min，远远小于真实寿命114min。图8.10（b）则反映了滤波后的RUL预测结果，可以发现通过滤波的方法可以降低数据的波动性（如图8.9所示），使得FHT意义下与LET意义下计算得到的结果几乎一致。

为更好地对比，图8.11给出了两种不同定义方式下RUL的期望对比。在图8.11中，分别给出了实验室获取的真实寿命以及基于原始数据、滤波数据下根据两种不同寿命定义方式计算得到的RUL预测值。从图8.11中可以发现，FHT意义下的寿命预测值为35min，与真实寿命相差79min，而LET意义下计算得到的寿命为97min，更加接近全寿命周期实验中得到的实际寿命。相比之下，通过滤波后数据得到的结果仍然远远偏离真实RUL，并不能有效改善RUL预测的准确度。

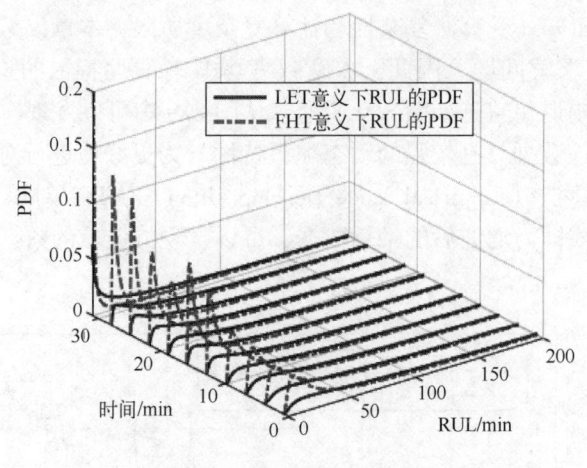

(a) 基于原始数据预测结果

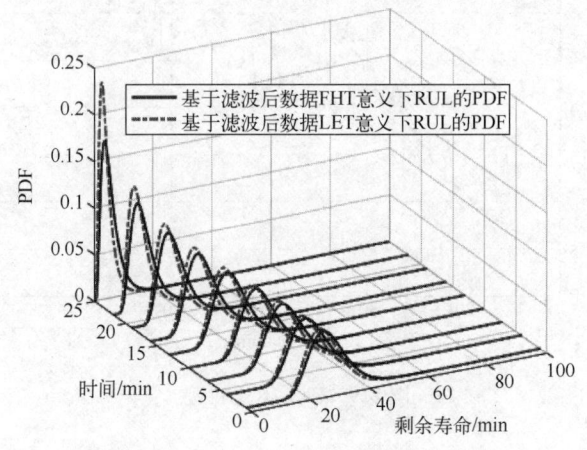

(b) 基于滤波后数据预测结果

图 8.10 不同测试时间处 RUL 的 PDF

通过以上对比可以发现，当退化的随机性和波动性比较强时，退化过程很容易在退化的初始阶段就超过阈值，若仍采用 FHT 来定义寿命与 RUL，则会导致设备提前终止运行或过早维护，引起不必要的浪费。与之相反，基于 LET 的定义，可以克服这一局限性，具有较好的鲁棒性与适应性。另外，通过与退化数据滤波后结果的对比可以发现，虽然采用滤波、平滑等方法可以减小数据的随机性与波动性，但并未有效改善 RUL 预测的结果；此外，通过滤波、平滑等方法也可能会消除退化数据本身的随机性与不确定性，导致预测结果出现偏差。

需要注意的是，由于其他几组轴承数据具有较强非线性而不适用于线性 Wiener 过程模型，因此未采用 8.3.1 小节中所提方法进行分析。但是从表 8.1 中也可以看出，其他几组轴承数据在 FHT 意义下的寿命也明显短于真实寿命，相比之下，LET 意义下的寿命更加接近真实值。

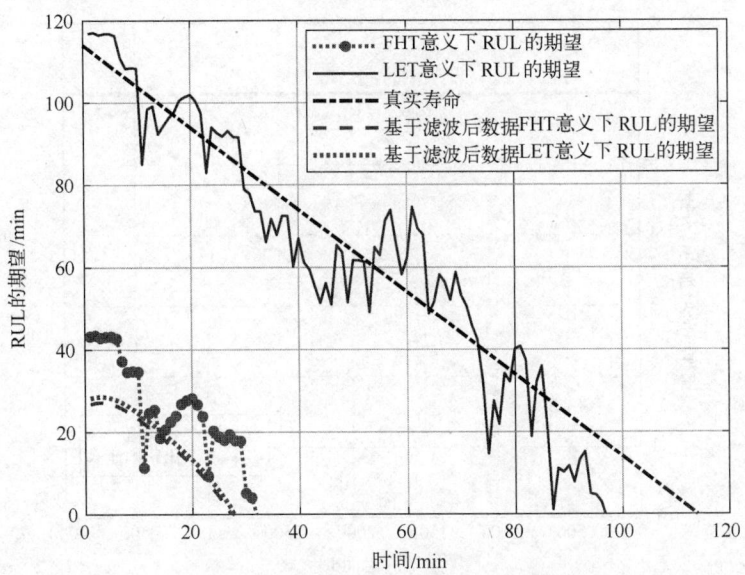

图 8.11 不同测试时间处 RUL 的期望

8.5.2 激光器实例

轴承退化数据的波动性与随机性较强，导致了两种定义下 RUL 预测结果存在较大差异。本小节以激光器的公开退化数据集为例，说明数据波动性较小时，两种定义方式下 RUL 预测的情况。

图 8.12 描述了文献［26］中 15 组激光器的退化轨迹，其中虚线为给定的失效阈值。本小节中采用第 8 组数据予以说明，其退化轨迹如图 8.13 所示。

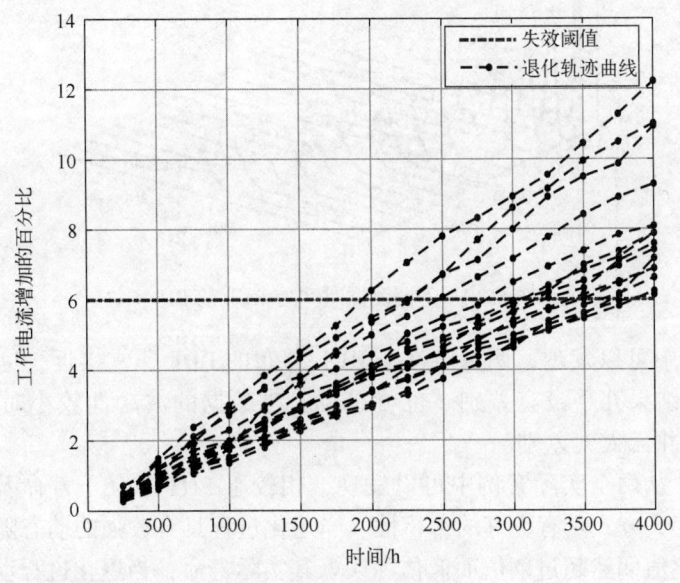

图 8.12 激光器的退化轨迹

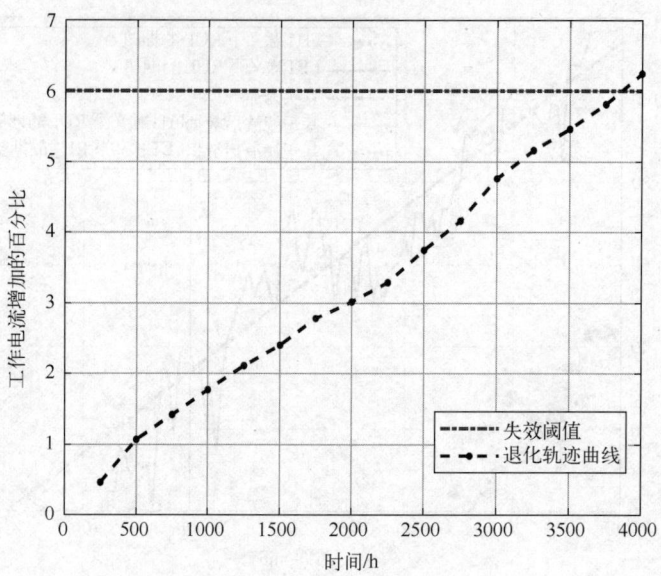

图 8.13 第 8 组激光器退化轨迹

类似地，根据 MLE 方法可以得到退化模型的参数估计值为 $\hat{\mu} = 0.0015$ 和 $\hat{\sigma}_B = 0.0068$。给定失效阈值为 $\xi = 6$，那么可以得到 RUL 预测结果如图 8.14 所示。

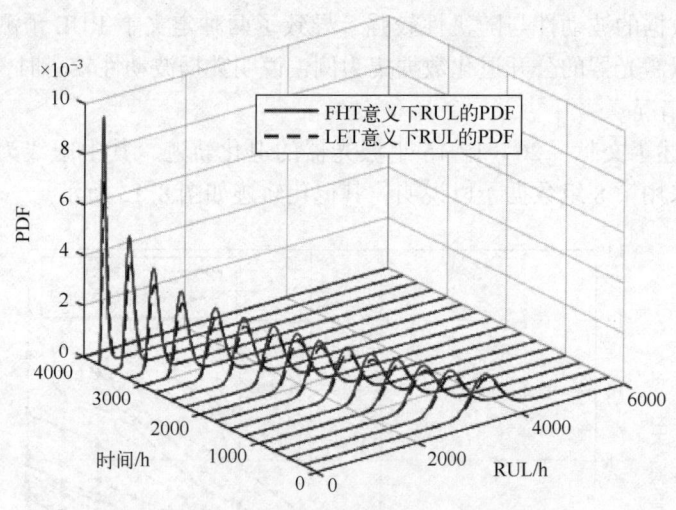

图 8.14 不同测试时间处 RUL 的 PDF

从图 8.14 中可以发现，两种定义下 RUL 分布的 PDF 非常接近，这说明两种定义下的 RUL 预测结果几乎没有差别。也就是说，当数据的波动性较小时，两种定义下的寿命及 RUL 并无太大差别。

综上所述，从两个实际案例中可以发现，相较于 FHT 意义下寿命及 RUL 的定义，LET 意义下的定义方式具有更好的鲁棒性。当退化过程具有较强的动态随机特性时，能够避免由于退化值偶然超过阈值而低估和误判其实际寿命；当退化过程动态随机性较弱时，也能得到与 FHT 意义下几乎一样的结果。这说明采用 LET 定义来描述随机退化设备的寿命具有可行性与有效性，具有潜在的工程应用价值。

8.6 本章小结

本章探索了一种新的寿命与 RUL 定义方式，提出了一种基于 LET 的寿命与 RUL 预测方法，相比于 FHT 意义下的寿命及 RUL 预测结果，能够避免由于退化过程动态随机性与数据波动性导致的设备寿命过早终止。具体地，本章的工作主要包括：

（1）基于 LET 的定义搭建了线性退化过程寿命与 RUL 的数学模型，与直接利用 FHT 的定义相比，本章所提方法对退化过程的随机性和波动性具有较强的鲁棒性。

（2）通过建立 LET 意义下与 FHT 意义下寿命分布之间的联系，推导得到了 LET 意义下寿命分布的解析解，并基于当前退化状态与失效阈值间的不同数量关系，计算得到不同情况下 RUL 分布的 PDF。

（3）在退化过程中引入随机效应，用于描述实际工程中不同样本个体间存在的差异性，更加贴合工程应用中的实际场景。

通过数值仿真和实例研究，验证了本章所提方法的有效性、可行性及潜在的工程应用价值。实验结果表明，相较于 FHT 意义下的寿命及 RUL 预测结果，LET 的定义方式具有更好的鲁棒性。当数据波动性较大时，能够避免寿命过早终止；当数据波动较小时，也能得到与 FHT 意义下几乎一样的结果。

参 考 文 献

[1] Pecht M G. Prognostics and health management of electronics [M]. New Jersey: John Wiley, 2008.

[2] Zio E. Prognostics and health management of industrial equipment [J]. Diagnostics and Prognostics of Engineering Systems: Methods and Techniques. 2012: 333-356.

[3] 周东华, 魏慕恒, 司小胜. 工业过程异常检测、寿命预测与维修决策的研究进展 [J]. 自动化学报, 2013, 39 (6): 711-722.

[4] Omshi E M, Grall A, Shemehsavar S. A dynamic auto-adaptive predictive maintenance policy for degradation with unknown parameters [J]. European Journal of Operational Research, 2020, 282 (1): 81-92.

[5] Lei Y G, Li N P, Guo L, et al, Machinery health prognostics: A systematic review from data acquisition to RUL prediction [J]. Mechanical Systems & Signal Processing, 2018, 104: 799-836.

[6] 郑建飞, 胡昌华, 司小胜, 等. 考虑不确定测量和个体差异的非线性随机退化系统 RUL 估计 [J]. 自动化学报, 2017, 43 (2): 259-270.

[7] 司小胜, 胡昌华, 周东华. 带测量误差的非线性退化过程建模与 RUL 估计 [J]. 自动化学报, 2013, 39 (5): 530-541.

[8] Si X S, Wang W B, Hu C H. Remaining useful life estimation: A review on the statistical data driven approaches [J]. European Journal of Operational Research, 2011, 213 (1): 1-14.

[9] Zhang Z X, Si X S, Hu C H, et al. Degradation data analysis and remaining useful life estimation: A review on Wiener-process-based methods [J]. European Journal of Operational Research, 2018, 271 (3): 775-796.

[10] Zhai Q Q, Ye Z S. RUL prediction of deteriorating products using an adaptive Wiener process model [J]. IEEE Transactions on Industrial Informatics, 2017, 13 (6): 2911-2921.

[11] Wen Y, Wu J, Das D, et al. Degradation modeling and RUL prediction using Wiener process subject to multiple change points and unit heterogeneity [J]. Reliability Engineering & System Safety, 2018, 176: 113-124.

[12] Wu S, Castro I T. Maintenance policy for a system with a weighted linear combination of degradation processes [J]. European Journal of Operational Research, 2020, 280 (1): 124-133.

[13] Severson K A, Attia P M, Jin N, et al. Data-driven prediction of battery cycle life before capacity degradation [J]. Nature Energy, 2019, 4 (5): 383-391.

[14] 马静, 苑丹丹, 晁代宏, 等. 基于漂移布朗运动的光纤陀螺加速贮存寿命评估 [J]. 中国惯性技术学报, 2010, 18 (06): 122-126.

[15] Wang B, Lei Y G, Li N P, et al. A hybrid prognostics approach for estimating remaining useful life of rolling element bearings [J]. IEEE Transactions on Reliability, 2020, 69 (1): 401-412.

[16] Doney R A. Last exit times for random walks [J]. Stochastic Processes and Their Applications, 1989, 31 (2): 321-331.

[17] Li Y, Yin C, Zhou X, et al. On the last exit times for spectrally negative Lévy processes [J]. Journal of Applied Probability, 2017, 54 (2): 474-489.

[18] Sato K, Watanabe T. Last exit times for transient semistable processes [J]. Annales De L Institut Henri Poincare-probabilites Et Statistiques, 2005, 41 (5): 929-951.

[19] Salminen P. On the first hitting time and the last exit time for a Brownian motion to/from a moving boundary [J]. Advances in Applied Probability, 1988, 20 (02): 411-426.

[20] 雷亚国, 韩天宇, 王彪, 等. XJTU-SY 滚动轴承加速寿命试验数据集解读 [J]. 机械工程学报, 2019, 55 (16): 1-6.

[21] Wang H W, Xu T X, Mi Q L. Lifetime prediction based on gamma processes from accelerated degradation data [J]. Chinese Journal of Aeronautics, 2015, 28 (1): 172-179.

[22] Chen N, Ye Z S, Xiang Y S, et al. Condition-based maintenance using the inverse Gaussian degradation model [J]. European Journal of Operational Research, 2015 243 (1): 190-199.

[23] Si X S, Wang W B, Hu C H, et al. Estimating remaining useful life with three-source variability in degradation modeling [J]. IEEE Transactions on Reliability, 2014, 63 (1): 167-190.

[24] Si X S, Zhang Z X, Hu C H. Data-driven remaining useful life prognosis techniques: Stochastic models, methods and applications [M]. Berlin Heidelberg: Springer, 2018.

[25] Rai A, Upadhyay S H. A review on signal processing techniques utilized in the fault diagnosis of rolling element bearings [J]. Tribology International, 2016, 96: 289-306.

[26] Meeker W Q, Escobar L A. Statistical methods for reliability data [M]. New York: John Wiley, 1988.

第 9 章 总结与展望

由于任务载荷的多样性和运行环境的复杂性，设备的性能状态将随工作时间的积累而发生退化，当退化累积至一定程度，可能造成设备失效并引发灾难性后果。作为 PHM 技术的核心内容，RUL 预测是保障退化设备安全可靠运行的关键技术。准确可靠地预测退化设备的 RUL，能够为制定检测、维修、替换和备件订购等健康管理策略提供充分的理论依据，有效提高设备运行的可靠性，降低运行风险和成本，最大程度地避免因设备失效而造成的人员伤亡和经济损失。然而，基于失效数据的 RUL 预测方法往往因试验成本高、耗时长，难以获得退化设备大量的失效数据，而影响其适用范围；已有的基于退化数据的 RUL 预测方法难以处理设备退化过程中存在的外部因素影响和内部状态依赖等问题，也难以满足长寿命、高可靠退化设备 RUL 预测时效性和准确性的要求。鉴于此，本书着眼于实际工程应用中复杂随机退化设备 RUL 预测的现实需求和热难点问题，深入开展了融合多源信息的设备退化建模与 RUL 预测方法研究，并通过数值仿真和实例研究，验证了所提方法的有效性和优越性。本章对全书的主要研究工作与成果进行了总结，并初步展望了未来可进一步研究的方向。

9.1 主要研究工作与成果

1. 研究并解决了基于 KL 距离的传感器测量误差可行域分析问题

针对基于退化数据分析的寿命预测研究中的逆问题，即如何在寿命预测性能约束下确定数据测量误差参数的可行域问题，提出了一种基于 KL 距离的传感器误差可行域分析方法，主要成果如下：

（1）基于线性 Wiener 过程退化模型，分别推导得到了时不变和时变测量误差情形下伪寿命 PDF 分布的解析表达式。

（2）提出了一种基于 KL 散度且具有一般性的随机变量间的偏差度量方法，通过构造真实寿命与伪寿命之间的偏差函数，建立了寿命预测偏差函数与传感器测量误差模型参数之间的量化关系。

（3）基于构造的寿命预测偏差函数，分别给出了给定最大可接受寿命预测偏差下，时不变和时变两种传感器测量误差模型参数可行域的解析表达式，并讨论了退化数据测量误差对维修决策的影响。

2. 研究并解决了含自恢复特性的多阶段非线性退化建模与寿命预测问题

针对含自恢复特性的多阶段非线性退化设备，提出了一种更具有普适性的多阶段退化建模与寿命预测方法，主要成果如下：

（1）提出了一种基于非线性 Wiener 过程的多阶段退化建模和寿命预测方法，充分考虑了自恢复现象可能造成设备退化状态突变和退化速率改变的影响，并通过引入模型参数的随机效应描述了不同阶段自恢复现象带来影响的差异性。

（2）基于时间-空间变化方法、全概率公式和非线性 Wiener 过程模型的寿命预测结果，给出了 FHT 意义下寿命分布的一重积分近似表达式，丰富补充了多阶段退化过程的模型类型、理论算法以及应用范围。

（3）利用 ECM 算法给出了基于退化数据的模型参数辨识方法，克服了传统 MLE 与 EM 算法的缺陷，能够快速、准确地收敛至模型参数真实值。

3. 研究并解决了退化时间与状态同时依赖的非线性退化设备 RUL 自适应预测问题

针对同时依赖运行时间和退化状态的非线性退化设备，提出了一种考虑退化设备个体差异性和退化状态测量不确定性的 RUL 自适应预测方法，将现有建模方法拓展到更贴合实际工程应用的情形，主要成果如下：

（1）提出了一种基于扩散过程的退化时间和状态同时依赖的非线性退化模型，将随机效应参数随 CM 数据的更新过程描述为随机游走模型以表征退化设备的个体差异性，利用状态空间模型描述 CM 数据与设备真实退化状态之间的随机关系。

（2）同时考虑状态估计和退化过程的不确定性，利用 EKF 算法估计设备的真实退化状态和随机效应参数，推导出了 FHT 意义下退化设备 RUL 分布的近似解析解。

（3）利用 EKF 算法和 EM 算法联合估计设备的退化状态和模型未知参数，并基于实时 CM 数据对其进行更新，实现了退化设备 RUL 的自适应预测。

4. 研究并解决了考虑不完美维修的非线性退化设备 RUL 自适应预测问题

针对实际工程应用中在寿命周期内存在不完美维修活动的退化设备，提出了一种同时考虑不完美维修活动对设备退化状态和退化速率影响的 RUL 自适应预测方法，充分考虑了退化设备的个体差异性和退化过程的随机性，主要成果如下：

（1）根据维修活动的次数将设备的退化过程划分为若干阶段，提出了一种考虑不完美维修活动对设备退化状态和退化速率影响的多阶段扩散过程随机退化模型。

（2）考虑到退化设备的个体差异性，利用随机游走模型描述设备退化速率随 CM 数据的更新过程，利用 KF 算法估计设备退化过程中的退化速率，利用卷积算子和 MC 算法推导得到了 FHT 意义下退化设备 RUL 分布 PDF 的近似解析解。

（3）基于设备的历史退化数据，利用 MLE 算法估计模型参数的初值，基于实时获得的 CM 数据，利用 KF 算法和 EM 算法联合更新退化速率和模型参数，实现了退化设备 RUL 的自适应预测。

5. 研究并解决了融合加速退化数据与 CM 数据的非线性退化建模与 RUL 预测问题

针对长寿命、高可靠退化设备难以在短时间内获得足够的退化数据以预测其 RUL 的问题，提出了一种融合加速退化数据与 CM 数据的非线性退化建模与 RUL 预测方法，有效缩短了 RUL 预测时间，节约了试验成本，主要成果如下：

（1）基于非线性扩散过程建立设备的退化模型，同时利用 Arrhenius 加速模型建立模型参数与加速应力水平的对应关系，根据加速因子一致性原则确定加速因子，并推导出各应力水平间模型参数的折算转换关系。

（2）以退化设备的恒定应力加速退化数据为先验信息，利用基于 MLE 算法的两步参数估计算法估计各加速应力水平下的退化模型参数，并根据加速因子将模型参数折算至工作应力水平下，利用 AD 拟合优度检验方法确定模型参数的先验分布类型，避免了模型参数服从共轭先验分布的假设与真实退化数据不一致的情况。

（3）根据退化设备在工作应力水平下的 CM 数据，利用基于 Gibbs 采样的 MCMC 方法对模型参数进行 Bayesian 更新，实现了退化设备 RUL 的实时预测。

6. 研究并解决了考虑多重不确定性的非线性步进应力加速退化建模与 RUL 预测问题

针对步进应力加速退化模型中存在的时变不确定性、个体差异性以及退化状态和协变量的测量不确定性，提出了一种考虑多重不确定性的非线性步进应力加速退化建模与 RUL 预测方法，主要成果如下：

（1）建立了描述非线性随机退化设备在退化过程中存在多重不确定性的一般性随机退化模型，创新性地考虑了以加速应力作为协变量的测量不确定性，并能够将现有考虑多重不确定性的退化模型包含为特例。

（2）利用 Arrhenius 加速模型描述退化模型漂移系数与加速应力水平的关系，并基于 FHT 的概念，利用全概率公式推导得到了考虑非线性和多重不确定性情况下，退化设备 RUL 分布的近似解析解。

（3）提出一种改进的 MLE-SIMEX 模型参数估计方法，基于步进应力加速退化数据，依次通过仿真、MLE 和外推步骤得到工作应力水平下的模型参数估计值，基于工作应力水平下的 CM 数据，利用 Bayesian 推理的方法更新退化模型漂移系数的均值和方差，实现了退化设备 RUL 的实时预测。

7. 研究并解决了基于最后逃逸时间的随机退化设备寿命预测问题

针对现有随机退化设备的寿命和 RUL 预测研究中，传统 FHT 意义下寿命与 RUL 预测结果相对较为保守的缺陷，提出了一种新的基于 LET 概念的寿命与 RUL 定义框架，能够有效避免由于退化过程动态随机性与数据波动性所导致的设备寿命过早终止，主要成果如下：

（1）基于 LET 的定义搭建了线性退化过程寿命与剩余寿命的数学模型，与直接用 FHT 来定义相比，本章方法对退化过程的随机性和波动性具有较强的鲁棒性。

（2）通过建立基于 LET 意义下寿命分布与基于 FHT 意义下寿命分布之间的联系，推导得到了 LET 意义下寿命分布的解析解，并基于当前退化状态与失效阈值间的不同数量关系，计算得到不同情况下的 RUL 概率分布。

（3）在退化过程中引入随机效应，描述实际工程中不同样本个体间存在的差异性，更加贴合工程应用中的实际场景。

9.2 下一步研究方向

本书针对随机退化设备 RUL 预测中的所面临的现实需求和诸多难题，分别对基于常规应力退化数据和融合加速应力退化数据的设备 RUL 预测方法开展了系统的研究，取得了一定的理论研究成果。根据当前的研究现状，仍存在下列问题，有待更深入地研究：

1. 考虑多种随机冲击影响的退化设备 RUL 预测问题

退化设备在连续缓变性能退化的过程中，可能受到多种随机冲击的影响。按随机冲击的来源可分为内部各部件间引发的随机冲击和外部环境因素引发的随机冲击；按随机冲击的强度可分为非致命冲击和致命冲击。已有研究表明，随机冲击不仅会造成设备退化状态的突变，还会影响设备的退化速率，致命冲击甚至会导致设备的突发失效。此外，由设备内部各部件间引发的随机冲击，其发生频率和强度大小可能与设备的退化状态相关。如何描述多种类型随机冲击的发生频率和强度大小，建立多种随机冲击影响下设备的退化模型，并预测其 RUL，还有待进一步研究。

2. 融合多源可靠性数据的退化设备 RUL 预测问题

退化设备在日常使用、维护保养及多种应力环境下的 CM 过程中，均会产生大量包含丰富信息的可靠性数据，包括工作应力水平下的退化数据和失效数据，ALT 中的加速失效数据，ADT 中的加速退化数据，复杂工况下的现场退化数据，以及有关设备可靠性的专家知识等在内的多源可靠性数据。这些数据不仅包含定量数据，也包含定性知识，从不同的侧面和角度反映了退化设备的可靠性信息，有助于进一步提高退化设备 RUL 预测和可靠性评估的准确性。本书第 6 章和第 7 章仅考虑了融合加速应力水平下的加速数据和工作应力水平下的 CM 数据的 RUL 预测方法。如何充分利用退化设备在不同阶段、不同环境下所获得的各类可靠性数据，解决融合多源可靠性数据的退化设备 RUL 预测问题，还有待进一步研究。

3. 复杂共载退化系统的 RUL 预测问题

对于某些大型复杂系统而言，其正常运行依赖于多个子系统的协同工作，例如发电机组、水利系统、桥梁钢缆等。当其中某个子系统失效时，其余未失效子系统通过负载调整仍可维持系统的正常运行，但未失效子系统的负载水平势必发生动态变化，从而影响系统的退化特征发生相应改变，可认为复杂共载系统中每个子系统的退化过程都可能存在多阶段多工况的特征。此外，共载系统的失效与否与子系统的退化状态和失效个数息息相关。因此，有必要对各子系统的退化过程进行分析以得到整个共载系统的 RUL 与可靠性信息。现有研究主要利用 MC 方法，且假设运行状态与子系统退化间的关系已知，计算复杂度较高，在线能力较差。如何高效准确地描述复杂共载系统的退化过程并预测其 RUL，还有待进一步研究。

附录 A 第 2 章中部分定理的证明

A.1 定理 2.1 的证明

证明 基于 T 和 T_ϵ 的表达形式，以及 KL 距离的定义，即式 (2.5)、式 (2.8) 和式 (2.12)，$D(T \parallel T_\epsilon)$ 可以表示为

$$D(T \parallel T_\epsilon) = \int_0^{+\infty} f_T(t) \ln \frac{f_T(t)}{f_{T_\epsilon}(t)} \mathrm{d}t$$

$$= \int_0^{+\infty} \frac{\xi}{\sqrt{2\pi \sigma_B^2 t^3}} \exp\left[-\frac{(\xi - \mu t)^2}{2\sigma_B^2 t}\right] \ln \frac{\dfrac{\xi}{\sqrt{2\pi \sigma_B^2 t^3}} \exp\left[-\dfrac{(\xi - \mu t)^2}{2\sigma_B^2 t}\right]}{\dfrac{\xi}{\sqrt{2\pi \left(\sigma_B^2 + \dfrac{2\sigma_\epsilon^2}{\Delta t}\right) t^3}} \exp\left[-\dfrac{(\xi - \mu t)^2}{2\left(\sigma_B^2 + \dfrac{2\sigma_\epsilon^2}{\Delta t}\right) t}\right]} \mathrm{d}t$$

$$= \int_0^{+\infty} \frac{\xi}{\sqrt{2\pi \sigma_B^2 t^3}} \exp\left[-\frac{(\xi - \mu t)^2}{2\sigma_B^2 t}\right] \left[\ln \sqrt{\frac{\sigma_B^2 + \dfrac{2\sigma_\epsilon^2}{\Delta t}}{\sigma_B^2}} - \frac{(\xi - \mu t)^2}{2\sigma_B^2 t} + \frac{(\xi - \mu t)^2}{2\left(\sigma_B^2 + \dfrac{2\sigma_\epsilon^2}{\Delta t}\right) t}\right] \mathrm{d}t \tag{A.1}$$

根据之前分析可知，T 和 T_ϵ 服从 IG 分布，为了便于计算，下面给出 IG 分布的几点性质：

$$\begin{cases} \displaystyle\int_0^{+\infty} \frac{\xi}{\sqrt{2\pi \sigma_B^2 t^3}} \exp\left[-\frac{(\xi - \mu t)^2}{2\sigma_B^2 t}\right] \mathrm{d}t = 1 \\[2mm] \displaystyle\int_0^{+\infty} \frac{\xi}{\sqrt{2\pi \sigma_B^2 t^3}} \exp\left[-\frac{(\xi - \mu t)^2}{2\sigma_B^2 t}\right] t \mathrm{d}t = \frac{\xi}{\mu} \\[2mm] \displaystyle\int_0^{+\infty} \frac{\xi}{\sqrt{2\pi \sigma_B^2 t^3}} \exp\left[-\frac{(\xi - \mu t)^2}{2\sigma_B^2 t}\right] t^2 \mathrm{d}t = \frac{\xi \sigma_B^2}{\mu^3} + \frac{\xi^2}{\mu^2} \\[2mm] \displaystyle\int_0^{+\infty} \frac{\xi}{\sqrt{2\pi \sigma_B^2 t^3}} \exp\left[-\frac{(\xi - \mu t)^2}{2\sigma_B^2 t}\right] t^{-1} \mathrm{d}t = \frac{\sigma_B^2}{\xi^2} + \frac{\mu}{\xi} \end{cases} \tag{A.2}$$

根据以上性质，式 (A.1) 可计算得到

$$D(T \parallel T_\epsilon) = \ln\sqrt{\dfrac{\sigma_B^2 + \dfrac{2\sigma_\epsilon^2}{\Delta t}}{\sigma_B^2}} - \left(\dfrac{\xi\mu}{\sigma_B^2 + \dfrac{2\sigma_\epsilon^2}{\Delta t}} - \dfrac{\xi\mu}{\sigma_B^2}\right)$$
$$+ \left[\dfrac{\sigma_B^2 + \xi\mu}{2\left(\sigma_B^2 + \dfrac{2\sigma_\epsilon^2}{\Delta t}\right)} - \dfrac{\sigma_B^2 + \xi\mu}{2\sigma_B^2}\right] + \dfrac{\xi}{\mu}\left[\dfrac{\mu^2}{2\left(\sigma_B^2 + \dfrac{2\sigma_\epsilon^2}{\Delta t}\right)} - \dfrac{\mu^2}{2\sigma_B^2}\right] \quad (A.3)$$

这样，可以推到得到

$$D_{KL}(T_\epsilon \parallel T) = D(T_\epsilon \parallel T) + D(T \parallel T_\epsilon)$$
$$= \left(\dfrac{\sigma_\epsilon^2}{\Delta t}\right)\left(\dfrac{1}{\sigma_B^2} - \dfrac{1}{\sigma_B^2 + \dfrac{2\sigma_\epsilon^2}{\Delta t}}\right) = \dfrac{2\left(\dfrac{\sigma_\epsilon^2}{\Delta t}\right)^2}{\sigma_B^2\left(\sigma_B^2 + \dfrac{2\sigma_\epsilon^2}{\Delta t}\right)} \quad (A.4)$$

定理 2.1 证毕。 □

A.2 推论 2.1 的证明

证明 为了得到 σ_ϵ 的可允许的范围，首先讨论 $D_{KL}(T_\epsilon \parallel T)$ 的单调性。对 $D_{KL}(T_\epsilon \parallel T)$ 求偏导，那么有

$$\dfrac{\partial D_{KL}(T_\epsilon \parallel T)}{\partial \sigma_\epsilon^2} = \dfrac{1}{\sigma_B^2 \Delta t} - \dfrac{\sigma_B^2}{\Delta t\left(\sigma_B^2 + \dfrac{2\sigma_\epsilon^2}{\Delta t}\right)^2} \quad (A.5)$$

其中，$2\sigma_\epsilon^2 \geq 0$，那么有 $\partial D_{KL}(T \parallel T)/\partial \sigma_\epsilon^2 \geq 0$，也就是说 $D_{KL}(T_\epsilon \parallel T)$ 是关于 σ_ϵ 单调增函数。此时，若 $D_{KL}(T_\epsilon \parallel T) \leq D_{max}$，可以得到最大的 σ_ϵ^2。

$$D_{KL}(T_\epsilon \parallel T) \leq D_{max} \Leftrightarrow \dfrac{2\left(\dfrac{\sigma_\epsilon^2}{\Delta t}\right)^2}{\sigma_B^2\left(\sigma_B^2 + \dfrac{2\sigma_\epsilon^2}{\Delta t}\right)} \leq D_{max} \Leftrightarrow 2\left(\dfrac{\sigma_\epsilon^2}{\Delta t}\right)^2 \leq D_{max}\sigma_B^2\left(\sigma_B^2 + \dfrac{2\sigma_\epsilon^2}{\Delta t}\right) \quad (A.6)$$

这样，通过计算方程 $2(\sigma_\epsilon^2/\Delta t)^2 - D_{max}\sigma_B^2(\sigma_B^2 + 2\sigma_\epsilon^2/\Delta t) = 0$（s.t. $\sigma_\epsilon^2 \geq 0$），便可得到 σ_ϵ 的变化范围：

$$\dfrac{\sigma_B^2 D_{max} - \sqrt{\sigma_B^4 D_{max^2} + 2\sigma_B^4 D_{max}}}{2}\Delta t \leq \sigma_\epsilon^2 \leq \dfrac{\sigma_B^2 D_{max} + \sqrt{\sigma_B^4 D_{max^2} + 2\sigma_B^4 D_{max}}}{2}\Delta t \quad (A.7)$$

其中，显然 $\sigma_B^2 D_{max} - \sqrt{\sigma_B^4 D_{max^2} + 2\sigma_B^4 D_{max}} < 0$，$\Delta t > 0$，则有 $1/2(\sigma_B^2 D_{max} - \sqrt{\sigma_B^4 D_{max^2} + 2\sigma_B^4 D_{max}})\Delta t < 0$。

推论 2.1 证毕。 □

A.3　定理 2.2 的证明

证明　类似定理 2.1 的证明过程，首先尝试推导 $D(T \parallel T_\epsilon)$。根据 T 和 T_ϵ 的表示形式以及相对熵的定义，即式 (2.5)、式 (2.10) 和式 (2.12)，可以得到 $D(T \parallel T_\epsilon)$ 如下：

$$D(T \parallel T_\epsilon) = \int_0^{+\infty} f_T(t) \ln \frac{f_T(t)}{f_{T_\epsilon}(t)} dt$$

$$= \int_0^{+\infty} \frac{\xi}{\sqrt{2\pi\sigma_B^2 t^3}} \exp\left[-\frac{(\xi-\mu_1 t)^2}{2\sigma_B^2 t}\right] \ln \frac{\dfrac{\xi}{\sqrt{2\pi\sigma_B^2 t^3}} \exp\left[-\dfrac{(\xi-\mu_1 t)^2}{2\sigma_B^2 t}\right]}{\dfrac{\xi}{\sqrt{2\pi\left(\sigma_B^2+\dfrac{2\sigma_\epsilon^2}{\Delta t}\right) t^3}} \exp\left[-\dfrac{(\xi-\mu_2 t)^2}{2\left(\sigma_B^2+\dfrac{2\sigma_\epsilon^2}{\Delta t}\right) t}\right]} dt \quad (A.8)$$

式中：x_i 代表退化过程在时间 t_i 的状态。为了便于描述，令 $\mu_1 = \mu$、$\mu_2 = \mu + \mu_\epsilon$、$\sigma_1 = \sigma_B$ 和 $\sigma_2 = \sqrt{\sigma_B^2 + \sigma_\epsilon^2/\Delta t}$，那么 $D_{KL}(T \parallel T_\epsilon)$ 可表示为

$$D_{KL}(T \parallel T_\epsilon) = D(T \parallel T_\epsilon) + D(T_\epsilon \parallel T)$$

$$= \int_0^{+\infty} \frac{\xi}{\sqrt{2\pi\sigma_1^2 t^3}} \exp\left[-\frac{(\xi-\mu_1 t)^2}{2\sigma_1^2 t}\right] \left(\ln \frac{\sigma_2}{\sigma_1} + \frac{(\xi-\mu_2 t)^2}{2\sigma_2^2 t} - \frac{(\xi-\mu_1 t)^2}{2\sigma_1^2 t}\right) dt$$

$$+ \int_0^{+\infty} \frac{\xi}{\sqrt{2\pi\sigma_2^2 t^3}} \exp\left[-\frac{(\xi-\mu_2 t)^2}{2\sigma_2^2 t}\right] \left(-\ln \frac{\sigma_2}{\sigma_1} - \frac{(\xi-\mu_2 t)^2}{2\sigma_2^2 t} + \frac{(\xi-\mu_1 t)^2}{2\sigma_1^2 t}\right) dt$$

$$= \ln \frac{\sigma_2}{\sigma_1} - \left(\frac{\xi\mu_2}{\sigma_2^2} - \frac{\xi\mu_1}{\sigma_1^2}\right) + (\sigma_1^2 + \xi\mu_1)\left(\frac{1}{2\sigma_2^2} - \frac{1}{2\sigma_1^2}\right) + \frac{\xi}{\mu_1}\left(\frac{\mu_2^2}{2\sigma_2^2} - \frac{\mu_1^2}{2\sigma_1^2}\right)$$

$$+ \ln \frac{\sigma_1}{\sigma_2} - \left(\frac{\xi\mu_1}{\sigma_1^2} - \frac{\xi\mu_2}{\sigma_2^2}\right) + (\sigma_2^2 + \xi\mu_2)\left(\frac{1}{2\sigma_1^2} - \frac{1}{2\sigma_2^2}\right) + \frac{\xi}{\mu_2}\left(\frac{\mu_1^2}{2\sigma_1^2} - \frac{\mu_2^2}{2\sigma_2^2}\right)$$

$$= (\sigma_2^2 + \xi\mu_2 - \sigma_1^2 - \xi\mu_1)\left(\frac{1}{2\sigma_1^2} - \frac{1}{2\sigma_2^2}\right) + \frac{\xi}{\mu_2}\left(\frac{\mu_1^2}{2\sigma_1^2} - \frac{\mu_2^2}{2\sigma_2^2}\right) + \frac{\xi}{\mu_1}\left(\frac{\mu_2^2}{2\sigma_2^2} - \frac{\mu_1^2}{2\sigma_1^2}\right)$$

$$= \left(\frac{2\sigma_\epsilon^2}{\Delta t} + \frac{\xi\mu_\epsilon^2}{\mu_\epsilon + \mu}\right) \left[\frac{1}{2\sigma_B^2} - \frac{1}{2\left(\sigma_B^2 + \dfrac{2\sigma_\epsilon^2}{\Delta t}\right)}\right] + \left(\frac{\xi\mu_\epsilon}{\mu(\mu_\epsilon + \mu)}\right) \left[\frac{2\mu\mu_\epsilon + \mu_\epsilon^2}{2\left(\sigma_B^2 + \dfrac{2\sigma_\epsilon^2}{\Delta t}\right)}\right] \quad (A.9)$$

定理 2.2 证毕。　□

A.4　推论 2.3 的证明

证明　令 $\sigma_\epsilon = 0$，式 (2.15) 可改写为

$$D_{KL}(T \| T_\epsilon) = \frac{\xi \mu_\epsilon}{\mu(\mu_\epsilon + \mu)} \left[\frac{2\mu\mu_\epsilon + \mu_\epsilon^2}{2\sigma_B^2} \right] \quad (A.10)$$

为了解不等式 $D_{KL}(T \| T_\epsilon) \leq D_{max}$，首先解如下方程：

$$\xi \mu_\epsilon^3 + 2\xi\mu\mu_\epsilon - 2D_{max}\sigma_B^2\mu \ m\mu_\epsilon - 2D_{max}\sigma_B^2\mu^2 = 0 \quad (A.11)$$

其判别式为

$$\Delta = 12 D_{max}\sigma_B^2\mu^3\xi(8D_{max}^8\sigma_B^8 + 13D_{max}\sigma_B^2\mu\xi + 16\mu^2\xi^2) > 0 \quad (A.12)$$

根据一元三次方程判别式性质可知，该三次方程具有三个实数根，可根据求根公式得到三个实数根 D_1、D_2 以及 D_3。不妨假设 $D_1 < D_2 < D_3$，那么根据 $2\sigma_B^2\mu(\mu + \mu_\epsilon) \geq 0$，$D_{KL}(T \| T_\epsilon) \leq D_{max}$ 可以转化为

$$\xi\mu_\epsilon(2\mu\mu_\epsilon + \mu_\epsilon^2) - D_{max}\mu(\mu_\epsilon + \mu)2\sigma_B^2 \leq 0$$
$$\Leftrightarrow \xi\mu_\epsilon^3 + 2\xi\mu\mu_\epsilon - 2D_{max}\sigma_B^2\mu \ m\mu_\epsilon - 2D_{max}\sigma_B^2\mu^2 \leq 0 \quad (A.13)$$

因此，不等式 $D_{KL}(T \| T_\epsilon) \leq D_{max}$ 的解为 $\mu_\epsilon \in [D_2, D_3] \cup (-\infty, D_1]$。此外，$\mu_\epsilon$ 还须满足假设 $\mu_\epsilon + \mu > 0$。

推论 2.3 证毕。 □

A.5 定理 2.3 的证明

证明 首先，若 $\mu_\epsilon \geq 0$ 且 $\sigma_\epsilon = 0$，$F_T(t)$ 关于 μ 的偏导数为

$$\frac{\partial F_T(t)}{\partial \mu} = \frac{\partial \Phi\left(\frac{\mu t - \xi}{\sigma_B\sqrt{t}}\right) + \exp\left(\frac{2\mu\xi}{\sigma_B^2}\right)\Phi\left(\frac{-\mu t - \xi}{\sigma_B\sqrt{t}}\right)}{\mu}$$
$$= \frac{2\xi}{\sigma_B^2}\exp\left(\frac{2\mu\xi}{\sigma_B^2}\right)\Phi\left(\frac{-\mu t - \xi}{\sigma_B\sqrt{t}}\right) \geq 0 \quad (A.14)$$

因此，$F_T(t)$ 为关于 μ 的单调增函数，如式（2.9）所示。那么，当 $\mu_\epsilon \geq 0$ 且 $\sigma_\epsilon = 0$ 时，$F_T(t) \leq F_{T_\epsilon}(t)$，$\overline{F}_{T_\epsilon}(t) \leq \overline{F}_T(t)$，$E(T_m|\xi) = \int_0^\tau \overline{F}_T(t)dt$ 大于 $E(T_{m_\epsilon}|\xi) = \int_0^\tau \overline{F}_{T_\epsilon}(t)dt$，即 $E(T_m|\xi) \geq E(T_{m_\epsilon}|\xi)$。由于 $E(C) \leq E(C_\epsilon)$ 以及 $E(T_m|\xi) \geq E(T_{m_\epsilon}|\xi)$，因此，$CR(\tau) \leq CR_\epsilon(\tau)$，且 $CR(\tau)$ 与 $CR_\epsilon(\tau)$ 之间的偏差随 μ_ϵ 增大而增大。

同样，若 $0 > \mu_\epsilon > -\mu$ 和 $\sigma_\epsilon = 0$，可以得到 $\mu_\epsilon + \mu < \mu$ 和 $F_T(t) > F_{T_\epsilon}(t)$。此时，$E(T_m|\xi) < E(T_{m_\epsilon}|\xi)$ 且 $E(C) > E(C_\epsilon)$。因此，可以得到 $CR(\tau) \geq CR_\epsilon(\tau)$，且 $CR(\tau)$ 和 $CR_\epsilon(\tau)$ 会随着 μ_ϵ 的减小而增大。

推论 2.3 证毕。 □

附录 B 第 3 章中部分定理的证明与结论的推导

B.1 定理 3.1 的证明

证明 定义 $z_1 \sim N(\mu_{z_1}, \sigma_{z_1})$ 和 $z_2 \sim N(\mu_{z_2}, \sigma_{z_2})$ 为两个独立同分布的正态分布，且 PDF 分别为 $f(z_1)$ 和 $f(z_2)$，A_1、A_2、B_1、B_2、C 和 D 为常值参数。我们首先计算 $\mathbb{E}_z[\exp(-0.5A_1 z_1^2 - 0.5A_2 z_2^2 + B_1 z_1 + B_2 z_2 + C z_1 z_2 - 0.5D)]$。

$$\mathbb{E}_z[\exp(-0.5A_1 z_1^2 - 0.5A_2 z_2^2 + B_1 z_1 + B_2 z_2 + C z_1 z_2 - 0.5D)]$$

$$= \int_{-\infty}^{\infty}\int_{-\infty}^{\infty} \exp(-0.5A_1 z_1^2 - 0.5A_2 z_2^2 + B_1 z_1 + B_2 z_2 + C z_1 z_2 - 0.5D f(z_1) f(z_2) \mathrm{d}z_1 \mathrm{d}z_2)$$

$$= \int_{-\infty}^{\infty}\int_{-\infty}^{\infty} \exp(-0.5A_1 z_1^2 - 0.5A_2 z_2^2 + B_1 z_1 + B_2 z_2 + C z_1 z_2 - 0.5D)$$

$$\times \frac{1}{\sqrt{2\pi\sigma_{z_1}^2}}\exp\left[-\frac{(z_1-\mu_{z_1})^2}{2\sigma_{z_1}^2}\right] \times \frac{1}{\sqrt{2\pi\sigma_{z_2}^2}}\exp\left[-\frac{(z_2-\mu_{z_2})^2}{2\sigma_{z_2}^2}\right] \mathrm{d}z_1 \mathrm{d}z_2$$

$$= \int_{-\infty}^{\infty}\int_{-\infty}^{\infty} \exp\left[-\frac{A_1\sigma_{z_1}^2+1}{2\sigma_{z_1}^2}(z_1-\widetilde{\mu}_{z_1})^2 - \frac{A_2\sigma_{z_2}^2+1}{2\sigma_{z_2}^2}(z_1-\widetilde{\mu}_{z_2})^2 + C(z_1-\mu_{z_1})(z_2-\mu_{z_2})\right.$$

$$\left. + \frac{A_1\sigma_{z_1}^2+1}{2\sigma_{z_1}^2}\widetilde{\mu}_{z_1}^2 + \frac{A_2\sigma_{z_2}^2+1}{2\sigma_{z_2}^2}\widetilde{\mu}_{z_2}^2 - C\widetilde{\mu}_{z_1}\widetilde{\mu}_{z_2} - 0.5E\right]\frac{1}{2\pi\sigma_{z_1}\sigma_{z_2}}\mathrm{d}z_1 \mathrm{d}z_2$$

$$= \int_{-\infty}^{\infty}\int_{-\infty}^{\infty} \frac{\exp\left[-\dfrac{A_1\sigma_{z_1}^2+1}{2\sigma_{z_1}^2}(z_1-\widetilde{\mu}_{z_1})^2 - \dfrac{A_2\sigma_{z_2}^2+1}{2\sigma_{z_2}^2}(z_1-\widetilde{\mu}_{z_2})^2 + C(z_1-\mu_{z_1})(z_2-\mu_{z_2})\right]}{\widetilde{\sigma}_{z_1}\widetilde{\sigma}_{z_3}\sqrt{1-\rho^2}}$$

$$\times \exp\left[\frac{A_1\sigma_{z_1}^2+1}{2\sigma_{z_1}^2}\widetilde{\mu}_{z_1}^2 + \frac{A_2\sigma_{z_2}^2+1}{2\sigma_{z_2}^2}\widetilde{\mu}_{z_2}^2 - C\widetilde{\mu}_{z_1}\widetilde{\mu}_{z_2} - 0.5E\right]\frac{\widetilde{\sigma}_{z_1}\widetilde{\sigma}_{z_3}\sqrt{1-\rho^2}}{2\pi\sigma_{z_1}\sigma_{z_2}}\mathrm{d}z_1 \mathrm{d}z_2 \tag{B.1}$$

其中，$\widetilde{\mu}_{z_1}$、$\widetilde{\mu}_{z_2}$ 和 E 可根据配方法得到，即

$$\begin{cases}
\widetilde{\mu}_{z_1} = \dfrac{(B_1\sigma_{z_1}^2+\mu_{z_1})(A_2\sigma_{z_2}^2+1)+(B_2\sigma_{z_2}^2+\mu_{z_2})C\sigma_{z_1}^2}{(A_1\sigma_{z_1}^2+1)(A_2\sigma_{z_2}^2+1)-C^2\sigma_{z_1}^2\sigma_{z_2}^2} \\[2mm]
\widetilde{\mu}_{z_2} = \dfrac{(B_2\sigma_{z_2}^2+\mu_{z_2})(A_1\sigma_{z_1}^2+1)+(B_1\sigma_{z_1}^2+\mu_{z_1})C\sigma_{z_2}^2}{(A_1\sigma_{z_1}^2+1)(A_2\sigma_{z_2}^2+1)-C^2\sigma_{z_1}^2\sigma_{z_2}^2} \\[2mm]
\rho^2 = \dfrac{C^2\sigma_{z_1}^2\sigma_{z_2}^2}{(A_1\sigma_{z_1}^2+1)(A_2\sigma_{z_2}^2+1)} \\[2mm]
E = \dfrac{D\sigma_{z_1}^2\sigma_{z_2}^2+\mu_{z_1}^2\sigma_{z_2}^2+\mu_{z_2}^2\sigma_{z_1}^2}{\sigma_{z_2}^2\sigma_{z_1}^2} \\[2mm]
\widetilde{\sigma}_{z_1}\widetilde{\sigma}_{z_2} = \dfrac{\rho}{C\sqrt{1-\rho^2}}
\end{cases} \quad (B.2)$$

注意到，$\exp\left[\dfrac{A_1\sigma_{z_1}^2+1}{2\sigma_{z_1}^2}\widetilde{\mu}_{z_1}^2+\dfrac{A_2\sigma_{z_2}^2+1}{2\sigma_{z_2}^2}\widetilde{\mu}_{z_2}^2-C\widetilde{\mu}_{z_1}\widetilde{\mu}_{z_2}-0.5E\right]\dfrac{\widetilde{\sigma}_{z_1}\widetilde{\sigma}_{z_3}\sqrt{1-\rho^2}}{2\pi\sigma_{z_1}\sigma_{z_2}}$ 与 z_1 和 z_2 不相关，

$\dfrac{1}{\widetilde{\sigma}_{z_1}\widetilde{\sigma}_{z_3}\sqrt{1-\rho^2}}\exp\left[-\dfrac{A_1\sigma_{z_1}^2+1}{2\sigma_{z_1}^2}(z_1-\widetilde{\mu}_{z_1})^2-\dfrac{A_2\sigma_{z_2}^2+1}{2\sigma_{z_2}^2}(z_1-\widetilde{\mu}_{z_2})^2+C(z_1-\mu_{z_1})(z_2-\mu_{z_2})\right]$ 可改写为类似二维正态分布 PDF 的形式，进一步可以得到

$$\mathbb{E}_Z[\exp(-0.5A_1z_1^2-0.5A_2z_2^2+B_1z_1+B_2z_2+Cz_1z_2-0.5D)]$$
$$=\dfrac{\widetilde{\sigma}_{z_1}\widetilde{\sigma}_{z_2}\sqrt{1-\rho^2}}{\sigma_{z_1}\sigma_{z_2}}\exp\left(\dfrac{A_1\sigma_{z_1}^2+1}{2\sigma_{z_1}^2}\widetilde{\mu}_{z_1}^2+\dfrac{A_2\sigma_{z_2}^2+1}{2\sigma_{z_2}^2}\widetilde{\mu}_{z_2}^2-C\widetilde{\mu}_{z_1}\widetilde{\mu}_{z_2}-0.5E\right) \quad (B.3)$$

接下来，根据二维正态分布的性质，便可以得到以下结果：

$$\begin{cases}
\mathbb{E}_Z[\exp(-0.5A_1z_1^2-0.5A_2z_2^2+B_1z_1+B_2z_2+Cz_1z_2-0.5D)] \\[1mm]
=\dfrac{\widetilde{\sigma}_{z_1}\widetilde{\sigma}_{z_2}\sqrt{1-\rho^2}}{\sigma_{z_1}\sigma_{z_2}}\exp\left(\dfrac{A_1\sigma_{z_1}^2+1}{2\sigma_{z_1}^2}\widetilde{\mu}_{z_1}^2+\dfrac{A_2\sigma_{z_2}^2+1}{2\sigma_{z_2}^2}\widetilde{\mu}_{z_2}^2-C\widetilde{\mu}_{z_1}\widetilde{\mu}_{z_2}-0.5E\right) \\[2mm]
\mathbb{E}_Z[z_1\exp(-0.5A_1z_1^2-0.5A_2z_2^2+B_1z_1+B_2z_2+Cz_1z_2-0.5D)] \\[1mm]
=\dfrac{\widetilde{\sigma}_{z_1}\widetilde{\sigma}_{z_2}\sqrt{1-\rho^2}}{\sigma_{z_1}\sigma_{z_2}}\widetilde{\mu}_{z_1}\exp\left(\dfrac{A_1\sigma_{z_1}^2+1}{2\sigma_{z_1}^2}\widetilde{\mu}_{z_1}^2+\dfrac{A_2\sigma_{z_2}^2+1}{2\sigma_{z_2}^2}\widetilde{\mu}_{z_2}^2-C\widetilde{\mu}_{z_1}\widetilde{\mu}_{z_2}-0.5E\right) \\[2mm]
\mathbb{E}_Z[z_2\exp(-0.5A_1z_1^2-0.5A_2z_2^2+B_1z_1+B_2z_2+Cz_1z_2-0.5D)] \\[1mm]
=\dfrac{\widetilde{\sigma}_{z_1}\widetilde{\sigma}_{z_2}\sqrt{1-\rho^2}}{\sigma_{z_1}\sigma_{z_2}}\widetilde{\mu}_{z_2}\exp\left(\dfrac{A_1\sigma_{z_1}^2+1}{2\sigma_{z_1}^2}\widetilde{\mu}_{z_1}^2+\dfrac{A_2\sigma_{z_2}^2+1}{2\sigma_{z_2}^2}\widetilde{\mu}_{z_2}^2-C\widetilde{\mu}_{z_1}\widetilde{\mu}_{z_2}-0.5E\right) \\[2mm]
\mathbb{E}_Z[z_1z_2\exp(-0.5A_1z_1^2-0.5A_2z_2^2+B_1z_1+B_2z_2+Cz_1z_2-0.5D)] \\[1mm]
=\dfrac{\widetilde{\sigma}_{z_1}\widetilde{\sigma}_{z_2}\sqrt{1-\rho^2}}{\sigma_{z_1}\sigma_{z_2}}(\widetilde{\mu}_{z_1}\widetilde{\mu}_{z_2}-\rho\sigma_{z_1}\sigma_{z_2})\exp\left(\dfrac{A_1\sigma_{z_1}^2+1}{2\sigma_{z_1}^2}\widetilde{\mu}_{z_1}^2+\dfrac{A_2\sigma_{z_2}^2+1}{2\sigma_{z_2}^2}\widetilde{\mu}_{z_2}^2-C\widetilde{\mu}_{z_1}\widetilde{\mu}_{z_2}-0.5E\right)
\end{cases} \quad (B.4)$$

定理 3.1 证毕。 □

B.2 式(3.22)的推导

注意到,在式(3.21)中把$\lambda_{1,i}$和$\lambda_{3,i}$看作λ_1和λ_3的观测量。那么,已知$\lambda_1 \sim N(\mu_1,\sigma_1)$和$\lambda_3 \sim N(\mu_3,\sigma_3)$,根据二维正态分布的性质可以得到$\mathbb{E}_{\lambda_1,\lambda_3 \mid X_{0:k},\hat{\boldsymbol{\Theta}}_k^{(m)}}[\ln p(X_{0:k},\boldsymbol{\lambda}_{2:n_\tau} \mid \boldsymbol{\Theta})]$。具体推导过程如下:

$$\mathcal{Q}(\boldsymbol{\Theta} \mid \hat{\boldsymbol{\Theta}}_k^{(m)}) = \mathbb{E}_{\lambda_1,\lambda_3 \mid X_{0:k},\hat{\boldsymbol{\Theta}}_k^{(m)}}[\ln p(X_{0:k},\boldsymbol{\lambda}_{2:n_\tau} \mid \boldsymbol{\Theta})]$$
$$= \mathbb{E}_{\lambda_1,\lambda_3 \mid X_{0:k},\hat{\boldsymbol{\Theta}}_k^{(m)}}[\ln p(X_{0:k} \mid \boldsymbol{\Theta},\boldsymbol{\lambda}_{2:n_\tau})] + \mathbb{E}_{\lambda_1,\lambda_3 \mid \hat{\boldsymbol{\Theta}}_k^{(m)}}[\ln p(X_{0:k},\boldsymbol{\lambda}_{2:n_\tau} \mid \boldsymbol{\Theta})] \quad (B.5)$$

进一步,可以得到

$$\mathcal{Q}(\boldsymbol{\Theta} \mid \hat{\boldsymbol{\Theta}}_k^{(m)}) = \mathbb{E}_{\lambda_1,\lambda_3 \mid X_{0:k},\hat{\boldsymbol{\Theta}}_k^{(m)}}[\ln p(X_{0:k},\boldsymbol{\lambda}_{2:n_\tau} \mid \boldsymbol{\Theta})]$$
$$= \mathbb{E}_{\lambda_1,\lambda_3 \mid X_{0:k},\hat{\boldsymbol{\Theta}}_k^{(m)}}\left[-\sum_{i=2}^{n_\tau}\sum_{j=2}^{N_i} \frac{(\Delta x_{i,j} - \mu\Delta t_{i,j} + \lambda_{1,i}\mathrm{e}^{-\lambda_2 t_{i,j}} - \lambda_{1,i}\mathrm{e}^{-\lambda_2 t_{i,j-1}})^2}{2\sigma_B^2 \Delta t_{i,j}} \right.$$
$$- \sum_{i=2}^{n_\tau} \frac{(x_{i,1} - x_{i-1,N_{i-1}} - \mu\Delta t_{i,j} + \lambda_{1,i} - \lambda_3)^2}{2\sigma_B^2 \Delta t_{i,j}} - \sum_{j=2}^{N_1} \frac{(x_{1,j} - x_{1,j-1} - \mu\Delta t_{i,j})^2}{2\sigma_B^2 \Delta t_{i,j}}$$
$$+ \sum_{i=2}^{n_\tau} N_i \ln\frac{1}{\sqrt{2\pi\sigma_B^2\Delta t_{i,j}}} + \sum_{i=2}^{n_\tau} \ln\frac{1}{\sqrt{2\pi\sigma_3^2}\sqrt{2\pi\sigma_1^2}} - \sum_{i=2}^{n_\tau} \frac{(\lambda_{1,i}-\mu_1)^2}{2\sigma_1^2} - \sum_{i=2}^{n_\tau} \frac{(\lambda_{3,i}-\mu_3)^2}{2\sigma^2} \right]$$
(B.6)

在上式中,需要计算$\mathbb{E}_{\lambda_1,\lambda_3 \mid X_{0:k},\hat{\boldsymbol{\Theta}}_k^{(m)}}[\lambda_{1,i}]$、$\mathbb{E}_{\lambda_1,\lambda_3 \mid X_{0:k},\hat{\boldsymbol{\Theta}}_k^{(m)}}[\lambda_{3,i}]$、$\mathbb{E}_{\lambda_1,\lambda_3 \mid X_{0:k},\hat{\boldsymbol{\Theta}}_k^{(m)}}[\lambda_{1,i}^2]$、$\mathbb{E}_{\lambda_1,\lambda_3 \mid X_{0:k},\hat{\boldsymbol{\Theta}}_k^{(m)}}[\lambda_{3,i}^2]$和$\mathbb{E}_{\lambda_1,\lambda_3 \mid X_{0:k},\hat{\boldsymbol{\Theta}}_k^{(m)}}[\lambda_{1,i}\lambda_{3,i}]$的表达式。

鉴于此,首先推导$p(\lambda_{1,i},\lambda_{3,i} \mid X_{0:k},\hat{\boldsymbol{\Theta}}_k^{(m)})$的表达式。由于$\lambda_{1,i}$和$\lambda_{3,i}$仅与$X_i$相关,因此$p(\lambda_{1,i},\lambda_{3,i} \mid X_{0:k},\hat{\boldsymbol{\Theta}}_k^{(m)}) = p(\lambda_{1,i},\lambda_{3,i} \mid X_{0:k},\hat{\boldsymbol{\Theta}}_k^{(m)})$,根据Bayes理论,可以得到

$$p(\lambda_{1,i},\lambda_{3,i} \mid X_{0:k},\hat{\boldsymbol{\Theta}}^{(m)}) = p(\lambda_{1,i},\lambda_{3,i} \mid X_i,\hat{\boldsymbol{\Theta}}^{(m)}) \propto p(X_i \mid \lambda_{1,i},\lambda_{3,i},\hat{\boldsymbol{\Theta}}^{(m)})\pi_1(\lambda_{1,i})\pi_3(\lambda_{3,i})$$
$$\propto \exp\left[\sum_{j=2}^{N_i} -\frac{(x_{i,j}-x_{i,j-1}-\mu^{(m)}\Delta t_{i,j}+\lambda_{1,i}\mathrm{e}^{-\lambda_2^{(m)} t_{i,j}}-\lambda_{1,i}\mathrm{e}^{-\lambda_2^{(m)} t_{i,j-1}})^2}{2\sigma_B^{2,(m)}\Delta t_{i,j}} \right.$$
$$\left. -\frac{(\lambda_{3,i}-\mu_3^{(m)})^2}{2\sigma_3^{2,(m)}} - \frac{(x_{i,1}-x_{i-1,N_{i-1}}-\mu^{(m)}\Delta t_{i,j}+\lambda_{1,i}-\lambda_{3,i})^2}{2\sigma_B^{2,(m)}\Delta t_{i,j}} - \frac{(\lambda_{1,i}-\mu_1^{(m)})^2}{2\sigma_1^{2,(m)}} \right] \quad (B.7)$$

由于$\lambda_1 \sim N(\mu_1,\sigma_1)$和$\lambda_3 \sim N(\mu_3,\sigma_3)$,$p(\lambda_{1,i},\lambda_{3,i} \mid X_{0:k},\hat{\boldsymbol{\Theta}}^{(m)})$可以转化为二维正态分布的PDF。根据配方法,便可得到的$p(\lambda_{1,i},\lambda_{3,i} \mid X_{0:k},\hat{\boldsymbol{\Theta}}^{(m)})$的解析表达如下:

$$p(\lambda_{1,i},\lambda_{3,i} \mid X_i,\hat{\boldsymbol{\Theta}}^{(m)})$$
$$\propto \exp\left(-\frac{\sigma_{\lambda_3}^2(\lambda_1-\mu_{\lambda_1})^2 - 2\sigma_{\lambda_1}\sigma_{\lambda_3}(\lambda_1-\mu_{\lambda_1})(\lambda_3-\mu_{\lambda_3}) + \sigma_{\lambda_1}^2(\lambda_3-\mu_{\lambda_3})^2}{2\sigma_{\lambda_1}^2\sigma_{\lambda_3}^2(1-\rho^2)} \right) \quad (B.8)$$

式中:

$$\begin{cases}
\mu_{\lambda_1} = -\dfrac{(\hat\sigma_3^{2,(m)}(x_{i,1}-x_{i-1,N_{i-1}}-\hat\mu^{(m)}\Delta t)+\hat\sigma_B^{2,(m)}\Delta t\,\hat\mu_3^{(m)})\left(\hat\sigma_1^{2,(m)}\sum\limits_{j=2}^{N_i}(e^{-\hat\lambda_2^{(m)}t_{i,j}}-e^{-\hat\lambda_2^{(m)}t_{i,j-1}})^2+\hat\sigma_1^{2,(m)}\right)}{\left(\hat\sigma_1^{2,(m)}\sum\limits_{j=2}^{N_i}(e^{-\hat\lambda_2^{(m)}t_{i,j}}-e^{-\hat\lambda_2^{(m)}t_{i,j-1}})^2+\hat\sigma_1^{2,(m)}+\hat\sigma_B^{2,(m)}\Delta t\right)(\hat\sigma_3^{2,(m)}+\hat\sigma_B^{2,(m)}\Delta t)-\hat\sigma_1^{2,(m)}\hat\sigma_3^{2,(m)}} \\[6pt]
\qquad +\dfrac{\left(\hat\mu_1^{(m)}\hat\sigma_B^{2,(m)}\Delta t-\hat\sigma_1^{2,(m)}\sum\limits_{j=2}^{N_i}(e^{-\hat\lambda_2^{(m)}t_{i,j}}-e^{-\hat\lambda_2^{(m)}t_{i,j-1}})(x_{i,j}-x_{i,j-1}-\hat\mu^{(m)}\Delta t)-\hat\sigma_1^{2,(m)}(x_{i,1}-x_{i-1,N_{i-1}}-\hat\mu^{(m)}\Delta t)\right)}{\left(\hat\sigma_1^{2,(m)}\sum\limits_{j=2}^{N_i}(e^{-\hat\lambda_2^{(m)}t_{i,j}}-e^{-\hat\lambda_2^{(m)}t_{i,j-1}})^2+\hat\sigma_1^{2,(m)}+\hat\sigma_B^{2,(m)}\Delta t\right)(\hat\sigma_3^{2,(m)}+\hat\sigma_B^{2,(m)}\Delta t)-\hat\sigma_1^{2,(m)}\hat\sigma_3^{2,(m)}} \\[4pt]
\qquad \times(\hat\sigma_3^{2,(m)}+\hat\sigma_B^{2,(m)}\Delta t) \\[8pt]
\mu_{\lambda_3} = \dfrac{(\hat\sigma_3^{2,(m)}(x_{i,1}-x_{i-1,N_{i-1}}-\hat\mu^{(m)}\Delta t)+\hat\sigma_B^{2,(m)}\Delta t\,\hat\mu_3^{(m)})\left(\hat\sigma_1^{2,(m)}\sum\limits_{j=2}^{N_i}(e^{-\hat\lambda_2^{(m)}t_{i,j}}-e^{-\hat\lambda_2^{(m)}t_{i,j-1}})^2+\hat\sigma_1^{2,(m)}+\hat\sigma_B^{2,(m)}\Delta t\right)}{\left(\hat\sigma_1^{2,(m)}\sum\limits_{j=2}^{N_i}(e^{-\hat\lambda_2^{(m)}t_{i,j}}-e^{-\hat\lambda_2^{(m)}t_{i,j-1}})^2+\hat\sigma_1^{2,(m)}+\hat\sigma_B^{2,(m)}\Delta t\right)(\hat\sigma_3^{2,(m)}+\hat\sigma_B^{2,(m)}\Delta t)-\hat\sigma_1^{2,(m)}\hat\sigma_3^{2,(m)}} \\[6pt]
\qquad -\dfrac{\left(\hat\mu_1^{(m)}\hat\sigma_B^{2,(m)}\Delta t-\hat\sigma_1^{2,(m)}\sum\limits_{j=2}^{N_i}(e^{-\hat\lambda_2^{(m)}t_{i,j}}-e^{-\hat\lambda_2^{(m)}t_{i,j-1}})(x_{i,j}-x_{i,j-1}-\hat\mu^{(m)}\Delta t)-\hat\sigma_1^{2,(m)}(x_{i,1}-x_{i-1,N_{i-1}}-\hat\mu^{(m)}\Delta t)\right)\hat\sigma_3^{2,(m)}}{\left(\hat\sigma_1^{2,(m)}\sum\limits_{j=2}^{N_i}(e^{-\hat\lambda_2^{(m)}t_{i,j}}-e^{-\hat\lambda_2^{(m)}t_{i,j-1}})^2+\hat\sigma_1^{2,(m)}+\hat\sigma_B^{2,(m)}\Delta t\right)(\hat\sigma_3^{2,(m)}+\hat\sigma_B^{2,(m)}\Delta t)-\hat\sigma_1^{2,(m)}\hat\sigma_3^{2,(m)}} \\[8pt]
\sigma_{\lambda_1}^2 = \dfrac{(\hat\sigma_3^{2,(m)}+\hat\sigma_B^{2,(m)}\Delta t)\,\hat\sigma_1^{2,m}\hat\sigma_B^{2,(m)}\Delta t}{\left(\hat\sigma_1^{2,(m)}\sum\limits_{j=2}^{N_i}(e^{-\hat\lambda_2^{(m)}t_{i,j}}-e^{-\hat\lambda_2^{(m)}t_{i,j-1}})^2+\hat\sigma_1^{2,(m)}+\hat\sigma_B^{2,(m)}\Delta t\right)(\hat\sigma_3^{2,(m)}+\hat\sigma_B^{2,(m)}\Delta t)-\hat\sigma_1^{2,(m)}\hat\sigma_3^{2,(m)}} \\[8pt]
\sigma_{\lambda_3}^2 = \dfrac{\left(\hat\sigma_1^{2,(m)}\sum\limits_{j=2}^{N_i}(e^{-\hat\lambda_2^{(m)}t}-e^{-\hat\lambda_2^{(m)}t_{i,j-1}})^2+\hat\sigma_1^{2,(m)}+\hat\sigma_B^{2,(m)}\Delta t\right)\hat\sigma_3^{2,m}\hat\sigma_B^{2,(m)}\Delta t}{\left(\hat\sigma_1^{2,(m)}\sum\limits_{j=2}^{N_i}(e^{-\hat\lambda_2^{(m)}t_{i,j}}-e^{-\hat\lambda_2^{(m)}t_{i,j-1}})^2+\hat\sigma_1^{2,(m)}+\hat\sigma_B^{2,(m)}\Delta t\right)(\hat\sigma_3^{2,(m)}+\hat\sigma_B^{2,(m)}\Delta t)-\hat\sigma_1^{2,(m)}\hat\sigma_3^{2,(m)}} \\[8pt]
\rho = \dfrac{\hat\sigma_1^{(m)}\hat\sigma_3^{(m)}}{\sqrt{\left(\hat\sigma_1^{2,(m)}\sum\limits_{j=2}^{N_i}(e^{-\hat\lambda_2^{(m)}t_{i,j}}-e^{-\hat\lambda_2^{(m)}t_{i,j-1}})^2+\hat\sigma_1^{2,(m)}+\hat\sigma_B^{2,(m)}\Delta t\right)(\hat\sigma_3^{2,(m)}+\hat\sigma_B^{2,(m)}\Delta t)}}
\end{cases}$$

(B.9)

进一步,根据二维正态分布的性质,可得 $\mathbb{E}_{\lambda_1,\lambda_3\mid X_{0:k},\hat{\boldsymbol{\Theta}}_k^{(m)}}[\lambda_{1,i}]$、$\mathbb{E}_{\lambda_1,\lambda_3\mid X_{0:k},\hat{\boldsymbol{\Theta}}_k^{(m)}}[\lambda_{3,i}]$、$\mathbb{E}_{\lambda_1,\lambda_3\mid X_{0:k},\hat{\boldsymbol{\Theta}}_k^{(m)}}[\lambda_{1,i}^2]$、$\mathbb{E}_{\lambda_1,\lambda_3\mid X_{0:k},\hat{\boldsymbol{\Theta}}_k^{(m)}}[\lambda_{3,i}^2]$ 和 $\mathbb{E}_{\lambda_1,\lambda_3\mid X_{0:k},\hat{\boldsymbol{\Theta}}_k^{(m)}}[\lambda_{1,i}\lambda_{3,i}]$ 如下:

$$\begin{cases}
\mathbb{E}_{\lambda_1,\lambda_3\mid X_{0:k},\hat{\boldsymbol{\Theta}}_k^{(m)}}[\lambda_{1,i}] = \mu_{\lambda_1} \\
\mathbb{E}_{\lambda_1,\lambda_3\mid X_{0:k},\hat{\boldsymbol{\Theta}}_k^{(m)}}[\lambda_{3,i}] = \mu_{\lambda_3} \\
\mathbb{E}_{\lambda_1,\lambda_3\mid X_{0:k},\hat{\boldsymbol{\Theta}}_k^{(m)}}[\lambda_{1,i}^2] = \mu_{\lambda_1}^2 + \sigma_{\lambda_1}^2 \\
\mathbb{E}_{\lambda_1,\lambda_3\mid X_{0:k},\hat{\boldsymbol{\Theta}}_k^{(m)}}[\lambda_{3,i}^2] = \mu_{\lambda_3}^2 + \sigma_{\lambda_3}^2 \\
\mathbb{E}_{\lambda_1,\lambda_3\mid X_{0:k},\hat{\boldsymbol{\Theta}}_k^{(m)}}[\lambda_{1,i}\lambda_{3,i}] = \mu_{\lambda_1}\mu_{\lambda_3} - \rho\sigma_{\lambda_1}\sigma_{\lambda_3}
\end{cases}$$

(B.10)

式(3.22)推导完毕。 □

附录 C 第 4 章中部分定理的证明

C.1 定理 4.1 的证明

证明 由文献 [24] 中的定理 1 可知,FHT 意义下,退化过程 $\{X(t), t \geq 0\}$ 超过固定失效阈值 ω 的 PDF 可由如下解析表达式近似表示为

$$f_T(t) \cong \frac{1}{\sqrt{2\pi \tilde{t}}} \left(\frac{S(\tilde{t})}{\tilde{t}} - \frac{\mathrm{d}S(\tilde{t})}{\mathrm{d}\tilde{t}} \right) \exp\left[-\frac{S^2(\tilde{t})}{2\tilde{t}} \right] \frac{\mathrm{d}\varphi(t)}{\mathrm{d}t} \tag{C.1}$$

其中,$S(\tilde{t}) = \psi(\omega, \varphi^{-1}(\tilde{t}))$ 和 $\tilde{t} = \varphi(t)$ 可由式 (4.7) 确定,具体如下:

$$\begin{aligned}
S(\tilde{t}) &= \psi(\omega, \varphi^{-1}(\tilde{t})) = \psi(\omega, t) \\
&= \exp\left[-\frac{1}{2} \int_0^t g_2(\tau) \mathrm{d}\tau \right] \cdot \frac{\omega}{\sigma_B} - \frac{1}{2} \int_0^t g_1(\tau) \cdot \exp\left[-\frac{1}{2} \int_0^\tau g_2(\nu) \mathrm{d}\nu \right] \mathrm{d}\tau \\
&= \frac{\omega}{\sigma_B} \exp[-J(t)] - \frac{1}{\sigma_B} \int_0^t M(\tau) \exp[-J(\tau)] \mathrm{d}\tau
\end{aligned} \tag{C.2}$$

$$\begin{aligned}
\tilde{t} = \varphi(t) &= \int_0^t \exp\left[-\frac{1}{2} \int_0^\tau g_2(\nu) \mathrm{d}\nu \right] \mathrm{d}\tau \\
&= \int_0^t \exp\left[-\int_0^\tau \frac{\partial \mu(x, \nu; \boldsymbol{\theta})}{\partial x} \mathrm{d}\nu \right] \mathrm{d}\tau = \int_0^t \exp[-J(\tau)] \mathrm{d}\tau
\end{aligned} \tag{C.3}$$

式中:$J(t) = \int_0^t \frac{\partial \mu(x, \tau; \boldsymbol{\theta})}{\partial x} \mathrm{d}\tau$, $J(\tau) = \int_0^\tau \frac{\partial \mu(x, \nu; \boldsymbol{\theta})}{\partial x} \mathrm{d}\nu$, $M(\tau) = \mu(x, \tau; \boldsymbol{\theta}) - x \frac{\partial \mu(x, \tau; \boldsymbol{\theta})}{\partial x}$。

将式 (C.2) 和式 (C.3) 代入式 (C.1) 中,可以得到给定随机效应参数 b 时,退化设备寿命 T 的条件 PDF $f_T(t|b)$,即

$$\begin{aligned}
f_T(t|b) &\cong \frac{1}{\sqrt{2\pi H(t)}} \left\{ \frac{\frac{\omega}{\sigma_B}\exp[-J(t)] - \frac{1}{\sigma_B}\int_0^t M(\tau)\exp[-J(\tau)]\mathrm{d}\tau}{H(t)} + \frac{\partial \mu(x,t;\boldsymbol{\theta})}{\partial x} \cdot \frac{\omega}{\sigma_B} \right. \\
&\left. + \frac{M(t)}{\sigma_B} \right\} \cdot \exp\left\{ -\frac{\left[\frac{\omega}{\sigma_B}\exp[-J(t)] - \frac{1}{\sigma_B}\int_0^t M(\tau)\exp[-J(\tau)]\mathrm{d}\tau \right]^2}{2H(t)} \right\} \cdot \exp[-J(t)] \\
&= \frac{\exp[-J(t)]}{\sigma_B \sqrt{2\pi H^3(t)}} \left\{ I(t) + \left[M(t) + \frac{\partial \mu(x,t;\boldsymbol{\theta})}{\partial x} \cdot \omega \right] H(t) \right\} \exp\left\{ -\frac{I^2(t)}{2\sigma_B^2 H(t)} \right\}
\end{aligned} \tag{C.4}$$

式中：$M(t)=\mu(x,t;\boldsymbol{\theta})-x\dfrac{\partial \mu(x,t;\boldsymbol{\theta})}{\partial x}$，$I(t)=\omega\exp[-J(t)]-\int_0^t M(\tau)\exp[-J(\tau)]\mathrm{d}\tau$，$H(t)=\int_0^t \exp[-J(\tau)]\mathrm{d}\tau$。

定理 4.1 证毕。 □

C.2 定理 4.2 的证明

证明 退化设备在 t_k 时刻的真实退化状态为 $x_k=X(t_k)$，那么，对于 $t\geqslant t_k$，设备的退化过程可以表示为

$$X(t)=X(t_k)+\int_0^t \mu(x,\tau;\boldsymbol{\theta})\mathrm{d}\tau-\int_0^{t_k}\mu(x,\tau;\boldsymbol{\theta})\mathrm{d}\tau+\sigma_B \mathrm{d}B(t-t_k) \tag{C.5}$$

此时，若 t 表示退化过程 $\{X(t),t\geqslant 0\}$ 在 FHT 意义下超过固定失效阈值 ω 的时间，那么 $t-t_k$ 表示退化设备在 t_k 时刻的 RUL。定义变换 $l_k=t-t_k(l_k\geqslant 0)$，则退化过程 $\{X(t),t\geqslant 0\}$ 可以改写为

$$X(t)-X(t_k)=\int_0^{l_k+t_k}\mu(x,\tau;\boldsymbol{\theta})\mathrm{d}\tau-\int_0^{t_k}\mu(x,\tau;\boldsymbol{\theta})\mathrm{d}\tau+\sigma_B \mathrm{d}B(l_k) \tag{C.6}$$

根据式 (C.6)，定义 $U(l_k)=X(l_k+t_k)-x_k$，且 $U(0)=0$。那么，退化设备在 t_k 时刻的 RUL l_k 等于退化过程 $\{U(l_k),l_k\geqslant 0\}$ 在 FHT 意义下超过阈值 $\omega_k=\omega-x_k$ 的时间。此时存在

$$\mathrm{d}U(l_k)=\mu(X(l_k+t_k),l_k+t_k;\boldsymbol{\theta})\mathrm{d}l_k+\sigma_B \mathrm{d}B(l_k) \tag{C.7}$$

为便于表示，将 $\mu(X(l_k+t_k),l_k+t_k;\boldsymbol{\theta})$ 改写为

$$\mu(X(l_k+t_k),l_k+t_k;\boldsymbol{\theta})=\mu(U(l_k)+x_k,l_k+t_k;\boldsymbol{\theta})=\eta(u,l_k;\boldsymbol{\theta}) \tag{C.8}$$

不难验证退化过程 $\{U(l_k),l_k\geqslant 0\}$ 满足定理 4.1 的条件。根据式 (4.8)，可以直接得到 $g_1^*(l_k)$ 和 $g_2^*(l_k)$ 的表达式如下：

$$\begin{cases}g_1^*(l_k)=\dfrac{2\eta(u,l_k;\boldsymbol{\theta})-ug_2^*(l_k)}{\sigma_B}\\ g_2^*(l_k)=2\dfrac{\partial \eta(u,l_k;\boldsymbol{\theta})}{\partial u}\end{cases} \tag{C.9}$$

同时，相应的时-空变换 $\psi^*(u,l_k)$ 和 $\varphi^*(l_k)$ 可表示为

$$\begin{cases}\psi^*(u,l_k)=\exp\left[-\dfrac{1}{2}\int_0^{l_k}g_2^*(\tau)\mathrm{d}\tau\right]\cdot\dfrac{u}{\sigma_B}-\dfrac{1}{2}\int_0^{l_k}g_1^*(\tau)\cdot\exp\left[-\dfrac{1}{2}\int_0^{\tau}g_2^*(\nu)\mathrm{d}\nu\right]\mathrm{d}\tau\\ \varphi^*(l_k)=\int_0^{l_k}\exp\left[-\dfrac{1}{2}\int_0^{\tau}g_2^*(\nu)\mathrm{d}\nu\right]\mathrm{d}\tau\end{cases}$$

$$\tag{C.10}$$

进而，可以直接得到 $S(\tilde{l}_k)=\psi^*(\omega_k,\varphi^{*-1}(\tilde{l}_k))$ 和 $\tilde{l}_k=\varphi^*(l_k)$ 表达式如下：

$$S(\tilde{l}_k)=\psi^*(\omega_k,\varphi^{*-1}(\tilde{l}_k))=\psi^*(\omega_k,\tilde{l}_k)$$

$$=\dfrac{\omega_k}{\sigma_B}\exp\left[-\int_0^{l_k}\dfrac{\partial \eta(u,\tau;\boldsymbol{\theta})}{\partial u}\mathrm{d}\tau\right]$$

$$-\frac{1}{\sigma_B}\int_0^{l_k}\left[\eta(u,\tau;\boldsymbol{\theta})-u\cdot\frac{\partial\eta(u,\tau;\boldsymbol{\theta})}{\partial u}\right]\cdot\exp\left[-\int_0^\tau\frac{\partial\eta(u,\nu;\boldsymbol{\theta})}{\partial u}\mathrm{d}\nu\right]\mathrm{d}\tau$$

$$=\frac{\omega_k}{\sigma_B}\exp[-J^*(l_k)]-\frac{1}{\sigma_B}\int_0^{l_k}M^*(\tau)\exp[-J^*(\tau)]\mathrm{d}\tau \tag{C.11}$$

$$\tilde{l}_k=\varphi^*(l_k)=\int_0^{l_k}\exp\left[-\frac{1}{2}\int_0^\tau g_2^*(\nu)\mathrm{d}\nu\right]\mathrm{d}\tau$$

$$=\int_0^{l_k}\exp\left[-\int_0^\tau\frac{\partial\eta(u,\nu;\boldsymbol{\theta})}{\partial u}\mathrm{d}\nu\right]\mathrm{d}\tau=\int_0^{l_k}\exp[-J^*(\tau)]\mathrm{d}\tau \tag{C.12}$$

式中：$M^*(\tau)=\eta(u,\tau;\boldsymbol{\theta})-u\frac{\partial\eta(u,\tau;\boldsymbol{\theta})}{\partial u}$，$J^*(l_k)=\int_0^{l_k}\frac{\partial\eta(u,l_k;\boldsymbol{\theta})}{\partial u}\mathrm{d}\tau$，$J^*(\tau)=\int_0^\tau\frac{\partial\eta(u,\nu;\boldsymbol{\theta})}{\partial u}\mathrm{d}\nu$。

与定理 4.1 的推导过程相似，给定随机效应参数 b 和 t_k 时刻设备的真实退化状态 x_k，则退化设备在 t_k 时刻 RUL 的 PDF $f_{L_k}(l_k|x_k,b)$ 可近似解析的表示为

$$f_{L_k}(l_k|x_k,b)\cong\frac{1}{\sqrt{2\pi\tilde{l}_k}}\left[\frac{S(\tilde{l}_k)}{\tilde{l}_k}-\frac{\mathrm{d}S(\tilde{l}_k)}{\mathrm{d}\tilde{l}_k}\right]\exp\left\{-\frac{S^2(\tilde{l}_k)}{2\tilde{l}_k}\right\}\frac{\mathrm{d}\varphi^*(l_k)}{\mathrm{d}l_k}$$

$$=\frac{\exp[-J^*(l_k)]}{\sigma_B\sqrt{2\pi H^{*3}(l_k)}}\left\{I^*(l_k)+\left[M^*(l_k)+\frac{\partial\eta(u,l_k;\boldsymbol{\theta})}{\partial u}\cdot\omega_k\right]H^*(l_k)\right\}$$

$$\times\exp\left\{-\frac{I^{*2}(l_k)}{2\sigma_B^2 H^*(l_k)}\right\} \tag{C.13}$$

式中：$H^*(l_k)=\int_0^{l_k}\exp[-J^*(\tau)]\mathrm{d}\tau$，$I^*(l_k)=\omega_k\exp[-J^*(l_k)]-\int_0^{l_k}M^*(\tau)\exp[-J^*(\tau)]\mathrm{d}\tau$，$M^*(l_k)=\eta(u,l_k;\boldsymbol{\theta})-\frac{u\partial\eta(u,l_k;\boldsymbol{\theta})}{\partial u}$。

定理 4.2 证毕。 □

C.3 定理 4.3 的证明

证明 为推导 $f_{L_k|Y_{1:k}}(l_k|Y_{1:k})$，可根据定理 4.2 得到如下结论：

已知 $\eta(u,l_k;\boldsymbol{\theta})=\mu(X(l_k+t_k),l_k+t_k;\boldsymbol{\theta})$，且 $\mu(x,t;\boldsymbol{\theta})=ah[X(t)]+bq(t)$，那么，可将 $\eta(u,l_k;\boldsymbol{\theta})$ 改写为

$$\eta(u,l_k;\boldsymbol{\theta})=\mu(U(l_k)+x_k,l_k+t_k;\boldsymbol{\theta})$$
$$=a\cdot h[U(l_k)+X(t_k)]+b_k\cdot q(l_k+t_k)=a\cdot h(x_k+u)+b_k\cdot q(t_k+l_k) \tag{C.14}$$

则 $J^*(l_k)$、$M^*(l_k)$、$H^*(l_k)$ 和 $I^*(l_k)$ 可表示为

$$J^*(l_k)=\int_0^{l_k}\frac{\partial\eta(u,l_k;\boldsymbol{\theta})}{\partial u}\mathrm{d}\tau=a\int_0^{l_k}h_u'\mathrm{d}\tau$$

$$M^*(l_k)=\eta(u,l_k;\boldsymbol{\theta})-u\cdot\frac{\partial\eta(u,l_k;\boldsymbol{\theta})}{\partial u}=a\cdot h(x_k+u)+b_k\cdot q(t_k+l_k)-auh_u'$$

$$H^*(l_k) = \int_0^{l_k} \exp[-J^*(\tau)] d\tau = \int_0^{l_k} \exp\left[-a\int_0^\tau h'_u d\nu\right] d\tau$$

$$I^*(l_k) = \omega_k \exp[-J^*(l_k)] - \int_0^{l_k} M^*(\tau) \exp[-J^*(\tau)] d\tau$$

$$= (\omega - x_k)\exp[-J^*(l_k)] - \int_0^{l_k} [a \cdot h(x_k+u) + b_k \cdot q(t_k+\tau) - auh'_u] \exp[-J^*(\tau)] d\tau$$

式中：$h'_u = dh(x_k+u)/du$ 为 $h(x_k+u)$ 关于 u 的偏导数。

因为漂移系数函数 $\mu(x,t;\boldsymbol{\theta})$ 中关于退化状态 x 的函数 $h(x)$ 是关于 x 的正比例函数，即 $h(x_k) = \delta x_k$，那么，$h(x_k+u) = h(x_k) + h(u)$，所以 $f_{L_k|x_k,b_k,\boldsymbol{Y}_{1:k}}(l_k|x_k,b_k,\boldsymbol{Y}_{1:k})$ 可表示为

$$f_{L_k|x_k,b_k,\boldsymbol{Y}_{1:k}}(l_k|x_k,b_k,\boldsymbol{Y}_{1:k})$$

$$\cong \frac{\exp[-J^*(l_k)]}{\sigma_B\sqrt{2\pi H^{*3}(l_k)}} \left\{ I^*(l_k) + \left[M^*(l_k) + \frac{\partial \eta(u,l_k;\boldsymbol{\theta})}{\partial u} \cdot \omega_k \right] H^*(l_k) \right\} \exp\left\{ -\frac{I^{*2}(l_k)}{2\sigma_B^2 H^*(l_k)} \right\}$$

$$= \frac{\exp[-J^*(l_k)]}{\sigma_B\sqrt{2\pi H^{*3}(l_k)}} \left\{ \omega[\exp[-J^*(l_k)] + ah'_u H^*(l_k)] \right.$$

$$- \int_0^{l_k} [ah(u) + b_k q(t_k+\tau) - auh'_u] \exp[-J^*(\tau)] d\tau + [ah(u) + b_k q(t_k+l_k) - auh'_u] H^*(l_k)$$

$$\left. - x_k \left[\exp[-J^*(l_k)] + auh'_u H^*(l_k) + a\delta \left(\int_0^{l_k} \exp[-J^*(\tau)] d\tau - H^*(l_k) \right) \right] \right\}$$

$$\cdot \exp\left\{ -\frac{1}{2\sigma_B^2 H^*(l_k)} \left[\omega \exp[-J^*(l_k)] - x_k [\exp[-J^*(l_k)] + a\delta \int_0^{l_k} \exp[-J^*(\tau)] d\tau \right. \right.$$

$$\left. \left. - \int_0^{l_k} [ah(u) + b_k q(t_k+\tau) - auh'_u] \exp[-J^*(\tau)] d\tau \right]^2 \right\}$$

$$= \frac{\exp[-J^*(l_k)]}{\sigma_B\sqrt{2\pi H^{*3}(l_k)}} (\mathcal{A}_1 - x_k \mathcal{B}_1) \exp\left[-\frac{(\mathcal{C}_1 - x_k \mathcal{D}_1)^2}{2\sigma_B^2 H^{*3}(l_k)} \right] \quad \text{(C.15)}$$

其中，

$$\mathcal{A}_1 = \omega[\exp[-J^*(l_k)] + ah'_u H^*(l_k)] + [ah(u) + b_k q(t_k+l_k) - auh'_u] H^*(l_k)$$

$$- \int_0^{l_k} [ah(u) + b_k q(t_k+\tau) - auh'_u] \exp[-J^*(\tau)] d\tau$$

$$\mathcal{B}_1 = \exp[-J^*(l_k)] + ah'_u H^*(l_k) + a\delta \left\{ \int_0^{l_k} \exp[-J^*(\tau)] d\tau - H^*(l_k) \right\}$$

$$\mathcal{C}_1 = \omega \exp[-J^*(l_k)] - \int_0^{l_k} [ah(u) + b_k q(t_k+\tau) - auh'_u] \exp[-J^*(\tau)] d\tau$$

$$\mathcal{D}_1 = \exp[-J^*(l_k)] + a\delta \int_0^{l_k} \exp[-J^*(\tau)] d\tau$$

由式（4.16）可知，$x_k|b_k,\boldsymbol{Y}_{1:k} \sim N(\mu_{x_k|b,k}, \sigma^2_{x_k|b,k})$。根据全概率公式和引理 4.1，可进一步推导得到 $\mathbb{E}_{x_k|b_k,\boldsymbol{Y}_{1:k}}[f_{L_k|x_k,b_k,\boldsymbol{Y}_{1:k}}(l_k|x_k,b_k,\boldsymbol{Y}_{1:k})]$ 的表达式如下：

$$\mathbb{E}_{x_k|b_k,\boldsymbol{Y}_{1:k}}[f_{L_k|x_k,b_k,\boldsymbol{Y}_{1:k}}(l_k|x_k,b_k,\boldsymbol{Y}_{1:k})]$$

$$\cong \mathbb{E}_{x_k|b_k,\boldsymbol{Y}_{1:k}} \left[\frac{\exp[-J^*(l_k)]}{\sigma_B\sqrt{2\pi H^{*3}(l_k)}} (\mathcal{A}_1 - x_k\mathcal{B}_1) \exp\left[-\frac{(\mathcal{C}_1 - x_k\mathcal{D}_1)^2}{2\sigma_B^2 H^{*3}(l_k)} \right] \right]$$

$$= \frac{\exp[-J^*(l_k)]}{\sigma_B\sqrt{2\pi H^{*3}(l_k)}}\sqrt{\frac{1}{\sigma_{x_k|b,k}^2\mathcal{D}_1^2+\sigma_B^2 H^*(l_k)}}\left[\mathcal{A}_1-\mathcal{B}_1\frac{\sigma_{x_k|b,k}^2\mathcal{C}_1\mathcal{D}_1+\mu_{x_k|b,k}\sigma_B^2 H^*(l_k)}{\sigma_{x_k|b,k}^2\mathcal{D}_1^2+\sigma_B^2 H^*(l_k)}\right]$$

$$\cdot \exp\left\{-\frac{(\mathcal{C}_1-\mu_{x_k|b,k}\mathcal{D}_1)^2}{2[\sigma_{x_k|b,k}^2\mathcal{D}_1^2+\sigma_B^2 H^*(l_k)]}\right\} \tag{C.16}$$

式中：$\mu_{x_k|b,k}$ 是关于 b_k 的函数。

由式（4.16）可知，$b_k|\boldsymbol{Y}_{1:k} \sim N(\hat{b}_{k|k}, \kappa_{b,k}^2)$。将式（C.16）和式（4.17）代入式（4.18），根据全概率公式和引理4.1，可进一步推导得到 $f_{L_k|\boldsymbol{Y}_{1:k}}(l_k|\boldsymbol{Y}_{1:k})$ 的表达式如下：

$$f_{L_k|\boldsymbol{Y}_{1:k}}(l_k|\boldsymbol{Y}_{1:k}) = \mathbb{E}_{b_k|\boldsymbol{Y}_{1:k}}[\mathbb{E}_{x_k|b_k,\boldsymbol{Y}_{1:k}}[f_{L_k|x_k,b_k,\boldsymbol{Y}_{1:k}}(l_k|x_k,b_k,\boldsymbol{Y}_{1:k})]]$$

$$\cong \frac{\exp[-J^*(l_k)]}{\sigma_B\sqrt{2\pi H^{*3}(l_k)}}\sqrt{\frac{1}{\sigma_{x_k|b,k}^2\mathcal{D}_1^2+\sigma_B^2 H^*(l_k)}}$$

$$\cdot \mathbb{E}_{b_k|\boldsymbol{Y}_{1:k}}\left[(\mathcal{A}_2-b_k\mathcal{B}_2)\cdot\exp\left\{-\frac{(\mathcal{C}_2-b_k\mathcal{D}_2)^2}{2[\sigma_{x_k|b,k}^2\mathcal{D}_1^2+\sigma_B^2 H^*(l_k)]}\right\}\right]$$

$$= \frac{\exp[-J^*(l_k)]}{\sigma_B\sqrt{2\pi H^{*3}(l_k)}}\sqrt{\frac{1}{\kappa_{b,k}^2\mathcal{D}_2^2+[\sigma_{x_k|b,k}^2\mathcal{D}_1^2+\sigma_B^2 H^*(l_k)]}}$$

$$\cdot\left\{\mathcal{A}_2-\mathcal{B}_2\frac{\kappa_{b,k}^2\mathcal{C}_2\mathcal{D}_2+\hat{b}_{k|k}[\sigma_{x_k|b,k}^2\mathcal{D}_1^2+\sigma_B^2 H^*(l_k)]}{\kappa_{b,k}^2\mathcal{D}_2^2+[\sigma_{x_k|b,k}^2\mathcal{D}_1^2+\sigma_B^2 H^*(l_k)]}\right\}$$

$$\cdot \exp\left\{-\frac{(\mathcal{C}_2-\hat{b}_{k|k}\mathcal{D}_2)^2}{2(\kappa_{b,k}^2\mathcal{D}_2^2+[\sigma_{x_k|b,k}^2\mathcal{D}_1^2+\sigma_B^2 H^*(l_k)])}\right\} \tag{C.17}$$

式中：

$$\mathcal{A}_2 = \omega\{\exp[-J^*(l_k)]+ah'_u H^*(l_k)\} - \int_0^{l_k}[ah(u)-auh']\exp[-J^*(\tau)]d\tau$$

$$+ [ah(u)-auh']H^*(l_k) - \frac{\mathcal{B}_1}{\sigma_{x_k|b,k}^2\mathcal{D}_1^2+\sigma_B^2 H^*(l_k)}\left\{\left(\hat{x}_{k|k}-\rho_k\frac{\kappa_{x,k}}{\kappa_{b,k}}\hat{b}_{k|k}\right)\sigma_B^2 H^*(l_k)\right.$$

$$\left. + \sigma_{x_k|b,k}^2\left\{\omega\exp[-J^*(l_k)]-\int_0^{l_k}[ah(u)-auh']\exp[-J^*(\tau)]d\tau\right\}D_1\right\}$$

$$\mathcal{B}_2 = \int_0^{l_k}q(t_k+\tau)\exp[-J^*(\tau)]d\tau - q(t_k+l_k)H^*(l_k)$$

$$- \mathcal{B}_1\frac{\sigma_{x_k|b,k}^2\mathcal{D}_1\int_0^{l_k}q(t_k+\tau)\exp[-J^*(\tau)]d\tau - \rho_k\frac{\kappa_{x,k}}{\kappa_{b,k}}\sigma_B^2 H^*(l_k)}{\sigma_{x_k|b,k}^2\mathcal{D}_1^2+\sigma_B^2 H^*(l_k)}$$

$$\mathcal{C}_2 = \omega\exp[-J^*(l_k)]\int_0^{l_k}[ah(u)-auh']\exp[-J^*(\tau)]d\tau - \left(\hat{x}_{k|k}-\rho_k\frac{\kappa_{x,k}}{\kappa_{b,k}}\hat{b}_{k|k}\right)\mathcal{D}_1$$

$$\mathcal{D}_2 = \int_0^{l_k}q(t_k+\tau)\exp[-J^*(\tau)]d\tau + \rho_k\frac{\kappa_{x,k}}{\kappa_{b,k}}D_1$$

定理4.3证毕。 □

附录 D 第 5 章中部分定理的证明

D.1 定理 5.1 的证明

证明 为推导退化设备在 $t_{N+1,j}$ 时刻 RUL $L_{N+1,j}$ 的 PDF $f_{L_{N+1,j}}(l_{N+1,j}|X_{N+1,0:j})$,将式(5.11)和式(5.16)代入式(5.17),可以得到

$$\begin{aligned}
&f_{L_{N+1,j}}(l_{N+1,j}|X_{N+1,0:j}) \\
&= \mathbb{E}_{\gamma_{N+1}}\left[\mathbb{E}_{\eta_{N+1,j}}\left[f_{L_{N+1,j}|\gamma_{N+1},\eta_{N+1,j}}(l_{N+1,j}|\gamma_{N+1},\eta_{N+1,j})\right]\right] \\
&= \mathbb{E}_{\gamma_{N+1}}\left[\mathbb{E}_{\eta_{N+1,j}}\left[\frac{\omega_{N+1,j}-\eta_{N+1,j}\mathcal{A}_1}{\sqrt{2\pi\sigma_B^2 l_{N+1,j}^3}}\exp\left\{-\frac{[\omega_{N+1,j}-\eta_{N+1,j}h(l_{N+1,j})]^2}{2\sigma_B^2 l_{N+1,j}}\right\}\right]\right]
\end{aligned} \tag{D.1}$$

式中:$\mathcal{A}_1 = h(l_{N+1,j}) - l_{N+1,j}\mu(l_{N+1,j}+t_{N+1,j}-T^N,\boldsymbol{\theta})$。

利用引理 4.1 对式(D.1)进行化简,可得

$$\begin{aligned}
&f_{L_{N+1,j}}(l_{N+1,j}|X_{N+1,0:j}) \\
&= \frac{1}{\sqrt{2\pi\sigma_B^2 l_{N+1,j}^3}}\mathbb{E}_{\gamma_{N+1}}\left[\mathbb{E}_{\lambda_{N+1,j}}\left[(\omega_{N+1,j}-\lambda_{N+1,j}\mathcal{A}_1)\exp\left\{-\frac{[\omega_{N+1,j}-\lambda_{N+1,j}h(l_{N+1,j})]^2}{2\sigma_B^2 l_{N+1,j}}\right\}\right]\right] \\
&= \frac{1}{\sqrt{2\pi\sigma_B^2 l_{N+1,j}^3}}\mathbb{E}_{\gamma_{N+1}}\left[\sqrt{\frac{\sigma_B^2 l_{N+1,j}}{P_{j|j}^{N+1}h^2(l_{N+1,j})+\sigma_B^2 l_{N+1,j}}}\right. \\
&\quad \cdot\left(\omega_{N+1,j}-\mathcal{A}_1\frac{h(l_{N+1,j})P_{j|j}^{N+1}\omega_{N+1,j}+\hat{\lambda}_j^{N+1}\sigma_B^2 l_{N+1,j}}{P_{j|j}^{N+1}h^2(l_{N+1,j})+\sigma_B^2 l_{N+1,j}}\right)\cdot\exp\left\{-\frac{[\omega_{N+1,j}-\hat{\lambda}_j^{N+1}h(l_{N+1,j})]^2}{2[P_{j|j}^{N+1}h^2(l_{N+1,j})+\sigma_B^2 l_{N+1,j}]}\right\}\left.\right] \\
&= \sqrt{\frac{1}{2\pi\mathcal{C}_1}}\cdot\mathbb{E}_{\gamma_{N+1}}\left[\left(\omega_{N+1,j}-\frac{\mathcal{A}_1\mathcal{B}_1}{\mathcal{C}_1}\right)\cdot\exp\left\{-\frac{[\omega_{N+1,j}-\hat{\lambda}_j^{N+1}h(l_{N+1,j})]^2}{2\mathcal{C}_1}\right\}\right]
\end{aligned} \tag{D.2}$$

式中:

$$\mathcal{A}_1 = h(l_{N+1,j}) - l_{N+1,j}\mu(l_{N+1,j}+t_{N+1,j}-T^N,\boldsymbol{\theta})$$
$$\mathcal{B}_1 = h(l_{N+1,j})P_{j|j}^{N+1}\omega_{N+1,j} + \hat{\eta}_j^{N+1}\sigma_B^2 l_{N+1,j}$$
$$\mathcal{C}_1 = P_{j|j}^{N+1}h^2(l_{N+1,j}) + \sigma_B^2 l_{N+1,j}$$

定理 5.1 证毕。 □

附录 E 第 6 章中部分结论的推导

E.1 式 (6.10) 的推导

根据加速因子一致性原则[9]可知,退化设备在各加速应力水平下的失效机理保持不变是确保加速因子 A_{pq} 与退化设备可靠性或寿命无关的充分必要条件。

当退化设备在各加速应力水平下的失效机理保持一致,即加速因子 A_{pq} 存在时,由加速因子的定义可得 $A_{pq}=t_q/t_p$,则 $t_q=A_{pq}t_p$。此时,可将等式 $F_p(t_p)=F_q(t_q)$ 改写为

$$F_p(t_p)=F_q(A_{pq}t_p) \tag{E.1}$$

对式 (E.1) 两端同时求解关于时间 t_p 的导数,可得

$$\frac{\mathrm{d}F_p(t_p)}{\mathrm{d}t}=\frac{\mathrm{d}F_q(A_{pq}t_p)}{\mathrm{d}t}\Leftrightarrow f_p(t_p)=A_{pq}f_q(A_{pq}t_p) \tag{E.2}$$

将式 (6.3) 代入式 (E.2) 中,加速因子 A_{pq} 可表示为

$$
\begin{aligned}
A_{pq} &= \frac{f_p(t_p)}{f_q(A_{pq}t_p)} \\
&= \frac{\sqrt{2\pi(A_{pq}t_p)^3}}{\sqrt{2\pi t_p^3}}\left[\frac{V_p(t_p)}{t_p}+\frac{a_p\mu(t_p;\boldsymbol{\theta}_p)}{\sigma_{Bp}}\right]\left[\frac{V_q(A_{pq}t_p)}{A_{pq}t_p}+\frac{a_q\mu(A_{pq}t_p;\boldsymbol{\theta}_q)}{\sigma_{Bq}}\right]^{-1} \\
&\quad \times \exp\left[\frac{V_q^2(A_{pq}t_p)}{2A_{pq}t_p}-\frac{V_p^2(t_p)}{2t_p}\right]
\end{aligned} \tag{E.3}
$$

根据 6.2 节中关于退化模型式 (6.1) 的描述,可知参数矢量 $\boldsymbol{\theta}$ 为固定参数,表征同类设备的退化过程的共性特征。那么,在式 (E.3) 中,存在 $\boldsymbol{\theta}_p=\boldsymbol{\theta}_q$,统一简化为 $\boldsymbol{\theta}$。对式 (E.3) 进一步化简可得

$$
\begin{aligned}
1 &= \frac{[V_p(t_p)\sigma_{Bq}+a_pt_p\mu(t_p;\boldsymbol{\theta})]\sigma_{Bq}\sqrt{A_{pq}}}{[V_q(A_{pq}t_p)\sigma_{Bq}+a_qA_{pq}t_p\mu(A_{pq}t_p;\boldsymbol{\theta})]\sigma_{Bp}} \\
&\quad \times \exp\left\{\frac{\omega^2}{t_p}\left(\frac{1}{2\sigma_{Bq}^2A_{pq}}-\frac{1}{2\sigma_{Bp}^2}\right)+\frac{1}{2t_p}\left[\frac{a_q^2r^2(A_{pq}t_p;\boldsymbol{\theta})}{A_{pq}t_p\sigma_{Bq}^2}-\frac{a_p^2r^2(t_p;\boldsymbol{\theta})}{\sigma_{Bp}^2}\right]\right. \\
&\quad \left. -\frac{\omega}{t_p}\left[\frac{a_qr(A_{pq}t_p;\boldsymbol{\theta})}{A_{pq}\sigma_{Bq}^2}-\frac{a_pr(t_p;\boldsymbol{\theta})}{\sigma_{Bp}^2}\right]\right\}
\end{aligned} \tag{E.4}
$$

为得到加速因子 A_{pq} 与模型参数 a 和 σ_B^2 的关系,需要确保在式 (E.4) 中,加速因子 A_{pq} 与时间 t_p 无关。因此,需要满足以下约束:

$$\begin{cases} \dfrac{1}{2\sigma_{Bq}^2 A_{pq}} - \dfrac{1}{2\sigma_{Bp}^2} = 0 \\ \dfrac{a_q^2 r^2(A_{pq}t_p;\boldsymbol{\theta})}{A_{pq}t_p\sigma_{Bq}^2} - \dfrac{a_p^2 r^2(t_p;\boldsymbol{\theta})}{\sigma_{Bp}^2} = 0 \\ \dfrac{a_q r(A_{pq}t_p;\boldsymbol{\theta})}{A_{pq}\sigma_{Bq}^2} - \dfrac{a_p r(t_p;\boldsymbol{\theta})}{\sigma_{Bp}^2} = 0 \\ \dfrac{[V_p(t_p)\sigma_{Bq} + a_p t_p \mu(t_p;\boldsymbol{\theta})]\sigma_{Bq}\sqrt{A_{pq}}}{[V_q(A_{pq}t_p)\sigma_{Bq} + a_q A_{pq}t_p \mu(A_{pq}t_p;\boldsymbol{\theta})]\sigma_{Bp}} = 1 \end{cases} \quad (\text{E.5})$$

化简式（E.5）可得

$$\begin{cases} A_{pq} = \sigma_{Bp}^2 / \sigma_{Bq}^2 \\ a_p / a_q = r(A_{pq}t_p;\boldsymbol{\theta}) / r(t_p;\boldsymbol{\theta}) \\ a_p / a_q = A_{pq}\mu(A_{pq}t_p;\boldsymbol{\theta}) / \mu(t_p;\boldsymbol{\theta}) \end{cases} \quad (\text{E.6})$$

在本章中已知 $\mu(t;\boldsymbol{\theta}) = bt^{b-1}$，将其代入式（E.6），可以进一步说明退化模型的漂移系数 a 和扩散系数 σ_B^2 均与加速应力水平相关，并且与加速因子 A_{pq} 的关系可表示为

$$A_{pq} = \dfrac{a_p^{\frac{1}{b}}}{a_q^{\frac{1}{b}}} = \dfrac{\sigma_{Bp}^2}{\sigma_{Bq}^2} \quad (\text{E.7})$$

式（6.10）推导完毕。

此外，当非线性函数 $\mu(t;\boldsymbol{\theta})$ 的形式改变时，加速度因子 A_{pq} 与漂移系数 a 之间的关系也可根据式（E.6）相应地确定。

附录 F 第 7 章中部分定理的证明

F.1 定理 7.1 的证明

证明 已知式 (7.8) 所描述的设备退化过程 $\{Y(t), t \geq 0\}$，即

$$Y(t) = X(t) + \varepsilon(t) \tag{F.1}$$

式中：$\varepsilon(t) \sim N(0, \sigma_\varepsilon^2)$。那么，寿命 T_e 即为退化过程 $\{Y(t), t \geq 0\}$ 首次达到失效阈值 $\omega - \varepsilon(t)$ 的时间。由全概率公式可得

$$f_{T_e \mid a}(t \mid a) = \int f_{T_e \mid a, \varepsilon}(t \mid a, \varepsilon) p(\varepsilon) \mathrm{d}\varepsilon = \mathbb{E}_\varepsilon [f_{T_e \mid a, \varepsilon}(t \mid a, \varepsilon)] \tag{F.2}$$

式中：ε 为 $\varepsilon(t)$ 在 t 时刻的具体实现；$f_{T_e \mid a, \varepsilon}(t \mid a, \varepsilon)$ 可以通过将式 (7.3) 中的 ω 替换为 $\omega - \varepsilon$ 得到。

利用引理 4.1 对式 (F.2) 进行化简，可得

$$f_{T_e \mid a}(t \mid a) = \mathbb{E}_\varepsilon \left[\int f_{T_e \mid a, \varepsilon}(t \mid a, \varepsilon) \right] \cong \mathbb{E}_\varepsilon \left[\frac{1}{\sqrt{2\pi t}} \left(\frac{\omega - \varepsilon - a \int_0^t \mu(\tau; \boldsymbol{\theta}) \mathrm{d}\tau}{\sigma_B t} + \frac{a\mu(t; \boldsymbol{\theta})}{\sigma_B} \right) \right.$$

$$\left. \times \exp \left\{ -\frac{\left[\omega - \varepsilon - a \int_0^t \mu(\tau; \boldsymbol{\theta}) \mathrm{d}\tau \right]^2}{2 \sigma_B^2 t} \right\} \right]$$

$$= \mathbb{E}_\varepsilon \left[\frac{1}{\sqrt{2\pi t}} \left(\frac{\mathcal{A} - \varepsilon}{\sigma_B t} + \frac{a\mu(t; \boldsymbol{\theta})}{\sigma_B} \right) \exp \left\{ -\frac{(\mathcal{A} - \varepsilon)^2}{2 \sigma_B^2 t} \right\} \right]$$

$$= \frac{1}{\sqrt{2\pi \sigma_B^2 t^3}} \mathbb{E}_\varepsilon \left[(\mathcal{A} - \varepsilon) \exp \left\{ -\frac{(\mathcal{A} - \varepsilon)^2}{2 \sigma_B^2 t} \right\} \right] + \frac{a\mu(t; \boldsymbol{\theta})}{\sqrt{2\pi \sigma_B^2 t}} \mathbb{E}_\varepsilon \left[\exp \left\{ -\frac{(\mathcal{A} - \varepsilon)^2}{2 \sigma_B^2 t} \right\} \right]$$

$$= \frac{1}{\sqrt{2\pi \sigma_B^2 t^3}} \sqrt{\frac{\sigma_B^2 t}{\sigma_\varepsilon^2 + \sigma_B^2 t}} \left(\mathcal{A} - \frac{\sigma_\varepsilon^2 \mathcal{A} + \mu_\varepsilon \sigma_B^2}{\sigma_\varepsilon^2 + \sigma_B^2 t} \right) \exp \left\{ -\frac{(\mathcal{A} - \mu_\varepsilon)^2}{2(\sigma_\varepsilon^2 + \sigma_B^2 t)} \right\}$$

$$+ \frac{a\mu(t; \boldsymbol{\theta})}{\sqrt{2\pi \sigma_B^2}} \sqrt{\frac{\sigma_B^2 t}{\sigma_\varepsilon^2 + \sigma_B^2 t}} \exp \left\{ -\frac{(\mathcal{A} - \mu_\varepsilon)^2}{2(\sigma_\varepsilon^2 + \sigma_B^2 t)} \right\}$$

$$= \frac{1}{\sqrt{2\pi (\sigma_\varepsilon^2 + \sigma_B^2 t)}} \left[\frac{\mathcal{A}}{t} - \frac{\sigma_\varepsilon^2 \mathcal{A} + \mu_\varepsilon \sigma_B^2}{t(\sigma_\varepsilon^2 + \sigma_B^2 t)} + a\mu(t; \boldsymbol{\theta}) \right] \exp \left\{ -\frac{(\mathcal{A} - \mu_\varepsilon)^2}{2(\sigma_\varepsilon^2 + \sigma_B^2 t)} \right\} \tag{F.3}$$

式中：$\mathcal{A} = \omega - ah(t, \boldsymbol{\theta})$。

已知 $\varepsilon \sim N(0, \sigma_\varepsilon^2)$，即 $\mu_\varepsilon = 0$，可将式 (F.3) 进一步化简为

$$f_{T_e \mid a}(t \mid a) \cong \frac{1}{\sqrt{2\pi (\sigma_\varepsilon^2 + \sigma_B^2 t)}} \left[\frac{\mathcal{A}}{t} - \frac{\sigma_\varepsilon^2 \mathcal{A}}{t(\sigma_\varepsilon^2 + \sigma_B^2 t)} + a\mu(t; \boldsymbol{\theta}) \right] \exp \left\{ -\frac{\mathcal{A}^2}{2(\sigma_\varepsilon^2 + \sigma_B^2 t)} \right\} \tag{F.4}$$

定理 7.1 证毕。 □

F.2　定理 7.2 的证明

证明　已知式 (7.8) 所描述的设备退化过程 $\{Y(t), t \geq 0\}$，当 $t \geq t_\kappa$ 时，退化状态 $Y(t)$ 可以表示为

$$Y(t) = Y(t_\kappa) + a\left(\int_0^t \mu(\tau;\boldsymbol{\theta})\mathrm{d}\tau - \int_0^{t_\kappa} \mu(\tau;\boldsymbol{\theta})\mathrm{d}\tau\right) + \sigma B(t-t_\kappa) \tag{F.5}$$

若 t 是退化过程 $\{Y(t), t \geq 0\}$ 首次达到失效阈值所对应的时刻，那么，$t-t_\kappa$ 则为 RUL 在 t_κ 时刻的具体实现。考虑到这一点，定义 $l_\kappa = t - t_\kappa$，$l_\kappa \geq 0$，可将退化过程 $\{Y(t), t \geq t_\kappa\}$ 表示为

$$Y(l_\kappa + t_\kappa) - Y(t_\kappa) = a[h(l_\kappa + t_\kappa, \boldsymbol{\theta}) - h(t_\kappa, \boldsymbol{\theta})] + \sigma B(l_\kappa) \tag{F.6}$$

定义退化过程 $\{Z(l_\kappa), l_\kappa \geq 0\}$，其中，$Z(l_\kappa) = Y(l_\kappa + t_\kappa) - Y(t_\kappa)$，且 $Z(0) = 0$。那么，退化过程 $\{Y(t), t \geq t_\kappa\}$ 首次到达失效阈值 $\omega - \varepsilon$ 的时间即可转换为退化过程 $\{Z(l_\kappa), l_\kappa \geq 0\}$ 首次到达失效阈值 ω_κ 的时间，其中，$\omega_\kappa = \omega - \varepsilon - Y(t_\kappa)$。式 (F.6) 可进一步改写为

$$Z(l_\kappa) = aH(l_\kappa) + \sigma B(l_\kappa) \tag{F.7}$$

式中：$H(l_\kappa) = h(l_\kappa + t_\kappa, \boldsymbol{\theta}) - h(t_\kappa, \boldsymbol{\theta})$。

与式 (7.3) 的结论相类似，对于由式 (F.7) 所描述的退化过程，在不考虑退化设备的个体差异性和设备退化状态的测量不确定性的情况下，基于 CM 数据 $\boldsymbol{Y}_{1:\kappa}$，退化设备在 t_κ 时刻 RUL L_κ 的 PDF $f_{L_\kappa \mid a, \varepsilon, \boldsymbol{Y}_{1:\kappa}}(l_\kappa \mid a, \varepsilon, \boldsymbol{Y}_{1:\kappa})$ 可以表示为

$$f_{L_\kappa \mid a, \varepsilon, \boldsymbol{Y}_{1:\kappa}}(l_\kappa \mid a, \varepsilon, \boldsymbol{Y}_{1:\kappa}) \cong \frac{1}{\sqrt{2\pi l_\kappa}}\left[\frac{V'(l_\kappa)}{l_\kappa} + \frac{a[\mu(l_\kappa + t_\kappa; \boldsymbol{\theta}) - \mu(t_\kappa; \boldsymbol{\theta})]}{\sigma_B}\right] \times \exp\left\{-\frac{V'^2(l_\kappa)}{2l_\kappa}\right\}$$

$$\tag{F.8}$$

式中：

$$V'(l_\kappa) = \frac{1}{\sigma_B}[\omega_\kappa - aH(l_\kappa)]$$

利用全概率公式和引理 4.1，可进一步推导得到在不考虑退化设备的个体差异性，但考虑设备退化状态的测量不确定性的情况下，退化设备 RUL L_κ 的 PDF $f_{L_\kappa \mid a, \boldsymbol{Y}_{1:\kappa}}(l_\kappa \mid a, \boldsymbol{Y}_{1:\kappa})$，即

$$f_{L_\kappa \mid a, \boldsymbol{Y}_{1:\kappa}}(l_\kappa \mid a, \boldsymbol{Y}_{1:\kappa}) = \mathbb{E}_\varepsilon[f_{L_\kappa \mid a, \varepsilon, \boldsymbol{Y}_{1:\kappa}}(l_\kappa \mid a, \varepsilon, \boldsymbol{Y}_{1:\kappa})]$$

$$\cong \mathbb{E}_\varepsilon\left[\frac{1}{\sqrt{2\pi l_\kappa}}\left[\frac{\omega - \varepsilon - y_\kappa - aH(l_\kappa)}{\sigma_B l_\kappa} + \frac{a[\mu(l_\kappa + t_\kappa; \boldsymbol{\theta}) - \mu(t_\kappa; \boldsymbol{\theta})]}{\sigma_B}\right]\right.$$

$$\left. \times \exp\left\{-\frac{[\omega - \varepsilon - y_\kappa - aH(l_\kappa)]^2}{2\sigma_B^2 l_\kappa}\right\}\right]$$

$$= \frac{1}{\sqrt{2\pi \sigma_B^2 l_\kappa^3}}\mathbb{E}_\varepsilon\left[(\mathcal{B} - \varepsilon)\exp\left\{-\frac{(\mathcal{B} - \varepsilon)^2}{2\sigma_B^2 l_\kappa}\right\}\right]$$

$$+\frac{a[\mu(l_\kappa+t_\kappa;\boldsymbol{\theta})-\mu(t_\kappa;\boldsymbol{\theta})]}{\sqrt{2\pi\sigma_B^2 l_\kappa}}\mathbb{E}_\varepsilon\left[\exp\left\{-\frac{(\mathcal{B}-\varepsilon)^2}{2\sigma_B^2 l_\kappa}\right\}\right]$$

$$=\frac{1}{\sqrt{2\pi(\sigma_\varepsilon^2+\sigma_B^2 l_\kappa)l_\kappa^2}}\left\{\mathcal{B}-\frac{\sigma_\varepsilon^2\mathcal{B}}{\sigma_\varepsilon^2+\sigma_B^2 l_\kappa}+al_\kappa[\mu(l_\kappa+t_\kappa;\boldsymbol{\theta})-\mu(t_\kappa;\boldsymbol{\theta})]\right\}$$

$$\times\exp\left\{-\frac{\mathcal{B}^2}{2(\sigma_\varepsilon^2+\sigma_B^2 l_\kappa)}\right\} \tag{F.9}$$

式中：$\mathcal{B}=\omega-y_\kappa-aH(l_\kappa)$。

定理 7.2 证毕。 □

F.3 定理 7.3 的证明

证明 根据定理 7.2 可知，不考虑设备个体差异性时，退化设备 RUL L_κ 的 PDF $f_{L_\kappa|a,\boldsymbol{Y}_{1:\kappa}}(l_\kappa|a,\boldsymbol{Y}_{1:\kappa})$ 可表示为式 (7.17)。已知退化模型的漂移系数 a 服从正态分布，即 $a\sim N(\mu_a,\sigma_a^2)$，那么，利用全概率公式和引理 4.1 可进一步推导得到，考虑设备个体差异性时，退化设备在 t_κ 时刻 RUL L_κ 的 PDF $f_{L_\kappa|\boldsymbol{Y}_{1:\kappa}}(l_\kappa|\boldsymbol{Y}_{1:\kappa})$ 为

$$f_{L_\kappa|\boldsymbol{Y}_{1:\kappa}}(l_\kappa|\boldsymbol{Y}_{1:\kappa})=\mathbb{E}_a[f_{L_\kappa|a,\boldsymbol{Y}_{1:\kappa}}(l_\kappa|a,\boldsymbol{Y}_{1:\kappa})]$$

$$\cong\frac{1}{\sqrt{2\pi(\sigma_\varepsilon^2+\sigma_B^2 l_\kappa)l_\kappa^2}}\mathbb{E}_a\left[\left\{\mathcal{B}-\frac{\sigma_\varepsilon^2\mathcal{B}}{\sigma_\varepsilon^2+\sigma_B^2 l_\kappa}+al_\kappa[\mu(l_\kappa+t_\kappa;\boldsymbol{\theta})-\mu(t_\kappa;\boldsymbol{\theta})]\right\}\right.$$

$$\left.\times\exp\left\{-\frac{\mathcal{B}^2}{2(\sigma_\varepsilon^2+\sigma_B^2 l_\kappa)}\right\}\right]$$

$$=\frac{1}{\sqrt{2\pi(\sigma_\varepsilon^2+\sigma_B^2 l_\kappa)l_\kappa^2}}\mathbb{E}_a\left[\left\{\omega-y_\kappa-\frac{\sigma_\varepsilon^2(\omega-y_\kappa)}{\sigma_\varepsilon^2+\sigma_B^2 l_\kappa}-a\left[H(l_\kappa)-l_\kappa[\mu(l_\kappa+t_\kappa;\boldsymbol{\theta})-\mu(t_\kappa;\boldsymbol{\theta})]\right.\right.\right.$$

$$\left.\left.\left.-\frac{\sigma_\varepsilon^2 H(l_\kappa)}{\sigma_\varepsilon^2+\sigma_B^2 l_\kappa}\right]\right\}\times\exp\left\{-\frac{[\omega-y_\kappa-aH(l_\kappa)]^2}{2(\sigma_\varepsilon^2+\sigma_B^2 l_\kappa)}\right\}\right]$$

$$=\frac{1}{\sqrt{2\pi(\sigma_\varepsilon^2+\sigma_B^2 l_\kappa)l_\kappa^2}}\mathbb{E}_a\left[(\mathcal{D}-a\mathcal{F})\exp\left\{-\frac{[\mathcal{C}-aH(l_\kappa)]^2}{2(\sigma_\varepsilon^2+\sigma_B^2 l_\kappa)}\right\}\right]$$

$$=\frac{1}{\sqrt{2\pi(\sigma_\varepsilon^2+\sigma_B^2 l_\kappa)l_\kappa^2}}\sqrt{\frac{\sigma_\varepsilon^2+\sigma_B^2 l_\kappa}{H^2(l_\kappa)\sigma_a^2+\sigma_\varepsilon^2+\sigma_B^2 l_\kappa}}\left[\mathcal{D}-\mathcal{F}\frac{\mathcal{C}H(l_\kappa)\sigma_a^2+\mu_a(\sigma_\varepsilon^2+\sigma_B^2 l_\kappa)}{H^2(l_\kappa)\sigma_a^2+\sigma_\varepsilon^2+\sigma_B^2 l_\kappa}\right]$$

$$\times\exp\left\{-\frac{[\mathcal{C}-\mu_a H(l_\kappa)]^2}{2[H^2(l_\kappa)\sigma_a^2+\sigma_\varepsilon^2+\sigma_B^2 l_\kappa]}\right\}$$

$$=\frac{1}{\sqrt{2\pi[H^2(l_\kappa)\sigma_a^2+\sigma_\varepsilon^2+\sigma_B^2 l_\kappa]l_\kappa^2}}\left[\mathcal{D}-\mathcal{F}\frac{\mathcal{C}H(l_\kappa)\sigma_a^2+\mu_a(\sigma_\varepsilon^2+\sigma_B^2 l_\kappa)}{H^2(l_\kappa)\sigma_a^2+\sigma_\varepsilon^2+\sigma_B^2 l_\kappa}\right]$$

$$\times\exp\left\{-\frac{[\mathcal{C}-\mu_a H(l_\kappa)]^2}{2[H^2(l_\kappa)\sigma_a^2+\sigma_\varepsilon^2+\sigma_B^2 l_\kappa]}\right\} \tag{F.10}$$

式中：

$$\mathcal{C} = \omega - y_\kappa$$

$$\mathcal{D} = \mathcal{C} - \frac{\sigma_\varepsilon^2 \mathcal{C}}{\sigma_\varepsilon^2 + \sigma_B^2 l_\kappa}$$

$$\mathcal{F} = H(l_\kappa) - l_\kappa [\mu(l_\kappa + t_\kappa; \boldsymbol{\theta}) - \mu(t_\kappa; \boldsymbol{\theta})] - \frac{\sigma_\varepsilon^2 H(l_\kappa)}{\sigma_\varepsilon^2 + \sigma_B^2 l_\kappa}$$

定理 7.3 证毕。 □

责任编辑：丁福志 896369667@qq.com
责任校对：王晓军
封面设计：方　妍

融合多源信息的
设备退化建模与剩余寿命预测技术

▶ 上架建议：系统可靠性

http://www.ndip.cn

ISBN 978-7-118-13082-9

定价：98.00 元